高等学校土木工程专业"十二五"规划教材

GAODENG XUEXIAO TUMU GONGCHENG ZHUANYE SHIERWU GUIHUA JIAOCAI

建筑地基与基础

JIANZHU DIJI YU JICHU

主 编 周晖 胡萍

U0337782

注册岩土工程师专业考试参考用书

中南大学出版社

www.csupress.com.cn

内容简介

  本书系统阐述了建筑地基与基础的基本原理，同时也介绍了较多相关规范推荐的基础工程的新技术、新工艺和新经验。全书共分4章，包括地基基础设计概述、地基计算、浅基础和桩基础等。本书在编写过程中，参照了最新版本的《建筑地基基础设计规范》（GB50007—2011）、《建筑桩基技术规范》（JGJ94—2008）、《公路桥涵地基与基础设计规范》（JTGD63—2007）、《铁路桥涵地基与基础设计规范》（TB10002.5—2005）、《港口工程地基规范》（JTS 147－1—2010）、《建筑边坡工程规范》（GB50330—2002）、《建筑基坑支护技术规程》（JGJ120—2012）、《建筑抗震设计规范》（GB50011—2010）、《建筑结构荷载规范》（GB50009—2012）、《建筑基桩检测技术规范》（JGJ106—2003 ）等相关规范。

  本教材以建筑工程方向为主，同时也兼顾了水利、交通、铁道等方面的基础工程问题，基本保证了每个知识点后配有相应的例题和详尽的解析，这些例题都是编者从"注册岩土工程师"资格考试的历年试题中精心挑选和改编的，由于这些题当年都经过专家组集体反复推敲和琢磨，相对比较严谨，也有一定代表性，是非常经典的题目，通过学习和练习，读者可以达到举一反三的效果。因此，本教材可供土木工程专业的本、专科生作教材和准备参加注册岩土工程师专业考试的工程师们参考。

前 言 PREFACE

《建筑地基与基础》研究的对象是地基与基础问题，是土木工程专业的主干课程。随着科学技术的发展，国内外工程建设中地基与基础的理论与技术日新月异。近年来我国住建部也颁发了很多新的国家标准与规范，使得地基与基础的设计与施工有了新的准绳。同时，随着2002年注册土木工程师（岩土）职业资格制度纳入国家专业技术人员职业资格制度，注册岩土工程师考试逐渐成为从事岩土方向工作者必须参加的职业考试，而地基与基础是其中非常重要的考核内容。

编者根据多年的教学经验，充分考虑了本科阶段土木工程专业的教学大纲要求和"注册岩土工程师"资格考试的要求，参考了《建筑地基基础设计规范》（GB50007—2011）、《建筑桩基技术规范》（JGJ94—2008）、《建筑地基处理技术规范》（JGJ79—2012）、《建筑基坑支护技术规程》（JGJ120—2012）、《港口工程地基规范》（JTS147—1—2010）、《公路桥梁地基与基础设计规范》（JTGD63—2007）、《铁路桥梁地基与基础设计规范》（TB10002.5—2005）等相关规范规程，编写了本教材。

本教材以建筑工程方向为主，同时也兼顾了水利、交通、铁道等方面的地基与基础问题，严格按照规范编排每个章节的内容，并基本保证了每个知识点后配有相应的例题和详细的解析。这些例题都是编者从"注册岩土工程师"资格考试的历年试题中精心挑选和改编的，由于这些题当年都经过专家组集体反复推敲和琢磨，相对比较严谨，也有一定代表性，是非常经典的题目。通过学习和练习，读者可以达到举一反三的效果。本书适用于土木工程专业的本、专科生和准备参加注册岩土工程师专业考试的工程师们使用。

本教材第1章由胡萍、尹吉淑编写，第2章由周晖、胡萍编写，第3章由周晖、樊军伟编写，第4章由肖仁成、熊志彪编写。

本教材的出版得到了湖南省高校土木工程重点学科建设专项资金的资助，在此一并表示感谢！

由于编者水平有限，尽管已校核和整理多遍，书中难免存在不足和疏漏之处，敬请各位读者批评指正。

编　者

2014 年 12 月

目 录 CONTENTS

1 地基基础设计概述

大树伤根则枯，无根即倒。地基基础是建筑物的根基，若地基基础不稳固，将危及整个建筑物的安全。因此，基础工程的设计必须根据上部结构传力体系特点、建筑物对地下空间使用功能的要求、地基土质的物理力学性质，结合施工设备能力，考虑经济造价等各方面因素，合理选择地基基础设计方案。本章将介绍地基基础设计的有关基本原则，并介绍地基类型、基础类型和地基与基础、上部结构共同作用的基本原理。

1.1 地基基础设计原则

1.1.1 概率极限状态设计法与极限状态设计原则

概率极限状态设计法是"以概率理论为基础的极限状态设计法"的简称。承载能力的极限状态，即结构或杆件发挥了允许的最大承载能力的状态。或虽然没有达到最大承载能力，但由于过大的变形已不具备使用条件，也属于极限状态。所谓"极限状态"，就是当结构的整体或某一部分，超过了设计规定的要求时，这个状态就叫做极限状态。极限状态又分为：承载能力极限状态与正常使用极限状态。

这里讲"概率计算"，就是以结构的失效概率来确定结构的可靠度。过去容许应力法采用了一个安全系数 K（简称单一系数法），就是只用一个安全系数来确定结构的可靠程度。而现在采用了多个分项系数（简称多系数法），把结构计算划分得更细更合理，针对不同情况，给出了不同的分项系数。这些分项系数是由统计概率方法进行确定的，所以具有实际意义。来自于工程实践，诸多的分项系数从不同方面对结构计算进行修订后，使其材料得以充分发挥和结构更加安全可靠。这些系数都是结构在规定的时间内，在规定的条件下，完成预定功能的概率（也即可靠度）。所以这个计算方法的全称应该为"以概率理论为基础的极限状态设计法"。

概率极限状态设计法：将工程结构的极限状态分为承载能力极限状态和正常使用极限状态两大类。按照各种结构的特点和使用要求，给出极限状态方程和具体的限值，作为结构设计的依据。用结构的失效概率或可靠指标度量结构可靠度，在结构极限状态方程和结构可靠度之间以概率理论建立关系。这种设计方法即为基于概率的极限状态设计法，简称为概率极限状态设计法。其设计式是用荷载或荷载效应、材料性能和几何参数的标准值附以各种分项系数，再加上结构重要性系数来表达。对承载能力极限状态采用荷载效应的基本组合和偶然组合进行设计，对正常使用极限状态按荷载的短期效应组合和长期效应组合进行设计。

1.承载能力极限状态

（1）整个结构或结构的一部分作为刚体失去平衡（如倾覆等）；

（2）结构构件或连接因超过材料强度而破坏（包括疲劳破坏），或因过度塑性变形而不适于继续承载；

（3）结构转变为机动体系；

（4）结构或结构构件丧失稳定（如压屈等）；

（5）地基丧失承载能力而破坏（如滑动失稳等）。

2.正常使用极限状态

（1）影响正常使用或外观的变形；

（2）影响正常使用或耐久性能的局部损坏（包括裂缝）；

（3）影响正常使用的振动；

（4）影响正常使用的其他特定状态。

对应于结构或构件达到正常使用或耐久性能的某项规定限值。根据建筑物功能使用要求，长期荷载作用下地基变形对上部结构的影响程度，地基基础设计和计算应满足以下设计原则：

（a）各级建筑物均应进行地基承载力计算，防止地基土体剪切破坏，有些建筑物尚应验算稳定性；

（b）进行必要的变形验算，控制地基变形计算值不超过允许值；

（c）基础结构尺寸、构造、材料应满足长期荷载作用下的强度、刚度和耐久性要求。

1.1.2 地基基础设计基本规定

1）地基基础设计应根据地基复杂程度、建筑物规模和功能特征以及由于地基问题可能造成建筑物破坏或影响正常使用的程度分为三个设计等级，设计时应根据具体情况，按表1-1选用。

表1-1 地基基础设计等级

设计等级	建筑和地基类型
甲级	重要的工业与民用建筑物 30层以上的高层建筑物 体型复杂，层数相差超过10层的高低层连成一体建筑物 大面积的多层地下建筑物（如地下车库、商场、运动场等） 对地基变形有特殊要求的建筑物 复杂地质条件下的坡上建筑物（包括高边坡） 对原有工程影响较大的新建建筑物 场地和地基条件复杂的一般建筑物 位于复杂地质条件及软土地区的二层及二层以上地下室的基坑工程 开挖深度大于15 m的基坑工程 周边环境条件复杂、环境保护要求高的基坑工程
乙级	除甲级、丙级以外的工业与民用建筑物 除甲级、丙级以外的基坑工程
丙级	场地和地质条件简单、荷载分布均匀的七层及七层以下民用建筑及一般工业建筑；次要的轻型建筑物 非软土地区且场地地质条件简单、基坑周边环境条件简单、环境保护要求不高且开挖深度小于5.0 m的基坑工程

建筑地基基础设计等级是按照地基基础设计的复杂性和技术难度确定的，划分时考虑了建筑物的性质、规模、高度和体型，对地基变形的要求，场地和地基条件的复杂程度，以及由

于地基问题对建筑物安全和正常使用可能造成影响的严重程度等因素。

在地基基础设计等级为甲级的建筑物中，30 层以上的高层建筑，不论其体型复杂与否均列入甲级，这是考虑到其高度和重量对地基承载力和变形均有较高要求，采用天然地基往往不能满足设计需要，而需考虑桩基或进行地基处理；体型复杂、层数相差超过 10 层的高低层连成一体建筑物是指在平面上和立面上高度变化较大、体型变化复杂，且建于同一整体基础上的高层宾馆、办公楼、商业建筑等建筑物。由于上部荷载大小相差很大、结构刚度和构造变化复杂，极易出现地基不均匀变形，为使地基变形不超过建筑物的允许值，地基基础设计的复杂程度和技术难度较大，有时需要采用多种地基和基础类型或考虑采用地基与基础和上部结构共同作用的变形分析计算来解决不均匀沉降对基础和上部结构的影响问题；大面积的多层地下建筑物存在深基坑开挖的降水、支护和对邻近建筑物可能造成严重不良影响等问题，增加了地基基础设计的复杂性，有些地面以上没有荷载或荷载很小的大面积多层地下建筑物，如地下停车场、商场、运动场等还存在抗地下水浮力的设计问题；复杂地质条件下的坡上建筑物是指坡体岩土的种类、性质、产状和地下水条件变化复杂等对坡体稳定性不利的情况，此时应做边坡稳定性分析，必要时应采取整治措施；对原有工程影响较大的新建建筑物是指在原有建筑物旁和在地铁、地下隧道、重要地下管道上或旁边新建的建筑物，当新建建筑物对原有工程影响较大时，为保证原有工程的安全和正常使用，增加了地基基础设计的复杂性和难度；场地和地基条件复杂的建筑物是指不良地质现象强烈发育的场地，如泥石流、崩塌、滑坡、岩溶土洞塌陷等，或地质环境恶劣的场地，如地下采空区、地面沉降区、地裂缝地区等，复杂地基是指地基岩土种类和性质变化很大、有古河道或暗浜分布、地基为特殊性岩土，如膨胀土、湿陷性土等，以及地下水对工程影响很大需特殊处理等情况，上述情况均增加了地基基础设计的复杂程度和技术难度。对在复杂地质条件及软土地区开挖较深的基坑工程，由于基坑支护、开挖和地下水控制等技术复杂、难度较大；开挖深度大于 15 m 以及基坑周边环境条件复杂、环境保护要求高时对基坑支挡结构的位移控制严格，也列入甲级。

表 1-1 所列的设计等级为丙级的建筑物是指建筑场地稳定，地基岩土均匀良好、荷载分布均匀的七层及七层以下民用建筑及一般工业建筑以及次要的轻型建筑物。

由于情况复杂，设计时应根据建筑物和地基的具体情况参照上述说明确定地基基础的设计等级。

2)根据建筑物地基基础设计等级及长期荷载作用下地基变形对上部结构的影响程度，地基基础设计应符合下列规定：

(1)所有建筑物的地基计算均应满足承载力计算的有关规定；

(2)设计等级为甲级、乙级的建筑物均应按地基变形设计；

(3)设计等级为丙级建筑物有下列情况之一时，应作变形验算：

(a)地基承载力特征值 <130 kPa，且体型复杂的建筑；

(b)在基础上及其附近有地面堆载或相邻基础荷载差异较大，可能引起地基产生过大的不均匀沉降时；

(c)软弱地基上的建筑物存在偏心荷载时；

(d)相邻建筑距离过近，可能发生倾斜时；

(e)地基内有厚度较大或厚薄不均的填土，其自重固结未完成时。

（4）对经常受水平荷载作用的高层建筑、高耸结构和挡土墙等，以及建造在斜坡上或边坡附近的建筑物和构筑物，尚应验算其稳定性；

（5）基坑工程应验算稳定性；

（6）建筑地下室或地下构筑物存在上浮问题时，尚应进行抗浮验算。

3）表1-2所列范围内设计等级为丙级的建筑物可不做地基变形验算。

表1-2 可不做地基变形验算的设计等级为丙级的建筑物范围

地基主要受力层情况		地基承载力特征值 f_{ak}(kPa)	$80 \leqslant f_{ak} < 100$	$100 \leqslant f_{ak} < 130$	$130 \leqslant f_{ak} < 160$	$160 \leqslant f_{ak} < 200$	$200 \leqslant f_{ak} < 300$
		各土层坡度（%）	≤5	≤10	≤10	≤10	≤10
建筑类型		砌体承重结构、框架结构（层数）	≤5	≤5	≤6	≤6	≤7
	单层排架结构（6m柱距）	单跨 吊车额定起重量(t)	10~15	15~20	20~30	30~50	50~100
		单跨 厂房跨度(m)	≤18	≤24	≤30	≤30	≤30
		多跨 吊车额定起重量(t)	5~10	10~15	15~20	20~30	30~75
		多跨 厂房跨度(m)	≤18	≤24	≤30	≤30	≤30
	烟囱	高度(m)	≤40	≤50	≤75		≤100
	水塔	高度(m)	≤20	≤30	≤30		≤30
		容积(m³)	50~100	100~200	200~300	300~500	500~1000

注：①地基主要受力层系指条形基础底面下深度为3b（b为基础底面宽度），独立基础下为1.5b，且厚度均不小于5m的范围（二层以下一般的民用建筑除外）；

②地基主要受力层中如有承载力特征值小于130kPa的土层，表中砌体承重结构的设计，应符合《建筑地基基础设计规范》（GB50007—2011）第7章（软弱地基）的有关规定；

③表中砌体承重结构和框架结构均为民用建筑，对于工业建筑可按厂房高度、荷载情况折合成与其相当的民用建筑层数；

④表中吊车额定起重量、烟囱高度和水塔容积的数值系指最大值。

4）地基基础的设计使用年限不应小于建筑结构的设计使用年限。

1.1.3 荷载资料

《建筑结构荷载规范》（GB50009—2012）：

1. 荷载分类和荷载代表值

结构上荷载可分为下列三类：

（1）永久荷载：是指在结构使用期间，其值不随时间变化，或其变化与平均值相比可以忽略不计，或其变化是单调的并能趋于限值的荷载。例如结构自重、土压力、预应力等。

（2）可变荷载：是指在结构使用期间，其值随时间变化，且其变化与平均值相比不可以忽略不计的荷载。例如楼面活荷载、屋面活荷载和积灰荷载、吊车荷载、风荷载、雪荷载等。

（3）偶然荷载：是指在结构使用期间不一定出现，一旦出现其值很大且持续时间很短的荷载。例如爆炸力、撞击力等。

建筑结构设计时，对不同荷载应采用不同的代表值。对永久荷载应采用标准值作为代表值；对可变荷载应根据设计要求采用标准值、组合值、频遇值或准永久值作为代表值；对偶然荷载应按建筑结构使用的特点确定其代表值。

荷载代表值： 设计中用以验算极限状态所采用的荷载量值，例如标准值、组合值、频遇值和准永久值。

设计基准值： 为确定可变荷载代表值而选用的时间参数。

标准值： 荷载的基本代表值，为设计基准期内最大荷载统计分布的特征值（例如均值、众值、中值或某个分位值）。

组合值： 对可变荷载，使组合后的荷载效应在设计基准期内的超越概率，能与该荷载单独出现时的相应概率趋于一致的荷载值；或使组合后的结构具有统一规定的可靠指标的荷载值。

频遇值： 对可变荷载，在设计基准期内，其超载的总时间为规定的较小比率或超载概率为规定频率的荷载值。

准永久值： 对可变荷载，在设计基准期内，其超载的总时间约为设计基准期一半的荷载值。

荷载设计值： 荷载代表值与荷载分项系数的乘积。

可变荷载频遇值应取可变荷载标准值乘以荷载频遇值系数；可变荷载准永久值应取可变荷载标准值乘以荷载准永久值系数。

2. 荷载组合

（1）正常使用极限状态下，标准组合的效应设计值 S_k 应按下式确定：

$$S_k = S_{Gk} + S_{Q1k} + \sum_{i=2}^{n} \Psi_{ci} S_{Qik} \tag{1-1}$$

式中：S_{Gk}——永久作用标准值 G_k 的效应；

S_{Qik}——第 i 个可变作用标准值 Q_{ik} 的效应；

Ψ_{ci}——第 i 个可变作用 Q_i 的组合值系数。

（2）准永久组合的效应设计值 S_k 应按下式确定：

$$S_k = S_{Gk} + \sum_{i=1}^{n} \Psi_{qi} S_{Qik} \tag{1-2}$$

式中：Ψ_{qi}——第 i 个可变作用 Q_i 的准永久值系数。

（3）承载能力极限状态下，由可变作用控制的基本组合的效应设计值 S_d，应按下式确定：

$$S_d = \gamma_G S_{Gk} + \gamma_{Q1} S_{Q1k} + \sum_{i=2}^{n} \gamma_{Qi} \psi_{ci} S_{Qik} \tag{1-3}$$

式中：γ_G——永久作用的分项系数；

γ_{Qi}——第 i 个可变作用的分项系数。

（4）对由永久作用控制的基本组合，也可采用下式简化计算：

$$S_d = 1.35 S_k \tag{1-4}$$

式中：S_k——标准组合的作用效应设计值。

3. 地基基础设计时，所采用的作用效应与相应的抗力限值应符合下列规定：

（1）按地基承载力确定基础底面积及埋深或按单桩承载力确定桩数时，传至基础或承台底面上的荷载按正常使用极限状态下作用的标准组合，相应的抗力应采用地基承载力特征值或单桩承载力特征值；

（2）计算地基变形时，传至基础底面上的作用效应力按正常使用极限状态下作用的准永久组合，不计风荷载和地震作用；相应的限值为地基变形允许值；

（3）计算挡土墙、地基或滑坡稳定以及基础抗浮稳定时，作用效应应按承载能力极限状态下作用的基本组合，但其分项系数均为1.0；

（4）确定基础或桩基承台高度、支挡结构截面、计算基础或支挡结构内力、确定配筋和验算材料强度时，上部结构传来的作用效应和相应的基底反力、挡土墙土压力以及滑坡推力，应按承载能力极限状态下作用的基本组合，采用相应的分项系数；当需要验算基础裂缝宽度时，应按正常使用极限状态下作用的标准组合；

（5）基础设计安全等级、结构设计使用年限、结构重要性系数按有关规范的规定采用，但结构重要性系数 γ_0 不小于1.0。

1.1.4　岩土工程勘察资料

1.岩土工程勘察报告应提供下列资料

有无影响建筑场地稳定性的不良地质条件及其危害程度；建筑物范围内的地层结构及其均匀性，以及各岩土层的物理力学性质；地下水埋藏情况、类型和水位变化幅度及规律，以及对建筑材料的腐蚀性；在抗震设防区应划分场地土类型和场地类别，并对饱和砂土及粉土进行液化判别；对可供采用的地基基础设计方案进行论证分析，提供与设计要求相对应的地基承载力及变形参数，并对设计与施工应注意的问题提出建议。

当工程需要时，尚应提供：深基坑开挖的边坡稳定计算和支护设计所需的岩土技术参数，论证其对周边环境的影响；基坑施工降水的有关技术参数及地下水控制方法的建议；用于计算地下水浮力的设计水位。

抗浮设防水位是很重要的设计参数，影响因素众多，不仅与气候、水文地质等自然因素有关，有时还涉及地下水开采、上下游水量调配、跨流域调水和大量地下工程建设等复杂因素。对情况复杂的重要工程，要在勘察期间预测建筑物使用期间水位可能发生的变化和最高水位有时相当困难。此时要论证使用期间水位变化，提出抗浮设防水位时，应进行专门研究。

2.地基评价宜采用钻探取样、室内土工试验、触探，并结合其他原位测试方法进行

设计等级为甲级的建筑物应提供载荷试验指标、抗剪强度指标、变形参数指标和触探资料；设计等级为乙级的建筑物应提供抗剪强度指标、变形参数指标和触探资料；设计等级为丙级的建筑物应提供触探及必要的钻探和土工试验资料 。

3.建筑物地基均应进行施工验槽

如地基条件与原勘察报告不符时，应进行施工勘察。

1.1.5　地基基础设计内容和步骤

地基基础设计的内容和步骤，在保证建筑物的安全和正常使用前提下，可以用图1-1表示。

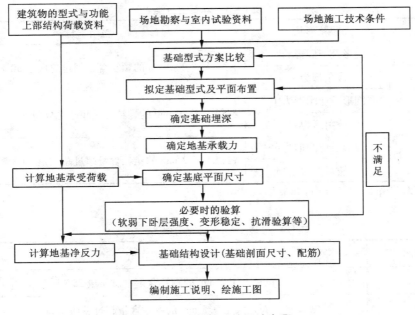

图 1 - 1　地基基础的设计步骤

1.2　地基分类之一

1.2.1　天然地基

1. 土质地基

在漫长的地质年代中,岩石经历风化、剥蚀、搬运、沉积生成土。按地质年代划分为"第四纪沉积物",根据成因的类型分为残积物、坡积物、洪积物、平原河谷冲积物(河床、河漫滩、阶地)、山区河谷冲积物(较前者沉积物质粗,大多为砂料所充填的卵石、圆砾)等。粗大的土粒是岩石经物理风化作用形成的碎屑,或是岩石中未产生化学变化的矿物颗粒,如石英和长石等;而细小土料主要是化学风化形成的次生矿物和生成过程中混入的有机物质。粗大土粒其形状呈块状或粒状,而细小颗粒主要呈片状。土按颗粒级配或塑性指数可划分为碎石土、砂土、粉土和黏性土。碎石土和砂土的划分应符合表 1 - 3、表 1 - 4 的规定。

(1)碎石土为粒径大于 2 mm 的颗粒含量超过全重 50% 的土,并可按表 1 - 3 进一步分为漂石、块石、卵石、碎石、圆砾和角砾。

(2)砂土为粒径大于 2 mm 的颗粒含量不超过总质量 50%、粒径大于 0.075 mm 的颗粒含量超过总质量 50% 的土,可按表 1 - 4 分为砾砂、粗砂、中砂、细砂和粉砂。

(3)粒径大于 0.075 mm 的颗粒不超过全部质量的 50%,且塑性指数小于或等于 10 的土,应定名为粉土。

(4)黏性土当塑性指数大于 10,且小于等于 17 时,应定名为粉质黏土;当塑性指数大于 17 时,应定名为黏土。

表1-3 碎石土分类

土的名称	颗粒形状	粒组含量
漂 石	圆形及亚圆形为主	粒径大于 200 mm 的颗粒含量超过总质量 50%
块 石	棱角形为主	
卵 石	圆形及亚圆形为主	粒径大于 20 mm 的颗粒含量超过总质量 50%
碎 石	棱角形为主	
圆 砾	圆形及亚圆形为主	粒径大于 2 mm 的颗粒含量超过总质量 50%
角 砾	棱角形为主	

注：定名时根据粒组含量栏从上到下以最先符合者确定。

表1-4 砂土分类

土的名称	粒组含量
砾砂	粒径大于 2 mm 的颗粒含量占总质量 25%~50%
粗砂	粒径大于 0.5 mm 的颗粒含量超过总质量 50%
中砂	粒径大于 0.25 mm 的颗粒含量超过总质量 50%
细砂	粒径大于 0.075 mm 的颗粒含量超过总质量 85%
粉砂	粒径大于 0.075 mm 的颗粒含量超过总质量 50%

注：定名时根据粒组含量栏从上到下以最先符合者确定。

土质地基一般是指成层岩石以外的各类土，在不同行业的规范中其名称与具体划分的标准略有不同，基本分为碎石土、砂土、粉土和黏性土几大类。

地基与我们称为土的材料组成成分相同，不同点是前者为承受荷载的那部分土体，而后者是对地壳组成部分除岩层、海洋外的统称。由于地基是承受荷载的土体，因而在基础底面传给土层的外荷载作用下将在土体内部产生压应力、切应力与相应的变形。根据布辛奈斯克解答可以得到基础底面中心点下土体的竖向压应力沿深度的衰减曲线，当在某一深度处外荷载引起的竖向压应力值等于 $0.1\sigma_{cz}$（σ_{cz} 为该深度处土体的自重应力）时，基本将这一深度定为三维半无限空间土体的地基土体应力影响深度的下限值，也可从变形计算中压缩层厚度的概念确定其下限值（即在该值以下的土层产生的变形忽略不计）。地基土层的范围确定后，确定构筑物通过基础传给土层的外荷，地基土层的沉降变形即可求得。根据构筑物的具体要求可计算施工阶段的固结沉降、使用阶段的最终沉降，其数值均应在允许范围内。

土质地基承受建筑物荷载时，土体内部剪应力（也称切应力）逐渐增大，其数值不得超过土体的抗剪强度，并由此确定了地基土体的承载力。该地基承载力是决定基础底面尺寸的控制因素。其确定方法在本教材 2.2 节中详述。

土质地基处于地壳的表层，施工方便，基础工程造价较经济，是房屋建筑、中、小型桥梁、涵洞、水库、水坝等构筑物基础经常选用的持力层。

2.岩石地基

当岩层距地表很近，或高层建筑、大型桥梁、水库水坝荷载通过基础底面传给土质地基，地基土体承载力、变形验算不能满足相关规范要求时，则必须选择岩石地基。例如我国南京长江大桥的桥墩基础、三峡水库大坝的坝基基础等均坐落于岩石地基上。

岩石根据其成因不同，分为岩浆岩、沉积岩、变质岩。它们具有足够的抗压强度，颗粒间有较强的连接，除全风化、强风化岩石外均属于连续介质。它较土粒堆积而成的多孔介质的力学性能优越许多。硬质岩石的饱和单轴抗压强度可高达 60 MPa 以上，软质岩石的数值也在 5 MPa 不等。其数量级与土质地基相比，可认为扩大 10 倍以上，当岩层埋深浅，施工方便时，它应是首选的天然地基持力层。而建筑物荷载在岩层中引起的压应力、剪应力分布的深度范围内，往往不是一种单一的岩石，而是由若干种不同强度的岩石组成。同时由于地质构造运动引起地壳岩石变形和变位，形成岩层中有多个不同方向的软弱结构面，或有断层存在。长期风化作用(昼夜、季节温差，大气及地下水中的侵蚀性化学成分的渗浸等)使岩体风化程度加深，导致岩层的承载能力降低，变形量增大。根据风化程度将岩石分为未风化、微风化、中等风化、强风化、全风化岩石。不同的风化等级对应不同的承载能力。实际工程中岩体中产生的剪应力没有达到岩体的抗剪强度时，由于岩体中存在一些纵横交错的结构面，在剪应力作用下该软弱结构面产生错动，使得岩石的抗剪强度降低，导致岩体的承载能力降低。所以当岩体中存在延展较大的各类结构面特别是倾角较陡的结构面时，岩体的承载能力可能受该结构面的控制。

城市地下铁道的修建及公路、铁路中隧道的建设，大部分是在岩石地基中形成地下洞室。洞室的洞壁与洞顶的岩层组成地下洞室围岩。一般情况下，在查明岩体结构特征和岩层中应力条件的基础上，根据岩体的强度和变形特点就可以判别围岩的稳定性。其稳定性与地下洞室某一洞段内比较发育的、强度最弱的结构面状态有关(包括张开度、充填物、起伏粗糙和延伸长度等情况)。目前，国际、国内的有关规范均以围岩的强度应力比(抗压强度与压应力之比)、岩体完整程度、结构面状态、地下水和主要结构面产状五项因素评定围岩的稳定性，同时采用围岩的强度应力比对稳定性进行分级。围岩强度与压应力是反映围岩应力大小与围岩强度相对关系的定量指标。其确定方法在隧道工程有关章节详述。

3.特殊土地基

我国地域辽阔，工程地质条件复杂。在不同的区域由于气候条件、地形条件、疾风作用在土壤过程中形成具有独特物理力学性质的区域土概称为特殊土。我国特殊土地基通常有湿陷性黄土地基、膨胀土地基、冻土地基、红黏土地基等。

1.2.2　人工地基

土质地基中含水量大于液限，孔隙比 $e \geqslant 1.5$ 或 $1.0 \leqslant e < 1.5$ 的新近沉积黏性土为淤泥、淤泥质黏土、淤泥质粉质黏土、淤泥混砂、泥炭及泥炭质土。这类土具有强度低、压缩性高、透水性差、流变性明显和灵敏度高等特点，普遍承载力较低。它们大部分是海河、黄河、长江、珠江等江河入海地区的主要地层。以上这类土都称之为软黏土。当建筑物荷载在基础底部产生的基底压力大于软黏土层的承载力或基础的沉降变形数据超过建筑物正常使用的允许值时，土质地基必须通过置换、夯实、挤密、排水、胶结、加筋和化学处理等方法对软土地基

进行处理与加固，使其性能得以改善，以满足承载能力或变形的要求，此时地基称为人工地基。

在软土地基或松散地基(回填土、杂填土、松软砂)中设置由散体材料(土、砂、碎石)等或弱胶结材料(石灰土、水泥土等)构成的加固桩柱体(也称增强体)，与桩间土一起共同承受外荷载，这类由两种不同强度的介质组成的人工地基，称为复合地基。复合地基中的桩柱体与桩基础的桩不同。前者是人工地基的组成部分，起加固地基的作用，桩柱体与土协调变形，共同受力，两者是彼此不可分割的整体。后者将结构荷载传递给深部地基土层，桩可单独承受外荷载，且由刚度大的材料组成，与承台或上部结构作刚性连接。桩柱体通过排水、挤土或原位搅拌等方式，使一部分地基土被置换为或转变成具有较高强度和刚度的增强体，这种作用称为置换作用。在成桩过程中，砂石桩的排水作用，石灰桩的膨胀吸水作用，对桩间土形成侧向挤压作用而使得土质改善，这种作用称之为挤密作用。

人工地基一般是在基础工程施工以前，根据地基土的类别、加固深度、上部结构要求、周围环境条件、材料来源、施工工期、施工技术与设备条件进行地基处理方案选择、设计，力求达到方法先进、经济合理的目的。

1.3　基础分类之二

1.3.1　浅基础

1. 扩展基础

对上部结构而言，基础应是可靠的支座，对下部地基而言，基础所传递的荷载效应应满足地基承载力和变形的要求，这就有必要在墙柱下设置水平截面扩大的基础，即扩展式基础。扩展基础通常指墙下条形基础和柱下单独基础；扩展基础又可分为无筋扩展基础(刚性基础)和钢筋混凝土扩展基础(柔性基础)。

1) 无筋扩展基础

无筋扩展基础是指由砖、毛石、混凝土或毛石混凝土、灰土和三合土等材料组成的无需配置钢筋的墙下条形基础或柱下独立基础。无筋基础的材料都具有较好的抗压性能，但抗拉、抗剪强度都不高，为了使基础内产生的拉应力和剪应力不超过相应的材料强度设计值，设计时需要确定基础的高度。这种基础几乎不发生挠曲变形，故习惯上把无筋基础称为刚性基础，多用于民用建筑和轻型厂房。

砖基础是工程中最常见的一种无筋扩展基础，各部分尺寸应符合砖的尺寸模数。砖基础一般做成台阶式，俗称"大放脚"，每一级台阶的挑出长度为1/4砖长。其砌筑方式有两种(如图1-2所示)：其一是"两皮一收法"，即每砌两皮砖，收进1/4砖长(60 mm)，如此反复；其二是"二一间隔法"，即砌两皮收进1/4砖长再砌一皮，如此反复。基础材料不宜使用灰砂砖、轻质砖，砖强度等级不低于Mu10，砂浆强度等级不低于M5。为了保证基础的砌筑质量，并能起到保护基坑的作用，砖基础施工前，一般先做100 mm厚的垫层，每边伸出砖基底50~100 mm。设计时，这样的薄垫层一般作为构造层，不作为基础结构部分考虑。因此，垫层的宽度和高度都不计入基础的底宽 b 和埋深 d 之内。

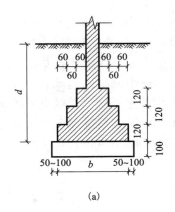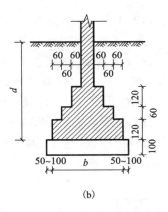

（a）　　　　　　　　　　　　（b）

图 1 - 2　砖基础剖面图

（a）两皮一收砌法；（b）二一间隔收砌法

　　毛石基础是用未经人工加工的石材和砂浆砌筑而成（如图 1 - 3 所示）。其优点是能就地取材、价格低，缺点是施工劳动强度大。另外，在毛石基础设计中，基底一般不设混凝土垫层，这是由于在搬运毛石过程中，极易破坏垫层的缘故。施工时，毛石不得采用易风化的软岩，砂浆强度等级不低于 M5。阶梯形台阶挑出宽度≤200 mm、每级台阶高≥400 mm。

　　灰土基础是用石灰和黏性土的混合材料铺设、压密而成（如图 1 - 4 所示）。石灰以块状生石灰经消化 1 ~ 2 天后过 5 ~ 10 mm 筛子筛后使用。土以粉质黏土为宜，可使用黏土。干燥锤平后过 10 ~ 20 mm 筛子筛后使用。两种材料按体积比 3:7 或 2:8 并加入适量的水拌和均匀，分步夯实。在基坑内每层虚铺 22 ~ 25 cm，夯至 15 cm 为一步，视基础高度做几步。夯实后最小干重度应满足：粉土：15.5 kN/m³；粉质黏土：15.0 kN/m³；黏土 14.5 kN/m³。灰土基础早期强度低，但强度随时间不断增大。适用于水位较低的五层及五层以下的民用混合建筑及墙承重轻型工业厂房。

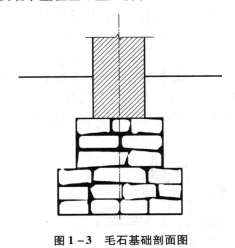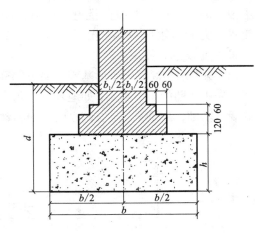

图 1 - 3　毛石基础剖面图　　　　　　**图 1 - 4　灰土基础剖面图**

　　三合土基础是用石灰、砂和粗骨料三合一材料铺设、压密而成（如图 1 - 5 所示）。石灰与土同灰土基础要求。粗骨料采用矿渣为最好，碎砖次之，碎石与河卵石因不易夯打击实而最差。

三种材料按体积比1:2:4或1:3:6并加入适宜的水拌和均匀。施工方法同灰土基础，但每次虚铺厚度为220 mm。适用于我国南方地区地下水位较低的四层及四层以下的民用建筑。

混凝土和毛石混凝土基础的强度、耐久性与抗冻性都优于砖石基础（如图1-6所示），因此，当荷载较大或位于地下水位以下时，可考虑选用混凝土基础。混凝土基础水泥用量大，造价稍高，当基础体积较大时，可设计成毛石混凝土基础。混凝土采用≥C15，毛石不得采用易风化软岩。掺入量不应大于基础体积的30%。尺寸不得大于300 mm，使用前应冲洗干净。分阶梯形与角锥形两种，一般为台阶形，阶梯高度≥300 mm。由于其施工质量控制较困难，使用并不广泛。

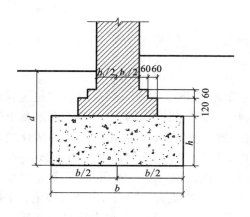

图1-5 三合土基础剖面图

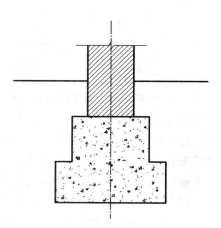

图1-6 混凝土和毛石混凝土基础剖面图

2）钢筋混凝土扩展基础

钢筋混凝土扩展基础常被简称为扩展基础，是指墙下钢筋混凝土条形基础和柱下钢筋混凝土独立基础。这类基础的抗弯和抗剪性能良好，可在竖向荷载较大、地基承载力不高以及承受水平力和力矩荷载等情况下使用。与无筋基础相比，其基础高度较小，因此更适宜在基础埋置深度较小时使用。

（1）墙下钢筋混凝土条形基础。墙下钢筋混凝土条形基础的构造如图1-7所示。一般情况下可采用无肋的墙下基础，如地基不均匀，为了增强基础的整体性和抗弯能力，可以采用有肋的墙下基础，肋部配置足够的纵向钢筋和箍筋，以承受由不均匀沉降引起的弯曲应力。

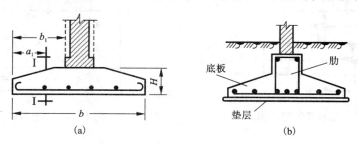

图1-7 墙下钢筋混凝土条形基础

（a）无肋式；（b）有肋式

（2）柱下钢筋混凝土独立基础。柱下钢筋混凝土独立基础的构造如图1-8所示。现浇柱的独立基础可做成锥形或阶梯形；预制柱则采用杯口基础。杯口基础常用于装配式单层工业厂房。

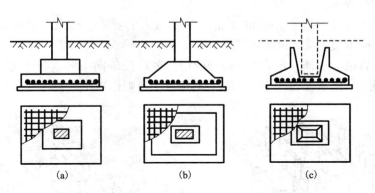

图1-8 柱下钢筋混凝土独立基础

（a）阶梯形基础；（b）锥形基础；（c）杯口基础

（a）、（b）适用于现浇柱基础，（c）适用于预制柱基础

2. 联合基础

联合基础主要指同列相邻两柱公共的钢筋混凝土基础，即双柱联合基础。当两柱设立独立基础时，其中一柱受限，或两柱间距较小而基底面积不足或荷载偏心过大时可用此类型基础。

3. 柱下条形基础

当地基较为软弱、柱荷载或地基压缩性分布不均匀，以至于采用扩展基础可能产生较大的不均匀沉降时，常将同一方向（或同一轴线）上若干柱子的基础连成一体而形成柱下条形基础，如图1-9所示。这种基础抗弯刚度较大，因而具有调整不均匀沉降的能力，并能将所承受的集中柱荷载较均匀地分布到整个基底面积上。柱下条形基础是常用于软弱地基上框架或排架结构的一种基础形式。

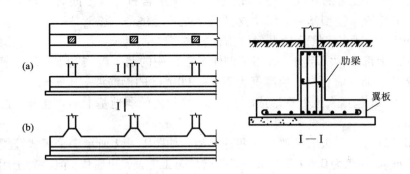

图1-9 柱下条形基础

（a）等截面的；（b）柱位处加腋的

4. 柱下交叉条形基础

如果地基软弱且在两个方向分布不均匀，需要基础在两方向都具有一定的刚度来调整不均匀沉降，则可在柱网下沿纵横两向分别设置钢筋混凝土条形基础，从而形成柱下交叉条形基础，如图1-10所示。

如果单向条形基础的底面积已能满足地基承载力的要求，则为了减少基础之间的沉降差，可在另一方向加设连梁，组成如图1-11所示的连梁式交叉条形基础。为了使基础受力明确，连梁不宜着地。这样，交叉条形基础的设计就可按单向条形基础来考虑。连梁的配置通常是带经验性的，但需要有一定的承载力和刚度，否则作用不大。

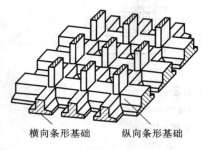

图1-10 柱下交叉条形基础

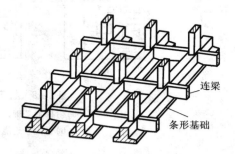

图1-11 连梁式交叉条形基础

5. 筏型基础

当柱下交叉条形基础底面积占建筑物平面面积的比例较大，或者建筑物在使用上有要求时，可以在建筑物的柱、墙下方做成一块满堂的基础，即筏型（片筏）基础。筏型基础由于其底面积大，故可减小基地压力，同时也提高了地基土的承载力，并能更有效地增强基础的整体性，调整不均匀沉降。此外，筏型基础还具有前述各类基础所不完全具备的良好功能，例如：能跨越地下浅层小洞穴和局部软弱层；提供比较宽敞的地下使用空间；作为地下室、水池、油库等的防渗底板；增强建筑物的整体抗震性能；满足自动化程度较高的工艺设备对不允许有差异沉降的要求，以及工艺连续作业和设备重新布置的要求等。

但是，当地基有显著的软硬不均情况，例如地基中岩石与软土同时出现时，应首先对地基进行处理，单纯依靠筏型基础来解决这类问题是不经济的，甚至是不可行的。筏型基础的面板与板底均配置有受力钢筋，因此经济指标较高。

按所支撑的上部结构类型分，有用于砌体承重结构的墙下筏型基础和用于框架、剪力墙结构的柱下筏型基础。前者是一块厚度为200~300 mm的钢筋混凝土平板，埋深较浅，适用于具有硬壳持力层（包括人工处理形成的）、比较均匀的软弱地基上的六层及六层以下承重横墙较密的民用建筑。

柱下筏型基础分为平板式和梁板式两种类型。如图1-12所示。平板式筏型基础的厚度不应小于400 mm，一般为0.5~2.5 m。其特点是施工方便、建造快，但混凝土用量大。建于新加坡的杜那士大厦（Tunas Building）是高96.62 m、29层的钢筋混凝土框架－剪力墙体系，其基础即为厚1.44 m的平板式筏型基础。当柱荷载较大时，可将柱位下板厚局部加大或设柱墩，以防止基础发生冲切破坏。若柱距较大，为了减小板厚，可在柱轴两个方向设置肋梁，形成梁板式筏型基础。

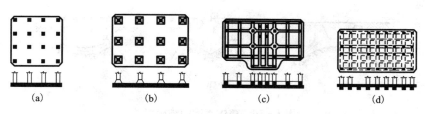

图 1-12 柱下筏型基础

(a)平板式；(b)平板式；(c)梁板式；(d)梁板式

6. 箱型基础

箱型基础是由钢筋混凝土的底板、顶板、外墙和内隔墙组成的具有一定高度的整体空间结构，如图 1-13 所示，适用于软弱地基上的高层、重型或对不均匀沉降有严格要求的建筑物。与筏型基础相比，箱型基础具有更大的抗弯刚度，只能产生大致均匀的沉降或整体倾斜，从而基本上消除了因地基变形而使建筑物开裂

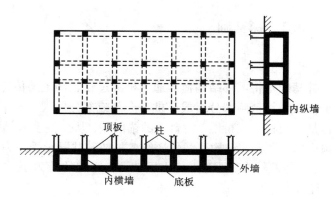

图 1-13 箱型基础

的可能性。箱型基础埋深较大，基础中空，从而使开挖卸去的土重部分抵偿了上部结构传来的荷载(补偿效应)，因此，与一般实体基础相比，它能显著减小基地压力、降低基础沉降量。此外，箱型基础的抗震性能较好。

高层建筑的箱基往往与地下室结合考虑，其地下空间可作人防、设备间、库房、商店以及污水处理等。冷藏库和高温炉体下的箱型基础有隔断热传导的作用，以防地基土产生冻胀或干缩。但由于内墙分隔，箱型地下室的用途不如筏型基础地下室广泛，例如不能用作地下停车场。

箱基的钢筋水泥用量很大，工期长，造价高，施工技术比较复杂，在进行深基坑开挖时，还需考虑降低地下水位、坑壁支护及对周边环境的影响等问题。因此，箱型基础的采用与否，应在与其他可能的地基基础方案作技术经济比较之后再确定。

7. 壳体基础

为了发挥混凝土抗压性能好的特性，可以将基础的形式做成壳体。一般用于筒形的独立构筑物(如烟囱、水塔、料仓、中小型高炉等)的基础。常见的壳体基础型式有三种，即圆锥壳、M 型组合和内球外锥组合壳，如图 1-14 所示。壳体基础可以用作柱基础和筒形构筑物的基础。

壳体基础的优点是材料省、造价低。根据统计，中小型筒形构筑物的壳体基础，可以比一般梁、板式的钢筋混凝土基础少用混凝土 30% ~50%，节约钢筋 30% 以上。此外，一般情况下施工时不必支模，土方挖运量也较少。不过，由于较难实行机械化施工，因此施工工期长，同时施工工作量大，技术要求高。

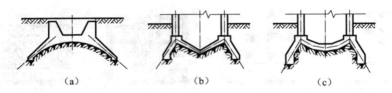

图 1-14 壳体基础的结构型式

(a)正圆锥壳;(b)M形组合壳;(c)内球外锥组合壳

1.3.2 深基础

1. 桩基础

桩基础是将上部结构荷载通过桩穿过较软弱土层传递给下部坚硬土层的基础形式。其由若干根桩和承台两部分组成。桩是全部或部分埋入地基中的钢筋混凝土(或其他材料)柱体。承台是框架柱下或桥墩、桥台下的锚固端,从而使上部结构荷载可以向下传递;它又将全部桩顶嵌固,将上部结构荷载传递给各桩使其共同承受外力。它多用于以下情况:

(1)荷载较大、地基上部土层软弱、适宜的持力层较深,采用浅基础或人工地基在技术上、经济上不合理。

(2)在建筑物荷载作用下,地基沉降计算结果超过有关规定,或建筑物对不均匀沉降敏感,采用桩基础穿过高压缩土层,将荷载传到较坚实土层,减少地基沉降并使地基沉降较均匀。另外桩基础还能增强建筑物的整体抗震能力。

(3)当施工水位或地下水位较高,河道冲刷较大,河道不稳定或冲刷深度不易计算准确而采用浅基础施工困难时,多采用桩基础。

桩基础按承台位置可分为高承台桩基础和低承台桩基础(如图 1-15)。当高层建筑荷载较大,箱型基础、筏型基础不能满足沉降变形、承载力要求时,往往采用桩箱基础、桩筏基础的形式。对于桩箱基础,宜将桩布置于墙下;对于带梁(肋)桩筏基础,宜将桩布置于梁(肋)下;这种布桩方法对箱、筏底板的抗冲切、抗剪十分有利,可以减小箱基或筏基的底板厚度。

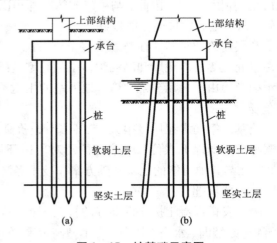

图 1-15 桩基础示意图

(a)低承台桩基础;(b)高承台桩基础

2. 沉井和沉箱基础

沉井是井筒状的结构物,如图 1-16所示。它先在地面预定位置或在水中筑岛处预制井筒状的结构物,然后在井内挖土、依靠自重克服井壁摩阻力下沉至设计标高,经混凝土封底,并填塞井内部,使其成为建筑物基础。

沉井既是基础，又是施工时挡水和挡土围堰结构物，在桥梁工程中得到较广泛的应用。沉井基础的缺点是施工期较长，当其置于细砂及粉砂类土中，在井内抽水时易发生流砂现象，造成沉井倾斜，施工过程中遇到土层中有大孤石、树干等时下沉困难。

沉井基础多用于以下情况：

（1）上部结构荷载较大，而表层地基承载力不足，做深基坑开挖工作量大，基坑的坑壁在水、土压力作用下支撑困难，而在一定深度下有好的持力层，采用沉井基础较其他类型基础经济合理；

（2）在山区河流中，虽然土质较好，但冲刷大，或者河中有较大卵石不便桩基础施工；

（3）岩石表面较平、埋深浅，而河水较深，采用扩展基础施工围堰时有困难。

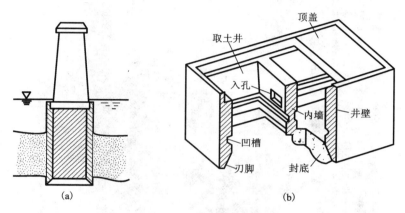

图1-16　沉井基础

（a）沉井基础剖面图；（b）沉井基础结构图

沉箱是一个有盖无底的箱型结构物（如图1-17）。整体性强，稳定性好，能承受较大荷载，沉箱底部的土体持力层质量能得到保证。其缺点是工人在高压无水条件下工作，不但挖土效率低，且有害健康。为了工人的安全，沉箱基础水下下沉深度不得超过35 m（相当于增大了3.5个大气压），因此其应用范围受到限制。由于存在以上缺点，目前在桥梁基础工程中较少采用沉箱基础。

3. 地下连续墙基础

地下连续墙是基坑开挖时，防止地下水渗流入基坑，支挡侧壁土体，防止坍塌的一种基坑支护形式或直接承受上部结构荷载的深基础形式。它是在泥浆护臂条件下，使用开槽机械，在地基中按建筑物平面的墙体位置形成深槽，槽内以钢筋、混凝

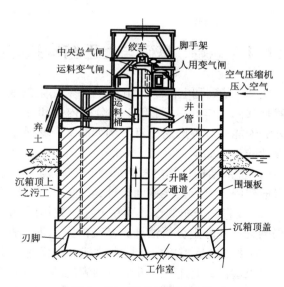

图1-17　沉箱基础结构图

土为材料构成地下钢筋混凝土墙。

地下连续墙的嵌固深度根据基坑支挡计算和使用功能相结合决定。宽度往往由其强度、刚度要求决定，与基坑深浅和侧壁土质有关。地下连续墙可穿过各种土层进入基岩，有地下水时无须采取降低地下水位的措施。用它作为建筑物的深基础时，可以地下、地上同时施工，因此在工期紧张的情况下，为采用"逆筑法"施工提供了可能。目前在桥梁基础、高层建筑箱基、地下车库、地铁车站、码头等工程中都有应用成功的实例。它既是地下工程施工的临时支护结构，又是永久建筑物的地下结构部分。图1-18为某工程地下连续墙钢筋笼体安放。

图1-18 某工程地下连续墙钢筋笼体安放

1.4 地基、基础与上部结构共同工作

地基、基础和上部结构组成了一个完整的受力体系，三者的变形相互制约、相互协调，也就是共同工作的，其中任一部分的内力和变形都是三者共同工作的结果。但常规的简化设计方法未能充分考虑这一点。例如图1-19所示的条形基础上多层平面框架结构的分析，常规设计的步骤如下：

（1）上部结构计算见图为固接（或铰接）在不动支座上的平面框架，如图1-19（b）所示，求得框架内力进行框架截面设计，支座反力则作为条形基础的荷载。

（2）按直线分布假设计算在上述荷载作用下条形基础的基底反力，然后按图1-19（c）所示用倒梁法或静定分析法计算基础内力，进行基础截面设计。

（3）将基底反力反向作用在地基上计算地基变形，验算建筑物是否符合变形要求。

可以看出，上述设计方法虽然满足了静力平衡条件，但是把上部结构、基础与地基三者作为此离散独立结构单元进行力学分析，有不合理之处，因为地基、基础和上部结构沿接触点（或面）分离后，虽然要求满足静力平衡条件，但却完全忽略了三者间受荷前后的变形连续性；事实上，地基、基础和上部结构三者是相互联系成整体来承担荷载而发生变形的，三者

18

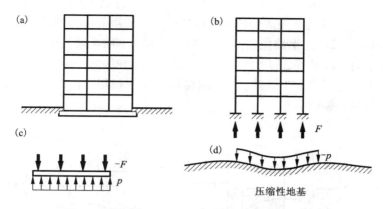

图 1-19 地基、基础、上部结构的常规分析简图

都将按各自的刚度对变形产生相互制约作用，从而使整个体系的内力（包括地基变形）发生变化。因此，合理的力学分析方法，原则上应按地基、基础和上部结构之间必须同时满足静力平衡和变形协调两个条件为前提，只有这样，才能显示三者在外荷载作用下相互制约、彼此影响的内在联系，从而达到安全、经济、合理的目的。

1.4.1 地基与基础的相互作用

1. 基底反力的分布规律

在常规设计法中，通常假设基底反力呈线性分布。但事实上，基底反力的分布是非常复杂的，除了与地基因素有关外，还受基础及上部结构的制约。为了便于分析，下面仅考虑基础本身刚度的作用而忽略上部结构的影响。

（1）基础完全柔性（不考虑上部结构）

抗弯刚度很小的基础可视为柔性基础。它就像一块放在地基上的柔软薄膜，可以随着地基变形而任意弯曲，基底反力分布与基础上荷载分布相同，无力调整基底的不均匀沉降，如图 1-20。因此，柔性基础不能扩散应力，因此基底反力分布与作用于基础上的荷载分布完全一致。

按弹性半空间理论所得的计算结果以及工程实践经验表明，均布荷载下柔性基础的沉降呈蝶形，即中部大、边缘小［图 1-20（a）］。显然若要使柔性基础的沉降趋于均匀，就必须增大基础边缘的荷载，并使中部

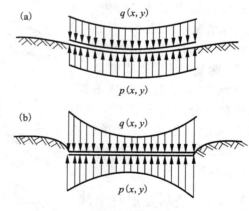

图 1-20 柔性基础基底反力
(a) 荷载均布时，$p(x, y)$ = 常数；
(b) 沉降均匀时，$p(x, y) \neq$ 常数

的荷载相应减小，这样，荷载和反力就变成了如图 1-20(b)所示的非均布形状了。

（2）基础绝对刚性

刚性基础的抗弯刚度极大，原来是平面的基底，在荷载作用下基础不产生挠曲，基底平

面沉降后仍保持平面，为适应绝对刚性基础不可弯曲的特点，基底反力将向两侧边缘集中（基础的架越作用），强使地基表面变形均匀以适应基础的沉降。当地基为完全弹性体时，基底应力分布如下图 1-21①（上凸抛物线形），随荷载增大，由于地基土仅具有很有限的强度，基底应力重分布，向中间转移，如下图 ②（马鞍形）、③（钟形）、④（下凸抛物线形）。一般来说，无论是黏性土还是无黏性土地基，只要刚性基础埋深和基底面积足够大，而荷载又不太大时，基底反力均呈马鞍形分布。

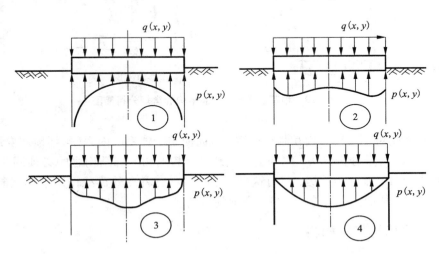

图 1-21 刚性基础基底反力的分布

2. 地基非均质性的影响

当地基压缩性显著不均匀时，按常规设计法求得的基础内力可能与实际情况相差很大。图 1-22 表示地基压缩性不均匀的两种相反情况，两基础的柱荷载相同，但其挠度情况和弯矩图截然不同。可见柱荷载分布情况的不同也会对基础内力造成不同的影响。在图中（a）、（b）最为有利，（c）、（d）最为不利。

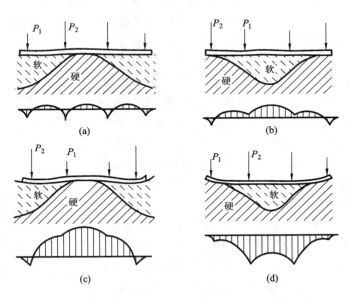

图 1-22 不均匀地基上条形基础柱荷载分布的影响

（a）、（d）内柱荷载大，边柱荷载小；
（b）、（c）内柱荷载小，边柱荷载大

1.4.2 地基变形对上部结构的影响

整个上部结构对基础不均匀沉降或挠曲的抵抗能力，称为上部结构刚度，或称为整体刚度。据此可将上部结构分为柔性结构、敏感性结构和刚性结构三类。

以屋架－柱－基础为承重体系的木结构和排架结构是典型的"柔性结构"。由于屋架铰接于柱顶，这类结构对基础的不均匀沉降有很大的顺从性，故基础间的沉降差不会在主体结构中引起多少附加应力。

体型简单、长高比很小，采用框架、剪力墙或筒体结构的高层建筑及烟囱、水塔等高耸结构物，常称之为"刚性结构"。如烟囱、水塔、高炉、筒仓这类刚度很大的高耸结构物，其下常为整体配置的独立基础。当地基不均匀或在临近建筑物荷载或底面大面积堆载的影响下，基础转动倾斜，但几乎不会发生相对挠曲。

不均匀沉降会引起较大附加应力的结构，称之为"敏感性结构"。例如建筑工程中常见的砌体结构承重结构和钢筋混凝土框架结构，对地基不均匀沉降的反映都很灵敏。敏感性结构对基础间的沉降差较敏感，很小的沉降差异就足以引起可观的附加应力，因此，若结构本身的强度储备不足，就很容易发生开裂现象。

坐落在均质地基上的多层多跨框架结构，其沉降规律通常是中部大、端部小。这种不均匀沉降不仅会在框架中产生很大的附加弯矩，还会引起柱荷载重新分配，这种现象随着上部结构刚度增大而加剧。对 8 跨 15 层框架结构的相互作用分析表明，边柱荷载增加了 40%，而内柱则普遍卸载，中柱卸载可达 10%。由此可见，对于高压缩性地基上的框架结构，按不考虑相互作用的常规方法设计，结果常使上部结构偏于不安全。

基础刚度越大，其挠曲越小，则上部结构的次应力也越小。因此，对高压缩性地基上的框架结构，基础刚度一般宜刚不宜柔；而对柔性结构，在满足允许沉降值的前提下，基础刚度宜小不宜大，而且不一定需要采用连续基础。

1.4.3　上部结构刚度对基础受力状况的影响

目前，梁、板式基础的计算，还不能普遍考虑与上部结构的相互作用，然而，当上部结构具有较大的相对刚度（与基础刚度之比）时，往往对基础受力状况有较大的影响，现用条形基础做例子来讨论。为了便于说明概念，以绝对刚性和完全柔性的两种上部结构对条形基础的影响进行对比。

假定如图 1-23(a)所示的上部结构是绝对刚性的，因而当地基变形时，将约束基础变形，各个柱子只能同时下沉，仅在支座间发生局部弯曲，对条形基础来说，相当于在柱位处提供了不动铰支座，在地基反力作用下，犹如倒置的连续梁（不计柱脚的抗角变能力）。假定如图 1-23(b)所示的上部结构为完全柔性的，那么它除了传递荷载外，对条形基础变形约束作用很小，即上部结构不参与相互作用，基础产生整体弯曲。对比可知，在上部结构为绝对刚性和完全柔性这两种极端情况下，条形基础的挠曲形式及相应的内力图形差别很大。必须指出，除了像烟囱、高炉等整体构筑物可以认为是绝对刚性外，绝大多数建筑物的实际刚度介于绝对刚性和完全柔性之间，不过目前还难于定量计算，在实践中往往只能定性地判断其比较接近哪一种极端情况。例如剪力墙体系和筒体结构的高层建筑是接近绝对刚性的；单层排架和静定结构是接近完全柔性的。这些判断将有助于地基基础的设计工作。

增大上部结构的刚度，将减小基础挠曲和内力。研究表明，框架结构的刚度随层数增加而增加，但增加的速度逐渐减缓，到达一定层数后便趋于稳定。例如，上部结构抵抗不均匀沉降的竖向刚度在层数超过 15 层后就基本保持不变了。由此可见，在框架结构中下部一定数量的楼层结构明显起着调整不均匀沉降、削减基础整体弯曲作用，同时自身也将出现较大

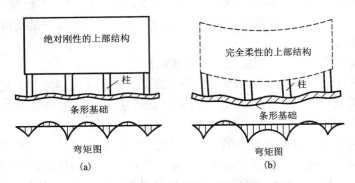

图 1-23　上部结构刚度对基础受力状况的影响

(a)上部结构为绝对刚性时；(b)上部结构为完全柔性时

的次应力，且楼层位置越低，其作用也越大。

如果地基土压缩性很低，基础的不均匀沉降很小，则考虑地基－基础－上部结构三者相互作用的意义就不大。因此，在相互作用中起主导作用的是地基，其次是基础，而上部结构则是压缩性地基上基础整体刚度有限时起重要作用的因素。

1.4.4　地基计算模型

在上部结构、基础与地基的共同作用分析中，或者在地基上的梁板分析中，都要用到土的应力与应变关系，这种关系可以用连续的或离散化的形式的特征函数表示，这就是所谓的地基计算模型。每一种模型应尽可能准确地模拟地基与基础相互作用时所表现的主要力学性状，同时又要便于应用。至今已提出了不少地基模型，然而由于问题的复杂性，不论哪一种模型都难以完全反映地基的实际工作性状，因而各具有一定的局限性。本节仅介绍最简单、常用的三种线性弹性计算模型。

1. Winkler 地基模型

该模型由捷克工程师文克尔(Winkler)提出，是最简单的线弹性模型，如图 1-24 所示，其假定是地基上任一点的压力 p 与该点的竖向位移(沉降)s 成正比，即：

$$p = ks \qquad\qquad (1-5)$$

式中，p——土体表面某点单位面积上的压力，kN/m^2；

　　　s——相应于某点的位移，m；

　　　k——基床系数，kN/m^3。

按照文克尔模型假设，地基表面某点的沉降与其他点的压力无关，故可把地基土体划分成许多竖直的土柱[图 1-24(a)]，每条土柱可用一根独立的弹簧来代替[图 1-24(b)]，如果在这种弹簧体系上施加荷载，则每根弹簧所受的压力与该弹簧的变形成正比。这种模型的基底反力图形与基础底面的竖向位移形状是相似的[图 1-24(b)]。如果基础刚度非常大，受荷后基础底面扔保持为平面，则基底反力图按直线规律变化[图 1-24(c)]。

根据图 1-24 示的弹簧体系，每根弹簧与相邻的压力和变形毫无关系。地基变形只发生在基底范围以内，显然，这与实际情况不符。其原因在于忽略了土柱之间(即地基中)的剪应力，而正是由于剪应力的存在，地基中的附加应力才能向旁扩散分布，使基底以外的地表发

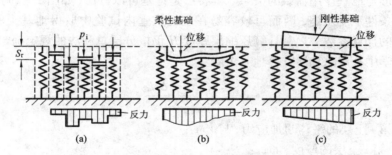

图1-24 文克尔地基模型示意
(a)侧面无摩阻力的土柱弹簧体系;(b)柔性基础下的弹簧地基模型;
(c)刚性基础下的弹簧地基模型

生沉降。尽管如此,文克勒地基模型由于参数少、便于应用,所以仍是目前最常用的地基模型之一。一般认为,凡是抗剪强度很低的半液态土(如淤泥、软黏土等)地基或塑性区相对较大土层上的柔性基础,采用该方法比较合适。此外,厚度不超过梁或板的短边宽度之半的薄压缩层地基(如薄的破碎岩层)上的柔性基础,由于地基中产生的附加应力集中,剪应力很小,也适于该方法。

2.弹性半空间地基模型

弹性半空间地基模型将地基视为半无限弹性体,将柱下条形基础作为放在半无限弹性体表面上的梁,当荷载作用在半无限弹性体表面时,某点的沉降不仅与作用在该点上的压力大小有关,同时也和邻近处作用的荷载有关。

根据布辛奈斯克(Boussinesq)解,在弹性半空间表面上作用一个竖向集中力 P 时,半空间表面上离竖向集中力作用点距离为 r 处的地基表面沉降 s 为:

$$s = \frac{P(1-\nu^2)}{\pi E r} \tag{1-6}$$

式中:r——集中力到计算点的距离;

　　E——弹性材料的弹性模量;

　　ν——弹性材料的泊松比。

半无限弹性体空间模型具有能够扩散应力和变形的优点,但扩散能力往往超过地基的实际情况,所以计算所得的沉降量和地表的沉降量范围,往往比实测结果要大。原因是:它具有无限大的压缩层(沉降计算深度);未能考虑到地基的成层性、非均匀性以及土体应力-应变关系的非线性等重要因素。可用于压缩层深度较大的一般土层上的柔性基础,并要求地基土的弹性模量和泊松比值较为准确。当作用与地基上的荷载不很大,地基处于弹性变形状态时,用这种方法计算才符合实际。

3.有限压缩层地基模型

当地基土层分布比较复杂时,用文克尔地基模型或弹性半空间地基模型均较难模拟,而且要正确合理地选用 k、E、ν 等地基计算参数也很困难。这时采用有限压缩地基模型就比较合适。

分层地基模型把地基当成侧限条件下有限深度的压缩土层,以分层总和法为基础,建立地基压缩层变形与地基作用荷载的关系。其特点是地基可以分层（如图 1 – 25），地基土假定是在完全侧限条件下受压缩，因而可较容易在现场或室内试验中取得地基土的压缩模量 E_s 作为地基模型的计算参数。地基计算压缩层厚度 H 仍按分层总和法的规定确定。

根据土力学中分层总和法计算地基沉降：

$$s = \sum_{i=1}^{n} \frac{\bar{\sigma}_{zi} \cdot \Delta H_i}{E_{si}} \qquad (1-7)$$

式中：$\bar{\sigma}_{zi}$——第 i 土层的平均附加应力，kN/m^2；

ΔH_i——第 i 土层的厚度，m；

E_{si}——第 i 土层的压缩模量，kN/m^2；

n——压缩层深度范围内的土层数。

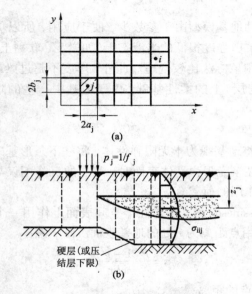

图 1 – 25　分层地基模型

（a）基底网格；（b）地基土的计算分层

有限压缩层地基模型改进了弹性半空间地基模型地基土体均质的假设，更符合工程实际情况，因而被广泛应用。模型计算参数由压缩试验确定。

2 地基计算

2.1 基础埋置深度

(1)基础的埋置深度应按下列条件确定：

①建筑物的用途，有无地下室、设备基础和地下设施，基础的形式和构造；

②作用在地基上的荷载大小与性质；

③相邻房屋和构筑物的基础埋置深度；

④工程地质和水文地质条件；

⑤地基土的冻胀和融陷的影响。

(2)在满足地基稳定和变形要求的前提下，当上层地基的承载力大于下层土时，宜利用上层土作持力层。除岩石地基外，基础埋深不宜小于 0.5 m。

(3)高层建筑基础的埋置深度应满足地基承载力、变形和稳定性要求。位于岩石地基上的高层建筑，其基础埋深应满足抗滑稳定性要求。

除岩石地基外，位于天然土质地基上的高层建筑筏形或箱形基础应有适当的埋置深度，以保证筏形或箱形基础的抗倾覆和抗滑移稳定性，否则可能导致严重后果，必须严格执行。

随着我国城镇化进程，建设土地紧张，高层建筑设地下室，不仅满足埋置深度要求，还增加使用功能，对软土地基还能提高建筑物的整体稳定性，所以一般情况下高层建筑宜设地下室。

(4)在抗震设防区，除岩石地基外，天然地基上的筏形和箱形基础其埋置深度不宜小于建筑物高度的 1/15。桩箱或桩筏基础的埋置深度(不计桩长)不宜小于建筑物高度的 1/18。

(5)基础宜埋置在地下水位以上，当必须埋在地下水位以下时，应采取地基土在施工时不受扰动的措施。

当基础埋置在易风化的岩层上，施工时应在基坑开挖后立即铺筑垫层。

覆盖土层较薄的岩石地基：一般应清除覆盖土和风化层后，将基础直接修建在新鲜岩面上。

如岩石的风化层很厚：难以全部清除时，基础放在风化层中的埋置深度应根据其风化程度、冲刷深度及相应的容许承载力来确定。

岩层表面倾斜时：不得将基础的一部分置于岩层上，而另一部分则置于土层上，以防基础因不均匀沉降而发生倾斜甚至断裂。

(6)当存在相邻建筑物时，新建建筑物的基础埋深不宜大于原有建筑基础。当埋深大于原有建筑基础时，两基础间应保持一定净距，其数值应根据原有建筑荷载大小、基础形式和土质情况确定。

在城市居住密集的地方往往新旧建筑物距离较近，当新建建筑物与原有建筑物距离较近，尤其是新建建筑物基础埋深大于原有建筑物时，新建建筑物会对原有建筑物产生影响，甚至会危及原有建筑物的安全或正常使用。为了避免新建建筑物对原有建筑物的影响，设计时应考虑与原有建筑物保持一定的安全距离，该安全距离应通过分析新旧建筑物的地基承载力、地基变形和地基稳定性来确定。通常决定建筑物相邻影响距离大小的因素主要有新建建筑物的沉降量和原有建筑物的刚度等。新建建筑物的沉降量与地基土的压缩性、建筑物的荷载大小有关，而原有建筑物的刚度则与其结构形式、长高比以及地基土的性质有关。

当相邻建筑物较近时，应采取措施减小相互影响：①尽量减小新建建筑物的沉降量；②新建建筑物的基础埋深不宜大于原有建筑物的基础埋深；③选择对地基变形不敏感的结构形式；④采取有效的施工措施，如分段施工、采取有效的支护措施以及对原有建筑物地基进行加固等措施。

(7)季节性冻土地基的场地冻结深度应按下式进行计算：

$$z_d = z_0 \cdot \psi_{zs} \cdot \psi_{zw} \cdot \psi_{ze} \tag{2-1}$$

式中，z_d——场地冻结深度(m)，当有实测资料时按 $z_d = h' - \Delta z$ 计算；

h'——最大冻深出现时场地最大冻土层厚度(m)；

Δz——最大冻深出现时场地地表冻胀量(m)；

z_0——标准冻结深度(m)；当无实测资料时，按《建筑地基基础设计规范》(GB50007—2011)表5.1.7-1采用；

ψ_{zs}——土的类别对冻结深度的影响系数，按表2-1采用；

ψ_{zw}——土的冻胀性对冻结深度的影响系数，按表2-2采用；

ψ_{ze}——环境对冻结深度的影响系数，按表2-3采用。

表2-1 土的类别对冻结深度的影响系数 ψ_{zs}

土的类别	黏性土	细砂、粉砂、粉土	中、粗、砾砂	大块碎石土
影响系数 ψ_{zs}	1.00	1.20	1.30	1.40

表2-2 土的冻胀性对冻结深度的影响系数 ψ_{zw}

土的冻胀性	不冻胀	弱冻胀	冻胀	强冻胀	特强冻胀
影响系数 ψ_{zw}	1.00	0.95	0.90	0.85	0.80

表2-3 环境对冻结深度的影响系数 ψ_{ze}

周围环境	村、镇、旷野	城市近郊	城市市区
影响系数 ψ_{ze}	1.00	0.95	0.90

注：环境影响系数一项，当城市市区人口为20万~50万时，按城市近郊取值；当城市市区人口大于50万小于或等于100万时，只计入市区影响；当城市市区人口超过100万时，除计入市区影响外，尚应考虑5 km以内的郊区近郊影响系数。

标准冻结深度的定义：地下水位与冻结锋面之间的距离大于2 m，不冻胀黏性土，地表平坦、裸露，城市之外的空旷场地中，多年实测(不少于10年)最大冻结深度的平均值。

由于建设场地通常不具备上述标准条件，所以标准冻结深度一般不直接用于设计中，而是要考虑场地实际条件将标准冻结深度乘以冻深影响系数，使得到的场地冻深更接近实际情况。公式（2－1）主要考虑了土质系数、湿度系数、环境系数。

土质对冻深的影响是众所周知的，因岩性不同其热物理参数也不同，粗颗粒土的导热系数比细颗粒土大。因此，当其他条件相同时，粗颗粒土比细颗粒土的冻深大，砂类土的冻深比黏性土的大。

土的含水量和地下水位对冻深也有明显的影响，因土中水在相变时要放出大量的潜热，所以含水量越多，地下水位越高（冻结时向上迁移水量越多），参与相变的水量就越多，放出的潜热也就越多，由于冻胀土冻结过程也是放热的过程，放热在某种程度上减缓了冻深的发展速度，因此冻深相对较浅。

城市的气温高于郊外，这种现象在气象学中称为城市的"热岛效应"。城市里的辐射受热状况发生改变（深色的沥青屋顶及路面吸收大量阳光），高耸的建筑物吸收更多的阳光，各种材料的热容量和传热量大于松土。据计算，城市接受的太阳辐射量比郊外高出 10%～30%，城市建筑物和路面传送热量的速度比郊外湿润的砂质土壤快 3 倍，工业排放、交通车辆排放尾气，人为活动等都放出很多热量，加之建筑群集中，风小对流差等原因，使周围气温升高。这些都导致了市区冻结深度小于标准冻深。

冻结深度与冻土层厚度两个概念容易混淆，对不冻胀土二者相同，但对冻胀土，尤其强冻胀以上的土，二者相差颇大。对于冻胀土，冬季自然地面是随冻胀量的加大而逐渐上抬的，此时钻探（挖探）量测的冻土层厚度包含了冻胀量，设计基础埋深时所需的冻深值是自冻前自然地面算起的，它等于实测冻土层厚度减去冻胀量。

关于冻深的取值，尽量应用当地的实测资料，要注意个别年份挖探一个、两个数据不能算实测数据，多年实测资料（不少于 10 年）的平均值才是实测数据。

（8）季节性冻土地区基础埋置深度宜大于场地冻结深度。对于深厚季节冻土地区，当建筑基础地面土层为不冻胀、弱冻胀、冻胀土时，基础埋置深度可以小于场地冻结深度，基础底面下允许冻土层最大厚度应根据当地经验确定。没有地区经验时可按《建筑地基基础设计规范》（GB50007—2011）附录 G 查取。此时，基础的最小埋置深度 d_{min} 可按下式计算：

$$d_{min} = z_d - h_{max} \qquad (2-2)$$

式中，h_{max} 为基础底面下允许冻土层最大厚度（m）。

季节冻土地区基础合理浅埋在保证建筑安全方面是可以实现的，为此冻土学界从 20 世纪 70 年代开始做了大量的研究实践工作，取得了一定的成效，并将浅埋方法编入规范中。2011 规范修订保留了原规范基础浅埋方法，但缩小了应用范围，将基底允许出现冻土层应用范围控制在深厚季节冻土地区的不冻胀、弱冻胀和冻胀土场地，修订主要依据如下：

①原规范基础浅埋方法目前实际设计中使用不普遍。从本规范 1974 版、1989 版到现行规范，根据当时国情和低层建筑较多的情况，为降低基础工程费用，规范都给出了基础浅埋方法，但目前在实际应用中实施基础浅埋的工程比例不大。经调查了解，我国浅季节冻土地区（冻深小于 1 m）除农村低层建筑外基本没有实施基础浅埋。中厚季节冻土地区（冻深在 1～2 m 之间）多层建筑和冻胀性较强的地基也很少有浅埋基础，基础埋深多数控制在场地冻深以下。在深厚季节性冻土地区（冻深大于 2 m）冻胀性不强的地基上浅埋基础较多。浅埋基础应用不多的原因一是设计者对基础浅埋不放心；二是多数勘察资料对冻深范围内的土层不给地基基础设计参数；三是多数情况冻胀性土层不是适宜的持力层。

②随着国家经济的发展，人们对基础浅埋带来的经济效益与房屋建筑的安全性、耐久性之间，更加重视房屋建筑的安全性、耐久性。

③基础浅埋后如果使用过程中地基浸水，会造成地基土冻胀性的增强，导致房屋出现冻胀破坏。此现象在采用了浅埋基础的三层以下建筑时有发生。

④冻胀性强的土融化时的冻融软化现象使基础出现短时的沉陷，多年累积可导致部分浅埋基础房屋使用20~30年后室内地面低于室外地面，甚至出现进屋下台阶现象。

⑤目前西欧、北美、日本和俄罗斯规范规定基础埋深均不小于冻深。

鉴于上述情况，本次规范修订提出在浅季节冻土地区、中厚季节冻土地区和深厚季节冻土地区中冻胀性较强的地基不宜实施基础浅埋，在深厚季节冻土地区的不冻胀、弱冻胀、冻胀土地基可以实施基础浅埋，并给出了基底最大允许冻土层厚度表。该表是原规范表保留了弱冻胀、冻胀土数据基础上进行了取整修改。

(9)地基土的冻胀类别分为不冻胀、弱冻胀、冻胀、强冻胀和特强冻胀，可按《建筑地基基础设计规范》(GB50007—2011)附录G查取。在冻胀、强冻胀和特强冻胀地基上采用防冻害措施时应符合下列规定：

①对在地下水位以上的基础，基础侧表面应回填不冻胀的中、粗砂，其厚度不应小于200 mm；对在地下水位以下的基础，可采用桩基础、保温性基础、自锚式基础(冻土层下有扩大板或扩底短桩)，也可将独立基础或条形基础做成正梯形的斜面基础；

②宜选择地势高、地下水位低、地表排水条件好的建筑场地。对低洼场地，建筑物的室外地坪标高应至少高出自然地面300~500 mm，其范围不宜小于建筑四周向外各一倍冻深距离的范围；

③应做好排水设施，施工和使用期间防止水浸入建筑地基。在山区应设截水沟或在建筑物下设置暗沟，以排走地表水和潜水；

④在强冻胀性和特强冻胀性地基上，其基础结构应设置钢筋混凝土圈梁和基础梁，并控制建筑的长高比；

⑤当独立基础联系梁下或桩基础承台下有冻土时，应在梁或承台下留有相当于该土层冻胀量的空隙；

⑥外门斗、室外台阶和散水坡等部位宜与主体结构断开，散水坡分段不宜超过1.5 m，坡度不宜小于3%，其下宜填入非冻胀性材料；

⑦对跨年度施工的建筑，入冬前应对地基采取相应的防护措施；按采暖设计的建筑物，当冬季不能正常采暖时，也应对地基采取保温措施。

防切向冻胀力的措施：

切向冻胀力是指地基土冻结膨胀时产生的其作用方向平行基础侧面的冻胀力。基础防切向冻胀力方法很多，采用时应根据工程特点、地方材料和经验确定。以下介绍3种可靠的方法。

(a)基侧填砂

用基侧填砂来减小或消除切向冻胀力，是简单易行的方法。地基土在冻结膨胀时所产生的冻胀力通过土与基础牢固冻结在一起的剪切面传递，砂类土的持水能力很小，当砂土处在地下水位之上时，不但为非饱和土而且含水量很小，其力学性能接近松散冻土，所以砂土与基础侧表面冻结在一起的冻结强度很小，可传递的切向冻胀力亦很小。

在基础施工完成后回填基坑时在基侧外表（采暖建筑）或四周（非采暖建筑）填入厚度不小于 100 mm 的中、粗砂，可以起到良好的防切向冻胀力破坏的效果。本次修订将换填厚度由原来的 100 mm 改为 200 mm，原因是 100 mm 施工困难，且容易造成换填层不连续。

（b）斜面基础

截面为上小下大的斜面基础就是将独立基础或条形基础的台阶或放大脚作成连续的斜面，其防切向冻胀力作用明显，但它容易被理解为是用下部基础断面中的扩大部分来阻止切向冻胀力将基础抬起，这种理解是错误的。现对其原理分析如下（见图 2 – 1）：

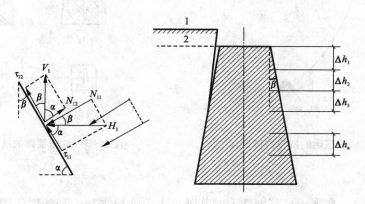

图 2 – 1　斜面基础基侧受力分布图
1—冻后地面；2—冻前地面

在冬初当第一层土冻结时，土产生冻胀，并同时出现两个方向膨胀：沿水平方向膨胀基础受一水平作用力 H_1；垂直方向向上膨胀基础受一作用力 V_1。V_1 可分解成两个分力，即沿基础斜边的 τ_{12} 和沿基础斜边法线方向的 N_{12}，τ_{12} 即是由于土有向上膨胀的趋势对基础施加的切向冻胀力，N_{12} 是由于土有向上膨胀的趋势对基础斜边法线方向作用的拉应力。水平冻胀力 H_1 也可分解成两个分力，其一是 τ_{11}，其二是 N_{11}，τ_{11} 是由于水平冻胀力作用施加在基础斜边上的切向冻胀力，N_{11} 则是由于水平冻胀力作用施加在基础斜边上的正压力（见图 2 – 1 受力分布图）。此时，第一层土作用于基侧的切向冻胀力为 $\tau_1 = \tau_{11} + \tau_{12}$，正压力 $N_1 = N_{11} - N_{12}$。由于 N_{12} 为正拉力，它的存在将降低基侧受到的正压力数值。当冻结面发展到第二层时，除第一层的原受力不变之外又叠加了第二层土冻胀时对第一层的作用，由于第二层土冻胀时受到第一层的约束，使第一层土对基侧的切向冻胀力增加至 $\tau_1 = \tau_{11} + \tau_{12} + \tau_{22}$，而且当冻结第二层土时第一层土所处位置的土温又有所降低，土在产生水平冻胀后出现冷缩，令冻土层的冷缩拉力为 N_C，此时正压力为 $N_1 = N_{11} - N_{12} - N_C$。当冻层发展到第三层土时，第一、二层重又出现上述现象。

由以上分析可以看出，某层的切向冻胀力随深度的发展而逐步增加，而该层位置基础斜面上受到的冻胀压应力随冻深的发展数值逐渐变小，当冻深发展到第 n 层，第一层的切向冻胀超过基侧与土的冻结强度时，基础便与冻土产生相对位移，切向冻胀力不再增加而下滑，出现卸荷现象。N_1 由一开始冻结产生较大的压应力，随着冻深向下发展、土温的降低、下层土的冻胀等作用，拉应力分量在不断的增长，当达到一定程度，N_1 由压力变成拉力，所以当达到抗拉强度极限时，基侧与土将开裂，由于冻土的受拉呈脆性破坏，一旦开裂很快沿基侧向下延伸扩展，这一开裂，使基础与基侧土之间产生空隙，切向冻胀力也就不复存在了。

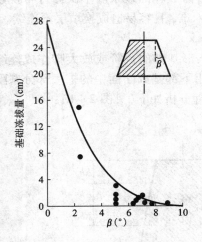

图 2-2　斜面基础的抗冻拔试验

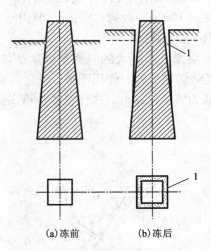

(a)冻前　　　　(b)冻后

图 2-3　斜面基础的抗冻胀试验

1—空隙

　　应该说明的是，在冻土层范围之内的基础扩大部分根本起不到锚固作用，因在上层冻胀时基础下部所出现的锚固力，等冻深了展到该层时，随着该层的冻胀而消失了，只有处在下部未冻结土中基础的扩大部分才起到锚固作用，但浅埋基础根本不存在这一伸入未冻土层中的部分。基础稳定的原因不是由于切向冻胀力被下部扩大部分给锚住，而是由于在倾斜表面上出现拉力分量与冷缩分量叠加之后的开裂，切向冻胀力退出工作所造成的，见图 2-3 的试验结果。

用斜面基础防切向冻胀力具有如下特点：

①在冻胀作用下基础受力明确，技术可靠。当其倾斜角 β 大于等于 9° 时，将不会出现因切向冻胀力作用而导致的冻害事故发生；

②不但可以在地下水位之上，也可在地下水位之下应用；

③耐久性好，在反复冻融作用下防冻胀效果不变；

④不用任何防冻胀材料就可解决切向冻胀问题。

（c）保温基础

在基础外侧采取保温措施是消除切向冻胀力的有效方法。日本称其为"裙式保温法"，20 世纪 90 年代开始在北海道进行研究和实践，取得了良好的效果。该方法可在冻胀较强、地下水位较高的地基中使用，不但可以消除切向冻胀力，还可以减少地面热损耗，同时实现基础浅埋。

基础保温方法见图 2-4。保温层厚度应根

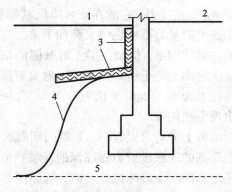

图 2-4　保温基础示意

1—室外地面；2—采暖室内地面；3—苯板保温层；
4—实际冻深线；5—原场地冻深线

30

据气候条件确定，水平保温板上面应有不小于 300 mm 厚土层保护，并有不小于 5% 的向外排水坡度，保温宽度应不小于自保温层以下算起的场地冻结深度。

【例题 2 - 1】（注岩 2007D9）季节性冻土地区在城市市区拟建一住宅楼，地基土为黏性土，冻前地基土的天然含水量为 $\omega = 21\%$，塑限含水率为 $\omega_P = 17\%$，冻结期间地下水位埋深 $h_w = 3$ m，若标准冻深为 1.6 m，该场区的设计冻深应取下列哪个选项的数值？

（A）1.22 m　　　　　　　　　（B）1.30 m

（C）1.40 m　　　　　　　　　（D）1.80 m

【解】：查表：$\psi_{zs} = 1.0$，$\psi_{ze} = 0.90$

冻前天然含水量：$19 < \omega = 21 < 22$

冻结期间地下水位距冻结面的最小距离 $h_w = 3 - 1.6 = 1.4$ m $\leqslant 2$ m

查《建筑地基基础设计规范》GB50007—2011 附录 G 表 G.0.1，为冻胀，$\psi_{zw} = 0.90$

$z_d = z_0 \cdot \psi_{zs} \cdot \psi_{zw} \cdot \psi_{ze} = 1.6 \times 1.0 \times 0.90 \times 0.90 = 1.296$ m

答案为（B）1.30 m

【例题 2 - 2】（注岩 2006C7）季节性冻土地区在城市近郊拟建一开发区，地基土主要为黏性土，冻胀分类为强冻胀，采用方形基础，基底压力为 130 kPa，不采暖，若标准冻深为 2.0 m，基础的最小埋深接近下列哪个选项？

（A）0.4 m　　　　　　　　　（B）0.6 m

（C）1.1 m　　　　　　　　　（D）1.22 m

解：查表：$\psi_{zs} = 1.0$，$\psi_{zw} = 0.85$，$\psi_{ze} = 0.95$

$z_d = z_0 \cdot \psi_{zs} \cdot \psi_{zw} \cdot \psi_{ze} = 2.0 \times 1.0 \times 0.85 \times 0.95 = 1.615$ m

查表：$h_{max} = 0.6$ m

$d_{min} = z_d - h_{max} = 1.615 - 0.6 = 1.015$ m

答案为（C）1.1 m

2.2　地基承载力

建筑物或构筑物因地基问题引起破坏，一般有三种情形：一是建筑物荷载过大，超过了地基所能承受的荷载能力而使地基破坏失稳，即强度和稳定性问题；二是在建筑物荷载作用下，地基产生了过大的沉降或沉降差，使建筑物产生结构性损坏或丧失使用功能，即变形问题；三是渗透问题，渗透问题主要有两类：一类是蓄水构筑物地基渗流量是否超过其允许值，如：水库坝基渗流量超过其允许值的后果是造成较大水量损失，甚至导致蓄水失败；另一类是地基中的水力比降是否超过其允许值，地基中的水力比降超过其允许值时，地基土会因潜蚀和管涌产生稳定性破坏，进而导致建筑物破坏。渗透破坏的两种基本类型是流土和管涌。所谓流土是在向上的渗透水流作用下，表层一定范围的土体或颗粒同时上浮、移动的现象。所谓管涌是指在渗透水流作用下，土中细颗粒在粗颗粒形成的孔隙通道里移动、流失的现象。

关于流土，应当明确的是：①渗流的方向向上；②流土一般发生在地表；③不管是黏性土还是粗粒土都可能发生流土。

管涌的特点是：①它是沿着渗流方向发生的（不一定向上）；②是粗细颗粒间的相对运动。在粗细两层土间的渗流，也可能细粒土从粗粒土中带走，称为接触管涌；③黏性土不会发生管涌；④级配均匀的砂土不会产生管涌；级配不均匀、但级配连续的砂土一般也不会发生管涌；⑤管涌发生后有两种后果：一是继细颗粒被带走后，粗粒土也被渗流带走，最后导致土的渐进破坏，所以也叫潜蚀；另一种是细粒土被带走，粗粒土形成的骨架尚能支持，渗透量加大，但不一定随即发生破坏。

地基承载力：指保证地基强度和稳定的条件下，建筑物不产生过大沉降和不均匀沉降的地基承受荷载的能力。数值上用地基单位面积上所能承受的荷载来表示，其单位一般用 kPa 计。

地基极限承载力 P_u：地基不致失稳时地基土单位面积上所能承受的最大荷载。

地基承载力容许值：考虑一定安全储备后的地基承载力。

地基承载力特征值：保留足够安全储备，且满足一定变形要求的承载力。也即能够保证建筑物正常使用所要求的地基承载力。

《建筑地基基础设计规范》（GB 50007—2011）规定：地基承载力特征值是指由载荷试验测定的地基土压力变形曲线线性变形段内规定的变形所对应的压力值，其最大值为比例界限值。

临塑荷载：当地基土中将要出现但尚未出现塑性区时，地基土所承受的相应荷载称为临塑荷载。

临界荷载：当地基土中的塑性区发展到某一深度时，地基土所承受的相应荷载称为临界荷载。

极限荷载：当地基土中的塑性区充分发展并形成连续滑动面时，其相应的荷载称为极限荷载。

2.2.1　地基破坏的性状

1. 载荷试验

浅层平板载荷试验适用于确定浅部地基土层的承压板下应力主要影响范围内的承载力和变形，承压板面积不应小于 0.25 m^2，对于软土不应小于 0.5 m^2。试验基坑宽度不应小于承压板宽度或直径的三倍。

深层平板载荷试验适用于确定深部地基土层及大直径桩桩端土层在承压板下应力主要影响范围内的承载力和变形参数。深层平板载荷试验的承压板采用直径为 0.8 m 的刚性板，紧靠承压板周围外侧的土层高度应不少于 80 cm。

分级加载，分级不少于 8 级，每级沉降稳定后再进行下一级加载；最大加载量不小于设计要求的两倍。

沉降稳定标准：当在连续两小时内，每小时的沉降量小于 0.1 mm 时，可认为已趋稳定，可加下一级荷载。

当出现下列情况之一时，可终止加载：

①承压板周围的土明显侧向挤出；

②沉降 s 急骤增大，荷载－沉降（$p \sim s$）曲线出现陡降段；

③在某一级荷载下，24 小时内沉降速率不能达到稳定标准；

④沉降量与承压板宽度或直径之比大于或等于 0.06。

极限荷载的取值标准：当满足终止加载标准（1、2、3 条）之一时，其对应的前一级荷载为极限荷载。

承载力特征值的确定应符合下列规定：

①当 $p \sim s$ 曲线上有明确的比例界限时，取该比例界限所对应的荷载值；

②当极限荷载小于对应比例界限的荷载值的 2 倍时，取极限荷载值的一半；

③当不能按上述两款要求确定时，当压板的面积为 $0.25 \sim 0.50$ m²，可取 $s/b = 0.01 \sim 0.015$ 所对应的荷载值，但其值不应大于最大加载量的一半。

同一土层参加统计的试验点不应少于三点，各试验实测值的极差不得超过平均值的 30%，取此平均值作为地基承载力的特征值（f_{ak}）。

【例题 2-3】（注岩 2009D8）某建设场进行了三组浅层平板载荷试验，试验数据如下表：

	比例界限(kPa)	极限荷载(kPa)
1	160	300
2	165	340
3	173	330

该土层的地基承载力特征值最接近下列哪个选项？

（A）170 kPa　　　　　　　（B）165 kPa

（C）160 kPa　　　　　　　（D）150 kPa

解：第 1 组，比例界限为 160 kPa，极限荷载的 1/2 为 $\frac{1}{2} \times 300 = 150$ kPa，取 150 kPa；

第 2 组，比例界限为 165 kPa，极限荷载的 1/2 为 $\frac{1}{2} \times 340 = 170$ kPa，取 165 kPa；

第 3 组，比例界限为 173 kPa，极限荷载的 1/2 为 $\frac{1}{2} \times 330 = 165$ kPa，取 165 kPa；

平均值为：$\frac{1}{3} \times (150 + 165 + 165) = 160$ kPa，

极差 $= 165 - 150 = 15$ kPa $< 160 \times 30\% = 48$ kPa

该土层的地基承载力特征值为 160 kPa，答案为（C）160 kPa。

2. 地基破坏形式

建筑物因地基承载力不足而引起的失稳破坏，通常是由于基础下地基土体的剪切破坏所致。如图 2-5 所示，地基失稳破坏是由于地基土体的剪应力达到了抗剪强度，形成了连续的滑移面而使地基失去稳定。由于实际工程的现场条件千变万化，所以地基的实际破坏形式是多种多样的；但基本上可以归纳为整体剪切破坏、局部剪切破坏和冲切破坏 3 种主要形式。

（1）整体剪切破坏

图 2-5(a) 所示为整体剪切破坏的特征。当地基荷载（基底压力）较小时，基础下形成一个三角压密区，随同基础压入土中，此时其荷载沉降 $p \sim s$ 曲线呈直线关系。随着荷载增加，塑性变形（即剪切破坏）区先在基础底面边缘处产生，然后逐渐向侧面向下扩展。这时基础的沉降速率较前一阶段增大，故 $p \sim s$ 曲线表现为明显的曲线特征。最后当 $p \sim s$ 曲线出现明显

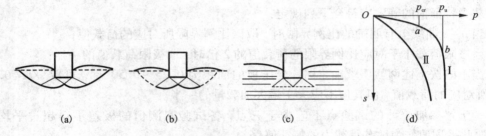

图 2 - 5　地基破坏形式

的陡降段（转折点 p_u 后阶段）时，地基土中形成连续的滑动面，并延伸到地表面。土从基础两侧挤出，并造成基础侧面地面隆起，基础沉降速率急剧增加，整个地基产生失稳破坏。对于压缩性较小的地基土，如密实的砂类土和较坚硬的黏性土，且当基础埋置较浅时，常常会出现整体剪切破坏。

（2）局部剪切破坏

图 2 - 5（b）所示局部剪切破坏。随着荷载的增加，塑性变形区同样从基础底面边缘处开始发展；但仅仅局限于地基一定范围内，土体中形成一定的滑动面，但并不延伸至地表面，如图 2 - 5（b）中虚线所示。地基失稳时，基础两侧地面微微隆起，没有出现明显的裂缝。其在相应的 $p - s$ 曲线中，直线拐点 a 不像整体剪切破坏那么明显，曲线转折点 b 后的沉降速率虽然较前一阶段为大，但不如整体剪切破坏那样急剧增加。当基础有一定埋深，且地基为一般黏性土或具有一定压缩性的砂土时，地基可能会出现局部剪切破坏。

（3）冲切破坏

冲切破坏也称刺入破坏。这种破坏形式常发生在饱和软黏土，松散的粉土、细砂等地基中。其破坏特征是基础周边附近土体产生剪切破坏，基础沿周边向下切入土中。图 2 - 5（c）表明，只在基础边缘下及基础正下方出现滑动面，基础两侧地面无隆起现象，在基础周边还会出现凹陷现象。相应的 $p - s$ 曲线无明显的直线拐点 a，也没有明显的曲线转折点 b。总之，冲切破坏以显著的基础沉降为主要特征。

应该说明的是，地基出现哪种破坏形式的影响因素是很复杂的，除了与地基土的性质、基础埋置深度有关外，还与加载方式和速率、应力水平及基础的形状等因素有关。如对于密实砂土地基，当基础埋置深度较大，并快速加载时，也会发生局部剪切破坏；而当基础埋置很深，作用荷载很大时，密砂地基也会产生较大的压缩变形而出现冲切破坏。在软黏土地基中，当加荷速度很快时，由于土体不能及时产生压缩变形，就可能会发生整体剪切破坏。如果地基中存在深厚软黏土层且厚度又严重不均匀，再加上一次性加载过多，则会发生严重不均匀沉降，直至使得建筑物倾斜（倒），如有名的加拿大特朗斯康谷仓倾倒现象，以及意大利比萨斜塔的倾斜等。

3. 地基的破坏过程

由地基破坏过程中的荷载沉降 $p - s$ 曲线［图 2 - 5（d）］可知，对于整体剪切破坏，其破坏的过程一般应经历 3 个阶段，即压密阶段（弹性变形阶段）、剪切阶段（弹塑性混合变形阶段）和破坏阶段（完全塑性变形阶段），如图 2 - 6 所示。

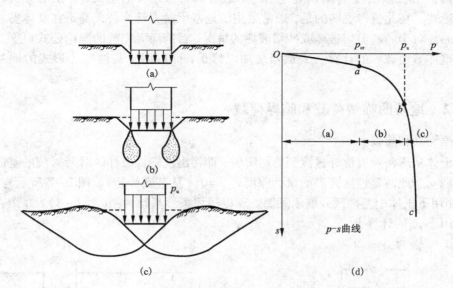

图 2 – 6 地基破坏过程

(a)压密阶段；(b)剪切阶段；(c)破坏阶段；(d)地基破坏过程的 3 个阶段

(1)压密阶段

$p-s$ 曲线上的 Oa 段,因其接近于直线,称为线性变形阶段。在这一阶段里,土中各点的剪应力均小于土的抗剪强度,土体处于弹性平衡状态,基础的沉降主要由于土体压密变形(弹性变形)引起[图 2 – 6(a)]。此时将 $p-s$ 曲线上对应于直线段(弹性变形)结束点 a 的荷载称为临塑荷载 p_{cr}[图 2 – 6(d)],它表示基础底面以下的地基土体将要出现而尚未出现塑性变形区时的基底压力(界限荷载)。

(2)剪切阶段

$p-s$ 曲线上的 ab 段称为剪切阶段。当荷载超过临塑荷载($p > p_{cr}$)后,$p-s$ 曲线不再保持线性关系,沉降速率($\Delta s/\Delta p$)随荷载的增大而增加。在剪切阶段,地基中的塑性变形区(也称剪切破坏区)从基底侧边逐步扩大,塑性区以外仍然是弹性平衡状态区[图 2 – 6(b)]。就整体而言,地基处于弹塑性混合状态(弹性应力状态区域与极限应力状态区域并存)。随着荷载的继续增加,地基中塑性区的范围不断扩大,直到土中形成连续的滑移面[图 2 – 6(c)]。这时基础向下滑动边界范围内的土体全部处于塑性变形状态,地基即将丧失稳定。相应于 $p-s$ 曲线上 b 点(曲线段的拐点)的荷载称为极限荷载 p_u,它表示地基即将丧失稳定时的基底压力(界限荷载)。

(3)破坏阶段

$p-s$ 曲线上超过 b 点的曲线段称为破坏阶段。当荷载超过极限荷载 p_u 后,将会发生或是基础急剧下沉,即使不增加荷载,沉降也不能停止;或是地基土体从基础四周大量挤出隆起,地基土产生失稳破坏。

从以上叙述可知,地基的 3 个变形阶段完整地描述了地基的破坏过程。同时也说明了随着基础荷载的不断增加,地基土体强度(承载能力)的发挥程度。其中提及的两个界限荷载,

即临塑荷载 p_{cr} 和极限荷载 p_u 对研究地基的承载力具有很重要的意义，详细的分析和公式推导见后面论述。在此值得说明的是，通常采用的地基承载力计算公式都是在整体剪切破坏条件下得到的。对于局部剪切破坏或冲切破坏的情况，目前尚无完整的理论公式可循。有些学者建议将整体剪切破坏的计算公式适当地加以修正，即可用于其他破坏形式的地基承载力计算。

2.2.2 地基的临塑荷载和临界荷载

1. 地基的临塑荷载 p_{cr}

地基土体从压密阶段恰好过渡到剪切阶段，即将出现塑性破坏区时所对应的基底压力称为临塑荷载 p_{cr}，此时塑性区开展的最大深度 $z_{max} = 0$（z 从基底计起）。图 2-7 所示为在荷载 p（$p > p_{cr}$）作用下土体中塑性区开展示意图。现以浅埋条形基础为例（图 2-8），介绍在竖向均匀荷载作用下 p_{cr} 的计算方法。

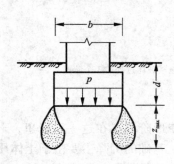

图 2-7 条形均匀荷载作用下土体中的塑性区

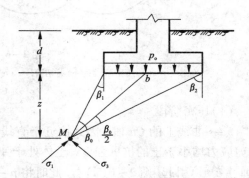

图 2-8 均布条形荷载作用下地基中任一点的附加应力

图 2-8 所示为一宽度为 b，埋置深度为 d 的条形基础，由建筑物荷载引起的基底压力为 $p(kPa)$。假设地基的天然重度为 γ，则基础底面的附加压力为 $p_0 = p - \gamma d$，它是均匀分布条形荷载，在地基中任一点 M 处引起的附加应力（主应力），1902 年由密歇尔（Michell）给出了弹性力学的解答，即

$$\sigma_1 = \frac{p_0}{\pi}(\beta_0 + \sin\beta_0) = \frac{p - \gamma d}{\pi}(\beta_0 + \sin\beta_0) \tag{2-3}$$

$$\sigma_3 = \frac{p_0}{\pi}(\beta_0 - \sin\beta_0) = \frac{p - \gamma d}{\pi}(\beta_0 - \sin\beta_0) \tag{2-4}$$

其中，大主应力 σ_1 的方向沿着 β_0 的角平分线方向（β_0 为 M 点与基础底面两边缘点连线间的夹角）。此时，M 点的总应力应该是附加应力与自重应力之和。为简化起见，假定地基的自重应力场如同静水应力场（侧压力系数等于 1.0），M 点处的自重应力 $\gamma(d+z)$ 各向相等，则 M 点处的总主应力为

$$\sigma_1 = \frac{p - \gamma d}{\pi}(\beta_0 + \sin\beta_0) + \gamma(d + z) \tag{2-5}$$

$$\sigma_3 = \frac{p - \gamma d}{\pi}(\beta_0 - \sin\beta_0) + \gamma(d + z) \tag{2-6}$$

根据土中一点的极限平衡理论,当 M 点的应力状态达到了极限平衡状态时,其大小主应力应满足

$$\frac{1}{2}(\sigma_1 - \sigma_3) = \left[\frac{1}{2}(\sigma_1 + \sigma_3) + c \cdot \cot\varphi\right]\sin\varphi \tag{2-7}$$

将式(2-5)和(2-6)代入式(2-7),并整理得

$$z = \frac{p - \gamma d}{\pi\gamma}\left(\frac{\sin\beta_0}{\sin\varphi} - \beta_0\right) - \frac{c}{\gamma\tan\varphi} - d \tag{2-8}$$

式中,φ,c 分别为基底以下土的内摩擦角(°)、内聚力(kPa)。

式(2-8)为塑性区的边界方程,它表示塑性区边界上任意一点的深度 z 与视角 β_0 间的关系。如果基础埋深为 d,荷载 p 及土的性质指标 γ、c、φ 均为已知,则可根据式(2-8)给出塑性区边界线,如图 2-9 所示。

塑性区开展的最大深度 z_{max} 可由 $\frac{\mathrm{d}z}{\mathrm{d}\beta_0} = 0$ 求得,即

$$\frac{\mathrm{d}z}{\mathrm{d}\beta_0} = \frac{p - \gamma d}{\pi\gamma}\left(\frac{\cos\beta_0}{\sin\varphi} - 1\right) = 0$$

从而 $\cos\beta_0 = \sin\varphi$,
得

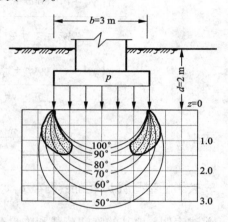

图 2-9 条形基础下的塑性区分布

$$\beta_0 = \frac{\pi}{2} - \varphi \tag{2-9}$$

将式(2-9)代入式(2-8)得

$$z_{max} = \frac{p - \gamma d}{\pi\gamma}\left(\cot\varphi - \frac{\pi}{2} + \varphi\right) - \frac{c}{\gamma\tan\varphi} - d \tag{2-10}$$

由式(2-10)可见,在其他条件不变的情况下,当基底压力 p 增大时,z_{max} 也相应增大,即塑性区发展越深。如塑性区的最大深度为 $z_{max} = 0$,则地基处于临塑状态(将要出现塑性区而尚未出现)。根据这个条件,求出式(2-10)中的 p,它就是临塑荷载 p_{cr},即

$$p_{cr} = \frac{\pi(\gamma d + c \cdot \cot\varphi)}{\cot\varphi - \frac{\pi}{2} + \varphi} + \gamma d = c \cdot N_c + \gamma d \cdot N_q \tag{2-11}$$

式中,N_c、N_q 为承载力系数,

$$N_c = \frac{\pi\cot\varphi}{\cot\varphi - \frac{\pi}{2} + \varphi}, \quad N_q = \frac{\cot\varphi + \frac{\pi}{2} + \varphi}{\cot\varphi - \frac{\pi}{2} + \varphi}$$

2. 地基的临界荷载 $p_{\frac{1}{4}}$、$p_{\frac{1}{3}}$

在工程实际中,可以根据建筑物的不同要求,用临塑荷载预估地基承载力。很显然,将

临塑荷载作为地基承载力无疑是偏于保守的。经验表明，在大多数情况下，即使地基中自基底向下一定深度范围出现局部的塑性区，只要不超过一定控制范围，就不会影响建筑物安全和正常使用。地基的塑性区容许深度的确定，与建筑物的等级、类型、荷载性质及土的特性等因素有关。一般经验表明，在中心荷载作用下，可容许地基塑性区最大深度 $z_{max} = \dfrac{b}{4}$（b 为基础宽度）；在偏心荷载作用下，可容许 $z_{max} = \dfrac{b}{3}$。

将 $z_{max} = \dfrac{b}{4}$，$z_{max} = \dfrac{b}{3}$ 分别代入式（2-10），得

$$p_{\frac{1}{4}} = \frac{\pi\left(\gamma d + c \cdot \cot\varphi + \frac{1}{4}\gamma b\right)}{\cot\varphi - \frac{\pi}{2} + \varphi} + \gamma d = c \cdot N_c + \gamma d \cdot N_q + \gamma b \cdot N_{\frac{1}{4}} \qquad (2-12)$$

$$p_{\frac{1}{3}} = \frac{\pi\left(\gamma d + c \cdot \cot\varphi + \frac{1}{3}\gamma b\right)}{\cot\varphi - \frac{\pi}{2} + \varphi} + \gamma d = c \cdot N_c + \gamma d \cdot N_q + \gamma b \cdot N_{\frac{1}{3}} \qquad (2-13)$$

式中，
$$N_{\frac{1}{4}} = \frac{\pi/4}{\cot\varphi - \frac{\pi}{2} + \varphi}, \quad N_{\frac{1}{3}} = \frac{\pi/3}{\cot\varphi - \frac{\pi}{2} + \varphi}$$

3. 关于临塑荷载 p_{cr} 和临界荷载 $p_{\frac{1}{4}}$、$p_{\frac{1}{3}}$ 的讨论

前述表明，地基的临塑荷载和临界荷载是将地基中土体塑性区的开展深度限制在某一范围内的地基承载力。因此，它们在整体上的特点是：第一，地基即将产生或已产生局部剪切破坏，但尚未发展成整体失稳，距离丧失稳定尚有足够的安全储备，在工程中采用它们作为地基承载力是可行的；第二，虽然按塑性区开展深度确定地基承载力的方法是一个弹塑性混合课题，但考虑到塑性区（极限平衡区）的范围有限，因此仍然可以近似地将整个地基看成弹性半无限体，近似采用弹性理论计算地基中的应力。

然而在 p_{cr}、$p_{\frac{1}{4}}$、$p_{\frac{1}{3}}$ 公式推导过程中，为了简化计算，做了一些不切合实际的假定和特殊的条件规定，故在实际工程应用中，应注意下列问题：

①公式是依据条形基础（基础底面长宽比 $l/b \geqslant 10$）推导的，它属于一个平面应变问题。若将计算公式应用于局部面积荷载，如矩形、方形、圆形基础时，无疑会出现一定误差。但结果偏于安全。

②公式中的荷载形式是中心垂直荷载，即均布荷载。如果工程实际中为偏心或倾斜荷载，则应进行一定的修正。特别是当荷载偏心较大时，上述公式不能采用。

③在公式推导过程中，地基中 M 点（图2-8所示）的附加主应力 σ_1、σ_3 为一特殊方向，而自重主应力方向应该是垂直和水平的；因此两者在数值上是不能叠加的[公式（2-5）、（2-6）]。为简化计算，假定自重应力如静水压力，在四周各方向等值传递，这与实际情况相比，也具有一定误差。

④在公式推导过程中，认为地基为匀质土体。而工程实际中的地基土体不一定是均匀的，尤其在竖直方向，随着距离地面的深度的不同，土层的性质会出现一些差异。若采用式

（2-11）、（2-12）和（2-13）计算地基承载力，其中 γd 一项中的 γ 应采用基底以上各土层的有效重度的加权平均值，以 γ_m 表示；而 γb 一项中的 γ 代表基础底面以下持力土层的有效重度。

2.2.3 地基的极限承载力 p_u

当地基土体中的塑性变形区充分发展并形成连续贯通的滑移面时，地基所能承受的最大荷载，称为极限荷载 p_u，也称为地基极限承载力。当建筑物基础的基底压力增长至极限荷载时，地基即将失去稳定而破坏。与临塑荷载 p_{cr} 和临界荷载 $p_{\frac{1}{4}}$、$p_{\frac{1}{3}}$ 相比，极限荷载 p_u 几乎不存在安全储备。因此，在地基基础设计中必须将地基极限承载力除以一定的安全系数，才能作为设计时的地基承载力（即容许承载力），以保证地基及修建于其上的建筑物的安全与稳定。安全系数的取值与建筑物的重要性、荷载类型等有关，没有严格的统一规定；但经验上一般常取 2~3。

目前，有很多求解地基极限承载力的理论计算公式。但归纳起来，求解方法主要有两种。一种是根据土体的极限平衡理论，计算土中各点达到极限平衡时的应力和滑动面方向，并建立微分方程，根据边界条件求出地基达到极限平衡时各点的精确解。采用这种方法求解时在数学上遇到的困难太大，目前尚无严格的一般解析解，仅能对某些边界条件比较简单的情况求解。另一种是先假定地基土在极限状态下滑动面的形状，然后根据滑动土体的静力平衡条件求解。按这种方法得到的极限承载力计算公式比较简便，在工程实践中得到广泛应用，下面仅对后一种方法进行介绍。

1. 普朗特尔－雷斯诺极限承载力公式

1920 年普朗特尔（L. Prandtl）根据塑性理论研究了刚性体压入无重量的介质中，当介质达到破坏时的滑动面形状及极限压力公式。由于当初普朗特尔研究问题时，没有考虑基础的埋置深度，1924 年雷斯诺（H. Reissner）继续采用普朗特尔的假定和物理模型，并考虑基础的埋置深度，对极限承载力的理论计算公式做了进一步的完善。他们在理论公式的推导过程中作如下假设：

（1）介质是无重量的，即假设基础底面以下土的重度 $\gamma = 0$；

（2）基础底面是完全光滑的，即假定基底荷载为条形均布垂直荷载；

（3）当基础埋置深度较浅时，可以将基底平面当成地基表面，在这个表面以上的土体当成作用在基础两侧的均布上覆荷载 $\gamma_m d$，如图 2-10（b）所示。

根据弹塑性极限平衡理论和上述假定的边界条件，得出条形基础发生整体剪切破坏时滑动面的形状如图 2-10 所示。滑动面和基底平面所包围的区域分为 5 个区，1 个 I 区，2 个 II 区，2 个 III 区。由于假设基础底面是光滑的，I 区中的竖向应力即为大主应力，成为朗肯主动区，滑动面 ad、$a'd$ 与水平面成 $45° + \dfrac{\varphi}{2}$。由于 I 区的土楔体 $aa'd$ 向下移动，把附近的土体挤向两侧，使 III 区中的土体 aef 和 $a'e'f'$ 达到被动状态，成为朗肯被动区 [图 2-10（b）、（c）]，滑动面 ef、$e'f'$ 与水平面成 $45° - \dfrac{\varphi}{2}$。在主动区与被动区之间是由一组对数螺线和一组辐射线组成的过渡区 ade 和 $a'de'$。对数螺线方程为 $r = r_0 \exp(\theta \tan\varphi)$，若以 a（或 a'）为极点，以 ad（或 $a'd$）为半径（r_0），则可证明两条对数螺线分别与主、被动区的滑动面相切。

为推求地基的极限承载力 p_u，将图 2-10（b）中的一部分滑动土体 $Odeg$ [图 2-10（c）] 视

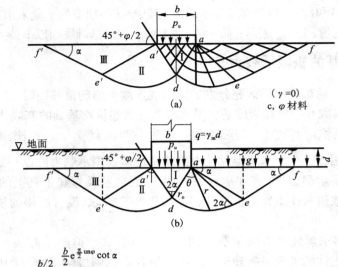

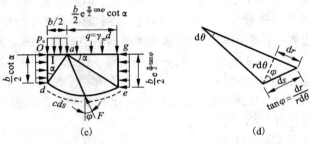

图 2-10 普朗特尔－雷斯诺地基滑移图式

为刚体，然后考察 $Odeg$ 上的平衡条件。在 $Odeg$ 上作用力如下：

①Oa（基底面）上的极限承载力的合力为 $p_u b/2$，它对 a 点的力矩为：

$$M_1 = p_u b/2 \cdot b/4 = \frac{1}{8}b^2 p_u$$

②Od 面上的主动土压力的合力为 $E_a = (p_u \tan^2\alpha - 2c \cdot \tan\alpha)b \cdot \cot(\alpha/2)$，它对 a 点的力矩为：$M_2 = E_a \cdot \cot\alpha \cdot b/4 = \frac{1}{8}b^2 p_u - \frac{1}{4}b^2 c \cdot \cot\alpha$

③ag 面上覆土重的合力为 $q \cdot \dfrac{b}{2} \cdot \exp\left(\dfrac{\pi}{2}\tan\varphi\right)$，对 a 点力矩为：

$$M_3 = \left[q\frac{b}{2} \cdot \exp\left(\frac{\pi}{2}\tan\varphi\right) \cdot \cot\alpha \right] \cdot \left[\frac{b}{4} \cdot \exp\left(\frac{\pi}{2}\tan\varphi\right) \cdot \cot\alpha \right] = \frac{1}{8}b^2\gamma_m d \cdot \exp(\pi\tan\varphi) \cdot \cot^2\alpha$$

④eg 面上的被动土压力合力为 $E_p = (\gamma_m d \cdot \cot^2\alpha + 2c \cdot \cot\alpha) \cdot \dfrac{b}{2} \cdot \exp\left(\dfrac{\pi}{2}\tan\varphi\right)$，对 a 点的力矩为：$M_4 = E_p \cdot \dfrac{b}{4} \cdot \exp\left(\dfrac{\pi}{2}\tan\varphi\right) = \frac{1}{8}b^2\gamma_m d \cdot \exp(\pi\tan\varphi) \cdot \cot^2\alpha + \frac{1}{4}b^2 c \cdot \exp(\pi\tan\varphi) \cdot \cot\alpha$

⑤de 面上黏聚力的合力，对 a 点的力矩为：

$$M_5 = \int_0^l c \cdot \mathrm{d}s \cdot r\cos\varphi = \int_0^{\pi/2} cr^2 \mathrm{d}\theta = \frac{1}{2}cb^2 \cot\varphi \cdot \frac{\exp(\pi\tan\varphi) - 1}{\sin^2\alpha}$$

40

⑥ *de* 面上反力的合力 F 的作用线通过对数螺旋曲线的中心点 a，则其对 a 点的力矩为0。

根据力矩平衡条件，有 $\sum M_a = M_1 + M_2 - M_3 - M_4 - M_5 = 0$

整理后，得：

$$p_u = \gamma_m d \cdot N_q + c \cdot N_c \qquad (2-14)$$

式中，γ_m——基底以上土的加权平均重度（kN/m^3）；

d——基础埋深（m）；

c——基底以下土的黏聚力（kPa）；

N_q，N_c——地基极限承载力系数，它们是地基土（基底以下土体）的内摩擦角 φ（°）的函数。

$$N_q = \exp(\pi\tan\varphi)\tan^2(45° + \varphi/2)$$
$$N_c = (N_q - 1)\cot\varphi$$

式（2-14）表明，对于不考虑基底以下土重量的地基，滑动土体没有重量，不产生抗力。地基的极限承载力由基础侧面土重荷载 $q = \gamma_m d$ 和滑动面上黏聚力 c 产生的抗力构成。

同时式（2-14）表明，当基础置于无黏性土（$c = 0$）的地基表面（$d = 0$）时，地基的极限承载力 $p_u = 0$。这显然是不合理的，它是由于将地基土当成无重量介质所造成的。为了弥补这一缺陷，后来许多学者在此基础上作了一些修正并加以发展，使极限承载力公式逐步得到完善。

2. 太沙基地基极限承载力公式

1943 年太沙基（K. Terzaghi）弥补了普朗特尔－雷斯诺地基极限承载力理论中的部分缺陷，将地基土作为有重度的介质，在推导均质地基上的条形基础受中心荷载作用下的极限承载力公式中，做了更为切合实际的假定，其假定如下：

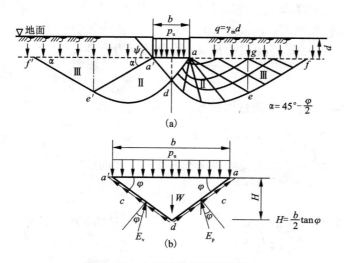

图 2-11　太沙基地基极限承载力

（1）基底以下土体是有重力的，即 $\gamma \neq 0$；

（2）基础底面完全粗糙，它与地基土之间存在摩擦力；

（3）基底以上两侧的土体为均布荷载 $q = \gamma_m d$（d 为基础埋深），即不考虑基底以上两侧土体抗剪强度的影响作用。

根据以上假定，地基滑动面的形状近似假定为图 2-11 所示形状。地基滑动土体也可以分成如下 3 个区域。

Ⅰ区——基底以下的土楔 $aa'd$，由于假定基底是粗糙的，基底与土之间存在摩擦力，阻碍该部分土体的侧向剪切位移，该区土体形成一个弹性压密区（或称弹性核），在荷载作用下，与基础成为整体，竖直向下移动。太沙基假定弹性核的两侧面 ad、$a'd$ 与水平面夹角均为 $\psi = \varphi$。

Ⅱ区——对数螺旋线过渡区，由两组滑移线构成，其中一组是通过 a（或 a'）点的辐射线，另一组为对数螺旋线 de（或 de'），同时忽略土体自重对滑移线形状的影响。

Ⅲ区——朗肯被动状态区，滑移面 ae（或 $a'e'$）与水平面的夹角 $\alpha = 45° - \dfrac{\varphi}{2}$。

当基底压力增至极限荷载 p_u 时，地基将产生如图 2-11（a）所示的滑移面。弹性核 $aa'd$（Ⅰ区）将随同基础向下移动，并挤压两侧土体 $adef$ 和 $a'de'f'$，直至土体破坏。此时在 ad 和 $a'd$ 面上将作用着被动土压力 E_p，与作用面的法线方向成 φ 角［见图 2-11（b）］。太沙基将弹性核 $aa'd$ 取为隔离体，考虑单位基础长度，根据弹性核 $aa'd$ 本身的静力平衡条件，得地基的极限承载力公式为

$$p_u b = 2E_p + cb\tan\varphi - \frac{\gamma}{4}b^2\tan\varphi \tag{2-15}$$

式中，$\dfrac{\gamma}{4}b^2\tan\varphi$ 为弹性核的自重，$cb\tan\varphi$ 为 ad 和 $a'd$ 面上黏聚力的竖直分量。

因此，用式（2-15）求地基极限承载力的关键在于计算弹性核两侧面上的被动土压力。被动土压力 E_p 是由土的黏聚力、基础两侧荷载 q 和地基土的重度 γ 所引起的。对于完全粗糙的基底，太沙基将弹性核侧面 ad 视作挡土墙，分 3 步求被动土压力 E_p，即

（1）假定 γ 与 c 均为 0，求出仅由荷载 q 引起的反力

$$E_{pq} = \frac{1}{2}qbK_q\tan\varphi \tag{2-16}$$

（2）假定 γ 与 q 均为 0，求出仅由黏聚力 c 引起的反力

$$E_{pc} = \frac{1}{2}cbK_c\tan\varphi \tag{2-17}$$

（3）假定 q 与 c 均为 0，求出仅由地基土重度 γ 引起的反力

$$E_{p\gamma} = \frac{1}{8}\gamma b^2K_\gamma\tan\varphi \tag{2-18}$$

根据叠加原理将式（2-16）、（2-17）、（2-18）相加，求得总的被动土压力 $E_p = E_{pq} + E_{pc} + E_{p\gamma}$，代入式（2-15），整理得

$$p_u = \frac{1}{2}\gamma bN_r + qN_q + cN_c \tag{2-19}$$

式中，q——基底以上土体荷载（kPa），且 $q = \gamma_m d$（γ_m 为基底以上土层的加权平均重度，d 为基础埋深）；

γ，c——分别为基底以下土体的重度（kN/m³）、黏聚力（kPa）；

b——基础底面宽度(m);

N_r, N_q, N_c——太沙基地基承载力系数,它们是土的内摩擦角φ的函数。可由图2－12中的曲线(实线)确定。

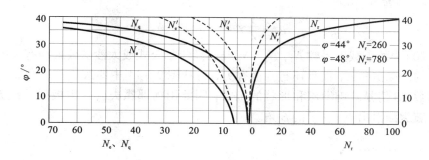

图2－12　太沙基地基承载力系数

上述太沙基极限承载力公式适用于地基土较密实,发生整体剪切破坏的情况。对于压缩性较大的松散土体,地基可能会发生局部剪切破坏。

3. 梅耶霍夫地基极限承载力公式

1951年梅耶霍夫(Meyerhof G. G.)对太沙基理论做了更进一步的改进,即考虑了基底以上土体的剪切强度对地基极限承载力的影响。在浅基础的地基极限承载力计算中,将基础两侧基底平面以上的土层简单地当作荷载,忽视作为边载土层的抗剪强度,这无疑会低估地基的承载力。在基础埋深较浅的情况下,作为边载的土层的抗剪强度也相对较小,忽略其对地基承载力的影响所造成的误差也较小。若基础埋置深度较大;但仍采用浅埋基础的影响,把基底以上土层简单地作为荷载,这显然会带来较大的误差。梅耶霍夫在计算地基土的极限承载力公式中,考虑了基底以上土的抗剪强度这一因素。

梅耶霍夫和太沙基一样,认为基础底面存在着摩擦力,基底以下土体形成弹性土楔$aa'd$。如图2－13所示,ad和$a'd$是破裂面,底角ψ界于φ与$45°+\varphi/2$之间。在推导极限承载力时,假定$\psi=45°+\varphi/2$。

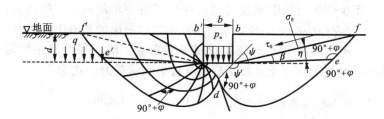

图2－13　梅耶霍夫地基极限承载力

在极限荷载作用下,弹性楔体$aa'd$与基础作为整体向下移动,同时挤压两侧土体,并形成对数螺旋线形的破裂面。梅耶霍夫假定破裂面延伸至地面,并从f和f'处滑出,如图2－13所示。f和f'点是自基础边缘a、a'处引一与水平面成β角的斜线与地面的交点。de、de'为对数螺旋线，ef、$e'f'$ 为对数螺旋线的切线。abf 内的土重及基础侧面 ab 上的摩擦力的影响可以用 af 上的等代法向应力 σ_0 和等代剪应力 τ_0 来代替。因此，考察土体的平衡时可以将 abf 移去，用等代自由面 af 表示。梅耶霍夫根据图 2-13 所示的破裂面的形状，推导出地基极限承载力的计算式，同样简化为

$$p_u = \frac{1}{2}\gamma b N_r + q N_q + c N_c \qquad (2-20)$$

式(2-20)中的承载力系数 N_r，N_q，N_c 与普朗特尔公式或太沙基公式均有不同。它们不仅决定于土的内摩擦角 φ，而且还与 β 值有关，可从图 2-14 中曲线查得。图 2-14 中曲线以 β 角为参数，β 值是基础埋深和形状的函数；因此用梅耶霍夫公式求极限承载力之前，必须找到确定破裂面滑出点 f 和 f' 的 β 角。

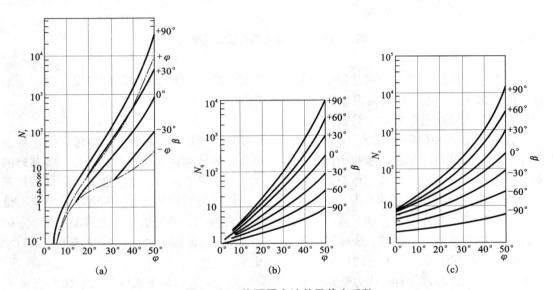

图 2-14　梅耶霍夫地基承载力系数

4. 汉森极限承载力公式

太沙基之后，不少学者对极限承载力理论进行了进一步的研究，魏西克(Vesic A. s.)、卡柯(Caquot A.)、汉森(Hansen J. B.)等人在普朗特尔理论的基础上，考虑了基础形状、埋置深度、倾斜荷载、地面倾斜及基础底面倾斜等因素的影响。每种修正均需在承载力系数 N_r，N_q，N_c 上乘以相应的修正系数，修正后的汉森极限承载力公式为

$$p_u = \frac{1}{2}\gamma B \cdot N_\gamma s_\gamma d_\gamma i_\gamma g_\gamma b_\gamma + q \cdot N_q s_q d_q i_q g_q b_q + c \cdot N_c s_c d_c i_c g_c b_c$$

5. 关于地基极限承载力的讨论

1）影响极限承载力的因素

根据前面介绍的几种地基极限承载力的计算公式知道，地基极限承载力大致由下列几部分组成：

（1）滑裂土体自重所产生的抗力；

（2）基础两侧均布荷载 q 所产生的抗力；

（3）滑裂面上黏聚力 c 所产生的抗力。

其中，第一种抗力除了取决于土的重度 γ 以外，还取决于滑裂土体的体积。随着基础宽度的增加，滑裂土体的长度和深度也随着增长，即极限承载力将随基础宽度 b 的增加而线性增加。第二种抗力主要来自基底以上土体的上覆压力。基础埋深愈大，则基础侧面荷载 $q = \gamma_m d$ 愈大，极限承载力越高。第三种抗力主要取决于地基土的黏聚力 c，其次也受滑裂面长度的影响。若 c 值越大，滑裂面长度越长，极限承载力也随之增加。在此值得一提的是，上述 3 种抗力都与地基破坏时的滑裂面形状有关，而滑裂面的形状主要受土的内摩擦角 φ 的影响。故承载力系数 N_r，N_q，N_c 均为 φ 角的函数，从太沙基（图 2 - 12）或梅耶霍夫（图 2 - 14）承载力系数曲线图可以得出：随着土的内摩擦角 φ 值的增加，N_r，N_q，N_c 变化很大。

2）极限承载力理论的缺点

应该指出：前述求解地基极限承载力的计算公式在理论上并不是很完善、很严格的。首先，他们认为地基土由滑移边界线截然分成塑性破坏区和弹性变形区，并且将土的应力应变关系假设为理想弹性体或塑性体。而实际上土体并非纯弹性或塑性体，它属于非线性弹塑性体。显然，采用理想化的弹塑性理论不能完全反映地基土的破坏特征，更无法描述地基土从变形发展到破坏的真实过程。其次，前述理论公式都可写成统一的形式，即 $p_u = \frac{1}{2}\gamma b N_r + q N_q + c N_c$；但不同的滑动面形状就会具有不同的极限荷载公式，它们之间的差异仅仅反映在承载力系数 N_r，N_q，N_c 上，这显然是不够准确的。而且在这些承载力公式中，承载力系数 N_r，N_q，N_c 仅与土的内摩擦角 φ 值有关，虽然汉森公式考虑了基础形状、荷载型式、地面形状等因素的影响，但也只做了一些简单的数学公式修正。若要真实地反映实际问题，有待进一步完善。

【例题 2 - 4】　黏性土地基上条形基础的宽度 $b = 2$ m，埋置深度 $d = 1.5$ m，地下水位在基础底面处。地基土的相对密度 $G_s = 2.70$，孔隙比 $e = 0.70$，水位以上饱和度 $S_r = 0.8$，土的强度指标 $c = 10$ kPa，$\varphi = 20°$。求地基土的临塑荷载 p_{cr}，临界荷载 $p_{\frac{1}{4}}$，$p_{\frac{1}{3}}$ 和太沙基极限荷载 p_u，并进行比较。

【解】　（1）求地基土的重度。

基底以上土的天然重度：

$$\gamma_0 = \frac{G_s + S_r e}{1 + e} \cdot \gamma_w = \frac{2.7 + 0.8 \times 0.7}{1 + 0.7} \times 9.8 = 18.79 \text{ kN/m}^3$$

基础下土的有效重度：

$$\gamma' = \left(\frac{G_s + e}{1 + e} - 1\right) \cdot \gamma_w = \left(\frac{2.7 + 0.7}{1 + 0.7} - 1\right) \times 9.8 = 9.8 \text{ kN/m}^3$$

（2）求式（2 - 11）、（2 - 12）、（2 - 13）中的承载力系数。

$$N_c = \frac{\pi \cot\varphi}{\cot\varphi - \frac{\pi}{2} + \varphi} = \frac{\pi \times \cot 20°}{\cot 20° - \frac{\pi}{2} + \frac{20}{180} \times \pi} = 5.65,$$

$$N_q = \frac{\cot\varphi + \frac{\pi}{2} + \varphi}{\cot\varphi - \frac{\pi}{2} + \varphi} = \frac{\cot 20° + \frac{\pi}{2} + \frac{20}{180} \times \pi}{\cot 20° - \frac{\pi}{2} + \frac{20}{180} \times \pi} = 3.05$$

$$N_{\frac{1}{4}} = \frac{\pi/4}{\cot\varphi - \frac{\pi}{2} + \varphi} = \frac{\pi/4}{\cot 20° - \frac{\pi}{2} + \frac{20}{180} \times \pi} = 0.51$$

$$N_{\frac{1}{3}} = \frac{\pi/3}{\cot\varphi - \frac{\pi}{2} + \varphi} = \frac{\pi/3}{\cot 20° - \frac{\pi}{2} + \frac{20}{180} \times \pi} = 0.69$$

(3)求 p_{cr}、$p_{\frac{1}{4}}$，$p_{\frac{1}{3}}$。

$$p_{cr} = c \cdot N_c + \gamma_0 d \cdot N_q = 10 \times 5.65 + 18.79 \times 1.5 \times 3.05 = 142.46 \text{ kPa}$$

$$p_{\frac{1}{4}} = p_{cr} + \gamma'b \cdot N_{\frac{1}{4}} = 142.46 + 9.8 \times 2 \times 0.51 = 152.46 \text{ kPa}$$

$$p_{\frac{1}{3}} = p_{cr} + \gamma'b \cdot N_{\frac{1}{3}} = 142.46 + 9.8 \times 2 \times 0.69 = 155.98 \text{ kPa}$$

(4)采用公式(2-19)，计算太沙基极限荷载，即 $p_u = \frac{1}{2}\gamma b N_r + q N_q + c N_c$

由 $\varphi = 20°$ 查图 2-12 得：$N_r = 4.5$，$N_q = 8.0$，$N_c = 18.0$

$$p_u = \frac{1}{2} \times 9.8 \times 2 \times 4.5 + 18.79 \times 1.5 \times 8.0 + 10 \times 18.0 = 449.6 \text{ kPa}$$

(5)比较。

根据以上计算可知，各类荷载的大小顺序为 $p_{cr} < p_{\frac{1}{4}} < p_{\frac{1}{3}} < p_u$。

将 p_{cr} 与 p_u 进行比较，容许地基承载力的安全系数大致为

$$K = p_u/p_{cr} = 449.6/142.46 = 3.16。$$

【例题 2-5】 已知某条形基础，宽度 $b = 1.8$ m，埋置深度 $d = 1.5$ m，地基为干硬黏性土，其天然重度 $\gamma = 18.9$ kN/m³，土的强度指标 $c = 22$ kPa，$\varphi = 15°$。试用太沙基极限承载力公式计算 p_u 和地基容许承载力。假设要求地基稳定安全系数为 $K = 2.5$。

【解】 (1)求承载力系数 N_r，N_q，N_c。

由基础宽度 $b = 1.8$ m 大于基础埋深 $d = 1.5$ m，且地基土处于干硬状态可知，地基的破坏形式为整体剪切破坏；故由 $\varphi = 15°$，查图 2-12 可得：

$N_r = 2.5$，$N_q = 4.5$，$N_c = 12.5$

(2)求太沙基极限承载力。

由公式(2-19)得

$$p_u = \frac{1}{2}\gamma b N_r + q N_q + c N_c = \frac{1}{2} \times 18.9 \times 1.8 \times 2.5 + 18.9 \times 1.5 \times 4.5 + 22 \times 12.5 = 445.1 \text{ kPa}$$

(3)求地基容许承载力。

$$[p] = p_u/K = 445.1/2.5 = 178.0 \text{ kPa}$$

2.2.4 按规范确定地基承载力

在地基基础的设计计算中，一般要求建筑物的地基基础必须满足如下两个条件：

①建筑物基础的基底压力不能超过地基的承载能力；

②建筑物基础在荷载作用下可能产生的变形(沉降量、沉降差、倾斜、局部倾斜等)不能超过地基的容许变形值。

在前面章节中讨论的地基极限承载力是从地基的稳定要求出发，研究地基土体所能承受

的最大荷载。故若以极限荷载除以稳定安全系数并将其作为地基基础设计时的地基承载力，虽然能够保证地基不产生失稳破坏，但不能保证地基因变形太大而引起上部建筑物结构破坏或无法正常使用。

为了满足上述两项要求，最直接可靠的方法是原位测试，即在现场利用各种仪器和设备直接对地基土进行测试，以确定地基承载能力。这方面内容将在下一节讨论。目前各地区和各行业部门根据大量的工程实践经验、土工试验和地基荷载试验等综合分析，各自总结出来了一套有关确定地基承载力的地基基础设计规范。这些规范所提供的数据和地基承载力的确定方法，无论从地基稳定或变形方面，都具有一定的安全储备，从而不致因种种意外情况而导致地基破坏。这仍然不失为一种可靠、实用的地基承载力确定方法。

各类规范制定的出发点和基本思想虽然基本一致，但由于各地区的土质情况、各行业建筑物特点不同，每种规范都存在一定的差异。

1. 按《建筑地基基础设计规范》(GB50007—2011)确定地基承载力

承载力特征值，系指由原位载荷试验测定的地基荷载变形曲线上规定的变形所对应的荷载值。

现行《建规》提出了两大类地基承载力特征值的确定方法，第一类是原位测试法；第二类是地基土的强度理论方法。

(1)用原位测试法确定地基承载力特征值

原位测试法就是在建筑物实际场地位置上，现场测试地基土的性能的方法。由于原位测试所涉及的土体比室内试样大，又无需搬运，减少了土样扰动带来的影响；因而能更可靠地反映土层的实际承载能力。

用原位测试法确定地基承载力的方法很多，如静载荷试验、标准贯入试验、静力触探试验等。试验研究表明：对同一地基土体，基础的形状、尺寸及埋深不同，地基的承载能力不同。因此，地基承载力除了与土的性质有关外，还与基础底面尺寸及埋深等因素有关。《建筑地基基础设计规范》第5.2.4条规定：

地基承载力特征值可由载荷试验或其他原位测试、公式计算、并结合工程实际经验等方法确定；

当基础宽度大于3 m或埋置深度大于0.5 m时，从载荷试验或其他原位测试、经验值等方法确定的地基承载力特征值，尚应按下式修正：

$$f_a = f_{ak} + \eta_b \gamma (b - 3) + \eta_d \gamma_m (d - 0.5) \tag{2-21}$$

式中，f_a——修正后的地基承载力特征值(kPa)；

f_{ak}——地基承载力特征值(kPa)；

η_b, η_d——基础宽度和埋深的地基承载力修正系数，按基底下土的类别查表2-4取值；

γ——基础底面以下土的重度(kN/m³)，地下水位以下取浮重度；

γ_m——基础底面以上土的加权平均重度(kN/m³)，地下水位以下取浮重度；

b——基础底面宽度(m)，大于6 m时按6 m取值，小于3 m时按3 m取值；

d——基础的埋置深度(m)，一般自室外地面标高算起。在填方整平地区，可自填土地面标高算起，但填土在上部结构施工后完成时，应从天然地面标高算起。对于地下室，如采用箱形基础或筏基时，基础埋置深度自室外地面标高算起；当采用独立基础或条形基础时，应从室内地面标高算起。

表 2 - 4　承载力修正系数 η_b，η_d

土的类别			
淤泥和淤泥质土		0	1.0
人工填土		0	1.0
e 或 I_L 大于等于 0.85 的黏性土			
红黏土	含水比 $\alpha_w > 0.8$	0	1.2
	含水比 $\alpha_w \leqslant 0.8$	0.15	1.4
大面积压实填土	压实系数大于 0.95、黏粒含量 $\rho_c \geqslant 10\%$ 的粉土	0	1.5
	最大干密度 > 2100 kN/m³ 的级配砂石	0	2.0
粉土	黏粒含量 $\rho_c \geqslant 10\%$ 的粉土	0.3	1.5
	黏粒含量 $\rho_c < 10\%$ 的粉土	0.5	2.0
e 及 I_L 均小于 0.85 的黏性土		0.3	1.6
粉砂、细砂(不包括很湿与饱和时的稍密状态)		2.0	3.0
中砂、粗砂、砾砂和碎石土		3.0	4.4

注：①强风化和全风化的岩石，可参照所风化的土类取值，其他状态下的岩石不修正；
②地基承载力特征值按深层平板载荷试验确定时，取 $\eta_d = 0$；
③含水比是指土的天然含水量与液限的比值；
④大面积压实填土是指填土范围大于两倍基础宽度的填土。

目前建筑工程大量存在主裙楼一体的结构，对于主体结构地基承载力的深度修正，宜将基础底面以上范围内的荷载，按基础两侧的超载考虑，当超载宽度大于基础宽度的两倍时，可将超载折算成土层厚度作为基础埋深，基础两侧超载不等时，取小值。

【例题 2 - 6】　(注岩 2005D9)某高层筏板式住宅楼的一侧设有地下车库，两部分地下结构相互连接，均采用筏基，基础埋深在室外地面以下 10 m，住宅楼基底平均压力为 260 kPa，地下车库基底平均压力为 60 kPa，场区地下水位在室外地面标高以下 3 m，为解决基础抗浮问题，在地下车库底板以上再回填厚度约 0.5 m，重度为 35 kN/m³ 的钢渣，场区土层的重度均按 20 kN/m³ 考虑，地下水重度按 10 kN/m³ 取值，根据《建筑地基基础设计规范》(GB50007—2011)计算，试计算住宅楼地基承载力。

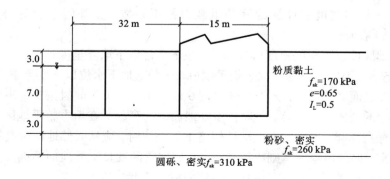

（A）285 kPa　　　　（B）293 kPa　　　　（C）300 kPa　　　　（D）308 kPa

【解】　根据《建筑地基基础设计规范》（GB50007—2011）第5.2.4条及条文说明，对住宅和裙楼或地下车库连成一体的工程，当基础为同一筏基，对主体结构地基承载力做深度修正时，可将超载折算成土层厚度作为基础埋深。计算如下：

基础底面以上土的加权平均重度为：$\gamma_m = \dfrac{20 \times 3 + (20-10) \times 7}{3+7} = 13$ kN/m³

车库基底总压力为：$p = 60 + 35 \times 0.5 = 77.5$ kPa

该基底压力（超载）折算成土层，其厚度为：$h = \dfrac{p}{\gamma_m} = \dfrac{77.5}{13} = 5.96$ m

主体结构经修正后的地基承载力特征值为：

$$f_a = f_{ak} + \eta_b \gamma (b-3) + \eta_d \gamma_m (h - 0.5)$$

粉质黏土，$e = 0.65$，$I_L = 0.5$，查表2-4，$\eta_b = 0.3$，$\eta_d = 1.6$

$f_a = 170 + 0.3 \times (20-10) \times (6-3) + 1.6 \times 13 \times (5.96 - 0.5) = 292.6$ kPa

答案为（B）293 kPa。

【例题2-7】　（注岩2003C8）柱基底面尺寸3.2 m×3.6 m，埋深2.0 m，地下水位埋深为地面下1.0 m，基础埋深范围内有两层土，其厚度分别为：$h_1 = 0.8$ m，$h_2 = 1.2$ m，天然重度分别为：$\gamma_1 = 17$ kN/m³，$\gamma_2 = 18$ kN/m³。基底下持力层为黏土，天然重度 $\gamma_3 = 19$ kN/m³，天然孔隙比 $e_0 = 0.70$，液性指数 $I_L = 0.60$，地基承载力特征值 $f_{ak} = 280$ kPa。问修正后的地基承载力特征值最接近下列哪个选项的数值？

（A）285 kPa　　　　（B）295 kPa　　　　（C）310 kPa　　　　（D）325 kPa

【解】　黏土，$e = 0.70$，$I_L = 0.60$，查表2-4，$\eta_b = 0.3$，$\eta_d = 1.6$

$$\gamma_m = \dfrac{17 \times 0.8 + 18 \times 0.2 + 8 \times 1.0}{2} = 12.6 \text{ kN/m}^3$$

$$\begin{aligned}f_a &= f_{ak} + \eta_b \gamma (b-3) + \eta_d \gamma_m (h-0.5) \\ &= 280 + 0.3 \times 9 \times (3.2-3) + 1.6 \times 12.6 \times (2-0.5) = 310.78 \text{ kPa}\end{aligned}$$

答案为（C）310 kPa

（2）按地基强度理论确定地基承载力特征值

当偏心距 e 小于或等于0.033倍基础底面宽度时，根据土的抗剪强度指标确定地基承载力特征值可按下式计算，并应满足变形要求：

$$f_a = M_b \gamma b + M_d \gamma_m d + M_c c_k \tag{2-22}$$

式中，f_a——由土的抗剪强度指标确定的地基承载力特征值（kPa）；

　　M_b，M_d，M_c——承载力系数，按表2-5取值；

　　b——基础底面宽度（m），大于6 m时按6 m取值，对于砂性土小于3 m时按3 m取值；

　　c_k——基底下一倍短边宽深度内土的黏聚力标准值（kPa）。

表 2-5 承载力修正系数 M_b，M_d，M_c

土的内摩擦角标准值 $\varphi_k/(°)$	M_b	M_d	M_c
0	0	1.00	3.14
2	0.03	1.12	3.32
4	0.06	1.25	3.51
6	0.10	1.39	3.71
8	0.14	1.55	3.93
10	0.18	1.73	4.17
12	0.23	1.94	4.42
14	0.29	2.17	4.69
16	0.36	2.43	5.00
18	0.43	2.72	5.31
20	0.51	3.06	5.66
22	0.61	3.44	6.04
24	0.80	3.87	6.45
26	1.10	4.37	6.90
28	1.40	4.93	7.40
30	1.90	5.59	7.95
32	2.60	6.35	8.55
34	3.40	7.21	9.22
36	4.20	8.25	9.97
38	5.00	9.44	10.80
40	5.80	10.84	11.73

注：$\varphi_k(°)$——基底下一倍短边宽度的深度范围内土的内摩擦角标准值(°)

【例题 2-8】（注岩 2008D9）某框架结构，一层地下室，拟采用柱下独立基础，室外与地下室室内地面高程分别为 16.2 m 和 14.0 m，基础宽度 $b = 2.5$ m，基础埋深在室外地面以下 3.0 m。室外地面以下为厚度 1.2 m 的填土，$\gamma = 17$ kN/m³，填土层以下为厚度 7.5 m 的第四纪粉土，$\gamma = 19$ kN/m³，$c_k = 18$ kPa，$\varphi_k = 24°$，场区未见地下水。按《建筑地基基础设计规范》GB50007—2011 计算，地基承载力特征值最接近下列哪个选项？

（A）170 kPa　　　（B）190 kPa　　　（C）210 kPa　　　（D）230 kPa

【解】$\varphi_k = 24°$，查表，$M_b = 0.80$，$M_d = 3.87$，$M_c = 6.45$

$d = 3 - (16.2 - 14.0) = 0.8$ m，$\gamma_m = 19$ kN/m³

$f_a = M_b \gamma b + M_d \gamma_m d + M_c c_c = 0.80 \times 19 \times 2.5 + 3.87 \times 19 \times 0.8 + 6.45 \times 18 = 212.9$ kPa

答案为（C）210 kPa。

(3)按《建筑地基基础设计规范》确定岩石地基的承载力特征值

对于完整、较完整、较破碎的岩石地基承载力特征值可按《建筑地基基础设计规范》（GB50007—2011）附录 H 岩石地基载荷试验方法确定；对破碎、极破碎的岩石地基承载力特征值，可根据平板载荷试验确定。对完整、较完整、较破碎的岩石地基承载力特征值，也可根据室内饱和单轴抗压强度按下式进行计算：

$$f_a = \psi_r \cdot f_{rk} \qquad (2-23)$$

式中，f_a——岩石地基承载力特征值(kPa)；

　　　ψ_r——折减系数。根据岩体完整程度以及结构面的间距、宽度、产状和组合，由地区经验确定。无经验时对完整岩体可取0.5；对较完整岩体可取0.2～0.5；对较破碎岩体可取0.1～0.2；

　　　f_{rk}——岩石饱和单轴抗压强度标准值(kPa)。

A)根据岩石地基载荷试验确定岩石地基承载力应符合下列规定：

①对应$p-s$曲线上起始直线段的终点为比例界限。符合终止加载条件的前一级荷载为极限荷载。将极限荷载除以安全系数3，所得到的值与对应于比例界限的荷载相比较，取小值。

②每个场地载荷试验的数量不应少于3个，取最小值作为岩石地基承载力特征值。

③岩石地基承载力特征值不进行深宽修正。

B)根据岩石饱和单轴抗压强度试验确定岩石地基承载力：

①岩样尺寸为$\phi 50\ \text{mm} \times 100\ \text{mm}$，数量不应少于6个；

②根据参加统计的一组试样的试验值计算其平均值、标准差、变异系数，取岩石饱和单轴抗压强度的标准值为：

$$f_{rk} = \psi \cdot f_{rm} \tag{2-24}$$

$$\psi = 1 - \left(\frac{1.704}{\sqrt{n}} + \frac{4.678}{n^2} \right)\delta$$

式中，f_{rm}——岩石饱和单轴抗压强度平均值(kPa)；

　　　ψ——统计修正系数；

　　　f_{rk}——岩石饱和单轴抗压强度标准值(kPa)。

$\left(\dfrac{1.704}{\sqrt{n}} + \dfrac{4.678}{n^2} \right)$计算值见表2-6。

表2-6　$\left(\dfrac{1.704}{\sqrt{n}} + \dfrac{4.678}{n^2} \right)$计算值

n	6	7	8	9	10	11	12
$\left(\dfrac{1.704}{\sqrt{n}} + \dfrac{4.678}{n^2} \right)$	0.8256	0.7395	0.6756	0.6258	0.5856	0.5524	0.5244

【例题2-9】　(注岩2005C9)某场地作为地基的岩体结构面组数为2组，控制性结构面平均间距为1.5 m，室内9个饱和单轴抗压强度的平均值为26.5 MPa，变异系数为0.2，试按《建筑地基基础设计规范》(GB 50007—2011)确定岩石地基承载力特征值最接近下列哪个选项？

　　(A)13.6 MPa　　　　(B)12.6 MPa　　　　(C)11.6 MPa　　　　(D)10.6 MPa

【解】　统计修正系数γ_s：

$$\gamma_s = 1 - \left(\frac{1.704}{\sqrt{n}} + \frac{4.678}{n^2} \right)\delta = 1 - 0.6258 \times 0.2 = 0.875$$

岩石饱和单轴抗压强度标准值为：

$$f_{rk} = \gamma_s f_{rm} = 0.875 \times 326.5 = 23.1875\ \text{MPa}$$

岩体结构面组数为2组，控制性结构面平均间距为1.5 m，根据《建筑地基基础设计规范》(GB 50007—2011)附录表 A. 0. 2，岩体完整程度定为完整。

根据规范 5. 2. 6 条，对完整岩体，折减系数取 $\psi_r = 0.5$

岩石地基承载力特征值为：

$$f_a = \psi_s f_{rk} = 0.5 \times 23.1875 = 11.6 \text{ MPa}$$

答案为（C）11. 6 MPa。

【例题 2 – 10】 （注岩 2007C6）某山区工程，场地地面以下 2 m 深度内为岩性相同、风化程度一致的基岩。现场实测该岩体的纵波波速值为 2700 m/s，室内测试该层基岩岩块的纵波波速为 4300 m/s，对现场采取的 6 块岩样进行室内饱和单轴抗压强度试验，得出饱和单轴抗压强度平均值 13. 6 MPa，标准差 5. 59 MPa，试按《建筑地基基础设计规范》(GB 50007—2011）计算，2 m 深度内的岩石地基承载力特征值最接近下列哪个选项？

（A）0. 64 ~ 1. 27 MPa   （B）0. 83 ~ 1. 66 MPa

（C）0. 90 ~ 1. 80 MPa   （D）1. 03 ~ 2. 19 MPa

【解】 统计修正系数 γ_s：

$$\gamma_s = 1 - \left(\frac{1.704}{\sqrt{n}} + \frac{4.678}{n^2} \right)\delta = 1 - 0.8256 \times \frac{5.59}{13.6} = 0.661$$

岩石饱和单轴抗压强度标准值为：

$$f_{rk} = \gamma_s f_{rm} = 0.661 \times 13.6 = 8.98 \text{ MPa}$$

岩体完整性指数 $K_v = \left(\frac{2700}{4300} \right)^2 = 0.394$

岩体完整程度划分为较破碎，折减系数 $\psi_r = 0.1 \sim 0.2$

岩石地基承载力特征值为：

$$f_a = \psi_s f_{rk} = (0.1 \sim 0.2) \times 8.98 = 0.90 \sim 1.80 \text{ MPa}$$

答案为（C）0. 90 ~ 1. 80 MPa。

【例题 2 – 11】 某建设场地为岩石地基，进行了三组岩基载荷试验，试验数据如下表：

	比例界限（kN）	极限荷载（kN）
1	650	1920
2	510	1560
3	550	1440

求岩石地基承载力特征值？

（A）480 kN   （B）510 kN   （C）570 kN   （D）823 kN

解：第 1 组，比例界限为 650 kN，极限荷载的 1/3 为 $\frac{1}{3} \times 1920 = 640$ kN，取 640 kN；

第 2 组，比例界限为 510 kN，极限荷载的 1/3 为 $\frac{1}{3} \times 1560 = 520$ kN，取 510 kN；

第 3 组，比例界限为 550 kN，极限荷载的 1/3 为 $\frac{1}{3} \times 1440 = 480$ kN，取 480 kN；

取最小值 480 kN 作为岩石地基承载力特征值，答案为（A）480 kN。

2. 按《公路桥涵地基与基础设计规范》(JTG D63—2007)确定地基承载力

*承载力允许值：地基压力变形曲线上，在线性变形段内某一变形所对应的压力值。

3.3.1　地基承载力的验算，应以修正后的地基承载力容许值$[f_a]$控制。该值系在地基原位测试或本规范给出的各类岩土承载力基本容许值$[f_{a0}]$的基础上，经修正而得。

3.3.2　地基承载力容许值应按以下原则确定：

1. 地基承载力基本容许值应首先考虑由载荷试验或其他原位测试取得，其值不大于地基极限承载力的1/2。

对中小桥、涵洞，当受现场条件限制，或载荷试验和原位测试有困难时，也可按照本规范第3.3.3条有关规定采用。

2. 地基承载力基本容许值尚应根据基底埋深、基础宽度及地基土的类别按照本规范第3.3.4条规定进行修正。

3. 软土地基承载力容许值可按照本规范第3.3.5条确定。

4. 其他特殊性岩土地基承载力基本容许值可参照各地区经验或相应的标准确定。

3.3.3　地基承载力基本容许值$[f_{a0}]$可根据岩土类别、状态及其物理力学特性指标按表3.3.3-1～表3.3.3-7选用。

1. 一般岩石地基可根据强度等级、节理按表3.3.3-1确定承载力基本容许值$[f_{a0}]$。对于复杂的岩层(如溶洞、断层、软弱夹层、易溶岩石、软化岩石等)应按各项因素综合确定。

表3.3.3-1　岩石地基承载力基本容许值$[f_{a0}]$(kPa)

	节理不发育	节理发育	节理很发育
坚硬岩、较硬岩	>3000	3000～2000	2000～1500
较软岩	3000～1500	1500～1000	1000～800
软岩	1200～1000	1000～800	800～500
极软岩	500～400	400～300	300～200

注：岩石坚硬程度分级同《建筑地基基础设计规范》GB50007—2011

2. 碎石土可根据其类别和密实程度按表3.3.3-2确定承载力基本容许值$[f_{a0}]$。

表3.3.3-2　碎石土地基承载力基本容许值$[f_{a0}]$(kPa)

	密实	中密	稍密	松散
卵石	1200～1000	1000～650	650～500	500～300
碎石	1000～800	800～550	550～400	400～200
圆砾	800～600	600～400	400～300	300～200
角砾	700～500	500～400	400～300	300～200

注：①碎石土类别及密实程度划分同《建筑地基基础设计规范》(GB50007—2011)；

②由硬质岩组成，填充砂土者取高值；由软质岩组成，填充黏性土者取低值；

③半胶结的碎石土，可按密实的同类土的$[f_{a0}]$值提高10%～30%；

④松散的碎石土在天然河床中很少遇见，需特别注意鉴定；

⑤漂石、块石的$[f_{a0}]$值，可参照卵石、碎石适当提高。

*注：书中引用的设计或技术规范用楷体字编排，以示区别于正文。(后同)

3. 砂土地基可根据土的密实度和水位情况按表3.3.3-3确定承载力基本容许值$[f_{a0}]$。

表3.3.3-3　砂土地基承载力基本容许值$[f_{a0}]$（kPa）

		密实	中密	稍密	松散
砾砂、粗砂	与湿度无关	550	430	370	200
中砂	与湿度无关	450	370	330	150
细砂	水上	350	270	230	100
	水下	300	210	190	—
粉砂	水下	300	210	190	—
	水下	200	110	90	—

注：砂土类别及密实程度划分同《建筑地基基础设计规范》GB50007—2011

4. 粉土地基可根据土的天然孔隙比e和天然含水量ω（%）按表3.3.3-4确定承载力基本容许值$[f_{a0}]$。

表3.3.3-4　粉土地基承载力基本容许值$[f_{a0}]$（kPa）

	$\omega = 10\%$	15%	20%	25%	30%	35%
孔隙比=0.5	400	380	355	—	—	—
0.6	300	290	280	270	—	—
0.7	250	235	225	215	205	—
0.8	200	190	180	170	165	—
0.9	160	150	145	140	130	125

5. 老黏性土地基可根据压缩模量E_s按表3.3.3-5确定承载力基本容许值$[f_{a0}]$。

表3.3.3-5　老黏性土地基承载力基本容许值$[f_{a0}]$（kPa）

E_s（MPa）	10	15	20	25	30	35	40
$[f_{a0}]$（kPa）	380	430	470	510	550	580	620

注：当老黏性土$E_s < 10$ MPa时，承载力基本容许值$[f_{a0}]$按一般黏性土（表3.3.3-6）确定。

6. 一般黏性土可根据液性指数I_L和天然孔隙比e和按表3.3.3-6确定承载力基本容许值$[f_{a0}]$。

表3.3.3-6　一般黏性土地基承载力基本容许值$[f_{a0}]$（kPa）

	$e = 0.5$	0.6	0.7	0.8	0.9	1.0	1.1
$I_L = 0$	450	420	400	380	320	250	—
0.1	440	410	370	330	280	230	—
0.2	430	400	350	300	260	220	160
0.3	420	380	330	280	240	210	150

续上表

	$e=0.5$	0.6	0.7	0.8	0.9	1.0	1.1
0.4	400	360	310	260	220	190	140
0.5	380	340	290	240	210	170	130
0.6	350	310	270	230	190	160	120
0.7	310	280	240	210	180	150	110
0.8	270	250	220	180	160	140	100
0.9	240	220	190	160	140	120	90
1.0	220	200	170	150	130	110	—
1.1	—	180	160	140	120	—	—
1.2	—	—	150	130	100	—	—

注：当 $e<0.5$ 时，取 $e<0.5$；当 $I_L<0$ 时，取 $I_L=0$。此外，超过表列范围的一般黏性土，$[f_{a0}]=57.22E_s^{0.57}$。

老黏性土：沉积年代为第四纪晚更新世(Q_3)及以前

一般黏性土：沉积年代为第四纪全新世(Q_4)

新近沉积黏性土：沉积年代为第四纪全新世(Q_4)以后

7. 新近沉积黏性土地基可根据液性指数 I_L 和天然孔隙比 e 和按表 3.3.3 – 7 确定承载力基本容许值$[f_{a0}]$。

表 3.3.3 – 7　新近沉积黏性土地基承载力基本容许值$[f_{a0}]$（kPa）

	$e\leqslant0.8$	$e=0.9$	$e=1.0$	$e=1.1$
$I_L\leqslant0.25$	140	130	120	110
$I_L=0.75$	120	110	100	90
$I_L=1.25$	100	90	80	—

3.3.4　修正后的地基承载力容许值$[f_a]$按式(3.3.4)确定。当基础位于水中不透水地层上时，$[f_a]$按平均常水位至一般冲刷线的水深每米再增大 10 kPa。

$$[f_a]=[f_{a0}]+k_1\gamma_1(b-2)+k_2\gamma_2(h-3) \tag{3.3.4}$$

式中，$[f_a]$——修正后的地基承载力容许值(kPa)；

　　b——基础底面的最小边宽(m)；当 $b<2$ m 时，取 $b=2$ m；当 $b>10$ m 时，取 $b=10$ m；

　　h——基底埋置深度(m)，自天然地面起算，有水流冲刷时自一般冲刷线起算；当 $h<3$ m 时，取 $h=3$ m；当 $h/b>4$ 时，取 $h=4b$；

　　k_1，k_2——基底宽度、深度修正系数，根据基底持力层的类别按表 3.3.4 确定；

　　γ_1——基底持力层土的天然重度(kN/m^3)；若持力层在水面以下且为透水者，应取浮重度；

　　γ_2——基底以上土层的加权平均重度(kN/m^3)；若持力层在水面以下且不透水时，不论基底以上土的透水性质如何，一律取饱和重度；当透水时，水中部分土层则应取浮重度。

表 3.3.4　地基土承载力宽度、深度修正系数 k_1，k_2

	黏性土				粉土
	老黏性土	一般黏性土		新近沉积黏性土	
		$I_L \geqslant 0.5$	$I_L < 0.5$		
k_1	0	0	0	0	0
k_2	2.5	1.5	2.5	1.0	1.5

砂土								碎石土			
粉砂		细砂		中砂		粗砂、砾砂		碎石、圆砾、角砾		卵石	
中密	密实	中密	密实	中密	密实	中密	密实	中密	密实	中密	密实
1.0	1.2	1.5	2.0	2.0	3.0	3.0	4.0	3.0	4.0	3.0	4.0
2.0	2.5	3.0	4.0	4.0	5.5	5.0	6.0	5.0	6.0	6.0	10.0

注：①对于稍密和松散状态的砂、碎石土，k_1，k_2 值可采用表列中密值的50%
②强风化和全风化的岩石，可参照分化成的相应土类取值；其他状态下的岩石不修正。

3.3.5　软土地基承载力容许值 $[f_a]$ 按下列规定确定：

1. 软土地基承载力基本容许值 $[f_{a0}]$ 应由载荷试验或其他原位测试取得。载荷试验和原位测试确有困难时，对于中小桥、涵洞基底未经处理过的软土地基，承载力容许值 $[f_a]$ 可采用以下两种方法确定：

1）根据原状土天然含水量 ω，按表 3.3.5 确定软土地基承载力基本容许值 $[f_{a0}]$，然后按式（3.3.5 – 1）计算修正后的地基承载力容许值 $[f_a]$：

$$[f_a] = [f_{a0}] + \gamma_2 h \qquad (3.3.5 - 1)$$

表 3.3.5　软土地基承载力基本容许值 $[f_{a0}]$

天然含水量 ω（%）	36	40	45	50	55	65	75
$[f_{a0}]$（kPa）	100	90	80	70	60	50	40

2）根据原状土强度指标确定软土地基承载力容许值 $[f_a]$：

$$[f_a] = \frac{5.14}{m} k_P C_u + \gamma_2 h \qquad (3.3.5 - 2)$$

$$k_P = \left(1 + 0.2\frac{b}{l}\right)\left(1 - \frac{0.4H}{blC_u}\right) \qquad (3.3.5 - 3)$$

式中，m——抗力修正系数，可视软土灵敏度及基础长宽比等因素选用 1.5 ~ 2.5；

C_u——地基土不排水抗剪强度标准值（kPa）；

k_P——系数；

H——由作用（标准值）引起的水平力（kN）；

b——基础宽度(m),有偏心作用时,取 $b - 2e_b$;

l——垂直于 b 边的基础长度(m),有偏心作用时,取 $l - 2e_L$;

e_b, e_L——偏心作用在宽度和长度方向的偏心距;

γ_2, h——意义同式(3.3.4)。

2. 经排水固结方法处理的软土地基,其承载力基本容许值 $[f_{a0}]$ 应通过载荷试验或其他原位测试方法确定;经复合地基方法处理的软土地基,其承载力基本容许值 $[f_{a0}]$ 应通过载荷试验确定,然后按式(3.3.5 – 1)计算修正后的软土地基承载力容许值 $[f_a]$。

3.3.6 地基承载力容许值 $[f_a]$ 应根据地基受荷阶段及受荷情况,乘以下列规定的抗力系数 γ_R。

1. 使用阶段:

1)当地基承受作用短期效应组合或作用效应偶然组合时,可取 $\gamma_R = 1.25$;但对承载力容许值 $[f_a]$ 小于 150 kPa 的地基,应取 $\gamma_R = 1.0$。

2)当地基承受的作用短期效应组合仅包括结构自重、预加力、土重、土侧压力、汽车和人群效应时,应取 $\gamma_R = 1.0$。

3)当基础建于经多年压实未遭破坏的旧桥基(岩石旧桥基除外)上时,不论地基承受的作用状况如何,抗力系数均可取 $\gamma_R = 1.50$;对 $[f_a]$ 小于 150 kPa 的地基,可取 $\gamma_R = 1.25$。

4)基础建于岩石旧桥基上,应取 $\gamma_R = 1.0$。

2. 施工阶段:

1)地基在施工荷载作用下,可取 $\gamma_R = 1.25$。

2)当墩台施工期间承受单向推力时,可取 $\gamma_R = 1.50$。

【例题 2 – 12】 求软土地基承载力容许值 $[f_a]$。已知有一软土地基的桥墩,宽 4 m,长 6 m,基础埋深 2 m,该桥墩承受偏心荷载,在基础长度方向的偏心距为 1 m,宽度方向的偏心距 0.5 m,水平荷载 $H = 500$ kN,软土的不排水抗剪强度 $C_u = 40$ kPa,桥墩埋深部分土的重度 $\gamma_2 = 16$ kN/m³,抗力修正系数取 $m = 2.2$,则该软土地基承载力容许值 $[f_a]$ 为:

(A)94.60 kPa　　　　(B)115.83 kPa

(C)126.62 kPa　　　　(D)137.14 kPa

【解】 根据《公路桥涵地基与基础设计规范》(JTG D63—2007)第 3.3.5 条计算:

$$k_p = \left(1 + 0.2\frac{b}{l}\right)\left(1 - \frac{0.4H}{blC_u}\right)$$

$$= \left(1 + 0.2 \times \frac{4 - 2 \times 0.5}{6 - 2 \times 1.0}\right) \times \left(1 - \frac{0.4 \times 500}{(4 - 2 \times 0.5) \times (6 - 2 \times 1.0) \times 40}\right) = 0.671$$

$$[f_a] = \frac{5.14}{m}k_p C_u + \gamma_2 h = \frac{5.14}{2.2} \times 0.671 \times 40 + 16 \times 2 = 94.7 \text{ kPa}$$

【例题 2 – 13】 求软土地基承载力容许值 $[f_a]$。已知软土地基上有一矩形桥墩,宽 1 m,长 10 m,基础埋深 2 m,地下水位在地面下 0.5 m,该桥墩承受轴心竖向荷载 300 kN,由作用引起的水平力 $H = 450$ kN,软土的不排水抗剪强度 $C_u = 50$ kPa,桥墩埋深部分土的重度 $\gamma = 16$ kN/m³,$\gamma_{sat} = 18.6$ kN/m³,抗力修正系数取 $m = 2.2$,则该软土地基承载力容许值 $[f_a]$ 为:

(A)81.28 kPa　　　(B)96.83 kPa　　　(C)98.52 kPa　　　(D)111.83 kPa

【解】 根据《公路桥涵地基与基础设计规范》(JTG D63—2007)第 3.3.5 条计算:

$$k_P = \left(1 + 0.2\frac{b}{l}\right)\left(1 - \frac{0.4H}{blC_u}\right) = \left(1 + 0.2 \times \frac{1}{10}\right) \times \left(1 - \frac{0.4 \times 450}{1 \times 10 \times 50}\right) = 0.653$$

根据 3.3.4 条，软土为不透水性土，$\gamma_m = \dfrac{16 \times 0.5 + 18.6 \times 1.5}{2} = 17.95 \ \text{kN/m}^3$

$$[f_a] = \frac{5.14}{m}k_P C_u + \gamma_2 h = \frac{5.14}{2.2} \times 0.653 \times 50 + 17.95 \times 2 = 112.2 \ \text{kPa}$$

【例题 2－14】 确定地基承载力基本容许值$[f_{a0}]$。某桥墩的地基土是一般黏性土，天然孔隙比 $e = 1.0$，液性指数 $I_L = 1.1$，土的压缩模量 $E_s = 2.2 \ \text{MPa}$，则该一般黏性土地基承载力基本容许值$[f_{a0}]$为：

(A) 70.17 kPa　　　(B) 79.21 kPa　　　(C) 89.69 kPa　　　(D) 111.00 kPa

【解】 根据《公路桥涵地基与基础设计规范》（JTG D63—2007）表 3.3.3－6 注 2，$e = 1.0$ 对应 $I_L = 1.1$ 已超过表列范围，地基承载力基本容许值应按下式$[f_{a0}]$计算：

$$[f_{a0}] = 57.22 E_s^{0.57} = 57.22 \times 2.2^{0.57} = 89.69 \ \text{kPa}$$

【例题 2－15】 求修正后的地基承载力容许值$[f_a]$。某桥墩基础位于水下，基础尺寸 6 m×4.5 m，埋深 3.5 m，无冲刷，常水位在地表上 0.5 m，基底以上土 $\gamma_{sat} = 18.5 \ \text{kN/m}^3$，持力层为一般黏性土，$e = 0.8$，$I_L = 0.45$，$\gamma_{sat} = 19.5 \ \text{kN/m}^3$，求该地基修正后的地基承载力容许值$[f_a]$。

【解】 (1) 确定地基承载力基本容许值$[f_{a0}]$：

查表 3.3.3－6，$[f_{a0}] = (260 + 240)/2 = 250 \ \text{kPa}$

(2) 求修正后的地基承载力容许值$[f_a]$：

黏性土，$I_L = 0.45 < 0.5$，查表 3.3.4，$k_1 = 0$，$k_2 = 2.5$。黏性土呈可塑状态，可视为不透水层。根据《公路桥涵地基与基础设计规范》（JTG D63—2007）第 3.3.4 条计算$[f_a]$：

$$[f_a] = [f_{a0}] + k_1 \gamma_1 (b - 2) + k_2 \gamma_2 (h - 3) = 250 + 0 + 2.5 \times 18.5 \times (3.5 - 3) = 273.1 \ \text{kPa}$$

又：当基础位于水中不透水地层上时，$[f_a]$按平均常水位至一般冲刷线的水深每米再增大 10 kPa。所以，$[f_a] = 273.1 + 0.5 \times 10 = 278.1 \ \text{kPa}$。

3. 按《港口工程地基规范》（JTS 147－1—2010）确定地基承载力

5.1.4　地基承载力验算时强度指标选取应符合下列规定：

1. 持久状况宜采用直剪固结快剪强度指标；

2. 对饱和软黏土，短暂状况宜用十字板剪强度指标，有经验时可采用直剪快剪强度指标；

3. 对开挖区，宜采用卸荷条件下进行试验的抗剪强度指标。

5.1.5　地基承载力验算时，对不计波浪力的建筑物，持久状况宜取极端低水位，短暂状况宜取设计低水位；对计入波浪力的建筑物应取水位与波浪力作用的最不种组合。

5.2.1　验算地基承载力时，无抛石基床的港口建筑物应以建筑物结构底面为计算面；有抛石基床的港口建筑物基础应以抛石基床底面为计算面，抛石基床底面的计算宽度宜按下式计算：

$$B_e = B_1 + 2d \qquad\qquad (5.2.1)$$

式中，B_e——计算面宽度（m）；

　　　B_1——建筑物底面即抛石基床顶面的实际受压宽度（m）；

d——抛石基床厚度(m)。

5.2.2 计算面的竖向应力可按线性分布考虑，其后端、前端的竖向应力可按下式计算：

$$p_{v1} = \frac{B_1}{B_e}p_1 + \gamma d \qquad (5.2.2-1)$$

$$p_{v2} = \frac{B_1}{B_e}p_2 + \gamma d \qquad (5.2.2-2)$$

式中，p_{v1}——计算面后端竖向应力标准值(kPa)；

p_{v2}——计算面前端竖向应力标准值(kPa)；

p_1——建筑物底面后跌竖向应力标准值(kPa)；

p_2——建筑物底面前趾竖向应力标准值(kPa)；

γ——抛石体的重度标准值(kN/m^3)，水下用浮重度。

5.2.3 计算面合力的倾斜率可按下式计算：

$$\tan\delta = H_k/V_k \qquad (5.2.3)$$

式中，δ——作用于计算面上的合力方向与竖向的夹角(°)；

H_k——作用于计算面以上的水平合力标准值(kN/m)，对重力式码头应包括基床厚度
范围内的主动土压力，对直立式防坡堤可不计土压力；

V_k——作用于计算面以上的竖向合力标准值(kN/m)。

5.3.1 地基承载力应按极限状态验算，并用结合原位测试和实践经验确定。对非黏性
土地基且安全等级为三级的建筑物也可按附录 G 确定。

附录 G 查表法确定地基承载力

G.0.2 当作用于基础底面的合力为偏心时，根据偏心距将基础面积或宽度化为中心受
荷的有效面积(对矩形基础)或有效宽度(对条形基础)。对有抛石基床的港口工程建筑物基
础，以抛石基床基面作为基础底面，该基础底面的有效面积或有效宽度应按下列公式计算：

(1)对矩形基础：

$$A_e = B'_{re}L'_{re} = (B'_{r1} - 2e'_B)(L'_{r1} - 2e'_L) \qquad (G.0.2-1)$$

$$B'_{r1} = B_{r1} + 2d, \quad L'_{r1} = L_{r1} + 2d \qquad (G.0.2-2)$$

式中，A_e——基础的有效面积(m^2)；

d——抛石基床厚度(m)；

B_{r1}——矩形基础墙底面处的实际受压宽度(m)；

L_{r1}——矩形基础墙底面处的实际受压长度(m)；

B'_{r1}——矩形基础墙底面扩散至抛石基床底面处的受压宽度(m)；

L'_{r1}——矩形基础墙底面扩散至抛石基床底面处的受压长度(m)；

B'_{re}——矩形基础墙底面扩散至抛石基床底面处的有效受压宽度(m)；

L'_{re}——矩形基础墙底面扩散至抛石基床底面处的有效受压长度(m)；

e'_B, e'_L——作用于矩形基础抛石基床底面上的合力标准值(包括抛石基床重量)在 B'_{re} 和
L'_{re} 方向的偏心矩(m)。

(2)对条形基础($L'_{re}/B'_{re} \geqslant 10$)：

$$B'_e = B'_1 - 2e' \qquad\qquad (G.0.2-3)$$
$$B'_1 = B_1 + 2d \qquad\qquad (G.0.2-4)$$

式中，B'_e——条形基础抛石基床底面处的有效受压宽度(m)；

B'_1——条形基础抛石基床底面处的受压宽度(m)；

B_1——墙底面的实际受压宽度(m)；

e'——抛石基床底面合力标准值的偏心矩(m)；

d——抛石基床厚度(m)。

G.0.3 当基础有效宽度小于或等于 3 m，基础埋深为 0.5～1.5 m 时，地基承载力设计值根据岩石的野外特征和土的密实度或标准贯入击数查表确定：

表 G.0.3-1 岩石地基承载力设计值 f_d (kPa)

	微风化	中等风化	强风化	全风化
硬质岩石	2500～4000	1000～2500	500～1000	200～500
软质岩石	1000～1500	500～1000	200～500	—

注：①强风化岩石改变埋藏条件后，强度降低时，宜按降低程度选用较低值；当受倾斜荷载时，其承载力设计值应专门研究；

②微风化硬质岩石的承载力设计值大于 4000 kPa 时应专门研究；

③全风化软质岩石的承载力设计值应按土考虑；

④表中数值允许内值。

表 G.0.3-2 碎石土承载力设计值 f_d (kPa)

	密实			中密			稍密		
$\tan\delta$	0	0.2	0.4	0	0.2	0.4	0	0.2	0.4
卵石	800～1000	640～840	288～360	500～800	400～640	180～288	300～500	240～400	108～180
碎石	700～900	560～720	252～324	400～700	320～560	144～252	250～400	200～320	90～144
圆砾	500～700	400～560	180～252	300～500	240～400	108～180	200～300	160～240	72～108
角砾	400～600	320～480	144～216	250～400	200～320	90～144	200～250	160～200	72～90

注：①δ 为合力方向与竖向的夹角(°)；

②表中数值适应于骨架颗粒空隙全部由中砂、粗砂或液性指数 $I_L \leqslant 0.25$ 的黏性土所填充；

③当粗颗粒为中等风化或强风化时，可按风化程度适当降低承载力设计值；当颗粒间呈半胶结状态时，可适当提高承载力设计值；

④表中数值允许内值。

表 G.0.3-3 砂土承载力设计值 f_d(kPa)

$\tan\delta$	中粗砂			粉细砂		
N	0	0.2	0.4	0	0.2	0.4
50~30	500~340	400~272	180~222	340~250	272~200	122~90
30~15	340~250	272~200	122~90	250~180	200~144	90~65
15~10	250~180	200~144	90~65	180~140	144~112	65~50

注:①δ 为合力方向与竖向的夹角(°);N 为标准贯入击数;

②表中数值允许内值。

G.0.4 当基础有效宽度大于 3 m 或基础埋深大于 1.5 m 时,由表 G.0.3-1~表 G.0.3-3 查得的承载力设计值应按下式进行修正:

$$f'_d = f_d + m_B\gamma_1(B'_e - 3) + m_D\gamma_2(D - 0.5) \qquad (G.0.4)$$

式中,f'_d——修正后地基承载力设计值(kPa);

f_d——由表查得的地基承载力设计值(kPa);

γ_1——基础底面下土的重度(kN/m³),水下用浮重度;

γ_2——基础底面以上土的加权平均重度(kN/m³),水下用浮重度;

m_B——基础宽度的承载力修正系数;

m_D——基础埋深的承载力修正系数;

B'_e——基础有效宽度(m),小于 3 m 时取 3 m;大于 8 m 时取 8 m;

D——基础埋深(m),当埋深小于 1.5 m 时取 1.5 m。

G.0.5 条形基础宽度和埋深的承载力修正系数可按表 G.0.5 确定。

表 G.0.5 条形基础宽度和埋深的承载力修正系数 m_B,m_D

土类		$\tan\delta$					
		0		0.2		0.4	
		m_B	m_D	m_B	m_D	m_B	m_D
砂土	细砂、粉砂	2.0	3.0	1.6	2.5	0.6	1.2
	砾砂粗砂中砂	4.0	5.0	3.5	4.5	1.8	2.4
碎石土		5.0	6.0	4.0	5.0	1.8	2.4

注:①δ 为合力方向与竖向的夹角(°);

②微风化、中等风化岩石不修正;强风化岩石按相近土类采用。

G.0.6 按基础的有效面积或有效宽度计算垂直平均压力设计值应满足下列要求:

(1)矩形基础:

$$\sigma_d = \frac{V'_d}{A_e} \leqslant f'_d \qquad (G.0.6-1)$$

(2)条形基础：

$$\sigma_d = \frac{V'_d}{B'_e} \leqslant f'_d \qquad (G.0.6-1)$$

式中，σ_d——作用于基础底面，单位有效面积的平均压力设计值(kPa)；

V'_d——作用于基础底面上的竖向合力设计值(kN)或(kN/m)；

f'_d——修正后的地基承载力设计值(kPa)；

B'_e——条形基础的有效宽度(m)；

A_e——矩形基础的有效面积(m^2)。

5.3.2 地基承载力应按下述极限状态设计表达式验算：

$$r'_0 V_d \leqslant \frac{1}{r_R} F_k \qquad (5.3.2)$$

式中，r'_0——重要性系数，安全等级为一、二、三级分别取 1.1、1.0、1.0；

V_d——作用于计算面上竖向合力的设计值(kN/m)；

r_R——抗力分项系数，按 5.3.3 条取值；

F_k——计算面上地基承载力的竖向合力标准值(kN/m)。

5.3.3 抗力分项系数应综合考虑强度指标的可靠性、结构安全等级和地基土情况等因素，其计算的最小值应符合表 5.3.3 的规定。

表5.3.3 各种计算情况采用的抗剪强度指标

设计状况	强度指标	抗力分项系数	说明
持久状况	直剪固结快剪	2.0~3.0	——
饱和软黏土地基 短暂状况	十字板剪	1.5~2.0	有经验时可采用 直剪快前

注：①持久状况时，安全等级为一、二级的建筑物取较高值，三级建筑物取较低值，以黏性土为主的地基取较高值，以砂土为主的地基取较低值，基床较厚取较高值；

②短暂状况时，由砂土和饱和软黏土组成的非均质地基取高值，以波浪力为主导可变作用时取较高值。

5.3.4 作用于计算面上竖向合力的设计值可按下式计算：

$$V_d = r_s V_k \qquad (5.3.4)$$

式中，r_s——作用综合分项系数，可取 1.0；

V_d——作用于计算面上竖向合力的设计值(kN/m)；

V_k——作用于计算面上竖向合力的标准值(kN/m)。

5.3.5 地基承载力的竖向合力标准值可按下述方法计算：

(1)将计算宽度分成 M 个区间$[b_{j-1}, b_j](j=1, 2, \cdots, M)$

$$b_j = j\Delta B \qquad (j=0, 1, 2, \cdots, M) \qquad (5.3.5-1)$$

式中，b_j——小区间分点坐标(m)，$b_0 = 0$；

ΔB——小区间宽度(m)，$\Delta B = B_e/M$，B_e 为计算面宽度。

(2)地基承载力的竖向合力标准值按下列公式计算：

$$F_k = \sum_{j=1}^{M} \min\{p_{zj}, p_{vj}^*\}\Delta B \qquad (5.3.5-2)$$

$$p_{vj}^* = K^* p_{vj} \qquad (5.3.5-3)$$

$$K^* = P_z / V_d \qquad (5.3.5-4)$$

$$P_z = \sum_{j=1}^{M} p_{zj}\Delta B \qquad (5.3.5-5)$$

式中，F_k——地基承载力的竖向合力标准值(kN/m)；

$\quad\quad p_{zj}$——$\{b_{j-1}, b_j\}$极限承载力竖向应力的平均值(kPa)；

$\quad\quad \Delta B$——小区间宽度(m)，$\Delta B = B_e/M$，B_e 为计算面宽度。

$\quad\quad p_{vj}$——作用于$\{b_{j-1}, b_j\}$竖向应力的平均值(kPa)；

$\quad\quad P_z$——计算面上极限承载力竖向合力的标准值(kN/m)；

$\quad\quad V_d$——作用于计算面上竖向合力的设计值(kN/m)。

5.3.6 均质土地基、均布边载的极限承载力竖向应力应对 $\varphi > 0$ 和 $\varphi = 0$ 分别计算，并应符合下列规定：

（1）当 $\varphi > 0$ 时，$\{b_{j-1}, b_j\}$极限承载力竖向应力的平均值宜按下式计算：

$$p_{zj} = 0.5\gamma_k(b_j + b_{j-1})N_\gamma + q_k N_q + c_k N_c \qquad (j = 1, 2, \cdots, M) \qquad (5.3.6-1)$$

$$\lambda = \gamma_k B_e / (c_k + q_k \tan\varphi_k) \qquad (5.3.6-2)$$

$$N_q = N_c \tan\varphi_k + 1 \qquad (5.3.6-3)$$

式中，p_{zj}——$\{b_{j-1}, b_j\}$极限承载力竖向应力的平均值(kPa)；

$\quad\quad \gamma_k$——计算面以下土的重度标准值(kN/m³)，可取均值，水下用浮重度；

$\quad\quad b_j$——小区间分点坐标(m)，$b_0 = 0$；

$\quad\quad N_\gamma, N_q, N_c$——地基土处于极限状态下的承载力系数，可按附录 H 取值；

$\quad\quad q_k$——计算面以上边载的标准值(kPa)；

$\quad\quad \varphi_k$——内摩擦角标准值(°)，可取均值；

$\quad\quad B_e$——计算面宽度(m)；

$\quad\quad c_k$——黏聚力标准值(kPa)。

表 H.0.1-1 承载力系数 N_c

	$\tan\delta = 0$	$\tan\delta = 0.1$	$\tan\delta = 0.2$	$\tan\delta = 0.3$	$\tan\delta = 0.4$
$\varphi = 2°$	5.632	—	—	—	—
$\varphi = 4°$	6.185	—	—	—	—
$\varphi = 6°$	6.813	3.581			
$\varphi = 8°$	7.527	5.202			
$\varphi = 10°$	8.345	6.254			
$\varphi = 12°$	9.285	7.244	4.091		
$\varphi = 14°$	10.370	8.281	5.573		

	$\tan\delta = 0$	$\tan\delta = 0.1$	$\tan\delta = 0.2$	$\tan\delta = 0.3$	$\tan\delta = 0.4$
$\varphi = 16°$	11.631	9.420	6.789		
$\varphi = 18°$	13.104	10.706	8.009	4.751	
$\varphi = 20°$	14.835	12.182	9.323	6.227	
$\varphi = 22°$	16.883	13.900	10.790	7.616	3.652
$\varphi = 24°$	19.324	15.919	12.469	9.085	5.633
$\varphi = 26°$	22.254	18.317	14.424	10.719	7.194
$\varphi = 28°$	25.803	21.192	16.731	12.590	8.811
$\varphi = 30°$	30.140	24.672	19.488	14.779	10.606
$\varphi = 32°$	35.490	28.972	22.822	17.381	12.671
$\varphi = 34°$	42.164	34.187	26.900	20.520	15.106
$\varphi = 36°$	50.585	40.765	31.949	24.358	18.031
$\varphi = 38°$	61.352	49.094	38.278	29.116	21.604
$\varphi = 40°$	75.313	59.789	46.321	35.097	26.038

注：δ 为作用于计算面上的合力方向与竖向的夹角。

(2)当 $\varphi = 0$ 时，$\{b_{j-1}, b_j\}$ 极限承载力竖向应力的平均值宜按下式计算：

$$p_{zj} = q_k + c_{uk}N_s \qquad (j=1, 2\cdots M) \qquad (5.3.6-4)$$

$$N_s = 0.5(\pi+2) + 2\tan^{-1}\sqrt{\frac{1-\kappa}{1+\kappa}} + \sqrt{1-\kappa^2} \qquad (5.3.6-5)$$

$$\kappa = r_h H_k/(B_e c_{uk}) \qquad (5.3.6-6)$$

式中，p_{zj}——$\{b_{j-1}, b_j\}$ 极限承载力竖向应力的平均值(kPa)；

$\quad\quad B_e$——为计算面宽度(m)。

$\quad\quad q_k$——计算面以上边载的标准值(kPa)；

$\quad\quad c_{uk}$——地基土的十字板剪切强度标准值(kPa)，可取均值；

$\quad\quad N_s$——承载力系数；

$\quad\quad r_h$——水平抗力分项系数，取1.3；

$\quad\quad H_k$——作用于计算面以上的水平合力标准值(kN/m)。

5.4.1 当地基承载力不满足要求时，可采取下列保证与提高地基承载力的措施：

(1)减小水平力和合力的偏心距；

(2)增加基础宽度；

(3)增加边载或基础埋深；

(4)增加抛石基床厚度；

(5)加固地基。

5.4.2 土基开挖时应减少扰动。对开挖暴露后承载力易降低的岩基，在开挖后应立即浇筑垫层或采取其他保护措施。施工中应适当控制回填加载速率。

【例题 2－16】 某沉箱码头为一条形基础，在抛石基床底面处的有效受压宽度 $B'_e = 11.54$ m，墙前基础底面以上边载的标准值 $q_k = 18$ kPa，抛石基床底面以下地基土的指标标准值为：内摩擦角 $\varphi_k = 30°$，黏聚力 $c_k = 0$，天然重度 $\gamma = 19$ kN/m³。不考虑波浪力作用，按《港口工程地基规范》(JTS147－1—2010)，求得的地基极限承载力竖向合力的标准值最接近下列哪个数值。(注：$\varphi_k = 30°$，承载力系数 $N_\gamma = 8.862$，$N_q = 12.245$)

(A)7566 kN/m　　　(B)7854 kN/m　　　(C)7950 kN/m　　　(D)7820 kN/m

【解】 根据《港口工程地基规范》(JTS147－1－2010)第 5.3.6 条计算：

$\varphi_k = 30° > 0$，$p_{zj} = 0.5\gamma_k(b_j + b_{j-1})N_\gamma + q_kN_q + c_kN_c \quad (j = 1, 2, \cdots, M)$

$p_{zj} = 0.5 \times 9 \times 11.54 \times 8.862 + 18 \times 12.245 + 0 = 680.6$ kPa

根据第 5.3.5 条，$P_z = \sum_{j=1}^{M} p_{zj}\Delta B = 680.6 \times 11.54 = 7854.124$ kN/m

答案为(B)7854 kN/m。

【例题 2－17】 某港口重力工沉箱码头，沉箱底面受压宽度 $B_{rl} = 10$ m，受压长度 $L_{rl} = 170$ m，抛石基床厚度 $d = 2$ m，受平行于码头宽度方向的水平力，抛石基床底面合力标准值在基床底面处的有效受压宽度和长度方向的偏心距分别为 $e'_B = 0.5$ m，$e'_L = 0.5$ m。按《港口工程地基规范》(JTS147－1—2010)，基床底面处的有效受压宽度 B'_{re} 和长度 L'_{re} 最接近下列哪个数值。

(A)$B'_{re} = 14.5$ m，$L'_{re} = 174$ m　　　　　(B)$B'_{re} = 14.0$ m，$L'_{re} = 174$ m
(C)$B'_{re} = 13.5$ m，$L'_{re} = 174$ m　　　　　(D)$B'_{re} = 13.0$ m，$L'_{re} = 174$ m

【解】 根据《港口工程地基规范》(JTS147－1—2010)附录 G 第 G.0.2 条计算：

$B'_{re} = B'_{rl} - 2e'_B = B_{rl} + 2d - 2e'_B = 10 + 2 \times 2 - 2 \times 0.5 = 13.0$ m

$L'_{re} = L'_{rl} - 2e'_L = L_{rl} + 2d - 2e'_L = 170 + 2 \times 2 - 2 \times 0.5 = 173$ m

答案为(D)$B'_{re} = 13.0$ m，$L'_{re} = 174$ m。

【例题 2－18】 某港口重力式码头为一条形基础，基底有抛石基床，厚度 $d = 2$ m，在抛石基床底面处的有效受压宽度 $B'_e = 14$ m，抛石基床底面合力与垂直线间的夹角 $\delta' = 11°$。抛石基床底面以下地基土的抗剪强度指标标准值为：内摩擦角 $\varphi_k = 24°$，黏聚力 $c_k = 5$ kPa，天然重度 $\gamma = 18$ kN/m³。抛石基床厚度范围内土的重度标准值为 $\gamma_{k1} = 19$ kN/m³。按《港口工程地基规范》(JTS147－1—2010)，求得的地基极限承载力竖向合力的标准值最接近下列哪个数值。(注：$\varphi_k = 24°$，承载力系数 $N_\gamma = 3.75$，$N_q = 6.55$，$N_c = 12.469$)

(A)5463.4 kN/m　　　(B)5655.1 kN/m　　　(C)7294.4 kN/m　　　(D)9138.4 kN/m

【解】 根据《港口工程地基规范》(JTS147－1—2010)第 5.3.6 条计算：

$\varphi_k = 24° > 0$，$p_{zj} = 0.5\gamma_k(b_j + b_{j-1})N_\gamma + q_kN_q + c_kN_c \quad (j = 1, 2, \cdots, M)$

$p_{zj} = 0.5 \times 8 \times 14 \times 3.75 + (2 \times 9) \times 6.55 + 5 \times 12.469 = 390.245$ kPa

根据第 5.3.5 条，$P_z = \sum_{j=1}^{M} p_{zj}\Delta B = 390.245 \times 14 = 5463.43$ kN/m

答案为(A)5463.4 kN/m。

【例题2－19】 某水下重力式码头为一条形基础，基底为抛石基床，厚度 $d=2$ m，在抛石基床底面处的有效受压宽度 $B'_e=14$ m。抛石基床底面以下地基土的抗剪强度指标标准值为：内摩擦角 $\varphi_k=0°$，十字板剪强度标准值 $c_{uk}=40$ kPa，天然重度 $\gamma=18$ kN/m³。抛石基床厚度范围内土的重度标准值为 $\gamma_{k1}=19$ kN/m³。按《港口工程地基规范》（JTS147－1—2010），求得的地基极限承载力竖向合力的标准值最接近下列哪个数值。（注：深度系数 $d^a_{CB}=0.23$，倾斜系数 $i^a_{CB}=0.22$）

(A)3160 kN/m　　　　(B)3410 kN/m　　　　(C)3630 kN/m　　　　(D)3880 kN/m

【解】 根据《港口工程地基规范》（JTS147－1—2010）第5.3.6条计算：

$\varphi_k=0$，$p_{zj}=q_k+c_{uk}N_s$　　　$(j=1,2\cdots M)$

$$N_s=0.5(\pi+2)+2\tan^{-1}\sqrt{\frac{1-\kappa}{1+\kappa}}+\sqrt{1-\kappa^2}$$

$\kappa=r_hH_k/(B_ec_{uk})$

$\kappa=r_hH_k/(B_ec_{uk})=1.3\times0=0$

$N_s=0.5(\pi+2)+2\tan^{-1}1+1=2+\pi$

$p_{zj}=q_k+c_{uk}N_s=2\times9+40\times(2+\pi)=223.6$ kPa

根据第5.3.5条，$P_z=\sum_{j=1}^{M}p_{zj}\Delta B=223.6\times14=3130.4$ kN/m

答案为（A）3160 kN/m。

【例题2－20】 某水下重力式码头为一条形基础，安全等级为一级，基底为抛石基床，厚度 $d=2$ m，在抛石基床底面处的有效受压宽度 $B'_e=12$ m。抛石基床底面合力与垂直线间的夹角 $\delta'=11.5°$（$\tan\delta'=0.203$）。抛石基床底面以下地基土的抗剪强度指标标准值为：内摩擦角 $\varphi_k=24°$，$c_k=15$ kPa，天然重度 $\gamma=18.5$ kN/m³。抛石基床厚度范围内土的重度标准值为 $\gamma_{k1}=19$ kN/m³。按《港口工程地基规范》（JTS147－1—2010），作用于抛石基床上竖向合力设计值 $V'_d=1760$ kN/m，此时抗力分项系数 r_R 最接近下列哪个数值。（注：承载力系数 $N_\gamma=3.3$，$N_q=6$）

(A)2.56　　　　　　(B)2.85　　　　　　(C)2.95　　　　　　(D)3.03

【解】 根据《港口工程地基规范》（JTS147－1—2010）第5.3.6条计算：

$\varphi_k=24°>0$，$p_{zj}=0.5\gamma_k(b_j+b_{j-1})N_\gamma+q_kN_q+c_kN_c$　　　$(j=1,2,\cdots,M)$

查表附录H.0.1，$\tan\delta'=0.203$，$\varphi_k=24°$，$N_c=12.469$

$p_{zj}=0.5\times8.5\times12\times3.3+(2\times9)\times6+15\times12.469=463.335$ kPa

根据第5.3.5条，$P_z=\sum_{j=1}^{M}p_{zj}\Delta B=463.335\times12=5560.02$ kN/m

$V_d=1760+2\times9\times12=1976$ kN/m

$K^*=P_z/V_d=5560.02/1976=2.814$

$p^*_{vj}=K^*p_{vj}=2.814\times\dfrac{1976}{12}=463.372$ kPa

$F_k=\sum_{j=1}^{M}\min\{p_{zj},p^*_{vj}\}\Delta B=463.335\times12=5560.02$ kN/m

根据第5.3.2条，$r'_0V_d\leq\dfrac{1}{r_R}F_k$，$r_R\leq\dfrac{F_k}{r'_0V_d}=\dfrac{5560.02}{1.1\times1976}=2.558$

答案为（A）2.56。

4.《铁路路基设计规范》(TB 10001－2005)中的强制性条文

1.0.3 铁路列车竖向活载必须采用中华人民共和国铁路标准活载。轨道和列车荷载应采用换算土柱代替，换算土柱高度及分布宽度应符合本规范附录 A 的规定。

1.0.8 路基工程的地基应满足承载力和路基工后沉降的要求。其地基处理措施必须根据铁路等级、地质资料、路堤高度、填料、建设工期等通过检算确定。

1.0.9 路基填料应作为工程材料进行勘察设计。路基土石方调配应确保路基各部位填料符合填料标准要求，并符合节约用地的原则。设计时应合理规划，对移挖作填、集中取(弃)土、填料改良等方案进行经济、技术比较。

2.0.7 地基系数(K_{30})：通过试验测得的直径 30 cm 荷载板下沉 1.25 mm 时对应的荷载强度 p(MPa)与其下沉量 1.25 mm 的比值。

2.0.13 路基工的沉降：路基竣工铺轨开始后产生的沉降量。

3.0.1 当路肩高程受洪水位或潮水位控制时，应计算其设计水位，设计洪水频率或重现期应符合下列规定：

1 设计洪水频率标准应采用 1/100。当观测洪水(含调查洪水)频率小于设计洪水频率时，应按观测洪水频率设计；当观测洪水频率小于 1/300 时，应按频率 1/300 设计。

2 在淤积积严重或有特殊要求的水库地段，应在可行性研究阶段确定洪水频率标准。

3 改建既有线与增建第二线的洪水频率，应根据多年运营和水害情况在可行性研究阶段确定。

4 滨海路堤的设计潮水位，应采用重现期为 100 年一遇的高潮位。当滨海路堤兼做水运码头时，还应按水运码头设计要求确定设计最低潮位。

4.1.1 路基面形状应设计为三角形路拱，由路基中心线向两侧设 4% 的人字排水坡。曲线加宽时，路基面仍应保持三角形。

4.2.2 路堤的路肩宽度不应小于 0.8 m，路堑的路肩宽度不应小于 0.6 m。

4.2.3 直线地段标准路基面宽度，应按表 4.2.3 采用。

6.1.1 路基基床应分为表层和底层，表层厚度为 0.6 m，底层厚度为 1.9 m，总厚度为 2.5 m。

6.1.2 基床底层的顶部和基床以下填料部位的顶部应设 4% 的人字排水坡。

6.2.1 基床表层填料的选用应符合下列要求：

1 Ⅰ级铁路应选用 A 组填料(砂类土除外)，当缺乏 A 组填料时，经经济比选后可采用级配碎石或级配砂砾石。

2 Ⅱ级铁路应优先选用 A 组填料，其次为 B 组填料。对不符合要求的填料，应采取土质改良或加固措施。

3 填料的颗粒粒径不得大于 150 mm。

4 基床表层的压实标准：对细粒土、粉砂、改良土应采用压实系数和地基系数作为控制指标；对砂类土(粉砂除外)应采用相对密度和地基系数作为控制指标；对砾石类、碎石类、级配碎石或级配砂砾石应采用孔隙率和地基系数作为控制指标。并应符合表 6.2.1－1 和表 6.2.1－2 的规定。

6.2.2 基床底层填料的选用应符合下列要求：

1 Ⅰ级铁路应选用 A、B 组填料，否则应采取土质改良或加固措施。

2　Ⅱ级铁路可选用A、B、C组填料。当采用C组填料时，在年平均降水量大于500 mm地区，其塑性指数不得大于12，液限不得大于32%，否则应采取土质改良或加固措施。

3　填料的颗粒粒径不得大于200 mm，或摊铺厚度的2/3。

4　基床表层的压实标准：对细粒土、粉砂、改良土应采用压实系数和地基系数作为控制指标；对砂类土(粉砂除外)应采用相对密度和地基系数作为控制指标；对砾石类、碎石类、级配碎石或级配砂砾石应采用孔隙率和地基系数作为控制指标；对块石类应采用地系数作为控制指标。并应符合表6.2.2的规定。

7.2.1　路堤基床以下部位填料，宜选用A、B、C组填料。当选用D组填料时，应采取土质改良或加固措施；严禁使用E组填料。

7.3.1　路堤基床以下部位填料的压实标准：对细粒土、粉砂、改良土应采用压实系数和地基系数作为控制指标；对砂类土(粉砂除外)应采用相对密度和地基系数作为控制指标；对砾石类、碎石类应采用孔隙率和地基系数作为控制指标；对块石类应采用地系数作为控制指标。并应符合表7.3.1的规定。

7.3.2　施工控制含水量的范围，应根据填料性质、压实标准和机械压实能力综合确定。细粒土和或击实的粗粒土填筑时的含水率应接近最优含水率，当含水量过高或过低时，可采取疏干晾晒或加水湿润等措施。

7.3.3　路堤边坡高度大于时15 m，应满足以下要求：

1　根据填料、边坡高度等加宽路基面，其每侧加宽值按下式计算：

$$\Delta b = C \cdot H \cdot m \qquad (7.3.3)$$

式中，C——沉降比，细粒土为0.01 ~ 0.02；漂石土、卵石土、碎石土、粗粒土为0.005 ~ 0.015，硬块石土为0.005 ~ 0.01，软块石土为0.015 ~ 0.025；

　　　H——路堤边坡高度(m)；

　　　m——道床边坡坡率，$m = 1.75$。

2　基床以下填料的压实标准应采用基床底层的压实标准。

7.6.2　软土及其他类型松软地基上的路基应进行工后沉降分析。路基的工后沉降量应满足以下要求：Ⅰ级铁路不应大于20 cm，路桥过渡段不应大于10 cm，沉降速率均不应大于5 cm/y；Ⅱ级铁路不应大于30 cm。

10.1.3　对支挡结构基底下持力层范围内的软弱层，应验算其整体稳定性。整体稳定性系数，重力式挡土墙不得小于1.2，其他挡土墙不得小于1.3。

11.1.6　设计速度为160 km/h以下的改建地段，既有线基床表层的基本承载力不应小于150 kPa，否则应进行换填或加固处理。

设计速度为160 km/h的改建地段，既有线基床表层应满足既有线提速160 km/h路基技术条件的有关规定。

2.2.5　地基承载力验算

1. 基底压力计算

根据圣维南原理，基底压力的具体分布形式对地基应力计算的影响仅局限于一定深度范围；超出此范围以后，地基中附加应力的分布将与基底压力的分布关系不大，而只取决于荷载的大小、方向和合力的位置。当基础尺寸较小，荷载不是很大时，可采用简化计算方法——

假定基底压力按直线分布，即按材料力学的方法进行计算。

① 当作用轴心荷载时：

$$p_k = \frac{F_k + G_k}{A} \qquad (2-25)$$

式中，p_k——相应于作用效应标准组合时，基础底面处的平均压力值（kPa）；

A——基础的底面积（m^2）；

F_k——相应于作用效应标准组合时，上部结构传至基础顶面的竖向力值（kN）；

G_k——基础自重和基础上的土重（kN）。$G_k = \gamma A d$，取 $\gamma = 20$ kN/m^3。

② 当作用偏心荷载时：

$$\begin{matrix} p_{kmax} \\ p_{kmin} \end{matrix} = \frac{F_k + G_k}{A} \pm \frac{M_k}{W} \qquad (2-26a)$$

式中，M_k——相应于作用效应标准组合时，作用于基础底面的力矩（kN · m）；

$M_k = (F_k + G_k) \cdot e$，$e$ 为通过基础底面形心处的偏心距（m）；

W——基础底面沿力矩作用方向的抵抗矩（m^3）。

当基底为矩形（$b \times l$），且沿力矩作用方向的尺寸为 b 时，$W = \frac{1}{6}lb^2$，式（2-26a）可改写为：

$$\begin{matrix} p_{kmax} \\ p_{kmin} \end{matrix} = \frac{F_k + G_k}{A}\left(1 \pm \frac{6e}{b}\right) \qquad (2-26b)$$

当 $e < \frac{b}{6}$ 时，为小偏心，基底压力分布为梯形；当 $e = \frac{b}{6}$ 时，$p_{k,min} = 0$，基底压力分布为三角形；当 $e > \frac{b}{6}$ 时，为大偏心，按式（2-26b）计算的 $p_{k,min} < 0$，这是不可能的，即此时不能再按式（2-26b）求 $p_{k,max}$，可根据力的平衡条件求 $p_{k,max}$ 如下：

$$p_{k,max} = \frac{2(F_k + G_k)}{3l(b/2 - e)} \qquad (2-27)$$

【例题 2-21】 （注岩 2002C7）已知条形基础宽度 $b = 2$ m，基础底面压力 $p_{k,min} = 50$ kPa，$p_{k,max} = 150$ kPa。问作用在基础底面的轴向压力和力矩最接近下列哪个选项？

（A）230 kN/m，40 kN · m/m　　　　　　（B）150 kN/m，32 kN · m/m

（C）200 kN/m，33 kN · m/m　　　　　　（D）200 kN/m，50 kN · m/m

【解】 $F_k + G_k = p_k \cdot A = \dfrac{p_{k,min} + p_{k,max}}{2} \cdot A = \dfrac{50 + 150}{2} \times 2 = 200$ kN/m，

$M_k = (p_k - p_{k,min}) \cdot W = \left(\dfrac{50 + 150}{2} - 50\right) \times \dfrac{1 \times 2^2}{6} = 33.3$ kN · m/m

答案为（C）200 kN/m，33 kN · m/m。

【例题 2-22】 （注岩 2012C5）某独立基础，底面尺寸为 2.5 m $\times 2.0$ m，$F = 700$ kN，基础及其上土的平均重度为 20 kN/m^3，作用于基础底面的力矩 $M = 260$ kN · m，水平力 $H = 190$ kN。基础底面的最大压应力最接近下列哪个选项？

（A）400 kPa

（B）396 kPa

（C）213 kPa

（D）180 kPa

答案：（A）

【解】 基础底面的偏心距：$e = \dfrac{M_k}{F_k + G_k} = $

$\dfrac{260 + 190 \times 1.0}{700 + 2.5 \times 2.0 \times 2 \times 20} = \dfrac{450}{900} = 0.50$ m

$b/6 = 2.5/6 = 0.417$ m

$e > b/6$，为大偏心

$p_{kmax} = \dfrac{2(F_k + G_k)}{3\left(\dfrac{b}{2} - e\right)l} = \dfrac{2 \times 900}{3 \times \left(\dfrac{2.5}{2} - 0.5\right) \times 2} = 400$ kPa

2. 持力层承载力验算

当作用轴心荷载时：

$$p_k \leqslant f_a \qquad\qquad (2-28)$$

当作用偏心荷载时：

$$p_{k,\,max} \leqslant 1.2 f_a \qquad\qquad (2-29)$$

【例题 2-23】 （注岩2005D6）条形基础宽度3.0 m，由上部结构传至基础底面的最大边缘压力 $p_{max} = 80$ kPa，最小边缘压力 $P_{min} = 0$，基础埋深 $d = 1.5$ m，基础及其上填土的平均重度 $\gamma = 20$ kN/m³。下列论述中哪个选项是错误的？

（A）计算基础结构内力时，基础底面压力分布符合小偏心（$e \leqslant b/6$）的规定；

（B）基础底面压力的分布偏心已超过现行《建筑地基基础设计规范》中根据土的抗剪强度指标确定地基承载力特征值的规定；

（C）作用于基础底面上的合力为 240 kN/m；

（D）考虑偏心荷载时，地基承载力特征值应不小于 120 kPa 才能满足要求。

【解】 $P_{min} = 0$，此时 $e = b/6$，（A）正确；

$\dfrac{F_k}{b} = \dfrac{F_k}{3} = \dfrac{80 + 0}{2} \Rightarrow F_k = 120$ kN/m

$e = \dfrac{b}{6} = \dfrac{3}{6} = 0.5$ m，$M_k = e \cdot F_k = 0.5 \times 120 = 60$ kN·m/m

$e = \dfrac{M_k}{F_k + G_k} = \dfrac{60}{120 + 3 \times 2 \times 20} = 0.25$ m $> 0.033b = 0.033 \times 3 = 0.099$ m，（B）正确；

$F_k + G_k = 120 + 3 \times 2 \times 20 = 240$ kN/m，（C）正确；

$p_{k,\,max} = \dfrac{F_k + G_k}{b}\left(1 + \dfrac{6e}{b}\right) = \dfrac{120 + 120}{3} \times \left(1 + \dfrac{6 \times 0.25}{3}\right) = 120$ kPa $\leqslant 1.2 f_a$

$\Rightarrow f_a \geqslant 100$ kPa

（D）错误，答案为（D）。

【例题 2-24】 （注岩2009C10）条形基础宽度3 m，基础埋深2 m，基础底面合力偏心距

$e = 0.6\ m$，基础自重和基础上的土重 $100\ kN/m$，相应于荷载效应标准组合时上部结构传至基础顶面的竖向力值为 $260\ kN/m$。已知深宽修正后的地基承载力特征值 $f_a = 200\ kPa$，传至基础底面的最大允许总竖向力值最接近下列哪个选项的数值？

（A）$200\ kN/m$ （B）$270\ kN/m$ （C）$324\ kN/m$ （D）$600\ kN/m$

【解】 偏心距 $e = 0.6\ m > \dfrac{b}{6} = \dfrac{3.0}{6} = 0.5\ m$，为大偏心

$$p_k = \frac{N_k}{b} = \frac{N_k}{3} \leqslant f_a = 200\ kPa \Rightarrow N_k \leqslant 600\ kN/m$$

$$p_{k,\,max} = \frac{2N_k}{3(b/2 - e)l} = \frac{2N_k}{3 \times (3.0/2 - 0.6) \times 1.0} \leqslant 1.2f_a = 1.2 \times 200 \Rightarrow N_k \leqslant 324\ kN/m,$$

取 $N_k \leqslant 324\ kN/m$

答案为（C）$324\ kN/m$。

3. 软弱下卧层承载力验算

$$p_z + p_{cz} \leqslant f_{az} \tag{2-30}$$

条形基础：$p_z = \dfrac{b(p_k - p_c)}{b + 2z \cdot \tan\theta}$

矩形基础：$p_z = \dfrac{bl(p_k - p_c)}{(b + 2z \cdot \tan\theta)(l + 2z \cdot \tan\theta)}$

式中，p_{cz}——软弱下卧层顶面处土的自重压力值（kPa）；

p_z——相应于荷载效应标准组合时，软弱下卧层顶面处的附加压力值（kPa）；

p_c——基础底面处土的自重压力值（kPa）；

p_k——相应于荷载效应标准组合时，基础底面的压力值（kPa）；

z——基础底面至软弱下卧层顶面的距离（m）；

θ——地基压力扩散角（°），按表 2-7 取值；

f_{az}——软弱下卧层顶面处经深度修正后地基承载力特征值（kPa）。

表 2-7 地基压力扩散角 θ

E_{s1}/E_{s2}	z/b	
	0.25	0.50
3	6°	23°
5	10°	25°
10	20°	30°

注：1. $z/b < 0.25$ 时，取 $\theta = 0°$，必要时，宜由试验确定；$z/b > 0.5$ 时 θ 值不变；

2. $0.25 < z/b < 0.50$ 时，可插值取用。

【例题 2-25】 （注岩 2003D6）某建筑物基础尺寸为 $16\ m \times 32\ m$，基底埋深 $4.4\ m$，基础底面以上土的加权平均重度 $\gamma = 13.3\ kN/m^3$，作用于基础底面相应于荷载效应准永久组合和标准组合的竖向荷载值分别为 $122880\ kN$ 和 $153600\ kN$。在深度 $12.4\ m$ 以下有软弱下卧层，其内摩擦角标准值 $\varphi_k = 6°$，黏聚力标准值 $c_k = 30\ kPa$，天然重度 $\gamma = 16\ kN/m^3$，承载力系数

$M_b = 0.10$，$M_d = 1.39$，$M_c = 3.71$，深度 12.4 m 以上土层的加权平均重度 $\gamma = 10.5 \text{ kN/m}^3$，设地基压力扩散角 $\theta = 23°$，问下列哪个选项是正确的?

（A）作用于软弱下卧层顶面的总压力为 270 kPa，满足承载力要求；

（B）作用于软弱下卧层顶面的总压力为 270 kPa，不满足承载力要求；

（C）作用于软弱下卧层顶面的总压力为 280 kPa，满足承载力要求；

（D）作用于软弱下卧层顶面的总压力为 280 kPa，不满足承载力要求；

【解】 $p_k = \dfrac{153600}{16 \times 32} = 300 \text{ kPa}$

$p_c = \gamma d = 13.3 \times 4.4 = 58.52 \text{ kPa}$

$$p_z = \frac{bl(p_k - p_c)}{(b + 2z \cdot \tan\theta)(l + 2z \cdot \tan\theta)}$$

$$= \frac{16 \times 32 \times (300 - 58.52)}{(16 + 2 \times 8 \times \tan23°)(32 + 2 \times 8 \times \tan23°)} = 139.84 \text{ kPa}$$

$p_{cz} = \gamma h = 10.5 \times 12.4 = 130.2 \text{ kPa}$

$p_z + p_{cz} = 139.84 + 130.2 = 270.04 \text{ kPa}$

$f_a = M_b\gamma b + M_d\gamma_m d + M_c c = 0.10 \times 16 \times 16 + 1.39 \times 10.5 \times 12.4 + 3.71 \times 30 = 317.9 \text{ kPa}$

$p_z + p_{cz} < f_a$，答案为（A）。

【例题 2 - 26】 （注岩 2007D10）

某条形基础原设计的基础宽度 $b = 2$ m，上部结构传至基础顶面的轴心竖向力 $F_k = 320 \text{ kN/m}$。后发现在持力层下有厚 2 m 的淤泥质层，地下水水位埋深在室外地坪下 2 m，淤泥质层顶面的压力扩散角 $\theta = 23°$，基础结构及其上的土的平均重度按 20 kN/m³ 考虑，根据

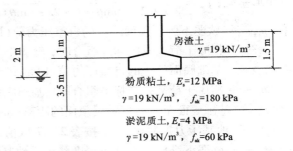

软弱下卧层承载力验算重新调整后的基础宽度最接近下列哪个选项的数值时才能满足要求?

(A)2.0 m　　　　　(B)2.5 m　　　　(C)3.5 m　　　　(D)4.0 m

【解】 $p_c = \gamma d = 19 \times 1.5 = 28.5 \text{ kPa}$

$$p_k = \frac{F_k + G_k}{b} = \frac{320 + b \times 1.5 \times 20}{b} = 30 + \frac{320}{b}$$

$z = 3$ m，地基压力扩散角 $\theta = 23°$

$p_{cz} = \gamma h = 19 \times 2 + (19 - 10) \times 2.5 = 60.5 \text{ kPa}$

$$p_z = \frac{b(p_k - p_c)}{(b + 2z\tan\theta)} = \frac{b\left(30 + \dfrac{320}{b} - 28.5\right)}{(b + 2 \times 3\tan23°)} = \frac{1.5b + 320}{b + 2.55}$$

$f_{az} = f_{ak} + 1.0\gamma_m(d - 0.5) = 60 + 1.0 \times \dfrac{60.5}{4.5} \times (4.5 - 0.5) = 113.8 \text{ kPa}$

$p_z + p_{cz} \leqslant f_{az}$，即：$\dfrac{1.5b + 320}{b + 2.55} + 60.5 \leqslant 113.8 \Rightarrow b \geqslant 3.55 \text{ m}$

答案为(C)3.5 m。

4. 天然地基基础抗震验算

$$p \leqslant f_{aE} \tag{2-31}$$

$$p_{max} \leqslant 1.2 f_{aE} \tag{2-32}$$

$$f_{aE} = \zeta_a f_a \tag{2-33}$$

式中，p—— 地震作用效应标准组合的基础底面平均压力(kPa)；

p_{max}—— 地震作用效应标准组合的基础底面边缘最大压力(kPa)；高宽比大于 4 的高层建筑，在地震作用下基础底面不宜出现零应力区，其他建筑，零应力区的面积不应超过基础底面面积的 15%；

f_{aE}—— 调整后的地基抗震承载力(kPa)；

f_a—— 深宽修正后的地基承载力特征值(kPa)；

ζ_a—— 地基抗震承载力调整系数，应按表 2 - 8 采用。

表 2 - 8　地基抗震承载力调整系数 ζ_a

岩土名称和性状	ζ_a
岩石，密实的碎石土，密实的砾、粗、中砂，$f_{ak} \geqslant 300$ kPa 的黏性土和粉土	1.5
中密、稍密的碎石土，中密和稍密的砾、粗、中砂，密实和中密的粉、细砂，150 kPa $\leqslant f_{ak}$ < 300 kPa 的黏性土和粉土，坚硬黄土	1.3
稍密的粉、细砂，100 kPa $\leqslant f_{ak}$ < 150 kPa 的黏性土和粉土，可塑黄土	1.1
淤泥、淤泥质土，松散的砂，杂填土，新近堆积黄土及流塑黄土	1.0

【例题 2 - 27】 （注岩 2003C33）某 15 层建筑物筏板基础尺寸 30 m × 30 m，埋深 6 m，地基土由中密的中粗砂组成，基础底面以上土的有效重度 19 kN/m³，基础底面以下土的有效重度 9 kN/m³，地基承载力特征值 f_{ak} = 300 kPa。在进行天然地基基础抗震验算时，地基抗震承载力 f_{aE} 最接近下列哪个选项？

（A）390 kPa　　　　（B）540 kPa　　　　（C）840 kPa　　　　（D）1090 kPa

【解】 查表 2 - 4，η_b = 3.0，η_d = 4.4

$f_a = f_{ak} + \eta_b \gamma (b - 3) + \eta_d \gamma_m (d - 05)$

　　$= 300 + 3.0 \times 9 \times (6 - 3) + 4.4 \times 19 \times (6 - 0.5) = 840.8$ kPa

查表 2 - 8，ζ_a = 1.3，$f_{aE} = \zeta_a f_a = 1.3 \times 840.8 = 1093$ kPa

答案为（D）1090 kPa。

5. 《公路桥涵地基与基础设计规范》(JTG D63—2007) 地基承载力验算

① 轴心荷载作用：$p = \dfrac{N}{A} \leqslant [f_a]$

式中，N—— 作用短期效应组合在基底产生的竖向力(kN)。

② 单向偏心受压：$p_{max} = \dfrac{N}{A} + \dfrac{M}{W} \leqslant \gamma_R \cdot [f_a]$

③ 双向偏心受压：$p_{max} = \dfrac{N}{A} + \dfrac{M_x}{W_x} + \dfrac{M_y}{W_y} \leqslant \gamma_R \cdot [f_a]$

④ 当 $e_0 > \rho$ 时，$p_{max} = \dfrac{2N}{3\left(\dfrac{b}{2} - e_0\right)a}$

$$\rho = \frac{e_0}{1 - \dfrac{p_{min}A}{N}}, \quad p_{min} = \frac{N}{A} - \frac{M_x}{W_x} - \frac{M_y}{W_y}$$

6. 《公路桥涵地基与基础设计规范》（JTG D63—2007）软弱下卧层承载力验算

在基础底面下或基桩桩端下有软弱地基或软土层时，应按下式验算软弱地基或软土层的承载力：

$$p_z = \gamma_1(h + z) + \alpha(p - \gamma_2 h) \leqslant \gamma_R[f_a]$$

式中，p_z——软弱地基或软土层的压应力（kPa）；

h——基底或桩端处的埋置深度（m）；当基础受水流冲刷时，由一般冲刷线算起；当不受水流冲刷时，由天然地面算起；如位于挖方内，则由开挖后地面算起；

γ_1——深度（$h + z$）内各土层的换算重度（kN/m³）；

γ_2——深度 h 内各土层的换算重度（kN/m³）；

z——从基底或基桩桩端处到软弱地基或软土层地基顶面的距离（m）；

α——土的附加应力系数；

p——基底压应力（kPa）；当 $z/b > 1$ 时，p 采用基底平均压力；当 $z/b \leqslant 1$ 时，p 按基底压力图形采用距最大压应力点 $b/3 \sim b/4$ 处的压应力（对于梯形图形前后端压力差值较大时，可采用 $b/4$ 点处的压应力值；反之，则采用 $b/3$ 处压应力值）；b 为矩形基础的宽度；

$[f_a]$——软弱地基或软土层地基顶面土的承载力容许值（kPa），按第 3.3.4 条或第 3.3.5 条规定采用。

【例题 2-28】 （注岩 2008D7）某高速公路连接线路平均宽度 $b = 25$ m，硬壳层厚度 5 m，$f_{ak} = 180$ kPa，$E_s = 12$ MPa，重度 $\gamma = 19$ kN/m³，下卧淤泥质土，$f_{ak} = 80$ kPa，$E_s = 4$ MPa，路基重度 20 kN/m³，在充分利用硬壳层，满足强度要求条件下的路基填筑高度最接近下列哪个选项的数值？

（A）4.0 m   （B）8.7 m   （C）9.0 m   （D）11.0 m

【解】 $p_c = 0$，$p_k = \gamma h = 20h$

$z = 5$ m，$z/b = 5/25 = 0.2 < 0.25$，$E_{s1}/E_{s2} = 12/4 = 3$，查表，地基压力扩散角 $\theta = 0°$

$p_{cz} = \gamma h = 19 \times 5 = 95$ kPa

$$p_z = \frac{b(p_k - p_c)}{(b + 2z\tan\theta)} = 20h$$

$f_{az} = f_{ak} + 1.0\gamma_m(d - 0.5) = 80 + 1.0 \times 19 \times (5 - 0.5) = 165.5$ kPa

$p_z + p_{cz} \leqslant f_{az}$，即：$20h + 95 \leqslant 165.5 \Rightarrow h \leqslant 3.525$ m

$p_k = 20h \leqslant f_a = 180 \Rightarrow h \leqslant 8.0$ m，取 $h \leqslant 3.525$ m

根据《公路桥涵地基与基础设计规范》（JTG D63—2007）计算

$[f_a] = [f_{a0}] + \gamma_2 h = 80 + 19 \times 5 = 175$ kPa

$20h + 95 \leqslant 175 \Rightarrow h \leqslant 4.0$ m

答案为（A）4.0 m。

2.3　地基变形计算

2.3.1　单一土层的压缩量计算

由室内压缩试验所得的 $e-p$ 曲线和 $e-\log p$ 曲线反映了每级荷载作用下变形稳定时的孔隙比变化（相当于土体体积的变化），所以由压缩试验所得的压缩曲线可用来计算土层在荷载作用下的总沉降量。由于根据压缩试验所得的每一级荷载作用下的 $e-\log p$ 曲线中包含有次固结段，所以根据压缩试验结果计算所得的沉降量是包括主固结沉降与次固结沉降的总沉降量。但由于大多数情况下次固结沉降在总沉降中所占的比例很小，所以一般都把根据压缩试验数据计算所得的沉降量作为主固结沉降量。对于次固结沉降较大的土，一般需根据其次固结曲线单独计算次固结沉降。

单一土层的压缩量计算公式如下：

$$s = \frac{e_1 - e_2}{1 + e_1}H \tag{2-34}$$

式中，s—— 土层的压缩量（m）；

$\quad\quad H$—— 土层的厚度（m）；

$\quad\quad e_1$—— 压缩前土层的平均自重应力 $p_1 = \bar{\sigma}_{sz} = \gamma H/2$ 在 $e-p$ 曲线上对应的孔隙比；

$\quad\quad e_2$—— 压缩后土层的平均自重应力 p_1 与附加压力之和 $p_2 = p_1 + p$ 在 $e-p$ 曲线上对应的孔隙比。

① 根据 $e-p$ 曲线计算：

$$a = \Delta e/\Delta p, \; s = \frac{e_1 - e_2}{1 + e_1}H = \frac{a \cdot \Delta p}{1 + e_1}H = \frac{p}{E_s}H \tag{2-35}$$

② 根据 $e-\log p$ 曲线计算：

优点：可使用推定的原状土压缩曲线；

可以区分正常固结土和超固结土并分别进行计算。

正常固结土：

$$s = \varepsilon H = \frac{-\Delta e}{1 + e_1}H = \frac{C_c H}{1 + e_1}\log\left(\frac{p_1 + \Delta p}{p_1}\right) \tag{2-36}$$

超固结土：超固结土样在施加附加荷载时，它首先沿着再压缩曲线段路径向右走，直到到达 p_c 后，才开始沿正常固结线的路径继续变形。因此，超固结土样的变形计算分两个阶段进行：第一阶段为按再压缩段（或回弹段）线性直线段计算，其斜率为 C_e；第二阶段为当压力 p 超过 p_c 时，按正常固结的原始压缩段线性直线段计算。实际计算是按修正压缩曲线进行的。

当 $p < p_c$ 时，变形处于第一阶段，

$$s = \varepsilon H = \frac{-\Delta e}{1 + e_1}H = \frac{C_e H}{1 + e_1}\log\left(\frac{p_1 + \Delta p}{p_1}\right) \tag{2-37a}$$

当 $p > p_c$ 时，变形处于第二阶段，

$$s = \varepsilon H = \frac{-\Delta e}{1 + e_1}H = \frac{C_e H}{1 + e_1}\log\left(\frac{p_c}{p_1}\right) + \frac{C_e H}{1 + e_1}\log\left(\frac{p_1 + \Delta p}{p_c}\right) \tag{2-37b}$$

欠固结土：欠固结土的孔隙增量 Δe 是欠固结土在自重应力作用下的欠固结应力 $(p_1 - p_c)$ 所引起的孔隙增量 Δe_1 和由附加应力引起的孔隙增量 Δe_2 之和，两部分都处于正常固结压缩段（因没有发生过卸载）。

$$\Delta e_1 = C_c \log \frac{p_1}{p_c}, \ (p_c < p_1)$$

$$\Delta e_2 = C_c \log \frac{p_2}{p_1}, \ (p_2 > p_1)$$

$$\Delta e = \Delta e_1 + \Delta e_2 = C_c \left(\log \frac{p_1}{p_c} + \log \frac{p_2}{p_1} \right) = C_c \log \frac{p_1 + \Delta p}{p_c} \quad\quad (2-38)$$

式中，H—— 土层的厚度（m）；

e_0—— 土的初始孔隙比；

C_e、C_c—— 土的回弹指数和压缩指数；

p_c—— 土的先期固结压力；

p_1—— 土的自重应力平均值；

Δp—— 土的附加应力平均值。

【例题 2-29】 （注岩2007C8）在条形基础持力层以下有厚度2 m的正常固结黏土层，已知该黏土层中部的自重应力为50 kPa，附加应力为100 kPa，在该黏性土层中取土做固结试验的数据见表。问该黏土层在附加压力作用下的压缩变形量最接近下列哪个选项？

p(kPa)	0	50	100	200	300
e	1.04	1.00	0.97	0.93	0.90

(A)35 mm　　　　(B)40 mm　　　　(C)45 mm　　　　(D)50 mm

【解】 $p_1 = 50$ kPa 时，$e_1 = 1.00$；

$p_2 = 50 + 100 = 150$ kPa 时，$e_2 = \dfrac{0.97 + 0.93}{2} = 0.95$

$s = \dfrac{e_1 - e_2}{1 + e_1} H = \dfrac{1.00 - 0.95}{1 + 1.00} \times 2000 = 50$ mm

答案为（D）50 mm。

【例题 2-30】 （注岩2012C6）大面积料场地层分布及参数如图所示，第②层黏土的压缩试验结果见下表，地表堆载120 kPa，求在此荷载作用下，黏土层的压缩量最接近下列选项？

p(kPa)	0	20	40	60	80	100	120	140	160	180
e	0.900	0.865	0.840	0.825	0.810	0.800	0.791	0.783	0.776	0.771

(A)46 mm

(B)35 mm

（C）28 mm

（D）23 mm

答案：（D）23 mm

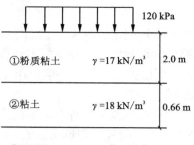

【解】　① 黏土层的中点处的自重应力为：$\sigma_c =$ $\sum \gamma h = 17 \times 2.0 + 18 \times 0.33 = 39.94 \approx 40$ kPa

对应的孔隙比为 $e_1 = 0.840$；

② 黏土层的中点处的自重应力与附加应力之和

为：$40 + 120 = 160$ kPa，

对应的孔隙比为 $e_2 = 0.776$；

③ 土层的压缩量为：$s = \dfrac{e_1 - e_2}{1 + e_1}H = \dfrac{0.840 - 0.776}{1 + 0.840} \times 0.66 = 23$ mm。

【例题 2-31】　（注岩 2004C11）某超固结黏性土层厚 4.0 m，前期固结压力 $p_c = 400$ kPa，压缩指数 $C_c = 0.3$，再压缩曲线上回弹指数 $C_e = 0.1$，平均自重压力 $p_{cz} = 200$ kPa，天然孔隙比 $e_0 = 0.8$，建筑物平均附加应力在该土层中为 $p_0 = 300$ kPa。问该黏性土层的最终压缩量最接近下列哪个选项？

（A）8.5 cm　　　（B）11.0 cm　　　（C）13.2 cm　　　（D）15.8 cm

【解】　$p = p_{cz} + p_0 = 200 + 300 = 500$ kPa $> p_c = 400$ kPa

$$s = \frac{C_e H}{1 + e_1}\log\left(\frac{p_c}{p_1}\right) + \frac{C_c H}{1 + e_1}\log\left(\frac{p_1 + \Delta p}{p_c}\right)$$

$$= \frac{0.1 \times 400}{1 + 0.8} \times \log\left(\frac{400}{200}\right) + \frac{0.3 \times 400}{1 + 0.8} \times \log\left(\frac{200 + 300}{400}\right) = 13.15 \text{ cm}$$

答案为（C）13.2 cm。

【例题 2-32】　（注岩 2006C15）大面积填海造地工程平均海水深 2.0 m，淤泥层平均厚度 10.0 m，重度 15 kN/m³，采用 $e - \lg p$ 曲线计算该淤泥层的固结沉降，已知该淤泥层为正常固结土，压缩指数 $C_c = 0.8$，天然孔隙比 $e_0 = 2.33$，上履填土在该淤泥层中产生的附加应力按 120 kPa 计算。问该淤泥层的固结沉降量最接近下列哪个选项？

（A）1.85 m　　　（B）1.95 m　　　（C）2.05 m　　　（D）2.20 m

【解】　$p_1 = \gamma h = 5 \times \dfrac{10}{2} = 25$ kPa

$$s = \frac{C_c H}{1 + e_0}\log\left(\frac{p_1 + \Delta p}{p_1}\right) = \frac{0.8 \times 10}{1 + 2.33} \times \log\left(\frac{25 + 120}{25}\right) = 1.834 \text{ m}$$

答案为（A）1.85 m。

2.3.2　用分层总和法计算地基变形

1. 基本假定

（a）基底压力为线性分布

（b）附加应力用弹性理论计算

（c）只发生单向沉降：侧限应变状态

（d）只计算主固结沉降，不计瞬时沉降和次固结沉降

（e）将地基分成若干层，认为整个地基的最终沉降量为各层沉降量之和：

$$S = \sum S_i$$

根据上述假定，地基中土层的受力状态与压缩试验中土样的受力状态相同，所以可以采用压缩试验得到的压缩性指标来计算土层压缩量。上述假定比较符合基础中心点下土体的受力状态，所以分层总和法一般只用于计算基底中心点的沉降。

2. 基本公式

利用压缩试验成果计算地基沉降，实际上就是在已知 $e \sim p$ 曲线的情况下，根据附加应力 Δp 来计算土层的竖向变形量 ΔH，也就是土层的沉降量 s。

$$s_i = \frac{a_i}{1 + e_{1i}} \cdot \Delta p_i \cdot H_i = \frac{\Delta p_i}{E_{si}} \cdot H_i$$

$$s = \int_0^\infty \varepsilon \mathrm{d}z = \int_0^\infty \frac{\Delta p}{E_s} \mathrm{d}z = \int_0^\infty \frac{\Delta e}{1 + e_1} \mathrm{d}z$$

$$s = \sum_{i=1}^n \varepsilon_i H_i = \sum_{i=1}^n \frac{\Delta p_i}{E_{si}} H_i = \sum_{i=1}^n \frac{\Delta e_i}{1 + e_{1i}} H_i = \sum_{i=1}^n \frac{e_{1i} - e_{2i}}{1 + e_{1i}} H_i \qquad (2-39)$$

式中，s—— 总沉降量；

n—— 地基分层的层数；

e_{1i}—— 根据第 i 层土的自重应力平均值（p_{1i}）从土的压缩曲线上得到的孔隙比；

e_{2i}—— 根据第 i 层土的自重应力平均值（p_{1i}）与附加应力平均值之和，即 $p_{2i} = p_{1i} + \Delta p_i$ 从土的压缩曲线上得到的孔隙比；

H_i—— 第 i 层土的厚度；

E_{si}—— 第 i 层土的压缩模量。

天然地基土都是不均匀的。最常见的水平成层地基，其土性参数和附加应力是随深度而变化的。前面讲述的土样沉降的计算都是假定土样的应力和力学性质（土性参数）在竖向没有变化。为利用土样压缩试验的结果，最好把土层分成许多层，分层后的每一层其应力和力学性质变化不大，可用平均值作为代表。分别计算每一层的压缩变形后，最后求每一层沉降的总和，得到总沉降，如图 2 - 15 所示。这是一种近似的计算方法。

如图 2 - 15 所示，式（2 - 39）相当于把自重应力与附加应力曲线采用分段的

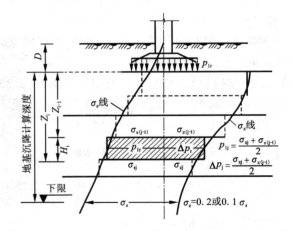

图 2 - 15　分层总和法计算示意图

直线来代替，E_{si}、a_i 在分层范围内假定为常数。由于自重应力随深度增大，一般情况下 E_{si} 亦随深度增加，附加应力随深度衰减；所以随埋深增加土体的变形减小。因此，实际上超过一定深度处的土体的变形，对总沉降已基本上没有影响，该深度称为地基沉降计算深度。该深度以上的土层称为地基压缩层。

3. 计算步骤

（a）计算原地基中自重应力分布，自重应力 σ_{cz} 从地面算起；

（b）计算基底附加压力 p_0：$p_0 = p - \gamma d$；

（c）确定地基中附加应力 σ_z 分布：σ_z 从基底算起；σ_z 是由基底附加应力 $p_0 = p - \gamma d$ 引起的；

（d）确定计算深度 z_n：

① 一般土层：$\sigma_z = 0.2\sigma_{sz}$；

② 软黏土层：$\sigma_z = 0.1\sigma_{sz}$；

③ 一般房屋基础：$z_n = b(2.5 - 0.4\ln b)$；

④ 基岩或不可压缩土层。

（e）地基分层 H_i：

① 不同土层界面；

② 地下水位线；

③ 每层厚度 $H_i \leqslant 0.4b$，一般取 $1 \sim 2$ m；

④ σ_z 变化明显的土层，适当取小。

（f）计算每层沉降量 s_i：

$$s_i = \frac{a_i}{1 + e_{1i}} \cdot \Delta p_i \cdot H_i = \frac{\Delta p_i}{E_{si}} \cdot H_i = \frac{e_{1i} - e_{2i}}{1 + e_{1i}}H_i$$

（g）计算总沉降量 s：$s = \sum\limits_{i=1}^{n} s_i$

【例题 2 - 33】　某矩形基础底面尺寸为 4.0 m × 2.5 m，基础埋深 1.0 m（$0 \sim 1.0$ m 为填土），地下水位位于基底标高，室内压缩试验结果见表，作用在基础底面的荷载效应准永久组合值为 $F = 920$ kN，用分层总和法计算基础中心沉降。

室内压缩试验 $e - p$ 关系值

e	p（kPa）				
	0	50	100	200	300
粉质黏土（1.0 m ~ 4.0 m）	0.942	0.889	0.855	0.807	0.733
淤泥质黏土（4.0 m 以下）	1.045	0.925	0.891	0.830	0.812

（填土 $\gamma = 18$ kN/m³；粉质黏土 $\gamma = 19.1$ kN/m³；淤泥质黏土 $\gamma = 18.2$ kN/m³）

【解】　（1）将土层分层，厚度为 1.0 m

（2）计算分层处的自重应力

如 0 点（基底处）处自重应力 $\sigma_{cz0} = \gamma h = 18 \times 1 = 18$ kPa

1 点（基底下 1.0 m）处自重应力 $\sigma_{cz1} = \gamma_1 h_1 + \gamma_2 h_2 = 18 \times 1 + 9.1 \times 1 = 27.1$ kPa

（3）计算竖向附加应力

基底平均附加应力 $p_0 = p_k - \gamma h = \dfrac{920}{4 \times 2.5} - 18 \times 1 = 74$ kPa

如 1 点 $\sigma_{z1} = 4\alpha p_0 = 4 \times 0.215 \times 74 = 63.64$ kPa

（4）确定压缩层深度

当 $z_n = 5$ m 时，$\sigma_z = 11.84$ kPa $< 0.2\sigma_c = 0.2 \times 61.7 = 12.34$ kPa，所以压缩层深度定为 5.0 m

（5）沉降计算过程列表如下，基础最终沉降量为 151 mm。

沉降计算表

分层点	深度 z_n	σ_{cz}	附加应力 σ_z（kPa）				$\overline{\sigma_c}$	$\overline{\sigma_z}$	总应力	e_1	e_2	层厚	Δs_i	$\sum \Delta s_i$
			$\frac{l}{b}$	$\frac{z}{b}$	α	σ_z								
0	0	18.0	1.6	0	0.25	74.00						/		
1	1	27.1	1.6	0.8	0.215	63.64	22.6	68.8	91.4	0.918	0.861	1	57	57
2	2	36.2	1.6	1.6	0.140	41.40	31.6	52.5	84.1	0.908	0.866	1	42	99
3	3	45.3	1.6	2.4	0.088	26.10	40.8	33.8	74.6	0.899	0.872	1	27	126
4	4	53.5	1.6	3.2	0.058	17.20	49.4	21.6	71.0	0.926	0.911	1	15	141
5	5	61.7	1.6	4.0	0.040	11.84	57.5	14.5	72.0	0.920	0.910	1	10	151

【例题 2 - 34】 （注岩 2009C8）建筑物长 50 m，宽 10 m，比较筏形基础和宽 1.5 m 的条形基础两种方案，已分别求得筏形基础和条形基础中轴线上，变形计算深度范围内（假定两种基础的变形计算深度相同）的附加应力随深度的分布曲线（近似为折线）如图所示，已知持力层的压缩模量为 4 MPa，下卧层的压缩模量为 2 MPa，基础下地基土的性质和平均附加应力系数见下表，估算这两层土的压缩变形引起的筏板基础沉降 s_f 和条形基础沉降 s_t 之比最接近下列哪个选项？

（A）1.23 　　　　　（B）1.44 　　　　　（C）1.65 　　　　　（D）1.86

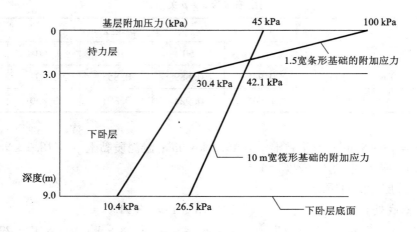

【解】
$$s_f = \sum \frac{\Delta p_i}{E_{si}} H_i = \frac{(45 + 42.1)/2}{4} \times 3 + \frac{(42.1 + 26.5)/2}{2} \times 6 = 135.6 \text{ mm}$$

$$s_t = \sum \frac{\Delta p_i}{E_{si}} H_i = \frac{(100 + 30.4)/2}{4} \times 3 + \frac{(30.4 + 10.4)/2}{2} \times 6 = 110.1 \text{ mm}$$

$$\frac{s_f}{s_t} = \frac{135.6}{110.1} = 1.23$$

答案为(A) 1.23。

【例题 2 – 35】 (注岩 2004D10) 某直径为 10 m 的油罐基底附加压力为 100 kPa，油罐轴线上油罐底面以下 10 m 处附加压力系数 $\alpha = 0.285$ (设附加应力系数沿深度为直线分布)，观测得到油罐中心的底板沉降为 200 mm，深度 10 m 处的深层沉降为 40 mm，试求 10 m 范围内土层的平均反算压缩模量最接近下列哪个选项？

(A)2 MPa　　　　(B)3 MPa　　　　(C)4 MPa　　　　(D)5 MPa

【解】 油罐基底至 10 m 土层的平均附加压力值为：

$$p = \frac{1}{2} \times (1.0 + 0.285) \times 100 = 64.25 \text{ kPa}$$

10 m 土层的压缩变形为：$s = 200 - 40 = 160 \text{ mm}$

$$s = \frac{p}{E_s} h = \frac{64.25}{E_s} \times 10 = 160 \text{ mm}$$

$$E_s = \frac{64.25 \times 10}{160} = 4.02 \text{ MPa}$$

答案为(C) 4 MPa。

【例题 2 – 36】 某市地处冲积平原上，当前地下水位埋深在地面下 10.0 m，地下水位逐年下降，年下降率为 1 m，忽略卵石层以下地层可能产生的微量变形，问 10 年后地面总沉降预计将接近下列哪一选项？

(A)415 mm

(B)544 mm

(C)670 mm

(D)810 mm

答案：(B)

【解】 $s = \sum \frac{a_i \cdot \Delta p_i}{1 + e_{1i}} H_i + \frac{\Delta p_i}{E_{si}} H_i$

$$= \frac{0.3 \times \frac{40}{2}}{1 + 0.83} \times 4 + \frac{\frac{40 + 200}{2}}{15} \times 16 + \frac{0.18 \times 200}{1 + 0.61} \times 18 = 544 \text{ mm}$$

答案为(B) 544 mm。

2.3.3 按《建筑地基基础设计规范》(GB50007—2011) 计算地基变形

1. 建筑物的地基变形计算值，不应大于地基变形允许值。

2. 地基变形特征可分为：沉降量、沉降差、倾斜和局部倾斜四种。

表 2 - 9　建筑物的地基变形允许值

变形特征		地基土类别	
		中、低压缩性土	高压缩性土
砌体承重结构基础的局部倾斜		0.002	0.003
工业与民用建筑相邻柱基的沉降差	框架结构	$0.002l$	$0.003l$
	砌体墙填充的边排柱	$0.0007l$	$0.001l$
	当基础不均匀沉降时不产生附加应力的结构	$0.005l$	$0.005l$
单层排架结构(柱距6 m)柱基的沉降量(mm)		(120)	200
桥式吊车轨面的倾斜(按不调整轨道考虑)	纵向	0.004	
	横向	0.003	
多层和高层建筑的整体倾斜	$H_g \leqslant 24$ m	0.004	
	24 m $< H_g \leqslant 60$ m	0.003	
	60 m $< H_g \leqslant 100$ m	0.0025	
	$H_g > 100$ m	0.002	
体型简单的高层建筑基础的平均沉降量(mm)		200	
高耸结构基础的倾斜	$H_g \leqslant 20$ m	0.008	
	20 m $< H_g \leqslant 50$ m	0.006	
	50 m $< H_g \leqslant 100$ m	0.005	
	100 m $< H_g \leqslant 150$ m	0.004	
	150 m $< H_g \leqslant 200$ m	0.003	
	200 m $< H_g \leqslant 250$ m	0.002	
高耸结构基础的沉降量(mm)	$H_g \leqslant 100$ m	400	
	100 m $< H_g \leqslant 200$ m	300	
	200 m $< H_g \leqslant 250$ m	200	

注：①本表数值为建筑物地基实际最终变形允许值；
②有括号者仅适用于中压缩性土；
③l 为相邻柱基的中心距离(mm)；H_g 为自室外地面起算的建筑物高度(m)；
④倾斜指基础倾斜方向两端点的沉降差与其距离的比值；
⑤局部倾斜指砌体承重结构沿纵向 6 m ~ 10 m 内基础两点的沉降差与其距离的比值。

3. 在计算地基变形时，应符合下列规定：

①由于建筑地基不均匀、荷载差异很大、体形复杂等因素引起的地基变形，对于砌体承重结构应由局部倾斜值控制；对于框架结构和单层排架应由相邻柱基的沉降差控制；对于多层或高层建筑和高耸结构应由倾斜值控制，必要时尚应控制平均沉降量。

②在必在情况下，需要分别预估建筑物在施工期间和使用期间的地基变形值，以便预留建筑物有关部分之间的净空，选择连接方法和施工顺序。一般多层建筑在施工期间完成的沉

降量，对于砂土可认为其最终沉降量已完成80%以上，对于其他低压缩性土可认为已完成最终沉降量的50%~80%，对于中压缩性土可认为已完成最终沉降量的50%，对于高压缩性土可认为已完成5%~20%。

4. 建筑物的地基变形允许值，按表2-9规定采用。对表中未包括的建筑物，其地基变形允许值应根据上部结构对地基变形的适应能力和使用上的要求确定。

5. 计算地基变形时，地基内的应力分布可采用各向同性均质线性变形体理论。其最终变形量可按下式计算：

$$s = \psi_s \cdot s' = \psi_s \sum_{i=1}^{n} \frac{p_0}{E_{si}} (z_i \overline{\alpha}_i - z_{i-1} \overline{\alpha}_{i-1}) \qquad (2-40)$$

式中，s——地基最终变形量(mm)；

　　s'——按分层总各和法计算出的地基变形量(mm)；

　　ψ_s——沉降计算经验系数，根据地区沉降观测资料及经验确定，当无地区经验时可采用表2-10的数值；

　　n——地基变形计算深度范围内所划分的土层数；

　　p_0——对应于荷载效应准永久组合时的基础底面处的附加压力(kPa)；

　　E_{si}——基础底面下第 i 层土的压缩模量(MPa)，应取土的自重压力至土的自重压力与附加压力之和的压力段计算；

　　z_i，z_{i-1}——基础底面至第 i 层土、第 $i-1$ 层土底面的距离(m)；

　　$\overline{\alpha}_i$，$\overline{\alpha}_{i-1}$——基础底面计算点至第 i 层土、第 $i-1$ 层土底面范围内平均附加应力系数，根据本书末附录一查取。

表2-10　地基沉降计算经验系数 ψ_s

$\overline{E}_s$ (MPa)	2.5	4.0	7.0	15.0	20.0
$p_0 \geq f_{ak}$	1.4	1.3	1.0	0.4	0.2
$p_0 \leq 0.75 f_{ak}$	1.1	1.0	0.7	0.4	0.2

注：$\overline{E}_s$ 为变形计算深度范围内压缩模量的当量值，按下式计算，$\overline{E}_s = \sum A_i / \sum (A_i / E_{si})$，$A_i$ 为第 i 层土附加应力系数沿土层厚度的积分值。

6. 地基变形计算深度 z_n，应符合下式要求：

$$\Delta s'_n \leq 0.025 \sum_{i=1}^{n} \Delta s'_i \qquad (2-41)$$

式中，$\Delta s'_i$——在计算深度范围内，第 i 层土的计算变形值(mm)；

　　$\Delta s'_n$——在由计算深度向上取厚度为 Δz 的土层计算变形值(mm)，Δz 按表2-11取用。

表2-11　Δz 取值

基础宽度 b(m)	$b \leq 2$	$2 < b \leq 4$	$4 < b \leq 8$	$b > 8$
Δz(m)	0.3	0.6	0.8	1.0

7. 当无相邻荷载影响，基础宽度在 1～30 m 范围内时，基础中点的地基变形计算深度也可按下列公式简化计算：

$$z_n = b(2.5 - 0.4\ln b)$$

在计算深度范围内存在基岩时，z_n 可取至基岩表面；当存在较厚的坚硬黏性土层，其孔隙比小于 0.5、压缩模量大于 50 MPa，或存在较厚的密实砂卵石层，其压缩模量大于 80 MPa 时，z_n 可取至该层土表面。此时，地基土附加压力分布应考虑相对硬层存在的影响，按下式计算地基的最终变形量：

$$s_{gz} = \beta_{gz} \cdot s \qquad\qquad (2-42)$$

式中，s_{gz}——具有刚性下卧层时地基土的变形计算值(mm)；

β_{gz}——刚性下卧层对上覆土层的变形增大系数，按表 2-12 取用。

表 2-12　具有刚性下卧层时地基变形增大系数 β_{gz}

z/b	0.5	1.0	1.5	2.0	2.5
β_{gz}	1.26	1.17	1.12	1.09	1.0

8. 当存在相邻荷载时，应计算相邻荷载引起的地基变形，其值可按应力叠加原理，采用角点法计算。

9. 当建筑物地下室埋置较深时，地基土的回弹变形量可按下式计算：

$$s_c = \psi_c \sum_{i=1}^{n} \frac{p_c}{E_{ci}} (z_i \overline{\alpha_i} - z_{i-1} \overline{\alpha_{i-1}}) \qquad\qquad (2-43)$$

式中，s_c——地基的回弹变形量(mm)；

ψ_c——回弹量计算的经验系数，无地区经验时可取 1.0；

p_c——基坑底面以上土的自重压力(kPa)，地下水位以下应扣除浮力；

E_c——土的回弹模量(MPa)，按现行国家标准《土工试验方法标准》(GB/T 50123)中土的固结试验回弹曲线的不同应力段计算。

【例题 2-37】　地基回弹变形计算算例：

某工程采用箱形基础，基础平面尺寸 64.8 m×12.8 m，基础埋深 5.7 m，基础底面以下各土层分别在自重压力下做回弹试验，测得回弹模量见下表。

土层	层厚(m)	回弹模量(MPa)			
		$E_{0-0.025}$	$E_{0.025-0.05}$	$E_{0.05-0.1}$	$E_{0.1-0.2}$
③粉土	1.8	28.7	30.2	49.1	570
④粉质黏土	5.1	12.8	14.1	22.3	280
⑤卵石	6.7	100(无试验资料，估算值)			

基底附加应力 108 kPa，计算基础中点最大回弹量。

【解】　回弹计算结果见下表。

回弹量计算表

z_i	$\overline{\alpha_i}$	$z_i\overline{\alpha_i}-z_{i-1}\overline{\alpha_{i-1}}$	p_z+p_{cz} (kPa)	E_{ci}(MPa)	$\dfrac{p_c}{E_{ci}}(z_i\overline{\alpha_i}-z_{i-1}\overline{\alpha_{i-1}})$
0	0	0	0	—	—
1.8	0.996	1.7928	41	28.7	6.75 mm
4.9	0.964	2.9308	115	22.3	14.17 mm
5.9	0.950	0.8814	139	280	0.34 mm
6.9	0.925	0.7775	161	280	0.30 mm
合计					21.56 mm

10. 回弹再压缩变形量计算可采用再加荷的压力小于卸荷土的自重压力段内再压缩变形线性分布的假定按下式进行计算：

当 $p<R'_0 p_c$ 时

$$s'_c=\gamma'_0 s_c\frac{p}{R'_0 p_c}$$

当 $R'_0 p_c\leqslant p\leqslant p_c$ 时

$$s'_c=s_c\left[\gamma'_0+\frac{\gamma'_{R'=1.0}-\gamma'_0}{1-R'_0}\left(\frac{p}{p_c}-R'_0\right)\right] \tag{2-44}$$

式中，s_c——地基的回弹变形量(mm)；

　　　s'_c——地基土回弹再压缩变形量(mm)；

　　　γ'_0——临界再压缩比率，相应于再压缩比率与再加荷比关系曲线上两段线性交点对应的再压缩比率，由土的固结回弹再压缩试验确定；

　　　R'_0——临界再加荷比，相应于再压缩比率与再加荷比关系曲线上两段线性交点对应的再加荷比，由土的固结回弹再压缩试验确定；

　　　$\gamma'_{R'=1.0}$——对应于再加荷比 $R'=1.0$ 时的再压缩比率，由土的固结回弹再压缩试验确定，其值等于回弹再压缩变形增大系数；

　　　p——再加荷的基底压力(kPa)。

11. 在同一整体大面积基础上建有多栋高层和低层建筑，宜考虑上部结构、基础与地基的共同作用进行变形计算。

【例题 2-38】　（注岩 2002C10）某建筑物采用独立基础，基础平面尺寸 4 m×6 m，基础埋深 $d=1.5$ m。拟建场地地下水位距地表 1 m，地基土层分布其主要物理力学指标如下表。

假设作用于基础底面处的有效附加压力 $p_0=60$ kPa，压缩层厚度 5.2 m，沉降计算深度范围内压缩模量的当量值 $\overline{E}_s$ 最接近下列哪个选项的数值？

（A）3.0 MPa　　　　（B）3.4 MPa　　　　（C）3.8 MPa　　　　（D）4.2 MPa

层序	土名	层底 (m)	含水量 %	天然重度 (kN/m³)	孔隙比 e	液性指数 I_L	压缩模量 (MPa)
①	填土	1.0		18.0			
②	粉质黏土	3.5	30.5	18.7	0.82	0.70	7.5
③	淤泥质黏土	7.9	48.0	17.0	1.36	1.20	2.4
④	黏土	15.0	22.5	19.7	0.68	0.35	9.9

【解】 计算列表如下：

z_i (m)	l/b	z/b	$\overline{\alpha_i}$	$z_i\overline{\alpha_i}$	$z_i\overline{\alpha_i} - z_{i-1}\overline{\alpha_{i-1}}$	E_s MPa	$\Delta s_i'$ mm	$\sum \Delta s_i'$ mm
0	1.50	0	0.25×4	0				
2.00	1.50	1.00	0.2320×4	1.8560	1.8560	7.5		
5.20	1.50	2.60	0.1664×4	3.4611	1.6051	2.4		

$$\overline{E}_s = \frac{\sum A_i}{\sum (A_i/E_{si})} = \frac{3.4611p_0}{\left(\dfrac{1.8560}{7.5} + \dfrac{1.6051}{2.4}\right)p_0} = 3.78 \text{ MPa}$$

答案为（C）3.8 MPa。

【例题 2-39】 （注岩2004D12）某建筑物基础的底面尺寸 4 m×8 m，荷载准永久组合时上部结构传下来的基础底面处的竖向力 $F = 1920$ kN，基础埋深 $d = 1$ m。土层天然重度 $\gamma = 18$ kN/m³，地下水位埋深 1 m，通过查表计算得到的有关数据见附表，沉降计算经验系数 $\psi_s = 1.1$。按照《建筑地基基础设计规范》，地基变形计算深度 $z_n = 4.5$ m 范围内地基最终变形量最接近下列哪个选项？

z_i(m)	l/b	$2z_i/b$	$\overline{\alpha_i}$	$\overline{\alpha_i} = 4\overline{\alpha_i}$	$z_i\overline{\alpha_i}$	E_{si}(MPa)	$z_i\overline{\alpha_i} - z_{i-1}\overline{\alpha_{i-1}}$
0	2	0	0.25	1.0	0		
2	2	1	0.234	0.9360	1.872	10.2	1.872
6	2	3	0.1619	0.6476	3.886	3.4	2.014

（A）3.0 cm   （B）3.6 cm   （C）4.2 cm   （D）4.8 cm

【解】 $p_0 = p_k - \gamma d = \dfrac{1920}{4 \times 8} - 18 \times 1 = 42$ kPa

$$s = \psi_s \cdot s' = \psi_s \cdot p_0 \sum_{i=1}^{n} \frac{z_i\overline{\alpha_i} - z_{(i-1)}\overline{\alpha_{(i-1)}}}{E_{si}} = 1.1 \times 42 \times \left(\frac{1.872}{10.2} + \frac{2.014}{3.4}\right) = 35.8 \text{ mm}$$

$$= 3.58 \text{ cm}$$

（B）3.6 cm

【例题 2－40】　（注岩2008C6）高速公路在桥头段软土地基上采用高填方路基，路基平均宽度30 m，路基自重及路面荷载传至路基底面的均布荷载为120 kPa，地基土均匀，平均 $E_s = 6$ MPa，沉降计算压缩层厚度按24 m考虑，沉降计算修正系数取1.2，桥头路基的最终沉降量最接近下列哪个选项的数值？

（A）124 mm　　　　（B）248 mm　　　（C）206 mm　　　（D）495 mm

【解】　$b = 15$ m，按条基考虑，取

$l/b = 10$，$z/b = 24/15 = 1.6$，查表 $\overline{\alpha} = 0.2152$

$p_0 = 120$ kPa

$$s = \psi_s \cdot s' = \psi_s \cdot p_0 \sum_{i=1}^{n} \frac{z_i \overline{\alpha}_i - z_{(i-1)} \overline{\alpha}_{(i-1)}}{E_{si}} = 1.2 \times 120 \times \frac{24 \times 2 \times 0.2152}{6} = 247.9 \text{ mm}$$

答案为（B）248 mm。

【例题 2－41】　（注岩2013C6）某建筑基础为柱下独立基础，底面尺寸为 5 m × 5 m，基础埋深2 m，室外地面以下土层参数见下表，假定变形计算深度为卵石层顶面。基底附加压力 $p_0 = 120$ kPa $< 0.75 f_{ak}$。按照《建筑地基基础设计规范》，地基变形计算深度范围内地基最终变形量最接近下列哪个选项？

土层名称	土层层底埋深（m）	重度（kN/m³）	压缩模量（MPa）
粉质黏土	2.0	19	10
粉土	5.0	18	12
细砂	8.0	18	18
密实卵石	15.0	18	90

（A）15.5 mm　　　（B）18.0 mm　　　（C）25.0 mm　　　（D）28.0 mm

答案：（B）

【解】　$l/b = 2.5/2.5 = 1.0$　列表计算如下：

z_i （m）	l/b	z/b	$\overline{\alpha}_i$	$z_i \overline{\alpha}_i$	$z_i \overline{\alpha}_i - z_{i-1} \overline{\alpha}_{i-1}$	E_s MPa
0	1.0	0	0.25 ×4	0		
3.0	1.0	1.2	0.2149 ×4	2.5788	2.5788	12.0
6.0	1.0	2.4	0.1578 ×4	3.7872	1.2084	18.0

$$\overline{E_s} = \frac{\sum A_i}{\sum \dfrac{A_i}{E_{si}}} = \frac{3.7872 p_0}{\dfrac{2.5788 p_0}{12} + \dfrac{1.2084 p_0}{18}} = 13.4 \text{ MPa}$$

查表 2－10，$\psi_s = 0.4 + \dfrac{15.0 - 13.4}{15.0 - 7.0} \times (0.7 - 0.4) = 0.46$

$$s = \psi_s \cdot s' = \psi_s \cdot p_0 \sum_{i=1}^{n} \frac{z_i \overline{\alpha}_i - z_{(i-1)} \overline{\alpha}_{(i-1)}}{E_{si}} = 0.46 \times 120 \times \left(\frac{2.5788}{12} + \frac{1.2084}{18} \right) = 15.6 \text{ mm}$$

$h/b = 6/5 = 1.2$，查表 2 - 12，$\beta_{gz} = 1.17 - \dfrac{1.2 - 1.0}{1.5 - 1.0} \times (1.17 - 1.12) = 1.15$

$s_{gz} = \beta_{gz} \cdot s = 1.15 \times 15.6 = 18.0$ mm，答案为（B）。

2.4 地基稳定性计算

1. 地基稳定性可采用圆弧滑动面法进行验算。最危险的滑动面上诸力对滑动中心所产生的抗滑力矩与滑动力矩之比应大于或等于 1.2。

2. 位于稳定土坡坡顶上的建筑，当垂直于坡顶边缘线的基础底面边长小于或等于 3.0 m 时，其基础底面外边缘线至坡顶的水平距离应符合下式要求，但不得小于 2.5 m。

条形基础：

$$a \geqslant 3.5b - \frac{d}{\tan\beta} \qquad\qquad (2 - 45a)$$

矩形基础：

$$a \geqslant 2.5b - \frac{d}{\tan\beta} \qquad\qquad (2 - 45b)$$

式中，a——基础底面外边缘线至坡顶的水平距离(m)；

　　　b——垂直于坡顶边缘线的基础底面边长(m)；

　　　d——基础埋置深度(m)；

　　　β——边坡坡角(°)。

3. 当边坡坡角大于 45°、坡高大于 8 m 时，尚应验算坡体稳定性。

4. 建筑物基础存在浮力作用时应进行抗浮稳定性验算，并应符合下列要求：

1）对于简单的浮力作用情况，基础抗浮稳定性应符合下式要求：

$$\frac{G_k}{N_{W,k}} \geqslant K_W \qquad\qquad (2 - 46)$$

式中，G_k——建筑物自重及压重之和(kN)；

　　　$N_{W,k}$——浮力作用值(kN)；

　　　K_W——抗浮稳定安全系数，一般情况下可取 1.05。

2）抗浮稳定性不满足设计要求时，可采用增加压重或设置抗浮构件等措施。在整体满足抗浮稳定性要求而局部不满足时，也可采用增加结构刚度的措施。

采用增加压重的措施，可直接按上式验算。采用抗浮构件（例如抗拔桩）等措施时，由于其产生抗拔力伴随位移发生，过大的位移量对基础结构是不允许的，抗拔力取值应满足位移控制条件。采用《建筑地基基础设计规范》（GB50007—2011）附录 T 的方法确定的抗拔桩抗拔承载力特征值进行设计对大部分工程可满足要求，对变形要求严格的工程还应进行变形计算。

【例题 2 - 42】　（注岩 2007D6）某天然稳定土坡，坡角 35°，坡高 5 m，坡体土质均匀，无地下水，土层的孔隙比 e 和液性指数 I_L 均小于 0.85，$\gamma = 20$ kN/m³，$f_{ak} = 160$ kPa。坡顶部分

拟建工业厂房，采用条形基础，基础宽度 $b=2.0$ m，上部结构传至基础顶面的轴心竖向力标准值 $F_k=350$ kN/m，按照厂区整体规划，基础底面边缘距坡顶 4 m。按《建筑地基基础设计规范》（GB50007—2011）计算，条形基础的埋深至少要达到下列哪个选项的数值才能满足要求？

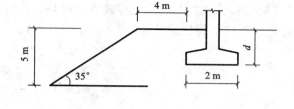

(A)0.80 m　　　　　(B)1.40 m　　　　　(C)2.10 m　　　　　(D)2.60 m

【解】 $\beta=35°<45°$，$H=5$ m <8 m

$$a\geqslant 3.5b-\frac{d}{\tan\beta}\Rightarrow d\geqslant(3.5b-a)\tan\beta=(3.5\times2-4.0)\tan35°=2.10 \text{ m}$$

查表，$\eta_b=0.3$，$\eta_d=1.6$

$$f_a=f_{ak}+\eta_b\gamma(b-3)+\eta_d\gamma_m(d-0.5)=160+0+1.6\times20\times(d-0.5)=32d+144$$

$$p_k=\frac{F_k+G_k}{b}=\frac{350+2d\times20}{2}=20d+175$$

$p_k\leqslant f_a$，即：$20d+175\leqslant32d+144\Rightarrow d\geqslant2.58$ m

取 $d\geqslant2.58$ m

答案为(D) 2.60 m。

【例题 2-43】 （注岩2009D10）某稳定土坡的坡角为30°，矩形基础垂直于坡顶边缘线的底面边长 $b=2.8$ m，基础埋深 $d=3.0$ m，问基础底面外缘线至坡顶的水平距离不能小于下列哪个选项的数值？

(A)1.8 m　　　　　(B)2.5 m　　　　　(C)3.2 m　　　　　(D)4.6 m

【解】 $\beta=30°<45°$

$$a\geqslant2.5b-\frac{d}{\tan\beta}=2.5\times2.8-\frac{3.0}{\tan30°}=1.80 \text{ m}<2.5 \text{ m}$$

取 $a\geqslant2.5$ m，答案为(B)。

【例题 2-44】 （注岩2012C7）某地下车库采用筏板基础，平面尺寸 35 m×50 m，地下车库自重作用于基底的平均压力为 $p_k=70$ kPa，埋深10 m，地面以下15 m范围内土的重度为 18.0 kN/m³（回填前后相同），抗浮设计地下水位埋深1.0 m。若要满足抗浮安全系数1.05的要求，需用钢渣替换地下车库顶面一定厚度的覆土，计算钢渣的最小厚度接近下列哪个选项？

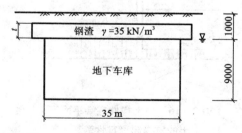

(A)0.22 m　　　　　(B)0.33 m　　　　　(C)0.38 m　　　　　(D)0.70 m

答案：(C)

【解】 依题意，有：

$$\frac{t\times35\times50\times35+70\times35\times50+(1-t)\times35\times50\times18}{35\times50\times10\times9}=1.05$$

解得 $t=0.382$ m，答案为(C)

4. 抗隆起稳定性验算

（1）锚拉式支挡结构和支撑式支挡结构，其嵌固深度应满足坑底隆起稳定性要求，抗隆起稳定性可按下列公式验算（图2-16、2-17）：

$$\frac{\gamma_{m2}l_d N_q + cN_c}{\gamma_{m1}(h+l_d)+q_0} \geqslant K_{he} \qquad (2-47a)$$

$$N_q = \tan^2(45° + \varphi/2) \cdot e^{\pi\tan\varphi} \qquad (2-47b)$$

$$N_c = (N_q - 1)/\tan\varphi \qquad (2-47c)$$

式中，K_{he}——抗隆起安全系数：安全等级为一级、二级、三级的支护结构，K_{em}分别不应小于

　　　　　1.8、1.6、1.4；

　　　γ_{m1}——基坑外挡土构件底面以上土按厚度加权的平均重度（kN/m³），对地下水位以下的砂土、碎石土、粉土取浮重度；

　　　γ_{m2}——基坑内挡土构件底面以上土按厚度加权的平均重度（kN/m³），对地下水位以下的砂土、碎石土、粉土取浮重度；

　　　l_d——挡土构件的嵌固深度（m）；

　　　h——基坑深度（m）；

　　　q_0——地面均布荷载（kPa）；

　　　N_c，N_q——承载力系数；

　　　c，φ——挡土构件底面以下土的黏聚力（kPa）、内摩擦角（°）。

当挡土构件底面以下有软弱下卧层时，挡土构件底面土的抗隆起稳定性验算的部位尚应包括软弱下卧层，公式（2-47a）中的γ_{m1}、γ_{m2}应取软弱下卧层顶面以上土的重度（图2-16），以D替代公式（2-47a）中的l_d进行计算，这里的D为基坑底面至软弱层顶面的距离。悬臂式支挡结构可不进行抗隆起稳定性验算。

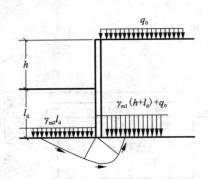

图2-16　挡土构件底端平面下
土的抗隆起稳定性验算

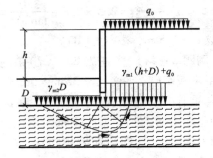

图2-17　软弱下卧层的
抗隆起稳定性验算

【注】《建筑地基基础设计规范》附录V中隆起稳定性验算为式（2-47a）的一个特例，即当支护桩底为软弱土（$\varphi = 0$）时，取$N_c = 5.14$，$N_q = 1$，此时

$$K_D = \frac{\gamma t + cN_c}{\gamma(h+t)+q_0}$$

【例题2-45】　某三级基坑深6 m，地下水位与基坑底齐平，坑侧地面作用有20 kPa的

附加荷载，土层为砂土，土层参数为：$\gamma = 18$ kN/m³，$c = 0$，$\varphi = 30°$。按《建筑基坑支护技术规程》，为满足基坑底抗隆起稳定性要求，支护结构的最小嵌固深度 l_d 最接近下列哪个选项？

(A)1.15 m   (B)1.25 m   (C)1.35 m   (D)1.45 m

【解】 $\gamma_{m1} = \dfrac{18 \times 6 + 8l_d}{6 + l_d} = \dfrac{108 + 8l_d}{6 + l_d}$，$\gamma_{m2} = 8$ kN/m³

$N_q = \tan^2(45° + \varphi/2) \cdot e^{\pi\tan\varphi} = \tan^2(45° + 30°/2) \cdot e^{\pi\tan30°} = 18.40$

$N_c = (N_q - 1)/\tan\varphi = (18.4 - 1)/\tan30° = 30.14$

三级：$\dfrac{\gamma_{m2} l_d N_q + c N_c}{\gamma_{m1}(h + l_d) + q_0} \geqslant K_{he} = 1.4$

即：$\dfrac{8l_d \times 18.4 + 0}{\left(\dfrac{108 + 8l_d}{6 + l_d}\right)(6 + l_d) + 20} = \dfrac{147.2 l_d}{128 + 8l_d} \geqslant 1.4$

解之得：$l_d = 1.32$ m

答案为(C)1.35 m。

【例题 2-46】 某三级基坑深 6 m，地下水位与基坑底齐平，坑侧地面作用有 20 kPa 的附加荷载，支护结构的嵌固深度 $l_d = 3.6$ m。土层为黏性土，土层参数为：$\gamma = 18$ kN/m³，$c = 15$ kPa，$\varphi = 24°$；支护结构底面 2 m 以下为软弱土，土层参数为：$\gamma = 18$ kN/m³，$c = 5$ kPa，$\varphi = 20°$。试按《建筑基坑支护技术规程》验算基坑底抗隆起稳定性。

【解】 (1)验算支护结构底面黏性土层：

$\gamma_{m1} = \gamma_{m2} = 18$ kN/m³

$N_q = \tan^2(45° + \varphi/2) \cdot e^{\pi\tan\varphi} = \tan^2(45° + 24°/2) \cdot e^{\pi\tan24°} = 9.60$

$N_c = (N_q - 1)/\tan\varphi = (9.6 - 1)/\tan24° = 19.32$

$\dfrac{\gamma_{m2} l_d N_q + c N_c}{\gamma_{m1}(h + l_d) + q_0} = \dfrac{18 \times 3.6 \times 9.6 + 15 \times 19.32}{18(6 + 3.6) + 20} = 4.73 \geqslant K_{he} = 1.4$，满足要求

(2)验算软弱下卧层：

$\gamma_{m1} = \gamma_{m2} = 18$ kN/m³

$N_q = \tan^2(45° + \varphi/2) \cdot e^{\pi\tan\varphi} = \tan^2(45° + 20°/2) \cdot e^{\pi\tan20°} = 6.40$

$N_c = (N_q - 1)/\tan\varphi = (6.4 - 1)/\tan20° = 14.83$

$\dfrac{\gamma_{m2} D N_q + c N_c}{\gamma_{m1}(h + D) + q_0} = \dfrac{18 \times (3.6 + 2) \times 6.4 + 5 \times 14.83}{18(6 + 3.6 + 2) + 20} = 3.14 \geqslant K_{he} = 1.4$，满足要求。

【例题 2-47】 【2011C22】如图所示，在饱和软黏土地基中开挖条形基坑。采用 8 m 长的板桩支护，地下水位已降至板桩底部，坑边无地面荷载，地基土重度 $\gamma = 18$ kN/m³，通过十字板现场测度得地基土的抗剪强度为 30 kPa。按《建筑地基基础设计规范》，为满足基坑底抗隆起稳定性要求，此基坑的最大开挖深度不能超过下列哪一选项？

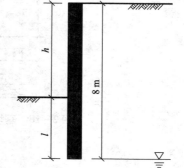

(A)1.2 m   (B)3.3 m

(C)6.1 m   (D)8.5 m

【解】 $\gamma = 19 \text{ kN/m}^3$，$N_q = 1.0$，$N_c = 5.14$

$$K_D = \frac{\gamma t + cN_c}{\gamma(h+t) + q_0} = \frac{19 \times (8-h) + 30 \times 5.14}{19 \times 8 + 0} = 1.60, \quad h = 3.3 \text{ m}$$

答案为(B)3.3 m。

(2)基坑底面下有软土层的土钉墙结构应进行坑底隆起稳定性验算，验算可采用下列公式(图2-18)：

$$\frac{\gamma_{m2}DN_q + cN_c}{(q_1b_1 + q_2b_2)/(b_1+b_2)} \geqslant K_{he} \tag{2-48a}$$

$$N_q = \tan^2(45° + \varphi/2) \cdot e^{\pi\tan\varphi} \tag{2-48b}$$

$$N_c = (N_q - 1)/\tan\varphi \tag{2-48c}$$

$$q_1 = 0.5\gamma_{m1}h + \gamma_{m2}D \tag{2-48d}$$

$$q_2 = \gamma_{m1}h + \gamma_{m2}D + q_0 \tag{2-48e}$$

式中，K_{he}——抗隆起安全系数：安全等级为二级、三级的支护结构，K_{em}分别不应小于1.6、
        1.4；

    γ_{m1}——基坑底面以上土的重度(kN/m^3)，对多层土取各层土按厚度加权的平均重度；

    γ_{m2}——基坑底面至抗隆起计算平面之间土层的重度(kN/m^3)，对多层土取各层土按厚
        度加权的平均重度；

    D——基坑底面至抗隆起计算平面之间土层的厚度(m)；当抗隆起计算平面为基坑底
        平面时，取$D = 0$；

    h——基坑深度(m)；

    q_0——地面均布荷载(kPa)；

    N_c，N_q——承载力系数；

    c，φ——挡土构件底面以下土的黏聚力(kPa)、内摩擦角(°)；

    b_1——土钉墙坡面的宽度(m)；当土钉墙坡面垂直时取$b_1 = 0$；

    b_2——地面均布荷载的计算宽度(m)，可取$b_2 = h$。

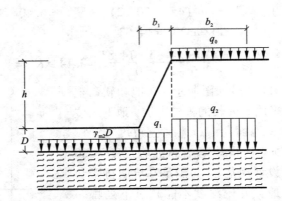

图2-18 基坑底面下有软土层的土钉墙抗隆起稳定性验算

【例题2-48】　某二级基坑采用土钉墙支护，基坑土层分布、土层参数及附加荷载等资料如图所示，试根据《建筑基坑支护技术规程》验算基坑底抗隆起稳定性。

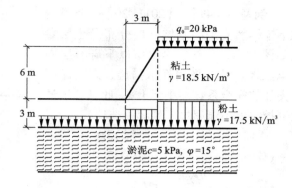

【解】　$\gamma_{m1} = 18.5$ kN/m³，$\gamma_{m2} = 17.5$ kN/m³

$$N_q = \tan^2(45° + \varphi/2) \cdot e^{\pi\tan\varphi}$$
$$= \tan^2(45° + 15°/2) \cdot e^{\pi\tan15°}$$
$$= 3.94$$

$$N_c = (N_q - 1)/\tan\varphi = (3.94 - 1)/\tan15° = 10.98$$

$$q_1 = 0.5\gamma_{m1}h + \gamma_{m2}D = 0.5 \times 18.5 \times 6 + 17.5 \times 3 = 108.0 \text{ kPa}$$

$$q_2 = \gamma_{m1}h + \gamma_{m2}D + q_0 = 18.5 \times 6 + 17.5 \times 3 + 20 = 183.5 \text{ kPa}$$

$$b_1 = 3 \text{ m}, \quad b_2 = h = 6 \text{ m}$$

$$\frac{\gamma_{m2}DN_q + cN_c}{(q_1b_1 + q_2b_2)/(b_1 + b_2)} = \frac{17.5 \times 3 \times 3.94 + 5 \times 10.98}{(108 \times 3 + 183.5 \times 6)/(3 + 6)} = 1.65 \geq 1.6，满足要求。$$

5. 渗透稳定性计算——《建筑基坑支护技术规程》（JGJ120—2012）附录C

C.0.1　坑底以下有水头高于坑底的承压水含水层，且未用截水帷幕隔断其基坑内外的水力联系时，承压水作用下的坑底突涌稳定性应符合下式规定（图C.0.1）

$$\frac{D\gamma}{(\Delta h + D)\gamma_w} = \frac{D\gamma}{h_w\gamma_w} \geq K_{ty} \qquad (\text{C.0.1})$$

式中，K_{ty}——突涌稳定性安全系数，K_{ty}不应小于1.1；

$\quad \gamma_w$——水的重度（kN/m³）；

$\quad \gamma$——承压含水层顶面至坑底土层的天然重度（kN/m³），对成层土，取按土层厚度加权的平均天然重度；

$\quad D$——承压含水层顶面至基坑底的土层厚度（m）；

$\quad \Delta h$——基坑内外的水头差（m）。

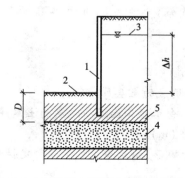

图C.0.1　坑底土体的突涌稳定性验算

1—截水帷幕；2—基坑底；3—承压水测管水位；4—承压水含水层；5—隔水层

【例题 2-49】 **【2011D20】** 一个采用地下连续墙支护的基坑土层分布及土层参数如图所示，在黏土隔水层以下砾石层中有承压水。没有采用降水措施，为了保证抗突涌的安全系数不小于 1.1，此基坑的最大开挖深度不能超过下列哪一选项？

(A)2.2 m　　　　(B)5.6 m

(C)6.6 m　　　　(D)7.0 m

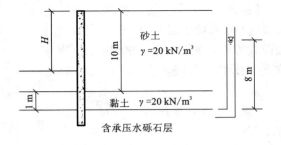

【解】 $\dfrac{D\gamma}{(\Delta h + D)\gamma_w} \geqslant K_{ty}$

即：$\dfrac{(10 + 1 - H) \times 20}{8 \times 10} \geqslant 1.1$，$H \leqslant 6.6$ m

答案为(C)6.6 m。

【例题 2-50】 **【2008C23】** 某基坑土层分布如图所示，黏土隔水层：$\gamma = 19$ kN/m³，$c = 20$ kPa，$\varphi = 12°$；砂层中承压水水头高度为 9 m。为了保证抗突涌的安全系数不小于 1.2，场地承压水最小降深最接近下列哪个选项？

(A)1.4 m　　　　(B)2.1 m

(C)2.7 m　　　　(D)4.0 m

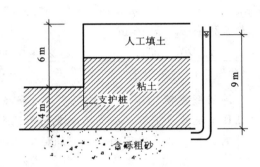

【解】 $\dfrac{D\gamma}{(\Delta h + D)\gamma_w} \geqslant K_{ty}$

即：$\dfrac{4 \times 19}{(9 - \Delta h) \times 10} \geqslant 1.2$，$\Delta h \geqslant 2.67$ m

答案为(C)2.7 m。

C.0.2　悬挂式截水帷幕底端位于碎石土、砂土或粉土含水层时，对均质含水层，地下水渗流的流土稳定性应符合下式规定（图 C.0.1）：

$$\frac{(2l_d + 0.8D_1)\gamma'}{\Delta h \cdot \gamma_w} \geqslant K_{se} \tag{C.0.2}$$

式中，K_{se}——流土稳定性安全系数；安全等级为一、二、三级的支护结构，K_{se} 分别不应小于
　　　　1.6、1.5、1.4；

γ_w——水的重度(kN/m³)；

γ'——土的浮重度(kN/m³)；

l_d——截水帷幕底面至基坑底的土层厚度(m)；

D_1——潜水水面或承压水含水层顶面至基坑底的土层厚度(m)；

Δh——基坑内外的水头差(m)。

【注】 《建筑地基基础设计规范》附录 W，抗突涌稳定性和抗渗流稳定性验算方法同上。

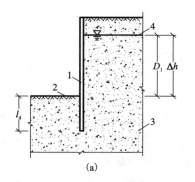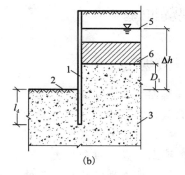

图 C.0.1　采用悬挂式帷幕截水时的流土稳定性验算

(a)潜水；(b)承压水

1—截水帷幕；2—基坑底；3—含水层；4—潜水水位；

5—承压水测管水位；6—承压水含水层顶面

【例题 2-51】　【2003D20】止水帷幕如图所示，上游土中最高水位为 0.00 m，下游地面为 -8.00 m，土的天然重度 $\gamma = 18$ kN/m³，安全系数取 2.0，则止水帷幕的合理深度 K_{se} 最接近下列哪个选项？

(A)10.0 m　　　　(B)12.0 m

(C)14.0 m　　　　(D)16.0 m

【解】　方法一：按《建筑基坑支护技术规程》(JGJ120—2012)计算

$$\frac{(2l_d + 0.8D_1)\gamma'}{\Delta h \cdot \gamma_w} \geq K_{se}，即：\frac{(2 \times (h-8) + 0.8 \times 8) \times 8}{8 \times 10} \geq 2，h \geq 14.8 \text{ m}$$

方法二：按《土力学》渗流理论计算

$$i = \frac{\Delta h}{L} \leq [i] = \frac{i_{cr}}{K}，即：\frac{8}{2h - 8} \leq \frac{(18-10)/10}{2}，h \geq 14.0 \text{ m}$$

答案为(D)16.0 m。

【例题 2-52】　某二级基坑采用板桩作为支护结构，地下水位与地面齐平，坑底用集水井进行排水，试计算板桩嵌固深度为 3.0 m 时，基坑底抗渗流稳定安全系数 K_{se} 最接近下列哪个选项？

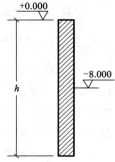

(A)1.50　　　　(B)1.75

(C)2.07　　　　(D)2.55

【解】　$K_{se} = \dfrac{(2l_d + 0.8D_1)\gamma'}{\Delta h \cdot \gamma_w} = \dfrac{(2 \times 3 + 0.8 \times 4) \times (19-10)}{4 \times 10} = 2.07$

答案为(C)2.07。

2.5 软弱地基

2.5.1 一般规定

1. 当地基压缩层主要由淤泥、淤泥质土、冲填土、杂填土或其他高压缩性土层构成时应按软弱地基进行设计。在建筑地基的局部范围内有高压缩性土层时，应按软弱土层处理。

2. 勘察时，应查明软弱土层的均匀性、组成、分布范围和土质情况；冲填土尚应查明排水固结条件；杂填土应查明堆积历史，确定自重压力下的稳定性、湿陷性等。

3. 设计时，应考虑上部结构和地基的共同作用。对建筑体型、荷载情况、结构类型和地质条件进行综合分析，确定合理的建筑措施、结构措施和地基处理方法。

4. 施工时，应注意对淤泥和淤泥质土基槽底面的保护，减少扰动。荷载差异较大的建筑物，宜先建重、高部分，后建轻、低部分。

5. 活荷载较大的构筑物或构筑物群(如料仓、油罐等)，使用初期应根据沉降情况控制加载速率，掌握加载间隔时间，或调整活荷载分布，避免过大倾斜。

2.5.2 利用与处理

1. 利用软弱土层作为持力层时，应符合下列规定：

1) 淤泥和淤泥质土，宜利用其上覆较好土层作为持力层，当上覆土层较薄，应采取避免施工时对淤泥和淤泥质土扰动的措施；

2) 冲填土、建筑垃圾和性能稳定的工业废料，当均匀性和密实度较好时，可利用作为轻型建筑物地基的持力层。

2. 局部软弱土层以及暗塘、暗沟等，可采用基础梁、换土、桩基或其他方法处理。

3. 当地基承载力或变形不能满足设计要求时，地基处理可选用机械压实、堆载预压、真空预压、换填垫层或复合地基等方法。处理后的地基承载力应通过试验确定。

4. 机械压实包括重锤夯实、强夯、振动压实等方法，可用于处理由建筑垃圾或工业废料组成的杂填土地基，处理有效深度应通过试验确定。

5. 堆载预压可用于处理较厚淤泥和淤泥质土地基。预压荷载宜大于设计荷载，预压时间应根据建筑物的要求以及地基固结情况决定，并应考虑堆载大小和速率对堆载效果和周围建筑物的影响。采用塑料排水带或砂井进行堆载预压和真空预压时，应在塑料排水带或砂井顶部做排水砂垫层。

6. 换填垫层(包括加筋垫层)可用于软弱地基的浅层处理。垫层材料可采用中砂、粗砂、砾砂、角(圆)砾、碎(卵)石、矿渣、灰土、黏性土以及其他性能稳定、无腐蚀性的材料。加筋材料可采用高强度、低徐变、耐久性好的土工合成材料。

7. 复合地基设计应满足建筑物承载力和变形要求。当地基土为欠固结土、膨胀土、湿陷性黄土、可液化土等特殊性土时，设计采用的增强体和施工工艺应满足处理后地基土和增强体共同承担荷载的技术要求。

8. 复合地基承载力特征值应通过现场复合地基载荷试验确定；或采用增强体载荷试验结果和其周边土的承载力特征值结合经验确定。

桩体强度较高的增强体,可以将荷载传递到桩端土层。当桩较长时,由于单桩复合地基载荷试验的荷载板宽度较小,不能全面反映复合地基的承载特性。因此单纯采用单桩复合地基载荷试验的结果确定复合地基承载力特征值,可能由于试验的载荷板面积或由于褥垫层厚度对复合地基载荷试验结果产生影响。因此对复合地基承载力特征值的试验方法,当采用设计褥垫厚度进行试验时,对于独立基础或条形基础宜采用与基础宽度相等的载荷板进行试验,当基础宽度较大、试验有困难而采用较小宽度载荷板试验时,应考虑褥垫层厚度对试验结果的影响。必要时应通过多桩复合地基载荷试验确定。有地区经验时也可采用单桩载荷试验结果和其周边土的承载力特征值结合经验确定。

9. 复合地基基础底面的压力应同时满足轴心荷载和偏心荷载作用的要求。

10. 复合地基的最终变形量可按式(2-49)计算:

$$s = \psi_{sp} s' \tag{2-49}$$

式中,s——复合地基最终变形量(mm);

ψ_{sp}——复合地基沉降计算经验系数,根据地区沉降观测资料经验确定,无地区经验时可根据变形计算深度范围内压缩模量的当量值($\overline{E_s}$)按表2-13取值;

s'——复合地基计算变形量(mm)。

复合地基的地基计算变形量可采用单向压缩分层总和法计算,加固区土层的模量取桩土复合模量。

表 2-13　复合地基沉降计算经验系数 ψ_{sp}

$\overline{E_s}$ (MPa)	4.0	7.0	15.0	20.0	35.0
ψ_{sp}	1.0	0.7	0.4	0.25	0.2

11. 变形计算深度范围内压缩模量的当量值($\overline{E_s}$),应按下式计算:

$$\overline{E_s} = \frac{\sum_{i=1}^{n} A_i + \sum_{j=1}^{m} A_j}{\sum_{i=1}^{n} \frac{A_i}{E_{spi}} + \sum_{j=1}^{m} \frac{A_j}{E_{sj}}} \tag{2-50}$$

式中,E_{spi}——第 i 层复合土层的压缩模量(MPa);

E_{sj}——加固土层以下的第 j 层土的压缩模量(MPa)。

12. 复合地基变形计算时,复合土层的压缩模量可按下列公式计算:

$$E_{spi} = \xi \cdot E_{si} \tag{2-51}$$

$$\xi = f_{spk}/f_{ak} \tag{2-52}$$

式中,E_{si}——地基加固前第 i 层土的压缩模量(MPa);

f_{spk}——复合地基承载力特征值(kPa);

f_{ak}——基础底面下天然地基承载力特征值(kPa)。

13. 增强体顶部应设褥垫层。褥垫层可采用中砂、粗砂、砾砂、碎石、卵石等散粒材料。碎石、卵石宜掺入20%~30%的砂。

2.5.3 减小不均匀沉降的建筑措施

1. 在满足使用和其他要求的前提下，建筑体形应力求简单。当建筑体形比较复杂时，宜根据其平面形状和高度差异情况，在适当部位用沉降缝将其划分成若干个刚度较好的单元；当高度差异或荷载差异较大时，可将两者隔开一定距离，当拉开距离后的两单元必须连接时，应采用能自由沉降的连接构造。

2. 当建筑物设置沉降缝时，应符合下列规定：

A. 建筑物的下列部位，宜设置沉降缝：

1）建筑平面的转折部位；

2）高度差异或荷载差异处；

3）长高比过大的砌体承重结构或钢筋混凝土框架结构的适当部位；

4）地基土的压缩性有显著差异处；

5）建筑结构或基础类型不同处；

6）分期建造房屋的交界处。

B. 沉降缝应当足够的宽度，沉降缝宽度可按表 2-14 选用。

表 2-14　房屋沉降缝宽度

房屋层数	二、三层	四、五层	五层以上
沉降缝宽度(mm)	50~80	80~120	不小于 120

3. 相邻建筑物基础间的净距，可按表 2-15 选用。

4. 相邻高耸结构或对倾斜要求严格的构筑物的外墙间隔距离，应根据倾斜允许值计算确定。

5. 建筑物各组成部分的标高，应根据可能产生的不均匀沉降采取下列相应措施：

1）室内地坪和地下设施的标高，应根据预估沉降量予以提高。建筑物各部分（或设备之间）有联系时，可将沉降较大者标高提高。

2）建筑物与设备之间，应留有净空。当建筑物有管道穿过时，应预留孔洞，或采用柔性的管道接头等。

表 2-15　相邻建筑物基础间的净距(m)

	影响建筑的预估平均沉降量(mm)			
	70~150	160~250	260~400	400
$2.0 \leqslant \dfrac{L}{H_f} < 3.0$	2-3	3-6	6-9	9-12
$3.0 \leqslant \dfrac{L}{H_f} < 5.0$	3-6	6-9	9-12	不小于 12

注：1. 表中 L 为建筑物长度或沉降缝分隔的单元长度(m)；H_f 为自基础底面标高算起的建筑物高度(m)；

2. 当被影响建筑物的长高比为 $1.5 < \dfrac{L}{H_f} < 2.0$ 时，其间净距可适当减小。

2.5.4 减小不均匀沉降的结构措施

1. 为减少建筑物沉降和不均匀沉降,可采用下列措施:

1)选用轻型结构,减轻墙体自重,采用架空地板代替室内填土;

2)设置地下室或半地下室,采用覆土少、自重轻的基础形式;

3)调整各部分的荷载分布、基础宽度或埋置深度;

4)对不均匀沉降要求严格的建筑物,可选用较小的基底压力。

2. 对于建筑体型复杂、荷载差异较大的框架结构,可采用箱基、桩基、筏基等加强基础整体刚度,减少不均匀沉降。

3. 对于砌体承重结构的房屋,宜采用下列措施增强整体刚度和承载力:

1)对于三层和三层以上的房屋,其长高比 L/H_f 宜小于或等于2.5;当房屋的长高比为 $2.5 < L/H_f \leqslant 3.0$ 时,宜做到纵墙不转折或少转折,并应控制其内横墙间距或增强基础刚度和承载力。当房屋的预估沉降量小于或等于120 mm时,其长高比可不受限制。

2)墙体内宜设置钢筋混凝土圈梁或钢筋砖圈梁。

3)在墙体上开洞时,宜在开洞部位配筋或采用构造柱及圈梁加强。

4. 圈梁应按下列要求设置:

1)在多层房屋的基础和顶层处应各设置一道,其他各层可隔层设置,必要时也可逐层设置。单层工业厂房、仓库,可结合基础梁、连系梁、过梁等酌情设置。

2)圈梁应设置在外墙、内纵墙和主要内横墙上,并宜在平面内连成封闭系统。

练习题

【习题2−1】 (注岩2007D9)季节性冻土地区在城市市区拟建一住宅楼,地基土为黏性土,冻前地基土的天然含水量为 $\omega = 21\%$,塑限含水率为 $\omega_P = 17\%$,冻结期间地下水位埋深3 m,若标准冻深为1.6 m,该场区的设计冻深应取下列哪个选项的数值?

(A)1.22 m　　　(B)1.30 m　　　(C)1.40 m　　　(D)1.80 m

【习题2−2】 (注岩2009D9)某25万人口的城市,市区内某四层框架结构建筑物,有采暖,采用方形基础,基底平均压力为130 kPa,地面下5 m范围内的黏性土为弱冻胀土,该地区的标准冻结深度为2.2 m,问在考虑冻胀的情况下,根据《建筑地基基础设计规范》(GB50007—2011),基础的最小埋深接近下列哪个选项?

(A)0.8 m　　　(B)1.0 m　　　(C)1.2 m　　　(D)1.4 m

【习题2−3】 (注岩2009C25)某季节性冻土地基实测冻土厚度2.0 m,冻前原地面标高为186.128 m,冻后实测地面标高186.288 m。问该土层的平均冻胀率最接近下列哪个选项?

(A)7.1%　　　(B)8.0%　　　(C)8.7%　　　(D)8.5%

【习题2−4】 (注岩2004D5)某建筑物基础宽度 $b = 3.0$ m,基础埋深 $d = 1.5$ m,建于 $\varphi = 0$ 的软土层上,土层无侧限抗压强度强标准值 $q_u = 6.6$ kPa,基础底面上下软土的重度均为 $\gamma = 18$ kN/m³。按《建筑地基基础设计规范》(GB50007—2011)计算,问该土层的承载力特征值最接近下列哪个选项?

(A)10.4 kPa　　　(B)20.7 kPa　　　(C)37.4 kPa　　　(D)47.7 kPa

【习题2-5】 （注岩2007D5）某条形基础宽度 $b=2.5$ m，基础埋深 $d=2.0$ m，场区地面以下为厚度1.5 m的填土，$\gamma=17$ kN/m³。填土层以下为厚度6 m的细砂层，$\gamma=19$ kN/m³，$c_k=0$，$\varphi_k=30°$，地下水位埋深1 m。按《建筑地基基础设计规范》（GB50007—2011）计算，地基承载力特征值最接近下列哪个选项？

（A）160 kPa　　　　（B）170 kPa　　　　（C）180 kPa　　　　（D）190 kPa

【习题2-6】 （注岩2009D8）某建设场进行了三组浅层平板载荷试验，试验数据如下表：

	比例界限（kPa）	极限荷载（kPa）
1	160	300
2	165	340
3	173	330

该土层的地基承载力特征值最接近下列哪个选项？

（A）170 kPa　　　　（B）165 kPa　　　　（C）160 kPa　　　　（D）150 kPa

【习题2-7】 （注岩2012）某建设场地为岩石地基，进行了三组岩基载荷试验，试验数据如下表：

	比例界限（kN）	极限荷载（kN）
1	640	1920
2	510	1580
3	560	1440

求岩石地基承载力特征值？

（A）480 kN　　　　（B）510 kN　　　　（C）570 kN　　　　（D）823 kN

【习题2-8】 （注岩2006D11）对强风化、较破碎的砂岩（$\psi_r=0.1\sim0.2$）采取岩块进行室内饱和单轴抗压强度试验，其试验值为9 MPa、11 MPa、13 MPa、10 MPa、15 MPa和7 MPa，试按《建筑地基基础设计规范》（GB 50007—2011）确定岩石地基承载力特征值最大值最接近下列哪个选项？

（A）0.7 MPa　　　　（B）1.2 MPa　　（C）1.7 MPa　　　　（D）2.1 MPa

【习题2-9】 （注岩2005C10）某积水低洼场地进行地面排水后在天然土层上回填厚度5.0 m的压实粉土，以此时的回填面标高为准下挖2.0 m，利用压实粉土作为独立方形基础的持力层，方形基础边长4.5 m，在完成基础及地上结构施工后，在室外地面上再回填2.0 m厚的压实粉土，达到室外设计地坪标高。载荷试验得到压实填土的承载力特征值为150 kPa，其他

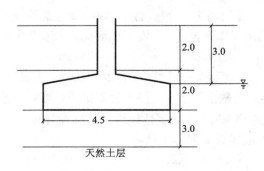

天然土层

参数见图，若基础施工完成时地下水位已恢复到室外设计地坪下 3.0 m，地下水位上下土的重度分别为 18.5 kN/m³ 和 20.5 kN/m³。问修正后的地基承载力特征值最接近下列哪个选项的数值？（承载力宽度修正系数 $\eta_b = 0$，深度修正系数 $\eta_d = 1.5$。）

（A）198 kPa   （B）193 kPa   （C）188 kPa   （D）183 kPa

【习题 2－10】 （注岩 2008C5）如图所示，某砖混住宅条形基础，地层为黏粒含量小于 10% 的均质粉土，重度 $\gamma = 19$ kN/m³，施工前用深层载荷试验实测基底标高处的地基承载力特征值为 350 kPa，已知上部结构传至基础顶面的轴心竖向荷载为 260 kN/m，基

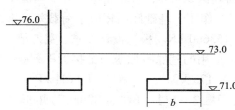

础和台阶上土的平均重度为 20 kN/m³。问需要的基础宽度最接近下列哪个选项的数值？

（A）0.84 m   （B）1.04 m   （C）1.33 m   （D）2.17 m

【习题 2－11】 （注岩 2005C6）已知条形基础宽度 $b = 3$ m，偏心距 $e = 0.7$ m，基础底面最大压力 $p_{k,\max} = 140$ kPa。问作用在基础底面的轴向压力最接近下列哪个选项？

（A）360 kN/m   （B）240 kN/m   （C）190 kN/m   （D）168 kN/m

【习题 2－12】 （注岩 2006C9）有一工业塔高 $H = 30$ m，正方形基础，边长 4.2 m，埋置深度 2.0 m，在塔自身的恒载和活荷载作用下，基础底面均匀压力为 200 kPa。在离地面高 18 m 处有一根与相邻建筑物相连的杆件，连接处为铰结支点，在相邻建筑物施加的水平力作用下，不计基础埋置深度范围内的水平土压力，为保持基底压力分布不出现负值，该水平力最大不能超过下列哪个选项？

（A）100 kN   （B）112 kN   （C）123 kN   （D）136 kN

【习题 2－13】 （注岩 2006C6）条形基础宽度 3.6 m，合力偏心距 0.8 m，基础自重和基础上的土重 100 kN/m，相应于荷载效应标准组合时上部结构传至基础顶面的竖向力值为 260 kN/m。修正后的地基承载力特征值至少要达到下列哪个选项的数值才能满足承载力验算要求？

（A）120 kPa   （B）200 kPa   （C）240 kPa   （D）288 kPa

【习题 2－14】 （注岩 2009D4）筏板基础宽度 10 m，基础埋深 5 m，地基土为厚层粉土层，地下水位在地面下 20 m 处，在基底标高上用深层平板载荷试验得到的地基承载力特征值 $f_{ak} = 200$ kPa，地基土的重度 $\gamma = 19$ kN/m³，查表可得承载力深宽修正系数为：$\eta_b = 0.3$，$\eta_d = 1.6$。问筏板基础基底平均压力为下列哪个选项的数值时刚好满足地基承载力的设计要求？

（A）345 kPa   （B）284 kPa   （C）217 kPa   （D）167 kPa

【习题 2－15】 （注岩 2005C8）某厂房柱基础建于如图所示的地基上，基础底面尺寸为 $b = 2.5$ m，$l = 5.0$ m。相应于荷载效应标准组合时基础底面平均压力 $p_k = 145$ kPa，对软弱下卧层②进行承载力验算，其结果符合下列哪一选项？

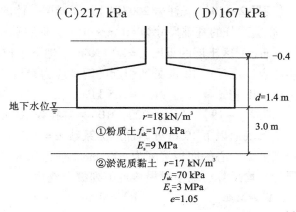

（A）$p_z + p_{cz} = 89$ kPa $> f_{az} = 81$ kPa

（B）$p_z + p_{cz} = 89$ kPa $< f_{az} = 114$ kPa

（C）$p_z + p_{cz} = 112$ kPa $> f_{az} = 92$ kPa

（D）$p_z + p_{cz} = 112$ kPa $< f_{az} = 114$ kPa

【习题 2－16】 （注岩 2003D5）某建筑物基础尺寸为 16 m×32 m，从天然地面算起的基础底面埋深 3.4 m，地下水稳定水位埋深 1.0 m，基础底面以上土层的平均天然重度 $\gamma = 19$ kN/m³。作用于基础底面相应于荷载效应准永久组合和标准组合的竖向荷载值分别为 122880 kN 和 153600 kN。根据设计要求，室外地坪将在上部结构施工完成后普遍提高 1 m。问计算地基变形用的基底附加压力最接近下列哪个选项？

（A）175 kPa　　　　（B）184 kPa　　　　（C）199 kPa　　　　（D）210 kPa

【习题 2－17】 （注岩 2003C7）矩形基础的底面尺寸 2 m×2 m，基底附加压力 $p_0 = 185$ kPa，基础埋深 2 m。地质资料如图所示，地基承载力特征值 $f_{ak} = 185$ kPa，通过查表计算得到的有关数据见附表，按照《建筑地基基础设计规范》，地基变形计算深度 $z_n = 4.5$ m 范围内地基最终变形量最接近下列哪个选项？

（A）110 mm

（B）104 mm

（C）85 mm

（D）94 mm

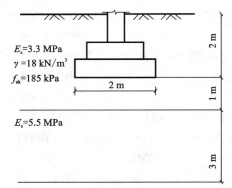

z_i （m）	$\dfrac{z_i \overline{\alpha_i} -}{z_{i-1} \overline{\alpha_{i-1}}}$	E_s MPa	$\Delta s_i'$ mm	$\sum \Delta s_i'$ mm
0				
1.00	0.225	3.3	50.5	50.5
4.00	0.219	5.5	29.5	80.0
4.50	0.015	7.8	1.4	81.4

【习题 2－18】 （注岩 2007D8）某高低层一体的办公楼，采用整体式筏形基础，基础埋深 7 m，高层部分的基础尺寸为 40 m×40 m，基底总压力 $p = 430$ kPa，多层部分的基础尺寸 40 m×16 m，场区土层的重度 $\gamma = 20$ kN/m³，地下水位埋深 3 m。高层部分的荷载在多层建筑基底中心点以下深度 12 m 处所引起的附加应力最接近下列哪个选项？

（A）48 kPa　　　　（B）65 kPa　　　　（C）80 kPa　　　　（D）95 kPa

【习题 2－19】 （注岩 2004D10）某直径为 10 m 的油罐基底附加压力为 100 kPa，油罐轴线上油罐底面以下 10 m 处附加压力系数 $\alpha = 0.285$（设附加应力系数沿深度为直线分布），观测得到油罐中心的底板沉降为 200 mm，深度 10 m 处的深层沉降为 40 mm，试求 10 m 范围内土层的平均反算压缩模量最接近下列哪个选项？

（A）2 MPa　　　　（B）3 MPa　　　　（C）4 MPa　　　　（D）5 MPa

【习题 2–20】（注岩 2009C7）某建筑筏形基础，基础宽度 15 m，基础埋深基 10 m，基底压力 400 kPa，基础下地基土的性质和平均附加应力系数见下表，问地基压缩层范围内压缩模量的当量值最最接近下列哪个选项的数值？

土名	层底埋深（m）	E_{si}（MPa）	$\overline{\alpha_i}$	$z_i\overline{\alpha_i}$	$z_i\alpha_i - z_{i-1}\alpha_{i-1}$
粉质黏土	10.0	12.0			
粉土	20.0	15.0	0.8974		
粉土	30.0	20.0	0.7281		
基岩					

（A）15.0 MPa （B）16.6 MPa （C）17.5 MPa （D）20.0 MPa

【习题 2–21】（注岩 2002C9）某建筑物采用独立基础，基础平面尺寸 4 m×6 m，基础埋深 $d = 1.5$ m。拟建场地地下水位距地表 1 m，地基土层分布其主要物理力学指标如下表

假设作用于基础底面处的有效附加压力 $p_0 = 80$ kPa，第④层土为超固结土，可作为不可压缩层考虑，沉降计算经验系数 $\psi_s = 1.0$。独立基础的最终沉降量最接近下列哪个选项的数值？

（A）$s = 58$ mm （B）$s = 84$ mm （C）$s = 110$ mm （D）$s = 118$ mm

层序	土名	层底（m）	含水量%	天然重度（kN/m³）	孔隙比 e	液性指数 I_L	压缩模量（MPa）
①	填土	1.0		18.0			
②	粉质黏土	3.5	30.5	18.7	0.82	0.70	7.5
③	淤泥质黏土	7.9	48.0	17.0	1.36	1.20	2.4
④	黏土	15.0	22.5	19.7	0.68	0.35	9.9

【习题 2–22】（注岩 2004C10）相邻两座 A，B 楼，由于建 B 楼对 A 楼产生附加沉降，如图所示，A 楼的附加沉降量最接近下列哪个选项？

（A）0.9 cm （B）1.2 cm （C）2.4 cm （D）3.2 cm

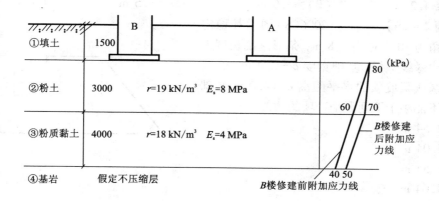

【习题 2 – 23】 （注岩 2007C8）在条形基础持力层以下有厚度 2 m 的正常固结黏土层，已知该黏土层中部的自重应力为 50 kPa，附加应力为 100 kPa，在该黏性土层中取土做固结试验的数据见表。问该黏土层在附加压力作用下的压缩变形量最接近下列哪个选项？

p(kPa)	0	50	100	200	300
e	1.04	1.00	0.97	0.93	0.90

(A)35 mm   (B)40 mm   (C)45 mm   (D)50 mm

【习题 2 – 24】 （注岩 2006C26）某市地处冲积平原上，当前地下水位埋深在地面下 5.0 m，地下水位逐年下降，年下降率为 1 m，主要地层有关参数的平均值如表所示。第③层以下为不透水的岩层，不考虑第③层以下地层可能产生的微量变形，问 15 年后该市地面总沉降预计将接近下列哪一选项？

(A)61.3 cm   (B)46.9 cm   (C)32.0 cm   (D)29.1 cm

层序	土名	层底(m)	层厚(m)	压缩模量(MPa)
①	粉质黏土	8.0	8.0	5.2
②	粉土	15.0	7.0	6.7
③	细砂	33.0	18.0	12.0

【习题 2 – 25】 （注岩 2005C11）图示某稳定土坡的坡角为 30°，坡高 3.5 m，拟在坡顶建一幢办公楼，采用墙下钢筋混凝土条形基础，上部结构传至基础顶面的竖向力 $F_k = 300$ kN/m，基础埋深 1.8 m。地基土为粉土，黏粒含量 $\rho_c = 11.5\%$，重度 $\gamma = 20$ kN/m³，承载力特征值 150 kPa，场区无地下水。为保证地基基础的稳定性，基础底面外缘线至坡顶的最小水平距离 a 应为下列哪个选项？

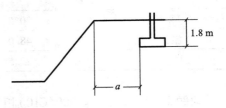

(A)≥4.2 m   (B)≥3.9 m   (C)≥3.5 m   (D)≥3.3 m

【习题 2 – 26】 （注岩 2006C8）图示某稳定土坡的坡角为 30°，坡高 7.8 m，条形基础长度方向与坡顶边缘线平行，基础宽度 $b = 2.4$ m，若基础底面外缘线至坡顶的水平距离 $a = 4.0$ m 基础埋深最小不能小于下列哪个选项的数值？

(A)2.54 m

(B)3.04 m

(C)3.54 m

(D)4.04 m

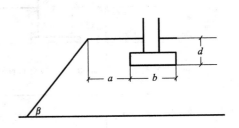

【习题 2－27】 （注岩 2009C5）箱涵的外部尺寸为宽 6 m，高 8 m，四周壁厚均为 0.4 m，抗浮设计地下水位埋深 1 m，混凝土重度 $\gamma = 25$ kN/m^3，地基土及填土的重度均为 $\gamma = 18$ kN/m^3。若要满足抗浮安全系数 1.05 的要求，地面以上履土的最小厚度最接近下列哪个选项的数值？

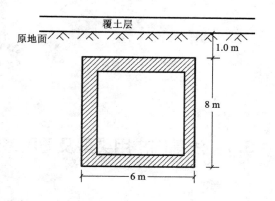

（A）1.2 m

（B）1.4 m

（C）1.6 m

（D）1.8 m

【习题 2－28】（注岩 2013C8）如图所示钢筋混凝土地下构筑物，结构物、基础底板及上覆土体的自重传至基底的压力值为 70 kN/M^2，现拟通过向下加厚结构物基础底板厚度的方法增加其抗浮稳定性及减小底板内力。忽略结构物周围土体约束对抗浮的有利作用，按照《建筑地基基础设计规范》（GB50007—2011），筏板厚度增加量最接近下列哪个选项？（混凝土重度取 25 kN/m^3）

（A）0.25 m

（B）0.4 m

（C）0.55 m

（D）0.7 m

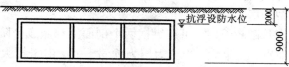

3 浅基础

3.1 浅基础常用类型及适用条件

1. 扩展基础

上部结构通过墙、柱等承重构件传递的荷载，在其底部横截面上造成的压强要远大于地基的承载力。这就要求在墙、柱之下设置水平截面向下扩大的基础——扩展基础，以便从墙或柱传递的荷载扩散分布于扩大后的基础底面，使之满足地基承载力和变形要求。

1）无筋扩展基础：由砖、毛石、混凝土或毛石混凝土、灰土和三合土等材料组成的，且不需要配置钢筋的墙下条形基础或柱下独立基础（刚性基础）。

特点：抗压强度高，稳定性好，施工简便，能承受较大的轴心荷载，适应于多层民用建筑和轻型厂房。

当基础较厚时，可在纵横两个剖面上都做成台阶形，以节省材料减小自重。

缺点：自重大，当持力层为软弱土时，由于扩大基础面积有一定限制，需要对地基进行处理或加固后才能采用。所以对于荷载大或上部结构对差异沉降较敏感的结构物，当持力层土质较差又较厚时，不适合用无筋扩展基础。

无筋扩展基础的材料抗压强度高，抗拉、抗剪强度低。设计时必须保证发生在基础内的拉应力和剪应力不超过相应的材料强度值，这种保证是通过对基础构造的限制来实现的。

若在基底反力作用下，拉应力和剪应力超过了材料强度值，则需要配筋——扩展基础。

2）扩展基础：系指柱下钢筋混凝土独立基础和墙下钢筋混凝土条形基础（柔性基础）。

主要用于竖向荷载较大、地基承载力不高以及承受水平力和力矩等情况。基础高度不受台阶宽高比的限制，故适宜于"宽基浅埋"场合下采用。

2. 独立基础

是配置于整个结构物之下的无筋或配筋的单个基础。

3. 联合基础

当为了满足地基强度要求，必须扩大基础底面尺寸，而扩大的结果是与相邻的单个基础在平面上相接甚至重叠时，可将它们连在一起成为联合基础。

3.2 无筋扩展基础

优点：稳定性好、施工简便、能承受较大的荷载。

缺点：自重大，并且当持力层为软弱土时，由于扩大基础面积有一定限制，需要对地基进行处理或加固后才能采用，否则会因所受的荷载压力超过地基强度而影响结构物的正常使用。

适用条件：基底压力小或地基土承载力较高、6 层和 6 层以下的一般民用建筑和砖承重的轻型厂房。对于荷载大或上部结构对沉降差较敏感的结构物，当持力层的土质较差又较厚时，则不适宜。

常用材料：

①混凝土 抗压强度高、耐久性好，任意形状，强度等级不低于 C15。对于大体积混凝土基础，为了节约水泥用量，可掺入不多于砌体体积 25% 的片石(称片石混凝土)但片石的强度等级不应低于 Mu25，也不应低于混凝土强度等级。

②粗料石 石料外形大致方整，厚度约 20~30 cm，宽度和长度分别为厚度 1.0~1.5 和 2.5~4.0 倍，石料强度等级不应小于 Mu25，砌筑时应错缝，一般采用 M5 水泥砂浆。

③片石 小桥涵基础，厚度不小于 15 cm，片石强度等级不小于 Mu25，采用 M5 或 M2.5 砂浆。

1. 无筋扩展基础(图 3 – 1)高度

应满足下式的要求：

$$H_0 \geq \frac{b - b_0}{2\tan\alpha} \qquad (3-1)$$

式中，b——基础底面宽度(m)；

b_0——基础顶面的墙体宽度或柱脚宽度(m)；

H_0——基础高度(m)；

$\tan\alpha$——基础台阶宽高比 $b_2 : H_0$，其允许值可以按表 3 – 1 选用；

b_2——基础台阶宽度(m)。

表 3 – 1 无筋扩展基础台阶宽高比的允许值

基础材料	质量要求	台阶宽高比的允许值		
		$p_k \leq 100$	$100 < p_k \leq 200$	$200 < p_k \leq 300$
混凝土基础	C15 混凝土	1:1.00	1:1.00	1:1.25
毛石混凝土基础	C15 混凝土	1:1.00	1:1.25	1:1.50
砖基础	砖不低于 MU10、砂浆不低于 M5	1:1.50	1:1.50	1:1.50
毛石基础	砂浆不低于 M5	1:1.25	1:1.50	—
灰土基础	体积比为 3:7 或 2:8 的灰土，其最小干密度：粉土：1550 kg/m³ 粉质黏土：1500 kg/m³ 黏土：1450 kg/m³	1:1.25	1:1.50	—
三合土地基	体积比 1:2:4~1:3:6(石灰:砂:骨料)，每层约虚铺 220 mm，夯至 150 mm	1:1.50	1:2.00	—

注：①p_k 为作用的标准组合时基础底面处的平均压力值(kPa)；

②阶梯形毛石基础的每阶伸出宽度，不宜大于 200 mm；

③当基础由不同材料叠合组成时，应对接触部分作抗压验算；

④混凝土基础单侧扩展范围内基础底面处的平均压力值超过 300 kPa 时，尚应进行抗剪验算；对基底反力集中于立柱附近的岩石地基，应进行局部受压承载力验算。

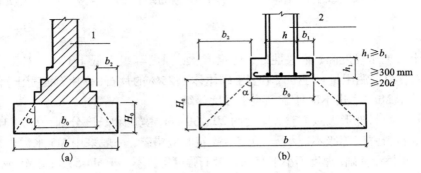

图 3 − 1　无筋扩展基础构造示意

1—承重墙；2—钢筋混凝土柱

采用无筋扩展基础的钢筋混凝土柱，其柱脚高度 h_1 不得小于 b_1，并不应小于 300 mm 且不小于 $20d$（d 为柱中的纵向受力钢筋的最大直径）。当柱纵向钢筋在柱脚内的竖向锚固长度不满足锚固要求时，可沿水平方向弯折，弯折后的水平锚固长度不应小于 $10d$ 也不应大于 $20d$。

当基础单侧扩展范围内基础底面处的平均压力值超过 300 kPa 时，应按下式验算墙（柱）边缘或变阶处的受剪承载力：

$$V_s \leq 0.366 f_t A \tag{3 − 2}$$

式中，V_s——相应于作用的基本组合时的地基土平均净反力产生的沿墙（柱）边缘或变阶处的剪力设计值（kN）；

A——沿墙（柱）边缘或变阶处基础的垂直截面面积（m^2）。

上式是根据材料力学、素混凝土抗拉强度设计值以及基底反力为直线分布的条件下确定的，适用于除岩石以外的地基。

对于基底反力集中于立柱附近的岩石地基，基础的抗剪验算条件应根据各地区具体情况确定。对于岩石地基，由于试验数据少，且我国岩石类别多，目前尚不能提供有关此类基础的受剪承载力计算公式，因此有关岩石地基上无筋扩展基础的台阶宽高比应结合各地区经验确定。根据已掌握的岩石地基上的无筋扩展基础试验中出现沿柱周边直剪和劈裂破坏现象，提出设计时应对柱下混凝土基础进行局部受压承载力验算，避免柱下素混凝土基础可能因横向拉应力达到混凝土的抗拉强度后引起基础周边混凝土发生竖向劈裂破坏和压陷。

2. 验算截面为阶形时其截面折算宽度计算

①阶梯形：计算变阶处截面（A_1—A_1，B_1—B_1）的斜截面受剪承载力时，其截面有效高度均为 h_{10}，截面计算宽度分别为 b_{y1} 和 b_{x1}。计算柱边截面（A_2—A_2，B_2—B_2）的斜截面受剪承载力时，其截面有效高度均为 $h_{10} + h_{20}$，截面计算宽度分别为：

对 A_2—A_2
$$b_{y0} = \frac{b_{y1} \cdot h_{01} + b_{y2} \cdot h_{02}}{h_{01} + h_{02}} \tag{3 − 3a}$$

对 B_2—B_2
$$b_{x0} = \frac{b_{x1} \cdot h_{01} + b_{x2} \cdot h_{02}}{h_{01} + h_{02}} \tag{3 − 3b}$$

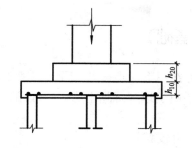 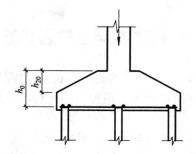

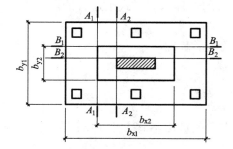 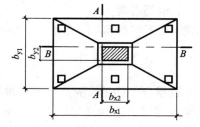

图 3 - 2　阶梯形承台斜截面受剪计算　　　　图 3 - 3　锥形承台斜截面受剪计算

②锥形：对于锥形承台应对变阶处及柱边处(A—A 及 B—B)两个截面进行受剪承载力计算，截面有效高度均为 h_0，截面的计算宽度分别为：

对 A—A

$$b_{y0} = \left[1 - 0.5\frac{h_{20}}{h_0}\left(1 - \frac{b_{y2}}{b_{y1}}\right)\right]b_{y1} \tag{3-4a}$$

对 B—B

$$b_{x0} = \left[1 - 0.5\frac{h_{20}}{h_0}\left(1 - \frac{b_{x2}}{b_{x1}}\right)\right]b_{x1} \tag{3-4b}$$

【例题 3 - 1】　（注岩 2010C6）某毛石基础如右图所示，在作用效应标准组合下基础底面处的平均压力值为 110 kPa，基础中砂浆强度等级为 M5。根据《建筑地基基础设计规范》GB50007—2011 计算，基础高度 H_0 至少应取下列哪个选项的数值？（图中 $b_0 = 1.5$ m，$b = 2.5$ m）

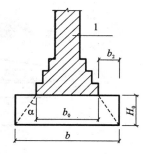

（A）0.50 m　　　　（B）0.75 m

（C）1.00 m　　　　（D）1.50 m

【解】查表 3 - 1，$\tan\alpha = \dfrac{1}{1.5}$

$$H_0 \geqslant \frac{b - b_0}{2\tan\alpha} = \frac{2.5 - 1.5}{2\times\dfrac{1}{1.5}} = 0.75 \text{ m}$$

答案为（B）0.75 m。

3.3 钢筋混凝土扩展式基础(柔性基础)

优点:它整体性能较好,抗弯刚度较大。在外力作用下只产生均匀沉降或整体倾斜,这样对上部结构产生的附加应力比较小,基本上消除了由于地基沉降不均匀引起结构物损坏的影响。

缺点:钢筋和水泥的用量较大,施工技术的要求也较高。

适用条件:土质较差的地基上修建高层建筑时,采用这种基础形式是适宜的。

材料:钢筋混凝土

形式:柱下扩展基础、条形、十字形基础、筏板及箱形基础。

3.3.1 扩展基础

1. 扩展基础的构造,应符合下列规定:

1)锥形基础的边缘高度不小于200 mm,且两个方向的坡度不宜大于1:3;阶梯形基础的每阶高度,宜为300~500 mm。

2)垫层的厚度不宜小于70 mm,垫层混凝土强度等级不宜低于C10。

3)扩展基础受力钢筋最小配筋率不应小于0.15%,底板受力钢筋的最小直径不应小于10 mm,间距不应大于200 mm,也不应小于100 mm。墙下钢筋混凝土条形基础纵向分布钢筋的直径不应小于8 mm;间距不应大于300 mm;每延米分布钢筋的面积不应小于受力钢筋面积的15%。当有垫层时钢筋保护层的厚度不应小于40 mm,无垫层时不应小于70 mm。

4)混凝土强度等级不应低于C20。

5)当柱下钢筋混凝土独立基础的边长和墙下钢筋混凝土条形基础的宽度大于或等于2.5 m时,底板受力钢筋的长度可取边长或者宽度的0.9倍,并宜交错布置(图3-4)。

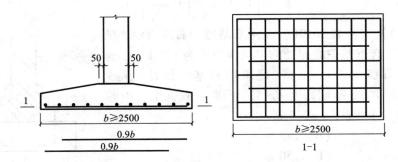

图3-4 柱下独立基础底板受力钢筋布置

6)钢筋混凝土条形基础底板在T形及十字形交接处,底板横向受力钢筋仅沿一个主要受力方向通长布置,另一方向的横向受力钢筋可布置到主要受力方向底板宽度1/4处(图3-5)。在拐角处底板横向受力钢筋应沿两个方向布置(图3-5)。

2. 钢筋混凝土柱和剪力墙纵向受力钢筋在基础内的锚固长度应符合下列规定:

1)钢筋混凝土柱和剪力墙纵向受力钢筋在基础内的锚固长度(l_a)应根据现行国家标准

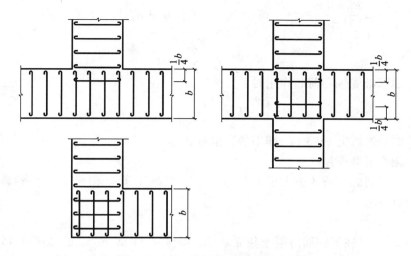

图 3-5 墙下条形基础纵横交叉处底板受力钢筋布置

《混凝土结构设计规范》GB50010 有关规定确定;

2)抗震设防烈度为 6、7、8、9 度地区的建筑工程,纵向受力钢筋的抗震锚固长度(l_{aE})应按下式计算:

一、二级抗震等级:$l_{aE} = 1.15 l_a$

三级抗震等级:$l_{aE} = 1.05 l_a$

四级抗震等级:$l_{aE} = l_a$

式中,l_a——纵向受拉钢筋的锚固长度(m)。

3)当基础高度小于 $l_a(l_{aE})$ 时,纵向受力钢筋的锚固总长度除符合上述要求外,其最小直锚段的长度不应小于 $20d$,弯折段的长度不应小于 150 mm。

3. 现浇柱的基础,其插筋的数量、直径以及钢筋种类应与柱内纵向受力钢筋相同。插筋的锚固长度应满足第 2 条的规定,插筋与柱的纵向受力钢筋的连接方法,应符合现行国家标准《混凝土结构设计规范》GB50010 的有关规定。插筋的下端宜做成直钩放在基础底板钢筋网上。当符合下列条件之一时,可仅将四角的插筋伸至底板钢筋网上,其余插筋锚固在基础顶面下 l_a 或 l_{aE} 处(图 3-6)。

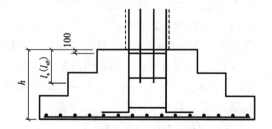

图 3-6 现浇柱的基础中插筋构造示意

1)柱为轴心受压或小偏心受压,基础高度大于或等于 1200 mm;

2)柱为大偏心受压,基础高度大于或等于 1400 mm。

4. 预制钢筋混凝土柱与杯口基础的连接,参见《建筑地基基础设计规范》(GB50007—2011)。

5. 预制钢筋混凝土柱与高杯口基础的连接,参见《建筑地基基础设计规范》(GB50007—2011)。

6. 扩展基础的基础底面积计算(在条形基础相交处,不应重复计入基础面积)。

1)柱下单独基础受轴心荷载作用时:

由 $p_k = \dfrac{F_k + G_k}{A} = \dfrac{F_k + Ad\gamma_G}{A} \leqslant f_a$，可得出基础底面积 A 的计算公式如下：

$$A \geqslant \frac{F_k}{f_a - \gamma_G d} \tag{3-5a}$$

2）墙下条形基础受轴心荷载作用时：

$$b \geqslant \frac{F_k}{f_a - \gamma_G d} \tag{3-5b}$$

在计算 f_a 时，先假定 $b \leqslant 3$ m，即不做宽度修正。

3）基础受偏心荷载作用时：

将上面计算得到的 A 或 b 扩大至 $1.1 \sim 1.4$ 倍，重新计算 p_k 和 $p_{k,\max}$，并验算：同时满足 $p_k \leqslant f_a$，$p_{k,\max} \leqslant 1.2f_a$。

【例题 3-2】 某柱下钢筋混凝土独立基础，埋深 $d = 1.2$ m，基础高度 0.45 m，基础埋深范围内土的重度 $\gamma = 18$ kN/m³，相应于荷载效应标准组合传至基础顶面轴力 $F_k = 380$ kN，$M_k = 38$ kN·m，作用于基础顶面的水平力 $H_k = 32$ kN，持力层为黏性土，$e = 0.8$，$I_L = 0.84$，$f_{ak} = 190$ kPa。试确定基础底面的尺寸。

【解】 按轴心荷载初定基础底面积：

求修正后地基承载力特征值

$f_a = f_{ak} + \eta_b \gamma (b - 3) + \eta_d \gamma_m (d - 0.5)$

$e = 0.8$，$I_L = 0.84$，e 和 I_L 均小于 0.85，查表 $2-4$，$\eta_b = 0.3$，$\eta_d = 1.6$

设 $b \leqslant 3$ m，

$f_a = f_{ak} + \eta_b \gamma (b - 3) + \eta_d \gamma_m (d - 0.5) = 190 + 1.6 \times 18 \times (1.2 - 0.5) = 210$ kPa

$A \geqslant \dfrac{F_k}{f_a - \gamma_G d} = \dfrac{380}{210 - 20 \times 1.2} = 2.04$ m²

考虑偏心荷载，A 增大 20%：

$A = 1.2 \times 2.04 = 2.45$ m²

设长宽比 $n = l/b = 2$，则 $2b^2 = 2.45$，$b = 1.11$ m，取 $b = 1.2$ m，$l = 2.4$ m

$G_k = 1.2 \times 2.4 \times 1.2 \times 20 = 69.12$ kN

$f_a = f_{ak} + \eta_b \gamma (b - 3) + \eta_d \gamma_m (d - 0.5) = 190 + 1.6 \times 18 \times (1.2 - 0.5) = 210$ kPa

验算地基承载力

$p_k = \dfrac{F_k + G_k}{A} = \dfrac{380 + 69.12}{1.2 \times 2.4} = 155.9$ kPa $\leqslant f_a = 210$ kPa，满足。

偏心距 $e = \dfrac{M_k}{F_k + G_k} = \dfrac{38 + 32 \times 0.45}{380 + 69.12} = \dfrac{52.4}{449.12} = 0.117$ m $< \dfrac{1}{6}b = \dfrac{1}{6} \times 2.4 = 0.4$ m

$p_{kmax} = p_k \left(1 + \dfrac{6e}{b}\right) = 155.9 \times \left(1 + \dfrac{6 \times 0.117}{2.4}\right) = 201.5$ kPa

$p_{kmax} = 201.5$ kPa $\leqslant 1.2f_a = 1.2 \times 210 = 252$ kPa，满足。

【例题 3-3】（注岩 2012C7）多层建筑物、条形基础，基础宽度 1.0 m，埋深 2.0 m。拟增层改造，荷载增加后，相应于荷载效应标准组合时，上部结构传至基础顶面的竖向力为 160 kN/m，采用加深、加宽基础方式托换、基础加深 2.0 m，基底持力层土质为粉砂，考虑深宽修正后持力层地基承载力特征值为 200 kPa，无地下水，基础及其上土的平均重度取 22.0 kN/m³，荷载增加后设计选择的合理基础宽度为下列哪个选项？

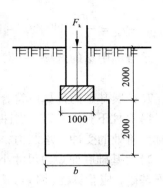

（A）1.4 m　　　　（B）1.5 m

（C）1.6 m　　　　（D）1.7 m

答案：（B）

【解】　$p_k = \dfrac{F_k + G_k}{b} \leqslant f_a$

$b \geqslant \dfrac{F_k + G_k}{f_a} = \dfrac{160 + b \times 4 \times 22}{200} \Rightarrow b \geqslant 1.43$ m，取 $b = 1.5$ m

答案为（B）

【例题 3-4】　（注岩 2013C9）某多层建筑，设计拟选用条形基础，天然地基，基础宽度 2.0 m，地层参数见下表，地下水埋深 10 m，原设计基础埋深 2 m 时恰好满足承载力要求。因设计变更，预估荷载将增加 50 kN/m，保持基础宽度不变，按《建筑地基基础设计规范》（GB50007—2011），估算变更后满足承载力要求的基础埋深最接近下列哪个选项？

层号	层底埋深（m）	天然重度（kN/m³）	土的类别
①	2.0	18	填土
②	10.0	18	粉土（黏粒含量8%）

（A）2.3 m　　　　（B）2.5 m　　　　（C）2.7 m　　　　（D）3.4 m

答案：（C）

【解】　第一种考虑——上部结构增加荷载 50 kN/m

设粉土的承载力特征值为 f_{ak}（kPa），变更前由上部结构传至基础顶面的荷载为 F_k（kN/m）

查表 5.2.4，$\eta_b = 0.5$，$\eta_d = 2.0$

变更前：$f_a = f_{ak} + \eta_b \gamma (b-3) + \eta_d \gamma_m (d - 0.5) = f_{ak} + 0 + 2.0 \times 18 \times (2 - 0.5) = f_{ak} + 54$

$p_k = \dfrac{F_k + G_k}{b} = \dfrac{F_k + 2 \times 2 \times 20}{2} = \dfrac{F_k}{2} + 40$

$p_k = f_a$，即：$\dfrac{F_k}{2} + 40 = f_{ak} + 54$ 　　　　　　　　　　　　　　　　（1）

变更后：$f_a = f_{ak} + 0 + 2.0 \times 18 \times (d - 0.5) = f_{ak} + 36d - 18$

$p_k = \dfrac{F_k + 50 + G_k}{b} = \dfrac{F_k + 50 + 2 \times d \times 20}{2} = \dfrac{F_k}{2} + 20d + 25$

$p_k = f_a$，即：$\dfrac{F_k}{2} + 20d + 25 = f_{ak} + 36d - 18$ 　　　　　　　　　　　（2）

（2）式 -（1）式：$20d - 15 = 36d - 72$，得：$d = 3.56$ m

第二种考虑——50 kN/m 包括由于基础埋深增加而增加的基底以上的上覆土重

变更前：$f_{a1} = f_{ak} + \eta_b \gamma (b-3) + \eta_d \gamma_m (d - 0.5) = f_{ak} + 0 + 2.0 \times 18 \times (2 - 0.5) = f_{ak} + 54$

变更后：$f_{a2} = f_{ak} + 0 + 2.0 \times 18 \times (d - 0.5) = f_{ak} + 36d - 18$

$$f_{a2} - f_{a1} = \frac{\Delta F_k}{b}, \text{ 即：} 36d - 18 - 54 = \frac{50}{2}, \text{ 得：} d = 2.69 \text{ m}$$

结合题中给的选项，答案为（C）。

7. 扩展基础的计算应符合下列规定：

1）对柱下独立基础，当冲切破坏锥体落在基础底面以内时，应验算柱与基础交接处以及基础变阶处的受冲切承载力；

2）对基础底面短边尺寸小于或等于柱宽加两倍基础有效高度的柱下独立基础，以及墙下条形基础，应验算柱（墙）与基础交接处的基础受剪切承载力；

3）基础底板的配筋，应按抗弯计算确定；

4）当基础的混凝土强度等级低于柱的混凝土强度等级时，尚应验算柱下基础顶面的局部受压承载力。

8. 柱下独立基础的受冲切承载力应按下列公式验算：

$$F_l \leqslant 0.7\beta_{hp} f_t a_m h_0 \tag{3-6a}$$

$$a_m = (a_t + a_b)/2 \tag{3-6b}$$

$$F_l = p_j A_l \tag{3-6c}$$

式中，β_{hp}——受冲切承载力截面高度影响系数，当 $h \leqslant 800$ mm 时，$\beta_{hp} = 1.0$；当 $h \geqslant 2000$ mm 时，$\beta_{hp} = 0.9$，其间按线性内插法取用；

f_t——混凝土轴心抗拉强度设计值（kPa）；

h_0——基础冲切破坏锥体的有效高度（m）；

a_m——冲切破坏锥体最不利一侧计算长度（m）；

a_t——冲切破坏锥体最不利一侧斜截面的上边长（m），当计算柱与基础交接处的受冲切承载力时，取柱宽；当计算基础变阶处的受冲切承载力时，取上阶宽；

a_b——冲切破坏锥体最不利一侧斜截面在基础底面积范围内的下边长（m），当冲切破坏锥体的底面落在基础底面以内（图 3 - 7），计算柱与基础交接处的受冲切承载力时，取柱宽加两倍基础有效高度；当计算基础变阶处的受冲切承载力时，取上阶宽加两倍该处的基础有效高度；

p_j——扣除基础自重及其上土重后相应于作用的基本组合时的地基土单位面积净反力（kPa），对偏心受压基础，可取基础边缘处最大地基土单位面积净反力（kPa）；

A_l——冲切验算时取用的部分基底面积（m²）（图 3 - 7 中的阴影面积 $ABCDEF$）；

F_l——相应于作用的基本组合时作用在 A_l 上的地基土净反力设计值（kN）。

9. 当基础底面短边尺寸小于或等于柱宽加两倍基础有效高度时，应按下式验算柱与基础交接处截面受剪承载力：

$$V_s \leqslant 0.7\beta_{hs} f_t A_0 \tag{3-7a}$$

$$\beta_{hs} = (800/h_0)^{1/4} \tag{3-7b}$$

式中，β_{hp}——受剪切承载力截面高度影响系数，当 $h_0 < 800$ mm 时，取 $h_0 = 800$ mm；当 $h_0 > 2000$ mm 时，取 $h_0 = 2000$ mm；

V_s——相应于作用的基本组合时，柱与基础交接处的剪力设计值（kN），图 3 - 8 中的阴影面积乘以基底平均净反力；

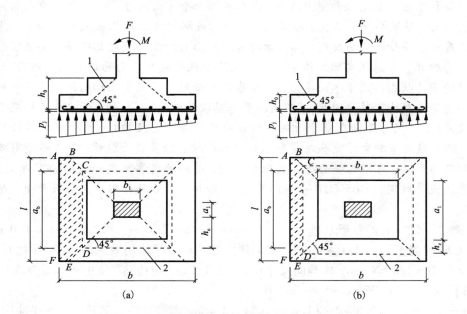

图 3 - 7　计算阶形基础的受冲切承载力截面位置

(a)柱与基础交接处;(b)基础变阶处

1—冲切破坏锥体最不得一侧的斜截面;2—冲切破坏锥体的底面线

A_0——验算截面处基础的有效截面面积(m^2)。当验算截面为阶形或锥形时,可将其截面折算成矩形截面,截面的折算宽度分别按式(3 -3)或式(3 - 4)计算。

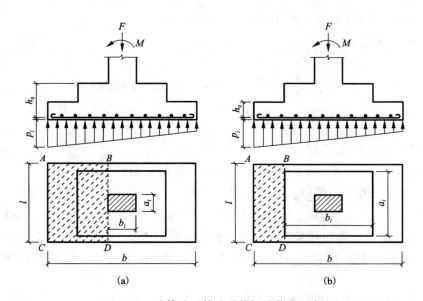

图 3 - 8　验算阶形基础受剪切承载力示意

(a)柱与基础交接处;(b)基础变阶处

为保证柱下独立基础双向受力状态，基础底面两个方向的边长一般都保持在相同或相近的范围内，试验结果和大量工程实践表明，当冲切破坏锥体落在基础底面以内时，此类基础的截面高度由受冲切承载力控制，其剪切所需的截面有效面积一般都能满足要求，无需进行受剪承载力验算。考虑到实际工作中柱下独立基础底面两个方向的边长比值有可能大于2，此时基础的受力状态接近于单向受力，柱与基础交接处不存在受冲切的问题，仅需对基础进行斜截面受剪承载力验算。因此，《建筑地基基础设计规范》（GB50007—2011）补充了基础底面短边尺寸（短边尺寸是指垂直于力矩作用方向的基础底边尺寸）小于柱宽加两倍基础有效高度时，验算柱与基础交接处基础受剪承载力的条款。验算截面取柱边缘，当受剪验算截面为阶梯形及锥形时，可将其截面折算成矩形截面，截面的折算宽度和截面的有效高度按《建筑地基基础设计规范》（GB50007—2011）附录 U（阶梯形承台及锥形承台斜截面受剪的截面宽度）计算。

【例题 3 - 5】 某正方形基础，尺寸 $b \times l = 3.0$ m × 3.0 m，基础高度 $h = 1.0$ m，埋深 2.0 m。C20 混凝土，$f_t = 1.1$ N/mm^2。基础顶面受到相应于作用效应基本组合时的竖向力 $F = 1400$ kN，$M = 120$ kN·m，柱截面尺寸 0.5 m × 0.5 m，问基础高度能否满足要求？

【解】 $h_0 = 1 - 0.05 = 0.95$ m，$a_t = 0.5$ m

3.0 m > $a_t + 2h_0 = 0.5 + 2 \times (1.0 - 0.05) = 2.4$ m，需验算柱与基础交接处受冲切承载力。

地基净反力计算：

$$p_{j, max} = \frac{F}{A} + \frac{M}{W} = \frac{1600}{3.0 \times 3.0} + \frac{120}{\frac{1}{6} \times 3.0 \times 3.0^2} = 177.8 + 26.7 = 204.5 \text{ kPa}$$

$$p_{j, min} = \frac{F}{A} - \frac{M}{W} = 177.8 - 26.7 = 151.1 \text{ kPa}$$

$$a_b = a_t + 2h_0 = 0.5 + 2 \times (1.0 - 0.05) = 2.4 \text{ m}$$

$$a_m = \frac{a_t + a_b}{2} = \frac{0.5 + 2.4}{2} = 1.45 \text{ m}$$

$$A_l = \frac{1}{4}[l^2 - (a_t + 2h_0)^2] = \frac{1}{4}[3.0^2 - (0.5 + 2 \times 0.95)^2] = 0.81 \text{ m}^2$$

$$F_l = p_{jmax}A_l = 204.5 \times 0.81 = 165.6 \text{ kN}$$

$$\beta_{hp} = 1.0 - \frac{1000 - 800}{2000 - 800} \times (1.0 - 0.9) = 0.983$$

$0.7\beta_{hp}f_t a_m h_0 = 0.7 \times 0.983 \times 1.1 \times 10^3 \times 1.45 \times 0.95 = 947.9$ kN

$F_l = 165.6$ kN ≤ $0.7\beta_{hp}f_t a_m h_0 = 947.9$ kN，满足。

【例题 3 - 6】 某独立基础，底面尺寸 $b \times l = 3.7$ m × 2.2 m，C20 混凝土（$f_t = 1.1$ N/mm^2），在作用效应标准组合下作用在基础顶面轴心荷载标准值 $F_k = 1900$ kN，弯矩 $M_k = 10$ kN·m，水平力 $H_k = 20$ kN，柱截面尺寸 0.7 m × 0.4 m，基础高度 $h = 1.0$ m，问基础高度能否满足要求？

【解】 $h_0 = 1 - 0.05 = 0.95$ m，$a_t = 0.4$ m

2.2 m < $a_t + 2h_0 = 0.4 + 2 \times (1.0 - 0.05) = 2.3$ m，需验算柱与基础交接处受剪切承载力。

$$e = \frac{M}{F} = \frac{10 + 20 \times 1.0}{1900} = 0.016 \text{ m} < \frac{b}{6} = \frac{3.7}{6} = 0.617 \text{ m，为小偏心}$$

基础底面平均净反力：

$$p_j = \frac{F_k \times 1.35}{A} = \frac{1900 \times 1.35}{3.7 \times 2.2} = 315.1 \text{ kPa}$$

$$V_s = p_j \cdot \frac{b - b_t}{2} \cdot l = 315.1 \times \frac{3.7 - 0.7}{2} \times 2.2 = 1040 \text{ kN}$$

$$\beta_{hs} = (800/h_0)^{1/4} = (800/950)^{1/4} = 0.958$$

$$A_0 = lh_0 = 2.2 \times 0.95 = 2.09 \text{ m}^2$$

$$0.7\beta_{hs}f_tA_0 = 0.7 \times 0.958 \times 1.1 \times 10^3 \times 2.09 = 1542 \text{ kN}$$

$$V_s = 1040 \text{ kN} \leqslant 0.7\beta_{hs}f_tA_0 = 1542 \text{ kN}，满足要求。$$

10. 墙下条形基础底板应按式(3-7)验算墙与基础底板交接处截面受剪承载力，其中 A_0 为验算截面处基础底板的单位长度垂直截面有效面积，V_s 为墙与基础交接处由基底平均净反力产生的单位长度剪力设计值。

11. 在轴心荷载或单向偏心荷载作用下，当台阶的宽高比小于或等于 2.5 且偏心距小于或等于 1/6 基础宽度时，柱下矩形独立基础任意截面的底板弯矩可按下列简化方法进行计算(图 3-9)：

$$M_I = \frac{1}{12}a_1^2\left[(2l + a')\left(p_{max} + p - \frac{2G}{A}\right) + (p_{max} - p)l\right]$$

$$(3-8a)$$

$$M_{II} = \frac{1}{48}(l - a')^2(2b + b')\left(p_{max} + p_{min} - \frac{2G}{A}\right)$$

$$(3-8b)$$

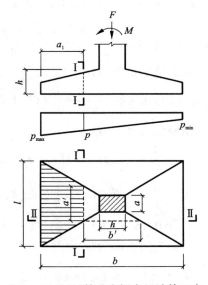

图 3-9 矩形基础底板弯矩计算示意

式中，M_I，M_{II}——相应于作用的基本组合时，任意截面 I—I，II—II 处的弯矩设计值(kN·m)；

a_1——任意截面 I—I 至基底边缘最大反力处的距离(m)；

l，b——基础底面的边长(m)；

p_{max}，p_{min}——相应于作用的基本组合时的基础底面边缘最大和最小地基反力设计值(kPa)；

p——相应于作用的基本组合时在任意截面 I—I 处基础底面地基反力设计值(kPa)；

G——考虑荷载分项系数的基础自重及其上土重(kN)；当组合值由永久荷载控制时，荷载分项系数可取 1.35，即：$G = 1.35G_k$。

公式(3-8)是以基础台阶的宽高比小于或等于 2.5，以及基础底面与地基土之间不出现零应力区(偏心距小于或等于 1/6 基础宽度)为条件推导出来的弯矩简化计算公式，适用于除岩石以外的地基。其中，基础台阶的宽高比小于或等于 2.5 是基于试验结果，旨在保证基底反力呈直线分布。

此外，考虑到独立基础的高度一般是由冲切或剪切承载力控制，基础板相对较厚，如果用其计算最小配筋量可能导致底板用钢量不必要的增加，因此规范提出对阶形及锥形独立基础，可将其截面折算成矩形截面，截面的折算宽度和截面的有效高度按《建筑地基基础设计规范》（GB50007—2011）附录U（阶梯形承台及锥形承台斜截面受剪的截面宽度）计算，并按最小配筋率0.15%计算基础底板的最少配筋量。

【例题 3 -7】　某柱下独立基础，底面尺寸 $b \times l = 3.7 \text{ m} \times 2.2 \text{ m}$，基础高度 $h = 0.95 \text{ m}$，基础埋深 $d = 1.5 \text{ m}$，在作用效应标准组合下作用在基础顶面竖向力 $F_k = 680 \text{ kN}$，$M_k = 10 \text{ kN} \cdot \text{m}$，水平力 $H_k = 20 \text{ kN}$，柱截面尺寸 $0.7 \text{ m} \times 0.4 \text{ m}$，试计算基础底板的设计弯矩值。

【解】　计算基底压力：

$$e = \frac{M_k}{F_k + G_k} = \frac{10 + 20 \times 0.95}{680 + 3.7 \times 2.2 \times 1.5 \times 20} = \frac{29}{924.2} = 0.031 \text{ m}$$

$$e = 0.031 \text{ m} < \frac{b}{6} = \frac{3.7}{6} = 0.617 \text{ m}，\text{为小偏心}$$

$$p = \frac{(F_k + G_k) \times 1.35}{A} \left(1 + \frac{6e}{b}\right) = \frac{924.2 \times 1.35}{3.7 \times 2.2} \left(1 \pm \frac{6 \times 0.031}{3.7}\right) = \frac{161.0 \text{ kPa}}{145.6 \text{ kPa}}$$

柱边处：$a_1 = \dfrac{b}{2} - \dfrac{b_c}{2} = \dfrac{3.7}{2} - \dfrac{0.7}{2} = 1.5 \text{ m}$

柱边地基反力设计值

$$p = 145.6 + \frac{(3.7 - 1.5)}{3.7} \times (161.0 - 145.6) = 154.8 \text{ kPa}$$

基础长边方向弯矩

$$M_I = \frac{1}{12} a_1^{\ 2} \left[(2l + a')\left(p_{max} + p - \frac{2G}{A}\right) + (p_{max} - p)l \right]$$

$$= \frac{1}{12} \times 1.5^2 \times [(2 \times 2.2 + 0.4)(161 + 154.8 - 2 \times 1.5 \times 20 \times 1.35) + (161 - 154.8) \times 2.2]$$

$$= 0.1875 \times (4.8 \times 234.8 + 13.64) = 214 \text{ kN} \cdot \text{m}$$

基础短边方向弯矩

$$M_{II} = \frac{1}{48} (l - a_1)^2 (2b + b') \left(p_{max} + p_{min} - \frac{2G}{A}\right)$$

$$= \frac{1}{48} \times (2.2 - 0.4)^2 \times (2 \times 3.7 + 0.7) \times (161 + 145.6 - 2 \times 1.5 \times 20 \times 1.35)$$

$$= \frac{1}{48} \times 3.24 \times 8.1 \times 225.6 = 123.3 \text{ kN} \cdot \text{m}$$

【例题 3 -8】　（注岩2010C5）某柱下独立方形基础，底面尺寸 $2.4 \text{ m} \times 2.4 \text{ m}$，基础高度 $h = 0.6 \text{ m}$，基础埋深 $d = 1.3 \text{ m}$，柱截面尺寸 $0.4 \text{ m} \times 0.4 \text{ m}$，在作用效应基本组合下基础顶面中心处作用在基础顶面的轴心竖向力 $F = 700 \text{ kN}$，力矩 $M = 0$，按《建筑地基基础设计规范》（GB50007—2011），基础柱边截面处的设计弯矩值最接近下列哪个选项的数值？

（A）105 kN · m　　　　（B）145 kN · m　　　　（C）185 kN · m　　　　（D）225 kN · m

【解】　当作用轴心荷载时，基底压力分布形式为矩形，可按结构力学方法计算：

$$p_j = \frac{F}{A} = \frac{700}{2.4 \times 2.4} = 121.5 \text{ kPa}$$

$$a_1 = \frac{b}{2} - \frac{b_c}{2} = \frac{2.4}{2} - \frac{0.4}{2} = 1.0 \text{ m}, \quad l = 2.4 \text{ m}, \quad a = 0.4 \text{ m}$$

$$M = p_j \cdot \frac{la_1}{2} \cdot \frac{2a_1}{3} + p_j \cdot \frac{aa_1}{2} \cdot \frac{a_1}{3} = p_j(2l+a) \cdot \frac{a_1^2}{6} = 121.5 \times (2 \times 2.4 + 0.4) \times \frac{1.0^2}{6}$$

$$= 105.3 \text{ kN} \cdot \text{m}$$

答案为(A) 105 kN·m。

12. 基础底板配筋除满足计算要求和最小配筋率要求外,尚应符合第1条第3款的构造要求。计算最小配筋率时,对阶形或锥形基础截面,可将其截面折算成矩形截面,截面的折算宽度和截面的有效高度按《建筑地基基础设计规范》GB50007—2011附录U(阶梯形承台及锥形承台斜截面受剪的截面宽度)计算。基础底板钢筋可按式(3-9)计算:

$$A_s = \frac{M}{0.9 f_y h_0} \tag{3-9}$$

13. 当柱下独立基础底面长短边之比 ω 在大于或等于2. 小于或等于3的范围内时,基础底板短向钢筋应按下述方法布置:将短向全部钢筋面积乘以 λ 后求得的钢筋,均匀分布在与柱中心线重合的宽度等于基础短边的中间带宽范围内(图3-10),其余的短向钢筋则均匀分布在中间带宽的两侧。长向配筋应均匀分布在基础全宽范围内。λ 按下式计算:

$$\lambda = 1 - \frac{\omega}{6} \tag{3-10}$$

14. 墙下条形基础(图3-11)的受弯计算和配筋应符合下列规定:

1)任意截面每延米宽度的弯矩,可按下式进行计算:

$$M_{\mathrm{I}} = \frac{1}{6} a_1^2 \left(2p_{max} + p - \frac{3G}{A} \right) \tag{3-11}$$

2)其最大弯矩截面的位置,应符合下列规定:

①当墙体材料为混凝土时,取 $a_1 = b_1$;

②如为砖墙且放脚不大于1/4砖长时,取 $a_1 = b_1 + \frac{1}{4}$ 砖长。

3)墙下条形基础底板每延米宽度的配筋除满足计算要求和最小配筋率要求外,尚应符合第1条第3款的构造要求。

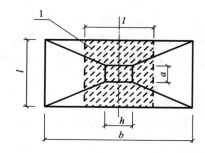

图3-10 基础底板短向钢筋布置示意

1—λ 倍短向全部钢筋面积均匀配置在阴影范围内

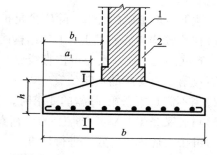

图3-11 墙下条形基础底板计算示意

1—砖墙;2—混凝土墙

【例题 3 – 9】 （注岩 2011D7）某墙下条形基础，宽度 2 m，埋深 1 m，地下水埋深 0.5 m，承重墙位于基础中轴，宽度 0.37 m，在作用效应基本组合下作用在基础顶面的荷载为 235 kN/m，基础材料采用钢筋混凝土，按《建筑地基基础设计规范》（GB50007—2011），验算基础底板配筋时的弯矩最接近下列哪个选项的数值？

(A)35 kN·m   (B)40 kN·m   (C)55 kN·m   (D)60 kN·m

【解】 当作用轴心荷载时，基底压力分布形式为矩形，可按结构力学方法计算：

$$p_j = \frac{F}{b} = \frac{235}{2} = 117.5 \text{ kPa}$$

$$a_1 = \frac{b}{2} - \frac{b_c}{2} = \frac{2.0}{2} - \frac{0.37}{2} = 0.815 \text{ m}$$

$$M = \frac{1}{2} p_j a_1^2 = \frac{1}{2} \times 117.5 \times 0.815^2 = 39.0 \text{ kN·m}$$

答案为（B）40 kN·m。

3.3.2 柱下条形基础

1. 柱下条形基础的构造，除应满足扩展基础的构造要求外，尚应符合下列规定：

1）柱下条形基础梁的高度宜为柱距的 1/4～1/8。翼板厚度不小于 200 mm，当翼板厚度大于 250 mm 时，宜采用变厚度翼板，其顶面坡度宜小于或等于 1:3。

2）条形基础的端部宜向外伸出，其长度宜为第一跨距的 0.25 倍。

3）现浇柱与条形基础梁的交接处，基础梁的平面尺寸应大于柱的平面尺寸，且柱的边缘至基础梁边缘的距离不得小于 50 mm（图 3 – 12）。

4）条形基础梁顶部和底部的纵向受力钢筋除应满足计算要求外，顶部钢筋应按计算配筋全部贯通，底部通长钢筋不应少于底部受力钢筋截面总面积的 1/3。

5）柱下条形基础的混凝土强度等级，不应低于 C20。

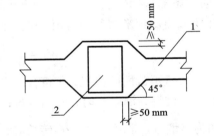

图 3 – 12 现浇柱与条形基础梁交接处的平面尺寸

1—基础梁；2—柱

2. 柱下条形基础的计算，除应满足扩展基础的计算规定外，尚应符合下列规定：

1）在比较均匀的地基上，上部结构刚度较好，荷载分布较均匀，且条形基础梁的高度不小于 1/6 柱距时，地基反力可按直线分布，条形基础梁的内力可按连续梁计算，此时边跨跨中弯矩及第 1 内支座的弯矩值宜乘以 1.2 的系数。

2）当不满足本条第 1）款的要求时，宜按弹性地基梁计算。

3）对交叉条形基础，交点上的柱荷载，可按静力平衡条件及变形协调条件，进行分配。其内力可按上述规定，分别进行计算。

4）应验算柱边缘处基础梁的受剪承载力。

5）当存在扭矩时，尚应进行抗扭计算。

6）当条形基础的混凝土强度等级低于柱的混凝土强度等级时，尚应验算柱下条形基础梁顶面的局部受压承载力。

基础梁的截面高度应根据地基反力、柱荷载的大小等因素确定。大量工程实践表明，柱下条形基础梁的截面高度一般为柱距的 1/4 ~ 1/8。在选择基础梁截面时，柱边缘处基础梁的受剪截面尚应满足《混凝土结构设计规范》(GB50010—2011)的要求。

关于柱下条形基础梁的内力计算方法，《建筑地基基础设计规范》(GB50007—2011)给出了按连续梁计算的条件。在比较均匀的地基上，上部结构刚度较大，荷载分布较均匀，且条形基础梁的截面高度大于或等于 1/6 柱距时，地基反力可按直线分布考虑。其中基础梁的截面高度大于或等于 1/6 柱距的条件是通过与柱距 l 和文克尔地基模型中的弹性特征系数 λ 的乘积 $\lambda l \leq 1.75$ 作了比较，结果表明，当高跨比大于或等于 1/6 时，对一般柱距及中等压缩性的地基都可考虑地基反力为直线分布。当不满足上述条件时，宜按弹性地基梁法计算内力。

3.3.3 高层建筑筏形基础

1)筏形基础分为梁板式和平板式两种类型，其选型应根据地基土质、上部结构体系、柱距、荷载大小、使用要求以及施工条件等因素确定。框架 – 核心筒结构和筒中筒结构宜采用平板式筏形基础。

与梁板式筏基相比，平板式筏基具有抗冲切及抗剪切能力强的特点，且构造简单，施工便捷，经大量工程实践和部分工程事故分析，平板式筏基具有更好的适应性。

2)筏形基础的平面尺寸，应根据工程地质条件、上部结构的布置、地下结构底层平面以及荷载分布等因素按扩展基础确定。对单幢建筑物，在地基土比较均匀的条件下，基底平面形心宜与结构竖向永久荷载重心重合。当不能重合时，在作用的准永久组合下，偏心距应符合下式规定：

$$e \leq 0.1W/A \tag{3-12}$$

式中，W——与偏心距方向一致的基础底面边缘抵抗矩(m^3)；

$\quad\quad A$——基础底面积(m^2)。

对单幢建筑物，在均匀地基的条件下，基础底面的压力和基础的整体倾斜主要取决于作用的准永久组合下产生的偏心距的大小。对于基底平面为矩形的筏基，在偏心荷载作用下，基础抗倾覆稳定系数 K_F 可用下式表示：

$$K_F = \frac{y}{e} = \frac{\gamma B}{e} = \frac{\gamma}{e/B}$$

式中，B——与组合荷载竖向合力偏心方向平行的基础边长(m)；

$\quad\quad e$——作用在基底平面的组合荷载全部竖向合力对基底面积形心的偏心距(m)；

$\quad\quad y$——基底平面形心至最大受压边缘的距离(m)，γ 为 y 与 B 的比值。

从式中可以看出，e/B 直接影响着抗倾覆稳定系数 K_F，K_F 随 e/B 的增大而降低，因此容易引起较大的倾斜。

高层建筑由于楼身质心高，荷载重，当筏形基础开始产生倾斜后，建筑物总重对基础底面形心将产生新的倾覆力矩增量，而倾覆力矩的增量又产生新的倾斜增量，倾斜可能随时间而增长，直至地基变形稳定为止。因此，为避免基础产生倾斜，应尽量使结构竖向荷载合力作用点与基础平面形心重合，当偏心难以避免时，应满足在作用的准永久组合时，$e \leq 0.1W/A$。从实测结果来看，这个限制对硬土地区稍严格，当有可靠依据时可适当放松。

3）对四周与土层紧密接触带地下室外墙的整体式筏基和箱基，当地基持力层为非密实的土和岩石，场地类别为Ⅲ类和Ⅳ类，抗震设防烈度为 8 度和 9 度，结构基本自振周期处于特征周期的 1.2 倍~5 倍范围时，按刚性地基假定计算的基底水平地震剪力、倾覆力矩可按设防烈度分别乘以 0.90 和 0.85 的折减系数。

国内建筑物脉动实测试验结果表明，当地基为非密实的土和岩石持力层时，由于地基的柔性改变了上部结构的动力特性，延长上部结构的基本周期以及增大了结构体系的阻尼，同时土下结构的相互作用也改变了地基运动的特性。结构按刚性地基假定分析的水平地震作用比其实际承受的地震作用大，因此可以根据场地条件、基础埋深、基础和上部结构的刚度等因素确定是否对水平地震作用进行适当折减。

对四周与土层紧密接触带地下室外墙的整体式筏基和箱基，当地基持力层为非密实的土和岩石，场地类别为Ⅲ类和Ⅳ类，抗震设防烈度为 8 度和 9 度，结构基本自振周期处于特征周期的 1.2 倍~5 倍范围时，按刚性地基假定计算的基底水平地震剪力和倾覆力矩可按设防烈度分别乘以折减系数，8 度时折减系数取 0.9，9 度时折减系数取 0.85。该折减系数是一个综合性的包络值，它不能与现行国家标准《建筑抗震设计规范》GB50011 第 5.2 节中提出的折减系数同时使用。

4）筏形基础的混凝土强度等级不应低于 C30，当有地下室时应采用防水混凝土。防水混凝土的抗渗等级应按表 3 - 2 选用。对重要建筑，宜采用自防水并设置架空排水层。

表 3 - 2　防水混凝土的抗渗等级

埋置深度 $d(m)$	$d < 10$	$10 \leqslant d < 20$	$20 \leqslant d < 30$	$d \geqslant 30$
设计抗渗等级	$P6$	$P8$	$P10$	$P12$

5）采用筏形基础的地下室，钢筋混凝土外墙厚度不应小于 250 mm，内墙厚度不宜小于 200 mm。墙的截面设计除满足承载力要求外，尚应考虑变形、抗裂及外墙防渗要求。墙体内应设置双层钢筋，钢筋不宜采用光面圆钢筋，水平钢筋的直径不应小于 12 mm，竖向钢筋的直径不应小于 10 mm，间距不应大于 200 mm。

6）平板式筏基的板厚应满足受冲切承载力的要求。

7）平板式筏基柱下冲切验算应符合下列规定：

（1）平板式筏基柱下冲切验算时应考虑作用在冲切临界截面重心上的不平衡弯矩产生的附加剪力。对基础边柱和角柱冲切验算时，其冲切力应分别乘以 1.1 和 1.2 的增大系数。距柱边 $h_0/2$ 处冲切临界截面的最大剪应力 τ_{max} 应按式（3 - 13）、进行计算（图 3 - 13）。板的最小厚度不应小于 500 mm。

$$\tau_{max} = \frac{F_1}{u_m h_0} + \alpha_s \frac{M_{unb} \cdot c_{AB}}{I_s} \tag{3 - 13a}$$

$$\tau_{max} \leqslant 0.7(0.4 + 1.2/\beta_s)\beta_{hp} f_t \tag{3 - 13b}$$

$$\alpha_s = 1 - \frac{1}{1 + \frac{2}{3}\sqrt{\dfrac{c_1}{c_2}}} \tag{3 - 13c}$$

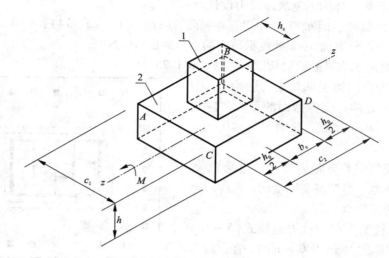

图 3－13　内柱冲切临界截面示意

1—柱；2—筏板

式中，F_l——相应于作用的基本组合时的冲切力（kN），对内柱取轴力设计值减去筏板冲切破坏锥体内的基底净反力设计值；对边柱和角柱，取轴力设计值减去筏板冲切临界截面范围内的基底净反力设计值；

u_m——距柱边缘不小于 $h_0/2$ 处冲切临界截面的最小周长（m），按《建筑地基基础设计规范》GB50007—2011 附录 P 计算；

h_0——筏板的有效高度（m）；

M_{unb}——作用在冲切临界截面重心上的不平衡弯矩设计值（kN·m）；

c_{AB}——沿弯矩作用方向，冲切临界截面重心至冲切临界截面最大剪应力点的距离（m），按附录 P 计算；

I_s——冲切临界截面对其重心的极惯性矩（m⁴），按附录 P 计算；

β_s——柱截面长边与短边的比值，当 $\beta_s < 2$ 时，取 $\beta_s = 2$，当 $\beta_s > 4$ 时，取 $\beta_s = 4$；

β_{hp}——受冲切承载力截面高度影响系数，当 $h \leqslant 800$ mm 时，$\beta_{hp} = 1.0$；当 $h \geqslant 2000$ mm 时，$\beta_{hp} = 0.9$，其间按线性内插法取用；

f_t——混凝土轴心抗拉强度设计值（kPa）；

c_1——与弯矩作用方向一致的冲切临界截面的边长（m），按附录 P 计算；

c_2——垂直于弯矩作用方向的冲切临界截面的边长（m），按附录 P 计算；

α_s——不平衡弯矩通过冲切临界截面上的偏心剪力来传递的分配系数。

（2）当柱荷载较大，等厚度筏板的受冲切承载力不能满足要求时，可在筏板上面增设柱墩或在筏板下局部增加板厚或采用抗冲切钢筋等措施满足受冲切承载力的要求。

8）平板式筏基内筒下的板厚应满足受冲切承载力的要求，并应符合下列规定：

（1）受冲切承载力应按下式计算：

$$F_l / (u_m h_0) \leqslant 0.7 \beta_{hp} f_t / \eta \qquad (3-14)$$

式中，F_l——相应于作用的基本组合时的冲切力（kN），内筒所承受的轴力设计值减去内筒下筏板冲切破坏锥体内的基底净反力设计值；

u_m——距内筒外表面 $h_0/2$ 处冲切临界截面的周长（m）（图3-14）；

h_0——距内筒外表面 $h_0/2$ 处筏板截面的有效高度（m）；

η——内筒冲切临界截面周长影响系数，取1.25。

（2）当需要考虑内筒根部弯矩的影响时，距内筒外表面 $h_0/2$ 处冲切临界截面的最大剪应力可按公式（3.3-9a）计算，此时 $\tau_{max} \leq 0.7\beta_{hp}f_t/\eta$。

9）平板式筏基应验算距内筒和柱边缘 h_0 处截面的受剪承载力。当筏板变厚度时，尚应验算变厚度处筏板的受剪承载力。

10）平板式筏基受剪承载力应按式（3-15）验算，当筏板的厚度大于2000mm时，宜在板厚中间部位设置直径不小于12mm、间距不大于300mm的双向钢筋网。

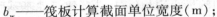
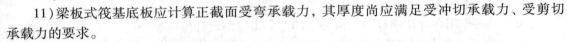

图3-14 筏板受内筒冲切的临界截面位置

$$V_s \leq 0.7\beta_{hs}f_t b_w h_0 \qquad (3-15)$$

式中，F_l——相应于作用的基本组合时，基底净反力平均值产生的距内筒或柱边缘 h_0 处筏板单位宽度的剪力设计值（kN）；

b_w——筏板计算截面单位宽度（m）；

h_0——距内筒外或柱边缘 h_0 处筏板截面的有效高度（m）。

11）梁板式筏基底板应计算正截面受弯承载力，其厚度尚应满足受冲切承载力、受剪切承载力的要求。

12）梁板式筏基底板受冲切、受剪切承载力计算应符合下列要求：

（1）梁板式筏基底板受冲切承载力应按下式进行计算：

$$F_l \leq 0.7\beta_{hp}f_t u_m h_0 \qquad (3-16)$$

式中，F_l——作用的基本组合时，图3-15中阴影部分面积上的基底平均净反力设计值（kN）；

u_m——距基础梁边 $h_0/2$ 处冲切临界截面的周长（m）（图3-15）。

（2）当底板区格为矩形双向板时，底板受冲切所需的厚度 h_0 应按式（3-17）进行计算。其底板厚度与最大双向板格的短边净跨之比不应小于1/14，且板厚不应小于400mm。

$$h_0 = \frac{(l_{n1}+l_{n2}) - \sqrt{(l_{n1}+l_{n2})^2 - \dfrac{4p_n l_{n1} l_{n2}}{p_n + 0.7\beta_{hp}f_t}}}{4} \qquad (3-17)$$

式中，l_{n1}，l_{n2}——计算板格的短边和长边的净长度（m）；

p_n——扣除底板及其上填土自重后，相应于作用的基本组合时的基底平均净反力设计值（kN）。

（3）梁板式筏基双向底板斜截面受剪承载力应按下式进行计算：

$$V_s \leq 0.7\beta_{hs}f_t(l_{n2} - 2h_0)h_0 \qquad (3-18)$$

式中，V_s——距梁边缘 h_0 处，作用在图 3-16 中阴影部分面积上的基底平均净反力产生的剪力设计值（kN）。

（4）当底板板格为单向板时，其斜截面受剪承载力应按扩展基础第 10 条（墙下条形基础）验算，其底板厚度不应小于 400 mm。

板的抗冲切机理要比梁的抗剪复杂，目前各国规范的受冲切承载力计算公式都是基于试验的经验公式。《地基基础设计规范》（GB50007—2011）梁板式筏基底板受冲切承载力和受剪承载力验算方法源于《高层建筑箱形基础设计与施工规程》（JGJ6—80）。通过分析比较，结果表明：取距支座边缘 h_0 处作为验算双向底板受剪承载力的部位，并将梯形受荷面积上的平均净反力摊在 $(l_{n2} - 2h_0)$ 上的计算结果与工程实际的板厚及按 ACI 318 计算结果十分接近。

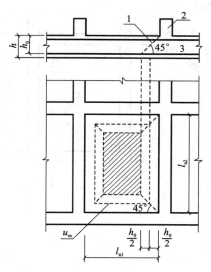

图 3-15 底板冲切计算示意

1—冲切破坏锥体的斜截面；
2—梁；3—底板

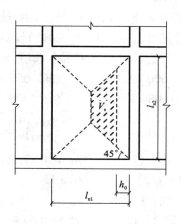

图 3-16 底板剪切计算示意

【**例题 3-10**】 （注岩 2012C9）某高层建筑采用梁板式筏形基础，柱网尺寸 8.7 m×8.7 m，柱横截面为 1450 mm×1450 mm，柱下为交叉基础梁，梁宽 450 mm，荷载效应基本组合下地基净反力为 400 kPa，设梁板式筏基的底板厚度为 1000 mm，双排钢筋，钢筋合力点至板截面近边的距离取 70 mm，按《建筑地基基础设计规范》（GB50007—2011）计算，距基础梁边缘 h_0（板的有效高度）处底板斜截面所承受剪力设计值最接近下列哪个选项？

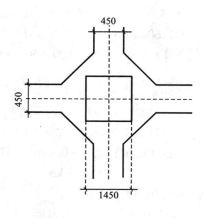

（A）4100 kN （B）5500 kN

（C）6200 kN （D）6500 kN

答案：（A）

【解】 $l_{n1} = l_{n2} = 8.7 - 0.45 = 8.25$ m, $h_0 = 1.0 - 0.07 = 0.93$ m

图 3.3 – 13 中阴影部分(梯形)的上底长 a、下底长 b 和高 h 分别为:

$$a = l_{n1} - 2 \cdot \frac{l_{n1}}{2} = 0, \quad b = l_{n1} - 2h_0 = 8.25 - 2 \times 0.93 = 6.39 \text{ m}$$

$$h = \frac{1}{2}(l_{n1} - 2h_0) = \frac{1}{2} \times (8.25 - 2 \times 0.93) = 3.195 \text{ m}$$

阴影部分面积 $S = \frac{1}{2}(a + b)h = \frac{1}{2} \times (0 + 6.39) \times 3.196 = 10.2 \text{ m}^2$

距基础梁边缘 h_0(板的有效高度)处底板斜截面所承受剪力设计值 V_s 为:

$V_s = p_j \cdot S = 400 \times 10.2 = 4080$ kN,答案为(A)

【例题 3 – 11】 (注岩 2011C9)某梁板式筏形底板区格如图所示,$h_0 = 1.2$ m, $l_{n1} = 4.8$ m, $l_{n2} = 8.0$ m,筏板混凝土强度等级为 $C35(f_t = 1.57$ N/mm^2),按《建筑地基基础设计规范》(GB50007—2011)计算,该区格底板斜截面受剪承载力最接近下列哪个选项?

(A)5600 kN (B)6650 kN

(C)16080 kN (D)19700 kN

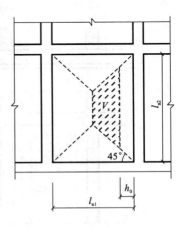

【解】 $\beta_{hs} = \left(\frac{800}{h_0}\right)^{\frac{1}{4}} = \left(\frac{800}{1200}\right)^{\frac{1}{4}} = 0.9036$

$0.7\beta_{hs}f_t(l_{n2} - 2h_0)h_0 = 0.7 \times 0.9036 \times 1570 \times (8.0 - 2 \times 1.2) \times 1.2 = 6673$ kN

答案为(B) 6650 kN。

【例题 3 – 12】 (注岩 2010D5)某梁板式筏形底板区格如图所示,$h_0 = 0.8$ m, $l_{n1} = 3.2$ m, $l_{n2} = 4.8$ m,筏板混凝土强度等级为 $C35(f_t = 1.57$ N/mm^2),按《建筑地基基础设计规范》(GB50007—2011)计算,该区格底板受冲切承载力最接近下列哪个选项?

(A)5600 kN 11250 kN

(C)16080 kN (D)19700 kN

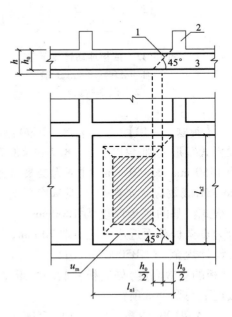

【解】 $h = h_0 + 50 = 800 + 50 = 850$ mm

$\beta_{hp} = 1.0 - \frac{850 - 800}{2000 - 800} \times (1.0 - 0.9) = 0.996$

$u_m = 2(l_{n1} - h_0 + l_{n2} - h_0) = 2(l_{n1} + l_{n2} - 2h_0)$
$= 2 \times (3.2 + 4.8 - 2 \times 0.8) = 12.8$ m

$0.7\beta_{hp}f_t u_m h_0 = 0.7 \times 0.996 \times 1570 \times 12.8 \times 0.8$
$= 11210$ kN

答案为(B) 11250 kN。

13)地下室底层柱、剪力墙与梁板式筏基的基础梁连接的构造应符合下列规定:

(1)柱、墙的边缘至基础梁边缘的距离不应小于 50 mm(图 3 – 17);

（2）当交叉基础梁的宽度小于柱截面的边长时，交叉基础梁连接处应设置八字角，柱角与八字角之间的净距不应小于 50 mm（图 3 - 17a）；

（3）单向基础梁与柱的连接，可按图 3 - 17b、c 采用；

（4）基础梁与剪力墙的连接，可按图 3 - 17d 采用。

14）当地基土比较均匀、地基压缩层内无软弱土层或可液化土层、上部结构刚度较好，柱网和荷载较均匀、相邻柱荷载及柱间距的变化不超过 20% ，且梁板式筏基梁的高跨比或平板式筏基板的厚跨比不小于 1/6 时，筏形基础可仅考虑局部弯曲作用。筏形基础的内力，可按基底反力直线分布进行计算，计算时基底反力应扣除底板自重及其上填土的重量。当不满足上述要求时，筏基内力可按弹性地基梁板方法进行分析计算。

如框架—核心筒结构等，核心筒和周边框架柱之间竖向荷载差异较大，一般情况下核心筒下的基底反力大于周边框架柱下基底反力，不适用于本条提出的简化计算方法，应采用能正确反映结构实际受力情况的计算方法。

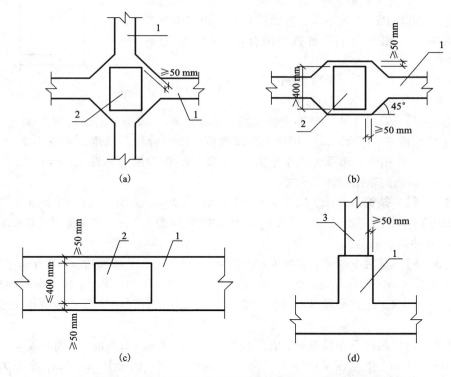

图 3 - 17　地下室底层柱或剪力墙与梁板式筏基的基础梁连接的构造要求

1—基础梁；2—柱；3—墙

15）按基底反力直线分布计算的梁板式筏基，其基础梁的内力可按连续梁分析，边跨跨中弯矩以及第一内支座的弯矩值宜乘以 1.2 的系数。梁板式筏基的底板和基础梁的配筋除满足计算要求外，纵横方向的底部钢筋尚应有不少于 1/3 贯通全跨，顶部钢筋按计算配筋全部连通，底板上下贯通钢筋的配筋率不应小于 0.15% 。

练习题

【**习题 3 - 1**】 （注岩 2007C7）某宿舍楼采用墙下 C15 混凝土条形基础，基础顶面墙体宽度 0.38 m，基底平均压力为 250 kPa，基础底面宽度为 $b = 1.5$ m，基础的最小高度应符合下列哪个选项的要求？

   （A）0.70 m   （B）1.00 m   （C）1.20 m   （D）1.40 m

【**习题 3 - 2**】 （注岩 2012C7）多层建筑物、条形基础，基础宽度 1.0 m，埋深 2.0 m。拟增层改造，荷载增加后，相应于荷载效应标准组合时，上部结构传至基础顶面的竖向力为 160 kN/m，采用加深、加宽基础方式托换、基础加深 2.0 m，基底持力层土质为粉砂，考虑深宽修正后持力层地基承载力特征值为 200 kPa，无地下水，基础及其上土的平均重度取 22.0 kN/m³。荷载增加后设计选择的合理基础宽度为下列哪个选项？

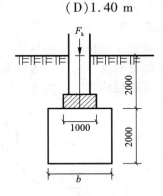

   （A）1.4 m   （B）1.5 m

   （C）1.6 m   （D）1.7 m

【**习题 3 - 3**】 某柱下钢筋混凝土独立基础，埋深 $d = 1.2$ m，基础高度 0.45 m，基础埋深范围内土的重度 $\gamma = 18$ kN/m³，相应于荷载效应标准组合传至基础顶面轴力 $F_k = 380$ kN，$M_k = 38$ kN·m，作用于基础顶面的水平力 $H_k = 32$ kN，持力层为黏性土，$e = 0.8$，$I_L = 0.84$，$f_{ak} = 190$ kPa。试确定基础底面的尺寸。

【**习题 3 - 4**】 某锥形基础，尺寸 $b \times l = 2.5$ m × 2.5 m，基础高度 $h = 0.5$ m，C20 混凝土（$f_t = 1.1$ MPa），作用在基础顶面竖向力 $F_k = 556$ kN，$M_k = 80$ kN·m，柱截面尺寸 0.4 m × 0.4 m，试验算基础受冲切承载力。

【**习题 3 - 5**】 某独立基础，尺寸 $b \times l = 2.4$ m × 2.4 m，基础高度 $h = 0.6$ m，分两个台阶，高度均为 0.3 m，变阶离柱边 0.35 m，$C15$ 混凝土（$f_t = 0.91$ MPa），作用在基础顶面轴心竖向力 $F_k = 680$ kN，柱截面尺寸 0.4 m × 0.4 m，试验算基础在柱边处和变阶处受冲切承载力。

【**习题 3 - 6**】 某柱下单独基础，底面尺寸 $b \times l = 3.7$ m × 2.2 m，基础高度 $h = 0.95$ m，基础埋深 $d = 1.5$ m，作用在基础顶面竖向力 $F_k = 680$ kN，$M_k = 10$ kN·m，水平力 $H_k = 20$ kN，柱截面尺寸 0.7 m × 0.4 m，试计算基础底面的弯矩设计值。

【**习题 3 - 7**】 某钢筋混凝土条形基础，基础高度 $h = 0.35$ m，基础宽度 $b = 2$ m，基础埋深 $d = 2$ m，混凝土墙厚 0.24 m，作用在基础顶面竖向力 $F_k = 220$ kN/m，$M_k = 20$ kN·m，基础为 $C20$ 混凝土，HPB235 钢筋（$f_y = 210$ N/mm²），试计算基础底板受力主筋的面积。

【**习题 3 - 8**】 （注岩 2013C7）某墙下钢筋混凝土条形基础如图所示，墙体及基础的混凝土强度等级均为 C30，基础受力钢筋的抗拉强度设计值为 $f_y = 300$ N/mm²，保护层厚度 50 mm。该条形基础承受轴心荷载，假设基础底面压力线性分布，相应于作用的基本组合时基础底面地基净反力设计值为 200 kPa。问：按照《建筑地基基础设计规范》（GB50007—2011），满足该规范规定且经济合理的受力主筋面积为下列哪个选项？

    （A）1263 mm^2/m

    （B）1425 mm^2/m

    （C）1695 mm^2/m

    （D）1520 mm^2/m

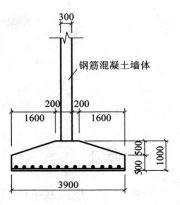

4 桩基础

4.1 概述

当建筑场地浅层地基土质不能满足建筑物对地基承载力和变形的要求,也不宜采用地基处理等措施时,往往需要以地基深层坚硬土层或岩层作为地基持力层,采用深基础方案。深基础主要有桩基础、沉井基础、墩基础和地下连续墙等几种类型,其中以桩基础的历史最为悠久,应用最为广泛。随着生产力水平的提高和科学技术的发展,桩的种类和型式、施工机具、施工工艺以及桩基设计理论和设计方法等,都在高速演进和发展。

4.1.1 桩基础及其应用

桩基(piled foundation):由设置于岩土中的桩和与桩顶联结的承台共同组成的基础或由柱与桩直接联结的单桩基础。

复合桩基(composite piled foundation):由基桩和承台下地基土共同承担荷载的桩基础。

基桩(foundation pile):桩基础中的单桩。

复合基桩(composite foundation pile):单桩及其对应面积的承台下地基土组成的复合承载基桩。

减沉复合疏桩基础(composite foundation with settlement-reducing piles):软土地基天然地基承载力基本满足要求的情况下,为减小沉降采用疏布摩擦型桩的复合桩基。

桩基础优点:

它具有承载力高、稳定性好、沉降量小而均匀,在深基础中具有耗用材料少、施工简便等特点。

在深水河道中,可避免(或减少)水下工程,简化施工设备和技术要求,加快施工速度并改善劳动条件。

伴随着工业化水平不断提高,桩与桩基础不仅便于工厂化生产和机械化施工,而且能适应于不同的水文地质条件和承受不同荷载性质的上部结构。

桩基础的适用条件:

第一,荷载较大,地基上部土层软弱,适宜的地基持力层位置较深,采用浅基础或人工地基在技术上不可行、经济上不合理时;

第二,河床冲刷较大,河道不稳定或冲刷深度不易计算正确,如采用浅基础施工困难或不能保证基础安全时;

第三,当地基计算沉降过大或结构物对不均匀沉降敏感时,采用桩基础穿过松软(高压缩性)土层,将荷载传到较坚实(低压缩性)土层,减少结构物沉降并使沉降较均匀;

第四,当施工水位或地下水位较高时,采用桩基础可减小施工困难和避免水下施工;

第五，地震区，在可液化地基中，采用桩基础可增加结构物的抗震能力，桩基础穿越可液化土层并伸入下部密实稳定土层，可消除或减轻地震对结构物的危害。

当上层软弱土层很厚，桩底不能达到坚实土层时，就需要用较多、较长的桩来传递荷载，且这时的桩基础沉降量较大，稳定性也稍差；当覆盖层很薄时，桩的稳定性也会有问题，就不一定是最佳的基础形式，应经过多方面的比较才能确定优选的方案。

因此，在考虑桩基础方案时，必须根据上部结构特征与使用要求，认真分析研究建筑地点的工程地质与水文地质资料，考虑不同桩基类型特点和施工环境条件，经多方面比较，精心设计，慎重选择方案。

4.1.2 桩和桩基础的分类

1. 按承载性状分类

1）摩擦型桩：

摩擦桩：在承载能力极限状态下，桩顶竖向荷载由桩侧阻力承受，桩端阻力小到可忽略不计；

端承摩擦桩：在承载能力极限状态下，桩顶竖向荷载主要由桩侧阻力承受。

2）端承型桩：

端承桩：在承载能力极限状态下，桩顶竖向荷载由桩端阻力承受，桩侧阻力小到可忽略不计；

摩擦端承桩：在承载能力极限状态下，桩顶竖向荷载主要由桩端阻力承受。

承载性状的两个大类和四个亚类是根据其在极限承载力状态下，总侧阻力和总端阻力所占份额而定。承载性状的变化不仅与桩端持力层性质有关，还与桩的长径比、桩周土层性质、成桩工艺等有关。对于设计而言，应依据基桩竖向承载性状合理配筋、计算负摩阻力引起的下拉荷载、确定沉降计算图式、制定灌注桩沉渣控制标准和预制桩锤击和静压终止标准等级。

2. 按成桩方法分类

1）非挤土桩：包括干作业法钻（挖）孔灌注桩、泥浆护壁法钻（挖）孔灌注桩、套管护壁法钻（挖）孔灌注桩等。这类在成桩过程中基本对桩相邻土不产生挤压效应的桩称为非挤土桩，其设备噪音较挤土桩小，而废泥浆、弃土运输等可能会对周围环境造成影响。

2）部分挤土桩：冲孔灌注桩、钻孔挤扩灌注桩、搅拌劲芯桩、预钻孔打入（静压）预制桩、打入（静压）式敞口钢管桩、敞口预应力混凝土空心桩和 H 型钢桩；当挤压桩无法施工时，可采用预钻小孔后打较大尺寸预制或灌注桩的施工方法，也可打入敞口桩（钢管、预制混凝土管桩）。

3）挤土桩：沉管灌注桩、沉管夯（挤）扩灌注桩、打入（静压）预制桩、闭口预应力混凝土空心桩和闭口钢管桩。

挤土桩除施工噪音较大外，不存在泥浆及弃土污染问题。当施工质量好、方法得当时，其单方混凝土材料所提供的承载力较非挤土桩及部分挤土桩高（无黏性土越紧密强度越高，摩阻力也增大）。

按成桩挤土效应分类，经大量工程实践证明是必要的，也是借鉴国外相关标准的规定。成桩过程中有无挤土效应，涉及设计选型、布桩和成桩过程质量控制和桩的承载力。

成桩过程的挤土效应在饱和黏性土中是负面的，会引发灌注桩断桩、颈缩等质量事故，对于挤土预制混凝土桩和钢桩会导致桩体上浮，降低承载力，增大沉降；挤土效应还会造成周边房屋、市政设施受损；在松散土和非饱和填土中则是正面的，会起到加密、提高承载力的作用。

对于非挤土桩，由于其既不存在挤土负面效应，又具有穿越各种硬夹层、嵌岩和进入各类硬持力层的能力，桩的几何尺寸和单桩承载力可调空间大。因此钻、挖孔灌注桩使用范围大，尤以高重建筑物更为合适。

3. 按桩径（设计直径）大小分类

1）小直径桩　桩径 $d \leqslant 250$ mm，多用于基础加固及复合桩基础；

2）中等直径桩　桩径 250 mm $< d < 800$ mm，大量使用，成桩方法和工艺繁多；

3）大直径桩　桩径 $d \geqslant 800$ mm，桩径大且桩端还可以扩大，因此单桩承载力较高。此类桩除大直径钢管桩外，多数为钻、冲、挖孔灌注桩，通常用于高层或重型建（构）筑物的基础，并可实现柱下单桩的结构型式。正因为如此，也决定了大直径桩施工质量的重要性。

桩径大小影响桩的承载力性状，大直径钻（挖、冲）孔桩成孔过程中，孔壁的松驰变形导致侧阻力降低的效应随桩径增大而增大，桩端阻力则随直径增大而减小。这种尺寸效应与土的性质有关，黏性土、粉土与砂土、碎石类土相比，尺寸效应相对较弱。

4.2　单桩轴向荷载的传递

4.2.1　单桩轴向荷载的传递过程

桩在轴向压力荷载作用下，桩身材料将发生弹性压缩变形，桩与桩侧土体发生相对位移，桩顶轴向位移（沉降）等于桩身弹性压缩量与桩底土层压缩量之和。置于土中的桩与其侧面土是紧密接触的，当桩相对于桩侧土向下位移时，桩侧土对桩身就产生向上的桩侧摩阻力（图 4−1）。

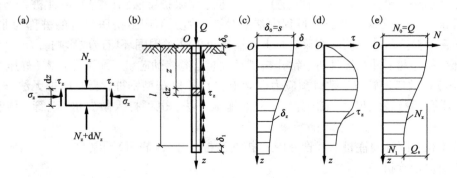

图 4−1　单桩轴向荷载传递

(a)微段桩的受力情况；(b)轴向受压的单桩；

(c)截面位移；(d)摩阻力分布；(e)轴力分布

桩顶荷载沿桩身向下传递的过程中，必须不断地克服这种摩阻力，桩身轴向力就随深度逐渐减小,传至桩底轴向力也即桩底支承反力。桩顶荷载是桩通过桩侧摩阻力和桩端阻力传递给土体。或者说,土对桩的支承力由桩侧阻力和桩端阻力两部分组成。

桩的极限荷载(或称极限承载力) = 桩侧极限摩阻力 + 桩端极限阻力

4.2.2 单桩轴向荷载传递的一般规律

桩侧摩阻力和桩端阻力的发挥程度与桩土间的变形性态有关,且各自达到极限值时所需要的位移量是不相同的。

模型和现场的试验研究表明,桩的承载力随着桩的入土深度,特别是进入持力层的深度而变化,这种特性称为深度效应。桩底端进入持力砂土层或硬黏土层时,桩端的极限阻力随着进入持力层的深度线性增加。达到一定深度后,桩端阻力的极限值保持稳定值。这一深度称为临界深度 h_{cp}。桩侧的极限摩阻力随着进入持力层的深度线性增加。达到一定深度后,保持稳定值。这一深度称为临界深度 h_{cs}。

综上所述,桩侧极限摩阻力与所处深度、土的类别和性质、成桩方法等多种因素有关,桩侧摩阻力发挥到极限值所需的桩—土相对位移值仅与土的类别有关。桩侧摩阻力只要桩土间有不太大的相对位移就能充分的发挥,一般认为黏性土为 $4\sim6$ mm,砂性土为 $6\sim10$ mm。

桩端阻力的发挥不仅滞后于桩侧阻力,而且其充分发挥所需的桩底位移值比桩侧摩阻力达到极限所需的桩身截面位移值大得多。根据小型桩试验结果,砂类土的桩底极限位移为 $(0.08\sim0.1)d$,一般黏性土为 $0.25d$,硬黏土为 $0.1d$。

此外,桩长对荷载的传递也有重要影响,当桩长较大(例如 $l/d>25$)时,因桩身压缩变形大,桩端阻力尚未发挥,桩顶位移已超出限值,此时传递到桩端的荷载极为微小。因此很长的桩实际上是摩擦桩,用扩大桩端直径来提高承载力是徒劳的。

4.2.3 单桩在轴向荷载作用下的破坏形式

1. 压屈破坏

当桩长较长、桩底支承在很坚硬的地层上,桩周土层极为软弱,抗剪强度很低,桩身无约束或侧向抵抗力。桩在轴向受压荷载作用下,如同一根细长压杆似地出现纵向挠曲破坏。荷载 – 沉降($P-s$)曲线为"急剧破坏"的陡降型,其沉降量很小,$P-s$ 上呈现出明确的破坏荷载[图 $4-2(a)$]。桩的承载力取决于桩身的材料强度。如穿越深厚淤泥质土层中的小直径端承桩或嵌岩桩多属此破坏。

2. 整体剪切破坏

足够强度的桩穿过抗剪强度较低的土层而达到强度较高的土层,且桩的长度不大时,桩在轴向荷载作用下,由于桩底上部土层不能阻止滑动土楔的形成,桩底土体形成滑动面出现整体剪切破坏。此时桩的沉降量较小,桩侧阻力难以充分发挥,主要荷载由桩端阻力承受。荷载 – 沉降($P-s$)曲线也为陡降型,在 $P-s$ 曲线上可求得明确的破坏荷载[图 $4-2(b)$]。桩的承载力主要取于桩底土的支承力,桩侧摩阻力也起一部分作用。一般打入式短桩、钻扩短桩等属此种破坏。

3. 刺入破坏

足够强度的桩入土深度较大或桩周土层抗剪强度较均匀时,桩在轴向受压荷载作用下将出现刺入式破坏[图 $4-2(c)$]。此时桩顶荷载主要由桩侧摩阻力承受,桩端阻力极微,桩的沉降量较大。一般当桩周土层较软弱时，荷载－沉降($P-s$)曲线为"渐进破坏"的缓变型，无明显拐点，极限荷载难以判断；当桩周土的抗剪强度较高时，荷载－沉降($P-s$)曲线可能为陡降型，有明显拐点，桩所受荷载由桩侧摩阻力和桩端反力共同承受，即一般所称端承摩擦桩或几乎全由桩侧摩阻力承受即摩擦桩。一般情况下的钻孔灌注桩多属此种情况。

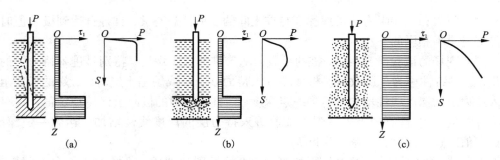

图 4 － 2　单桩在轴向荷载作用下的破坏形式

(a)压屈破坏；(b)整体剪切破坏；(c)刺入破坏

4.2.4　桩的负摩阻力

1. 负摩阻力的意义及其产生原因

正摩阻力：桩受轴向荷载作用后，桩相对于桩侧土体作向下位移，使土对桩产生向上作用的摩阻力。

负摩阻力：桩周土由于自重固结、湿陷、地面荷载作用等原因而产生大于基桩的沉降所引起的对桩表面的向下摩阻力。

由负摩阻力引起的下拉荷载，将使桩的承载力相对降低，加大桩基沉降量。

负摩阻力产生的原因：

1)在桩附近地面大面积堆载，引起地面沉降，对桩产生负摩阻力；

2)抽取地下水或其他原因，地下水位下降，使土层产生自重固结下沉；

3)桩穿过欠压密土层(如填土)进入硬持力层，土层产生自重固结下沉；

4)桩数很多的密集群桩打桩时，使桩周土中产生很大的超孔隙水压力，打桩停止后桩周土的再固结作用引起下沉；

5)在黄土、冻土中的桩，因黄土湿陷、冻土融化产生地面下沉。

2. 中性点及其位置的确定

桩身负摩阻力并不一定发生于整个软弱压缩土层中，而是在桩周土相对于桩产生下沉的范围内，它与桩周土的压缩性、固结、桩身压缩及桩底沉降等因素直接有关。

当桩侧产生负摩阻力时，由负摩阻力过渡到正摩阻力，出现摩阻力为零的断面称为中性点。中性点以上桩的位移小于桩侧土的位移，中性点以下桩的位移大于桩侧土的位移，中性点为桩、土位移相等的断面[图 4 － 3(a)]。中性点以上桩身轴向压力随深度递增，中性点以下桩身轴向压力随深度递减，中性点截面桩身的轴力最大[图 4 － 3(c)]。中性点以上为负摩阻力，中性点以下为正摩阻力[图 4 － 3(b)]。

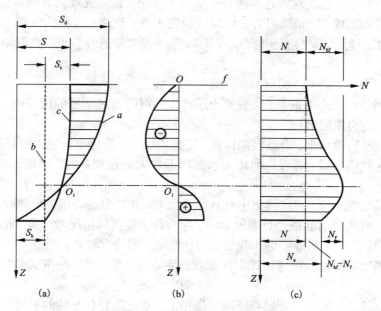

图 4 - 3　桩侧负摩阻力分析示意

(a) 桩周土沉降(a 线)、桩端沉降(b 线)、桩身压缩 + 桩端沉降(c 线)随深度分布；
(b) 桩侧阻力随深度分布；(c) 桩身轴力随深度分布

影响中性点深度的因素：①桩端持力层的刚度　持力层愈硬，中性点愈深；端承型桩的中性点深度大于摩擦型桩；②桩周土层的变形性质和应力历史　桩周土层压缩性愈高、欠固结度愈大、欠固结土层愈厚，中性点深度愈大；③当桩基在桩顶荷载作用下的沉降已完成的情况下，因外部条件变化引起负摩阻力时，中性点深度较大；④桩的长径比愈小、截面刚度愈大，中性点深度愈大。

一般来说，中性点的位置，在初期多少有变化，它随桩的沉降增加而向上移动，当沉降趋于稳定，中性点也将稳定在某一固定的深度 l_n 处。中性点深度 l_n 应按桩周土层沉降与桩沉降相等的条件计算确定，也可参照表 4 - 1 确定。

表 4 - 1　中性点深度 l_n

持力层性质	黏性土、粉土	中密以上砂	砾石、卵石	基岩
中性点深度比 l_n/l_0	0.5 ~ 0.6	0.7 ~ 0.8	0.9	1.0

注：①l_n、l_0——自桩顶算起的中性点深度和桩周软弱土层下限深度；
②桩穿过自重湿陷性黄土时，l_n 可按表列值增大 10%（持力层为基岩除外）；
③当桩周土层固结与桩基沉降同时完成时，取 $l_n = 0$；
④当桩周土层计算沉降量小于 20 mm 时，l_n 应按表列值乘以 0.4 - 0.8 折减。

工程实测表明，在高压缩性土层 l_0 的范围内，负摩阻力的作用长度，即中性点的稳定深度 l_n，随桩端持力层的强度和刚度的增大而增加。

负摩阻力的时间效应：负摩阻力是由桩侧土层的固结沉降所引起，因此负摩阻力的产生和发展需要一个时间过程。这一过程的长短取决于桩侧土固结完成的时间和桩自身沉降的完成时间。当后者先完成，则负摩阻力达峰值后稳定不变；反之，当桩的沉降迟于桩侧土完成时，则负摩阻力达峰值后又会有所降低。固结土层愈厚、渗透性愈低，负摩阻力达峰值所需时间愈长。

3. 负摩阻力及其引起的下拉荷载的计算

1）符合下列条件之一的桩基，当桩周土层产生的沉降超过基桩的沉降时，在计算基桩承载力时应计入桩侧负摩阻力：

a. 桩穿越较厚松散填土、自重湿陷性黄土、欠固结土、液化土层进入相对较硬土层时；

b. 桩周存在软弱土层，邻近桩侧地面承受局部较大的长期荷载，或地面大面积堆载（包括填土）时；

c. 由于降低地下水位，使桩周土中有效应力增大，并产生显著压缩沉降时。

2）桩周土沉降可能引起桩侧负摩阻力时，应根据工程具体情况考虑负摩阻力对桩基承载力和沉降的影响；当缺乏可参照的工程经验时，可按下列规定验算：

a. 对于摩擦型基桩可取桩身计算中性点以上侧阻力为零，并可按下式验算基桩承载力：

$$N_k \leqslant R_a \qquad (4-1)$$

式中，N_k——荷载效应标准组合轴心竖向力作用下，基桩或复合基桩的平均竖 向力（kN）；

R_a——基桩竖向承载力特征值（kN）。

b. 对于端承型基桩除应满足式（4-1）的要求外，尚应考虑负摩阻力引起基桩的下拉荷载 Q_g^n，并可按下式验算基桩承载力：

$$N_k + Q_g^n \leqslant R_a \qquad (4-2)$$

c. 当土层不均匀或建筑物对不均匀沉降较敏感时，尚应将负摩阻力引起的下拉荷载计入附加荷载验算桩基沉降。

注：本条中基桩的竖向承载力特征值 R_a 只计中性点以下部分侧阻值及端阻值。

桩周负摩阻力对基桩承载力和沉降的影响，取决于桩周负摩阻力强度、桩的竖向承载类型，分三种情况验算。

a. 对于摩擦型桩，由于受负摩阻力沉降增大，中性点随之上移，即负摩阻力、中性点与桩顶荷载处于动态平衡。作为一种简化，取假想中性点（按桩端持力层性质取值）以上摩阻力为零验算基桩承载力。

b. 对于端承型桩，由于桩受负摩阻力后不发生沉降或沉降量很小，桩土无相对位移或相对位移很小，中性点无变化，故负摩阻力构成的下拉荷载应作为附加荷载考虑。

c. 当土层分布不均匀或建筑物对不均匀沉降较敏感时，由于下拉荷载是附加荷载的一部分，故应将其计入附加荷载进行沉降验算。

3）桩侧负摩阻力及其引起的下拉荷载，当无实测资料时可按下列规定计算：

a. 中性点以上单桩桩周第 i 层土负摩阻力标准值，可按下列公式计算：

$$q_{si}^n = \xi_{ni} \cdot \sigma_i' \qquad (4-3)$$

当填土、自重湿陷性黄土湿陷、欠固结土层产生固结和地下水降低时：$\sigma_i' = \sigma_{\gamma i}'$

当地面分布大面积荷载时：$\sigma_i' = p + \sigma_{\gamma i}'$

$$\sigma_{\gamma i}' = \sum_{e=1}^{i-1} \gamma_e \cdot \Delta z_e + \frac{1}{2} \gamma_i \cdot \Delta z_i \qquad (4-4)$$

式中，q_{si}^n——第 i 层土桩侧负摩阻力标准值(kPa)；当按式(4-3)计算值大于正摩阻力标准值时，取正摩阻力标准值进行设计；

由于竖向有效应力随上覆土层自重增大而增加，当 $q_{si}^n = \xi_{ni} \cdot \sigma_i'$ 超过土的极限侧阻力 q_{sik} 时，负摩阻力不再增大。故当计算负摩阻力 q_{si}^n 超过极限侧摩阻力时，取极限侧摩阻力值。

ξ_{ni}——桩周第 i 层土负摩阻力系数，可按表4-2取值；

σ_i'——桩周第 i 层土平均竖向有效应力(kPa)；

$\sigma_{\gamma i}'$——由土自重引起的桩周第 i 层土平均竖向有效应力(kPa)；桩群外围桩自地面算起，桩群内部桩自承台底算起；

γ_i, γ_m——第 i 计算土层和其上第 m 土层的重度(kN/m³)，地下水位以下取浮重度；

Δz_i, Δz_m——第 i 层土和第 m 层土的厚度(m)；

p——地面均布荷载(kPa)。

表4-2 负摩阻力系数 ξ_{ni}

土类	负摩阻力系数 ξ_{ni}
饱和软土	0.15~0.25
黏性土、粉土	0.25~0.40
砂土	0.35~0.50
自重湿陷性黄土	0.20~0.35

注：①在同一类土中，对于挤土桩，取表中较大值，对于非挤土桩，取较小值；
②填土按其组成取表中同类土的较大值。

b. 考虑群桩效应的基桩下拉荷载可按下式计算：

$$Q_g^n = \eta_n \cdot u \sum_{i=1}^{n} q_{si}^n l_i \qquad (4-5)$$

$$\eta_n = s_{ax} \cdot s_{ay} \left/ \left[\pi d \left(\frac{q_s^n}{\gamma_m} + \frac{d}{4} \right) \right] \right. \qquad (4-6)$$

式中，n——中性点以上土层数；

l_i——中性点以上第 i 土层的厚度(m)；

η_n——负摩阻力群桩效应系数；

s_{ax}, s_{ay}——纵、横向桩的中心距(m)；

q_s^n——中性点以上桩周土层厚度加权平均负摩阻力标准值(kPa)；

γ_m——中性点以上桩周土层厚度加权平均重度(kN/m³)，地下水位以下取浮重度。

对于单桩基础或按式(4-6)计算的群桩效应系数 $\eta_n > 1$ 时，取 $\eta_n = 1$。

对于单桩基础，桩侧负摩阻力的总和即为下拉荷载。

对于桩距较小的群桩，其基桩的负摩阻力因群桩效应而降低。这是由于桩侧负摩阻力是由桩侧土体沉降而引起，若群桩中各桩表面单位面积所分担的土体重量小于单桩的负摩阻力极限值，将导致基桩负摩阻力降低，即显示群桩效应。计算群桩中基桩的下拉荷载时，应乘以群桩效应系数 $\eta_n < 1$。

消减负摩阻力的措施：

1）针对成桩采取的措施：对于预制混凝土桩和钢桩，一般采用涂层的办法减小负摩阻力，即对可能产生负摩阻力的桩身范围涂以软沥青涂层。对穿过欠固结土层支承于坚硬持力层上的灌注桩，可采用以下两种措施之一降低负摩阻力。①采用植桩法成桩。当桩长很大时，下段桩采用常规法浇注混凝土，上段沉降土层先以稠度较高的膨润土泥浆将孔中泥浆置换，然后插入比钻孔直径小（5%～10%）d 的预制混凝土桩段；当桩长较短时，成孔以高稠度膨润土泥浆置换原有泥浆，然后插入预制混凝土桩。②在干作业条件下，可采用双层筒形塑料薄膜预先置于钻孔沉降土层范围内，然后在其中浇注混凝土，使塑料薄膜在桩身与孔壁间形成可自由滑动的隔离层。

2）针对地基采取措施：

（1）对于填土建筑场地，宜先填土后成桩，为保证填土的密实性，应根据填料及下卧层性质，对低水位场地分层填土分层碾压或分层强夯，压实系数不应小于0.94。为加速下卧层固结，宜采取插塑料排水板等措施。

（2）室内大面积堆载常见于各类仓库、炼钢、轧钢车间，由堆载引起上部结构开裂乃至破坏的事故不少。要防止堆载对桩基产生负摩阻力，对堆载地基进行加固处理是一种有效措施。也可对与堆载相邻的桩基采用刚性排桩进行隔离。

（3）对于自重湿陷性黄土，可采用强夯、挤密土桩等处理，消除土层的湿陷性。

【例题 4-1】 （注岩2002D5）已知钢筋混凝土预制方桩边长为300 mm，桩长22 m，桩顶入土深度2 m，桩端入土深度24 m，场地地层条件见下表。当地下水位由0.5 m下降至5 m，按《建筑桩基技术规范》（JGJ94—2008）计算单桩基础由于负摩阻力引起的下拉载荷最接近下列哪个选项的数值？

（A）300 kN （B）400 kN （C）500 kN （D）600 kN

注：中性点深度比（l_n/l_0）：黏性土为0.5，中密砂土为0.7；负摩阻力系数 η_n：饱和软土0.2，黏性土0.3，砂土0.4。

层序	土层名称	层底深度（m）	层厚（m）	天然重度（kN/m³）	压缩模量（MPa）	q_{sik}（kPa）
①	填土	1.2	1.2	18.0		
②	粉质黏土	2.0	0.8	18.0		
③	淤泥质土	12.0	10.0	17.0		28
④-1	黏土	22.7	10.7	18.0	4.5	55
⑤-2	粉砂	28.8	6.1	19.0	15.0	100
⑥-3	粉质黏土	35.3	6.5	18.5	6.0	
⑦-2	粉砂	40.0	4.7	20.0	30.0	

解： $l_n/l_0 = 0.7 \Rightarrow l_n = 0.7l_0 = 0.7 \times 20.7 = 14.5 \text{ m}$

$$\sigma_1' = \sigma_{\gamma 1}' = \sum_{m=1}^{i-1} \gamma_m \cdot \Delta z_m + \frac{1}{2}\gamma_i \cdot \Delta z_i = 18 \times 1.2 + 18 \times 0.8 + \frac{1}{2} \times (17 \times 3) = 61.5 \text{ kPa}$$

$$q_{s1}^n = \xi_{n1} \cdot \sigma_1' = 0.2 \times 61.5 = 12.3 \text{ kPa} < q_{s1k} = 28 \text{ kPa}$$

$$\sigma_2' = \sigma_{\gamma 2}' = \sum_{m=1}^{i-1} \gamma_m \cdot \Delta z_m + \frac{1}{2}\gamma_i \cdot \Delta z_i$$

$$= 18 \times 1.2 + 18 \times 0.8 + 17 \times 3 + \frac{1}{2} \times 7 \times 7 = 111.5 \text{ kPa}$$

$$q_{s2}^n = \xi_{n1} \cdot \sigma_2' = 0.2 \times 111.5 = 22.3 \text{ kPa} < q_{s1k} = 28 \text{ kPa}$$

$$\sigma_3' = \sigma_{\gamma 3}' = \sum_{m=1}^{i-1} \gamma_m \cdot \Delta z_m + \frac{1}{2}\gamma_i \cdot \Delta z_i$$

$$= 18 \times 1.2 + 18 \times 0.8 + 17 \times 3 + 7 \times 7 + \frac{1}{2} \times 8 \times 4.5 = 154 \text{ kPa}$$

$$q_{s3}^n = \xi_{n3} \cdot \sigma_3' = 0.3 \times 154 = 46.2 \text{ kPa} < q_{s3k} = 55 \text{ kPa}$$

$$Q_g^n = \eta_n \cdot u \sum_{i=1}^n q_{si}^n l_i = 1.0 \times 4 \times 0.3 \times (12.3 \times 3 + 22.3 \times 7 + 46.2 \times 4.5) = 481 \text{ kN}$$

答案为(C)500 kN

【例题 4-2】 （注岩 2004C16）
一钻孔灌注桩，桩径 $d = 0.85 \text{ m}$，桩
长 $l = 22 \text{ m}$，如图所示，地下水位在地
面处，由于大面积堆载引起负摩阻
力，按《建筑桩基技术规范》(JGJ94—
2008)，计算下拉荷载最接近下列哪
个选项的数值（已知中性点 $l_n/l_0 = 0.8$，淤泥质土负摩阻力系数 $\xi_n = 0.2$）？

(A)400 kN

(B)480 kN

(C)580 kN

(D)680 kN

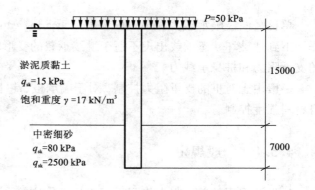

解： $l_n/l_0 = 0.8 \Rightarrow l_n = 0.8l_0 = 0.8 \times 15 = 12 \text{ m}$

$$\sigma_\gamma' = \sum_{m=1}^{i-1} \gamma_m \cdot \Delta z_m + \frac{1}{2}\gamma_i \cdot \Delta z_i = \frac{1}{2} \times 7 \times 12 = 42 \text{ kPa}$$

$$\sigma' = p + \sigma_\gamma' = 50 + 42 = 92 \text{ kPa}$$

$$q_s^n = \xi_n \cdot \sigma' = 0.2 \times 92 = 18.4 \text{ kPa} > q_{sk} = 15 \text{ kPa}, \text{ 取 } q_s^n = 15 \text{ kPa}$$

$$Q_g^n = \eta_n \cdot u \sum_{i=1}^n q_{si}^n l_i = 1.0 \times \pi \times 0.85 \times (15 \times 12) = 480.7 \text{ kN}$$

答案为(B)480 kN

【例题 4-3】 （注岩 2010D10）某正方形承台下布端承型灌注桩 9 根，桩身直径为
700 mm，纵、横桩间距均为 2.5 m，承台埋深 2 m，地下水位埋深为 2 m，桩端持力层为卵石，

桩周土 0 ~ 5 m 为均匀的新填土，填土重度为 18.5 kN/m^3，桩侧极限负摩阻力标准值为 30 kPa，5 ~ 12 m 为软弱土，重度为 18 kN/m^3，桩侧极限负摩阻力标准值为 15 kPa，以下为正常固结土层，按《建筑桩基技术规范》(JGJ 94—2008)考虑群桩效应时，负摩阻力群桩效应系数最接近下列哪个选项？

(A)0.95 　　　　　(B)1.0

(C)1.09 　　　　　(D)1.15

答案：(B)

【解】 桩端持力层为卵石，查表 4 – 1，$l_n/l_0 = 0.9 \Rightarrow l_n = 0.9 l_0 = 0.9 \times 10 = 9$ m

$$q_s^n = \frac{30 \times 3 + 15 \times 6}{9} = 20 \text{ kPa}, \quad \gamma_m = \frac{8.5 \times 3 + 8 \times 6}{9} = 8.2 \text{ kN/m}^3$$

$$\eta_n = \frac{s_{ax} \cdot s_{ay}}{\pi d \left(\dfrac{q_s^n}{\gamma_m} + \dfrac{d}{4} \right)} = \frac{2.5 \times 2.5}{\pi \times 0.7 \left(\dfrac{20}{8.2} + \dfrac{0.7}{4} \right)} = 1.087 > 1, \text{ 取 } \eta_n = 1.0 \text{ 答案为 (B)}$$

4.3 单桩竖向抗压极限承载力

单桩竖向极限承载力(ultimate vertical bearing capacity of a single pile)：单桩在竖向荷载作用下到达破坏状态前或出现不适于继续承载的变形时所对应的最大荷载，它取决于土对桩的支承阻力和桩身承载力。

一般由土对桩的支承阻力控制，对于端承桩、超长桩和桩身质量有缺陷的桩，可能由桩身材料强度控制。

4.3.1 一般规定

1. 设计采用的单桩竖向极限承载力标准值应符合下列规定：

1)设计等级为甲级的建筑桩基，应通过单桩静载试验确定；

2)设计等级为乙级的建筑桩基，当地质条件简单时，可参照地质条件相同的试桩资料，结合静力触探等原位测试和经验参数综合确定；其余均应通过单桩静载试验确定；

3)设计等级为丙级的建筑桩基，可根据原位测试和经验参数确定。

目前对单桩竖向极限承载力计算受土强度参数、成桩工艺、计算模式不确定性影响的可靠度分析仍处于探索阶段的情况下，单桩竖向极限承载力仍以原位原型试验为最可靠的确定方法，其次是利用地质条件相同的试桩资料和原位测试及端阻力、侧阻力与土的物理指标的经验关系参数确定。对于不同桩基设计等级应采用不同可靠性水准的单桩竖向极限承载力确定的方法。单桩竖向极限承载力的确定，要把握两点，一是以单桩静载试验为主要依据，二是要重视综合判定的思想。因为静载试验一则数量少，二则在很多情况下如地下室土方尚未开挖，设计前进行完全与实际条件相符的试验不可能。因此，在设计过程中，离不开综合判定。

2. 单桩竖向极限承载力标准值、极限侧阻力标准值和极限端阻力标准值应按下列规定确定：

1）单桩竖向静载试验应按现行行业标准《建筑基桩检测技术规范》JGJ 106 执行；

2）对于大直径端承型桩，也可通过深层平板（平板直径应与孔径一致）载荷试验确定极限端阻力；

3）对于嵌岩桩，可通过直径为 0.3 m 岩基平板载荷试验确定极限端阻力标准值，也可通过直径为 0.3 m 嵌岩短墩载荷试验确定极限侧阻力标准值和极限端阻力标准值；

4）桩的极限侧阻力标准值和极限端阻力标准值宜通过埋设桩身轴力测试元件由静载试验确定。并通过测试结果建立极限侧阻力标准值和极限端阻力标准值与土层物理指标、岩石饱和单轴抗压强度以及与静力触探等土的原位测试指标间的经验关系，以经验参数法确定单桩竖向极限承载力。

4.3.2 按单桩竖向静载试验确定单桩竖向极限承载力标准值

单桩竖向静载试验：在桩顶逐级施加轴向荷载，直至桩达到破坏状态为止，并在试验过程中测量每级荷载下不同时间的桩顶沉降，根据沉降与荷载及时间的关系，确定单桩竖向极限承载力。

为设计提供依据的试验桩，应加载至破坏；当桩的承载力以桩身强度控制时，可按设计要求的加载量进行。对工程桩抽样检测时，加载量不小于设计要求的单桩承载力特征值的 2.0 倍。

1. 试验装置

加载装置 + 荷载与沉降的量测仪表。

2. 测试方法

①试验加载方式——慢速维持荷载法：分级加载，每级荷载达到相对稳定后再加下一级荷载，直到试桩破坏。每级荷载约为预估极限承载力或最大加载量的 1/10。第一级可按 2 倍分级荷载加荷。

测读沉降时间：每级加载后按第 5、15、30、45、60 min 测读桩顶沉降量，以后每隔 30 min 测读一次。

②沉降相对稳定的标准：每一小时内的桩顶沉降量不超过 0.1 mm，并连续出现两次（从分级荷载施加后第 30 min 开始，按 1.5 h 内连续三次每 30 min 的沉降观测值计算）。

③终止加载标准：

（1）某级荷载作用下，桩的沉降量为前一级荷载作用下沉降量的 5 倍；（注：当桩顶沉降能相对稳定且总沉降量小于 40 mm 时，宜加载至桩顶总沉降量超过 40 mm。）

（2）某级荷载下桩的沉降量大于前一级荷载下沉降量的 2 倍，且经 24 h 桩的沉降尚未达到相对稳定标准；

（3）已达到设计要求的最大加载量。

（4）当工程桩作锚桩时，锚桩上拔量已达到允许值；

（5）当荷载—沉降曲线呈缓变型时，可加载至桩顶总沉降量 60~80 mm；在特殊情况下，可根据具体要求加载至桩顶累计沉降量超过 80 mm。

3. 单桩竖向极限承载力和极限承载力标准值

单桩竖向抗压极限承载力 Q_u 可按下列方法综合分析确定：

1）根据沉降随荷载变化的特征确定：对于陡降型 $Q-s$ 曲线，取 $Q-s$ 曲线发生明显陡降的起始点对应的荷载值；

2）根据沉降随时间变化的特征确定：取 $s-\lg t$ 曲线尾部明显出现向下弯曲的前一级荷载值；

3）出现终止加载标准的第二种情况，取前一级荷载值。

4）对于缓变型 $Q-s$ 曲线可根据沉降量确定，宜取 $s=40$ mm 所对应的荷载值；当桩长大于 40 m 时，宜考虑桩的弹性压缩量；对大直径桩可取 $s=0.05D$（D 为桩端直径）所对应的荷载值。

注：当按上述四款判定桩的竖向抗压承载力未达到极限时，桩的竖向抗压极限承载力应取最大试验荷载值。

单桩竖向抗压极限承载力统计值的确定应符合下列规定：

1）参加统计的试验结果，当满足极差不超过平均值的30%时，取其平均值为单桩竖向抗压极限承载力统计值；

2）当极差超过平均值的30%时，应分析原因，结合工程具体情况综合确定，必要时可增加试桩数量；

当极差超过平均值的30%时，首先应分析、查明原因，结合工程具体情况综合确定。例如：一组 5 根试桩的承载力值分别为 800 kN、950 kN、1000 kN、1100 kN、1150 kN，平均值为 1000 kN，单桩承载力最低值和最高值的极差为 350 kN，超过了平均值的30%，则不得将最低值 800 kN 去掉取剩下四个值平均，或将最低和最高值去掉取剩下三个值平均。应查明是否出现桩的质量问题或场地条件变异，若低值承载力出现的原因并非偶然的施工质量造成，则按本例依次去掉高值后取平均，直至满足极差不超过平均值30%的条件。即：去掉 1150 kN 后取平均，得平均值为 962.5 kN，极差为 300 kN 仍大于平均值的30%（289 kN）；再去掉 1100 kN 后取剩下三个值平均得平均值为 917 kN，极差为 200 kN 小于平均值的30%（275 kN）。故单桩竖向抗压极限承载力统计值为 917 kN。

3）对桩数为 3 根或 3 根以下的柱下承台，或工程桩抽检数量少于 3 根时，应取低值。

单位工程同一条件下的单桩竖向抗压承载力特征值 R_a 应按单桩竖向抗压极限承载力统计值的一半取值。

4.3.3　按原位测试法确定单桩竖向极限承载力标准值

静力触探仪的探头贯入土中时的贯入阻力与受压单桩在土中的工作状况有相类似。将探头压入土中测得探头的贯入阻力，取得资料与试桩结果进行比较，通过大量资料的积累和分析研究，建立经验公式确定单桩竖向极限承载力标准值。测试时，可采用单桥或双桥探头。

1. 当根据单桥探头静力触探资料确定混凝土预制桩单桩竖向极限承载力标准值时，如无当地经验，可按下式计算：

$$Q_{uk} = Q_{sk} + Q_{pk} = u\sum q_{sik}l_i + \alpha p_{sk}A_p \tag{4-7a}$$

当 $p_{sk1} \leqslant p_{sk2}$ 时，$p_{sk} = \dfrac{1}{2}(p_{sk1} + \beta \cdot p_{sk2})$ (4-7b)

当 $p_{sk1} > p_{sk2}$ 时，$p_{sk} = p_{sk2}$ (4-7c)

式中，Q_{sk}，Q_{pk}——总极限侧阻力标准值和总极限端阻力标准值(kN)；

　　u——桩身周长(m)；

　　q_{sik}——用静力触探比贯入阻力值估算的桩周第 i 层土的极限侧阻力(kPa)；

　　l_i——桩周第 i 层土的厚度(m)；

　　α——桩端阻力修正系数；可按表 4-3 取值；

　　p_{sk}——桩端附近的静力触探比贯入阻力标准值(平均值)(kPa)；

　　A_p——桩端面积(m^2)；

　　p_{sk1}——桩端全截面以上 8 倍桩径范围内的比贯入阻力平均值(kPa)；

　　p_{sk2}——桩端全截面以下 4 倍桩径范围内的比贯入阻力平均值(kPa)；如桩端持力层为密实的砂土层，其比贯入阻力平均值超过 20 MPa 时，则需乘以表 4-4 中系数 C 予以折减后，再计算 p_{sk}；

　　β——折减系数，按表 4-5 选用。

表 4-3　桩端阻力修正系数 α 值

桩长(m)	$l < 15$	$15 \leqslant l \leqslant 30$	$30 < l \leqslant 60$
α	0.75	0.75~0.90	0.90

注：桩长 $15 \leqslant l \leqslant 30$，$\alpha$ 值按 l 值直线内插；l 为桩长(不包括桩尖高度)。

表 4-4　系数 C

p_{sk}(MPa)	20~30	35	>40
系数 C	5/6	2/3	1/2

表 4-5　折减系数 β

p_{sk2}/p_{sk1}	$\leqslant 5$	7.5	12.5	$\geqslant 15$
β	1	5/6	2/3	1/2

注：表 4-4、表 4-5 可内插取值。

表 4-6　系数 η_s 值

p_{sk}/p_{sl}	$\leqslant 5$	7.5	$\geqslant 10$
η_s	1.00	0.50	0.33

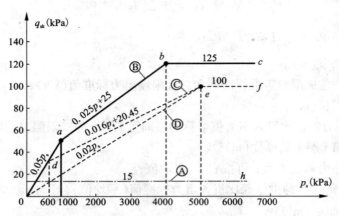

图 4-4 $q_{sk}-p_k$ 关系曲线

注：① q_{sik} 值应结合土工试验资料，依据土的类别、埋藏深度和排列顺序，按图 4-4 取值：图中，直线 A（线段 gh）适用于地表下 6.0 m 范围的土层；折线 B（线段 $oabc$）适用于粉土及砂土土层以上（或无粉土及砂土土层地区）的黏性土；折线 C（线段 $odef$）适用于粉土及砂土土层以下的黏性土；折线 D（线段 oef）适用于粉土、粉砂、细砂及中砂；

② p_{sk} 为桩端穿过的中密－密实砂土、粉土的比贯入阻力平均值，p_{sl} 为砂土、粉土的下卧软弱层的比贯入阻力平均值；

③采用的单桥探头，圆锥底面积为 15 cm²，底部带 7 cm 高滑套，锥角 60°；

④当桩端穿越粉土、粉砂、细砂及中砂层底面时，折线 D 估算的 q_{sik} 值需乘以表 4-6 中的系数 η_s 值。

【例题 4-4】 （注岩 2011D10）某混凝土预制桩，桩径 $d=0.5$ m，桩长 $l=18$ m，地基土性与单桥静力触探资料列于表中，按《建筑桩基技术规范》（JGJ 94—2008）计算，单桩竖向极限承载力标准值最接近下列哪个选项？

（A）900 kN   （B）1020 kN

（C）1900 kN   （D）2230 kN

层序	桩周土层名称	层底深度（m）	层厚（m）	q_{sik}（kPa）	比贯入阻力 p_{sk}（MPa）
①	粉质黏土	14	14	25	2.0
②	粉土	16	2	50	3.5
③	中砂	22	6	100	6.5

【解】 $8d=8\times0.5=4$ m，$p_{sk1}=\dfrac{3.5+6.5}{2}=5.0$ MPa，$p_{sk2}=6.5$ MPa <20 MPa

$p_{sk2}/p_{sk1}=6.5/5.0=1.3<5$，查表 4-5，$\beta=1.0$

$l=18$ m，查表 4-3，$\alpha=0.75+\dfrac{18-15}{30-15}\times(0.90-0.75)=0.78$

$p_{sk1}\leqslant p_{sk2}$，$p_{sk}=\dfrac{1}{2}(p_{sk1}+\beta\cdot p_{sk2})=\dfrac{1}{2}\times(5.0+1.0\times6.5)=5.75$ MPa

$$Q_{uk} = Q_{sk} + Q_{pk} = u \sum q_{sik}l_i + \alpha p_{sk}A_p$$
$$= \pi \times 0.5 \times (25 \times 14 + 50 \times 2 + 100 \times 2) + 0.78 \times 5750 \times \pi \times 0.25^2 = 1902 \text{ kN},$$

答案为(C)1900 kN

2. 根据双桥探头静力触探资料确定混凝土预制桩单桩竖向极限承载力标准值

$$Q_{uk} = Q_{sk} + Q_{pk} = u \sum l_i \cdot \beta_i \cdot f_{si} + \alpha q_c A_p \qquad (4-8)$$

式中，f_{si}——第 i 层土的探头平均侧阻力(kPa)；

　　　q_c——桩端平面上、下探头阻力(kPa)，取桩端平面以上 $4d$ 范围内的探头阻力加权平均值，然后再和桩端平面以下 $1d$ 范围内的探头阻力进行平均；

　　　α——桩端阻力修正系数；对黏性土、粉土取 $2/3$，饱和砂土取 $1/2$；

　　　β_i——第 i 层土桩侧阻力综合修正系数。

黏性土、粉土：$\beta_i = 10.04(f_{si})^{-0.55}$

砂土：$\beta_i - 5.05(f_{si})^{-0.45}$

4.3.4　按经验参数法确定单桩竖向极限承载力标准值

1. 当根椐土的物理指标与承载力参数之间的经验关系确定单桩竖向极限承载力标准值时，宜按下式估算：

$$Q_{uk} = Q_{sk} + Q_{pk} = u \sum q_{sik}l_i + q_{pk}A_p \qquad (4-9)$$

式中，q_{sik}——桩侧第 i 层土的极限侧阻力标准值(kPa)，如无当地经验，可按《建筑桩基技术规范》JGJ94—2008 表 5.3.5-1 取值；

　　　q_{pk}——极限端阻力标准值(kPa)，如无当地经验，可按《建筑桩基技术规范》(JGJ94—2008)表 5.3.5-2 取值。

【例题 4-5】　某工程采用泥浆护壁钻孔灌注桩，桩径 $d = 0.8$ m，桩端进入强风化岩 2.0 m，桩顶以下土层参数列表如下。按《建筑桩基技术规范》(JGJ94—2008)计算，单桩竖向极限承载力标准值 Q_{uk} 最接近下列哪个选项？

(A)3850 kN　　　(B)3950 kN　　　(C)4050 kN　　　(D)4150 kN

岩土层编号	岩土层名称	桩顶以下岩土层厚度/m	q_{sik}/kPa	q_{pk}/kPa
①	黏土	13.7	32	
②	粉质黏土	2.3	40	
③	粗砂	2.0	75	
④	强风化岩	8.85	180	2500

【解】　$Q_{sk} = u \sum q_{sik}l_i = \pi \times 0.8 \times (32 \times 13.7 + 40 \times 2.3 + 75 \times 2.0 + 180 \times 2.0) = 2614.8$ kN

$Q_{pk} = q_{pk}A_p = 2500 \times \pi \times 0.4^2 = 1256.6$ kN

$$Q_{uk} = Q_{sk} + Q_{pk} = 2614.8 + 1256.6 = 3871.4 \text{ kN}$$

答案为(A)3850 kN。

2. 根椐土的物理指标与承载力参数之间的经验关系，确定大直径桩单桩竖向极限承载力标准值时，可按下列公式计算：

$$Q_{uk} = Q_{sk} + Q_{pk} = u \sum \psi_{si} q_{sik} l_i + \psi_p q_{pk} A_p \tag{4-10}$$

式中，q_{sik}——桩侧第 i 层土的极限侧阻力标准值(kPa)，如无当地经验，可按《建筑桩基技术规范》(JGJ94—2008)表5.3.5-1取值；对于扩底桩变截面以上 $2d$ 长度范围内不计侧阻力；

q_{pk}——桩径为800 mm 的极限端阻力标准值(kPa)，对于干作业桩(清底干净)或采用深层载荷板试验确定；当不能进行深层载荷板试验时，可按《建筑桩基技术规范》(JGJ94—2008)表5.3.6-1取值；

ψ_{si}，ψ_p——大直径桩侧阻、端阻尺寸效应系数，按表4-7取值；

u——桩身周长(m)，当人工挖孔桩桩周护壁为振捣密实的混凝土时，桩身周长可按护壁外直径计算。

表4-7　大直径灌注桩侧阻、端阻尺寸效应系数 ψ_{si}，ψ_p

土类型	黏性土、粉土	砂土、碎石类土
ψ_{si}	$(0.8/d)^{1/5}$	$(0.8/d)^{1/3}$
ψ_p	$(0.8/D)^{1/4}$	$(0.8/D)^{1/3}$

大直径桩端阻力的尺寸效应：大直径桩静载试验 $Q-s$ 曲线均呈缓变型，反映出其端阻力以压剪变形为主导的渐进破坏。G. G. Meyerhof(1988)指出，砂土中大直径桩的极限端阻随桩径增大而呈双曲线减小。根据这一特性，将极限端阻的尺寸效应系数表示为：

$$\psi_p = (0.8/D)^n$$

式中，D——桩端直径(m)；

n——经验指数，对于黏性土、粉土，$n=1/4$；对于砂土、碎石类土，$n=1/3$。

图4-5为试验结果与上式计算端阻尺寸效应系数 ψ_p 的比较。

对于桩端持力层为基岩的情况，成桩过程桩端土卸载，出现很小的回弹，故计算中不考虑端阻力的减小。

大直径桩侧阻尺寸效应系数：桩成孔后产生应力释放，孔壁出现松弛变形，导致侧阻力有所降低，侧阻力随桩径增大呈双曲线型减小(图4-6 H. Brand1.1988)。《桩基》规范建议采用如下表达式进行侧阻尺寸效应计算。

$$\psi_s = (0.8/d)^m$$

式中，d——桩身直径(m)；

m——经验指数，对于黏性土、粉土，$n=1/5$；对于砂土、碎石类土，$n=1/3$。

146

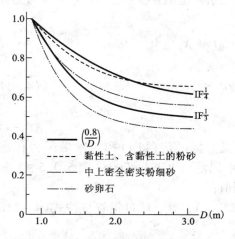

图 4-5　大直径桩端阻尺寸效应系数
与桩径关系计算与试验比较

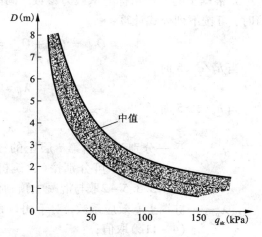

图 4-6　砂、砾土中极限侧阻力
随桩径的变化

【例题 4-6】　某工程采用泥浆护壁钻孔灌注桩，桩径 $d = 1.2$ m，桩端进入碎石土层 2.0 m，桩顶以下土层参数列表如下。按《建筑桩基技术规范》(JGJ94—2008) 计算，单桩竖向极限承载力标准值 Q_{uk} 最接近下列哪个选项？

（A）6000 kN　　　　（B）7000 kN　　　　（C）8000 kN　　　　（D）9000 kN

岩土层编号	岩土层名称	桩顶以下岩土层厚度 (m)	q_{sik} (kPa)	q_{pk} (kPa)
①	黏土	13.7	32	
②	粉质黏土	2.3	40	
③	粗砂	2.0	75	
④	碎石	8.85	180	2500

【解】　黏性土：$\psi_{si} = (0.8/d)^{1/5} = (0.8/1.2)^{1/5} = 0.922$

砂土、碎石类土：$\psi_{si} = (0.8/d)^{1/3} = (0.8/1.2)^{1/3} = 0.874$

$Q_{sk} = u \sum \psi_{si} q_{sik} l_i$

$\quad = \pi \times 1.2 \times [0.922 \times (32 \times 13.7 + 40 \times 2.3) + 0.874 \times (75 \times 2.0 + 180 \times 2.0)]$

$\quad = 3524$ kN

碎石类土：$\psi_p = (0.8/D)^{1/3} = (0.8/1.2)^{1/3} = 0.874$

$Q_{pk} = \psi_p q_{pk} A_p = 0.874 \times 2500 \times \pi \times 0.6^2 = 2471$ kN

$Q_{uk} = Q_{sk} + Q_{pk} = 3524 + 2471 = 5995$ kN

答案为（A）6000 kN。

3. 根椐土的物理指标与承载力参数之间的经验关系确定钢管桩单桩竖向极限承载力标准值时，可按下列公式计算：

$$Q_{uk} = Q_{sk} + Q_{pk} = u \sum q_{sik} l_i + \lambda_p q_{pk} A_p \tag{4-11a}$$

当 $h_b/d < 5$ 时，

$$\lambda_p = 0.16 h_b/d \tag{4-11b}$$

当 $h_b/d \geqslant 5$ 时，

$$\lambda_p = 0.8 \tag{4-11c}$$

式中，q_{sik}，q_{pk}——分别为桩侧第 i 层土的极限侧阻力标准值（kPa）和极限端阻力标准值（kPa），可分别按《建筑桩基技术规范》（JGJ94—2008）表 5.3.5－1 和表 5.3.5－2 取与混凝土预制桩相同值；

$\quad\quad\quad$ λ_p——桩端土塞效应系数，对于闭口钢管桩 $\lambda_p = 1$，对于敞口钢管桩按式（4－11b）、（4－11c）取值；

$\quad\quad\quad$ h_b——桩端进入持力层深度（m）；

$\quad\quad\quad$ d——钢管桩外径（m）。

对于带隔板的半敞口钢管桩，应以等效直径 d_e 代替 d 确定 λ_p（此时判断式 $h_b/d < 5$ 及 $h_b/d \geqslant 5$ 中的 d 也要用 d_e 代替）；$d_e = d/\sqrt{n}$；其中 n 为桩端隔板分割数（图 4－7）。

关于钢管桩的单桩竖向极限承载力：

图 4－7　隔板分割示意

1. 闭口钢管桩

闭口钢管桩的承载变形机理与混凝土预制桩相同。钢管桩表面性质与混凝土桩表面虽有所不同，但大量试验表明，两者的极限侧阻力是可视为相等的，因为除坚硬黏性土外，侧阻剪切破坏面是发生于靠近桩表面的土体中，而不是发生于桩土介面。因此，闭口钢管桩承载力的计算可采用与混凝土预制桩相同的模式与承载力参数。

2. 敞口钢管桩的端阻力

敞口钢管桩的承载力机理与承载力随有关因素的变化比闭口钢管桩复杂。这是由于沉桩过程，桩端部分土将涌入管内形成"土塞"。土塞的高度及闭塞效果随土性、管径、壁厚、桩进入持力层的深度等诸多因素变化。而桩端土的闭塞程度又直接影响桩的承载性状。称此为土塞效应。闭塞程度的不同导致端阻力以两种不同模式破坏。

一种是土塞沿管内向上挤出，或由于土塞压缩量大而导致桩端土大量涌入。这种状态称为非完全闭塞，这种非完全闭塞将导致端阻力降低。

另一种是如同闭口桩一样破坏，称其为完全闭塞。

土塞的闭塞程度主要随桩端进

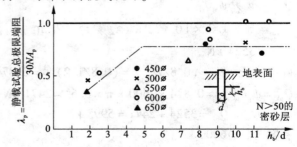

图 4－8　λ_p 与 h_b/d 关系（日本钢管桩协会，1986）

入持力层的相对深度 h_b/d(h_b 为桩端进入持力层的深度,d 为桩外径)而变化。

为简化计算,以桩端土塞效应系数 λ_p 表征闭塞程度对端阻力的影响。图 4-8 为 λ_p 与桩进入持力层相对深度 h_b/d 的关系,$\lambda_p = \dfrac{\text{静载试验总极限端阻}}{30NA_p}$。其中 $30NA_p$ 为闭口桩总极限端阻,N 为桩端土标贯击数,A_p 为桩端投影面积。从该图看出,当 $h_b/d < 5$ 时,λ_p 随 h_b/d 线性增大;当 $h_b/d \geqslant 5$ 时,λ_p 趋于常量。由此得到公式(4-11b)、(4-11c)。

【例题 4-7】 (注岩 2007C11)某工程场地采用钢管桩,外径 $d = 0.9$ m,壁厚为 20 mm,桩端进入密实中砂持力层 2.5 m。桩端开口时单桩竖向极限承载力标准值 $Q_{uk} = 8000$ kN,其中桩端总极限阻力占 30%。为进一步发挥桩端承载力,在桩端加设十字形隔板,按《建筑桩基技术规范》(JGJ94—2008)计算,改变后该桩的单桩竖向极限承载力标准值 Q_{uk} 最接近下列哪个选项?

(A)9920 kN　　　　(B)12090 kN　　　　(C)13700 kN　　　　(D)14500 kN

【解】 桩端开口时,$d_e = d = 0.9$ m

$h_b/d_e = 2.5/0.9 = 2.778$,$\lambda_p = 0.16 h_b/d = 0.16 \times 2.778 = 0.444$

$\lambda_p Q_{pk} = 0.444 Q_{pk} = 0.3 \times 8000 \Rightarrow Q_{pk} = 5405$ kN

桩端加设十字形隔板,$n = 4$,$d_e = d/\sqrt{n} = 0.9/\sqrt{4} = 0.45$ m

$h_b/d_e = 2.5/0.45 = 5.56 > 5$,$\lambda_p = 0.8$

$Q_{uk} = Q_{sk} + \lambda_p Q_{pk} = 8000 \times 0.7 + 0.8 \times 5405 = 9924$ kN

答案为(A)9920 kN。

4. 当根据土的物理指标与承载力参数之间的经验关系确定敞口预应力混凝土空心桩单桩竖向极限承载力标准值时,可按下列公式计算:

$$Q_{uk} = Q_{sk} + Q_{pk} = u \sum q_{sik} l_i + q_{pk}(A_j + \lambda_p A_{p1}) \tag{4-12a}$$

当 $h_b/d < 5$ 时,

$$\lambda_p = 0.16 h_b/d \tag{4-12b}$$

当 $h_b/d \geqslant 5$ 时,

$$\lambda_p = 0.8 \tag{4-12c}$$

式中,q_{sik},q_{pk}——桩侧第 i 层土的极限侧阻力标准值(kPa)和极限端阻力标准值(kPa),可分别按《建筑桩基技术规范》(JGJ94—2008)表 5.3.5-1 和表 5.3.5-2 取与混凝土预制桩相同值;

A_j——空心桩桩端净面积(m^2);

管桩:$A_j = \dfrac{\pi}{4}(d^2 - d_1^2)$　　　空心方桩:$A_j = b^2 - \dfrac{\pi}{4} d_1^2$

A_{p1}——空心桩敞口面积(m^2);$A_{p1} = \dfrac{\pi}{4} d_1^2$

λ_p——桩端土塞效应系数;

d,b——空心桩外径、边长(m);

d_1——空心桩内径(m)。

关于混凝土敞口管桩单桩竖向极限承载力的计算：

与实心混凝土预制桩相同的是，桩端阻力由于桩端敞口，类似于钢管桩也存在桩端的土塞效应；不同的是，混凝土管桩壁厚度较钢管桩大的多，计算端阻力时，不能忽略管壁端部提供的端阻力，故分为两部分：一部分为管壁端部的端阻力，另一部分为敞口部分端阻力。对于后者类似于钢管桩的承载机理，考虑桩端土塞效应系数 λ_p，λ_p 随桩端进入持力层的相对深度 h_b/d 而变化（d 为管桩外径），按公式（4-12b）、（4-12c）计算确定。敞口部分端阻力为 $\lambda_p q_{pk} A_{p1}$

$\left(A_{p1} = \dfrac{\pi}{4}d_1^2,\ d_1\ 为空心内径\right)$，管壁端部端阻力为 $q_{pk}A_j$（A_j 为桩端净面积）。故敞口混凝土管桩总极限端阻力 $Q_{pk} = q_{pk}(A_j + \lambda_p A_{p1})$。总极限侧阻力计算与闭口预应力混凝土空心桩相同。

5. 桩端置于完整、较完整基岩的嵌岩桩单桩竖向极限承载力，由桩周土总极限侧阻力和嵌岩段总极限阻力组成。当根据岩石单轴抗压强度确定单桩竖向极限承载力标准值时，可按下列公式计算：

$$Q_{uk} = Q_{sk} + Q_{rk} = u\sum q_{sik}l_i + \zeta_r f_{rk}A_{p1} \tag{4-13}$$

式中，Q_{sk}，Q_{rk}——桩侧土的总极限侧阻力（kN）、嵌岩段总极限阻力（kN）；

    q_{sik}——桩侧第 i 层土的极限侧阻力标准值（kPa），无当地经验时，可根据成桩工艺按《建筑桩基技术规范》（JGJ94—2008）表5.3.5-1取值；

    f_{rk}——岩石饱和单轴抗压强度标准值（kPa），黏土岩取天然湿度单轴抗压强度标准值（kPa）；

    ζ_r——嵌岩段侧阻和端阻综合系数，与嵌岩深径比 h_r/d、岩石软硬程度和成桩工艺有关，可按表4-8采用；表中数值适用于泥浆护壁成桩，对于干作业成桩（清底干净）和泥浆护壁成桩后注浆，ζ_r 应取表列数值的1.2倍。

表4-8　嵌岩段侧阻和端阻综合系数 ζ_r

嵌岩深径比 h_r/d	0	0.5	1.0	2.0	3.0	4.0	5.0	6.0	7.0	8.0
极软岩、软岩	0.60	0.80	0.95	1.18	1.35	1.48	1.57	1.63	1.66	1.70
较硬岩、竖硬岩	0.45	0.65	0.81	0.90	1.00	1.04				

注：①极软岩、软岩是指 $f_{rk} \leq 15$ MPa，较硬岩、坚硬岩是指 $f_{rk} > 30$ MPa，介于二者之间可内插取值；

②h_r 为桩身嵌岩深度。当嵌岩面倾斜时，以坡下方嵌岩深度为准；当 h_r/d 为非表列值时，ζ_r 可内差取值。

【例题4-8】 （注岩2009C11）某工程采用泥浆护壁钻孔灌注桩，桩径1200 mm，桩端进入较完整的中等风化岩1.0 m，岩体的饱和单轴抗压强度标准值为 $f_{rk} = 41.5$ MPa，桩顶以下土层参数列表如下。按《建筑桩基技术规范》（JGJ94—2008）计算，单桩竖向极限承载力标准值 Q_{uk} 最接近下列哪个选项？（取嵌岩段侧阻和端阻综合系数 $\zeta_r = 0.76$）

  （A）32200 kN　　　　（B）38700 kN　　　　（C）40800 kN　　　　（D）43250 kN

岩土层编号	岩土层名称	桩顶以下岩土层厚度(m)	q_{sik}(kPa)	q_{pk}(kPa)
①	黏土	13.7	32	
②	粉质黏土	2.3	40	
③	粗砂	2.0	75	
④	强风化岩	8.85	180	2500
⑤	中等风化岩	8.0	250	3000

【解】 黏性土：$\psi_{si} = (0.8/d)^{1/5} = (0.8/1.2)^{1/5} = 0.922$

砂土、碎石类土：$\psi_{si} = (0.8/d)^{1/3} = (0.8/1.2)^{1/3} = 0.874$

$Q_{sk} = u \sum \psi_{si} q_{sik} l_i$

$= \pi \times 1.2 \times [0.922 \times (32 \times 13.7 + 40 \times 2.3) + 0.874 \times (75 \times 2.0 + 180 \times 8.85)]$

$= 7586.6$ kN

$Q_{rk} = \zeta f_{rk} A_p = 0.76 \times 41.5 \times 10^3 \times \pi \times 0.6^2 = 35671$ kN

$Q_{uk} = Q_{sk} + Q_{rk} = 7586.6 + 35671 = 43257$ kN

答案为(D)43250 kN。

6. 后注浆灌注桩的单桩极限承载力，应通过静载试验确定。在符合《建筑桩基技术规范》(JGJ94—2008)第6.7节后注浆技术实施规定的条件下，其后注浆单桩极限承载力标准值可按下式估算：

$$Q_{uk} = Q_{sk} + Q_{gsk} + Q_{gpk} = u \sum q_{sjk} l_j + u \sum \beta_{si} q_{sik} l_{gi} + \beta_p q_{pk} A_p \qquad (4-14)$$

式中，Q_{sk}——后注浆非竖向增强段的总极限侧阻力标准值(kN)；

Q_{gsk}——后注浆竖向增强段的总极限侧阻力标准值(kN)；

Q_{gsk}——后注浆总极限端阻力标准值(kN)；

l_j——后注浆非竖向增强段第j层土的厚度(m)；

l_{gi}——后注浆竖向增强段第i层土的厚度(m)：对于泥浆护壁成孔灌注桩，当为单一桩端后注浆时，竖向增强段为桩端以上12m；当为桩端、桩侧复式注浆时，竖向增强段为桩端以上12m及各桩侧注浆断面以上12m，重叠部分应扣除；对于干作业灌注桩，竖向增强段为桩端以上、桩侧注浆断面上下各6m；

q_{sik}, q_{sjk}, q_{pk}——后注浆竖向增强段第i土层初始极限侧阻力标准值(kPa)、非竖向增强段第j土层初始极限侧阻力标准值(kPa)、初始极限端阻力标准值(kPa)；无当地经验时，可根据成桩工艺按《建筑桩基技术规范》(JGJ94—2008)表5.3.5-1和表5.3.5-2取值；

β_{si}, β_p——后注浆侧阻力、端阻力增强系数，无当地经验时，可按表4-9取值。对于桩径大于800mm的桩，应按表4-7进行侧阻和端阻尺寸效应修正。

表 4 – 9　后注浆侧阻力增强系数 β_{si}、端阻力增强系数 β_p

土层名称	淤泥淤泥质土	黏性土粉土	粉砂细砂	中砂	粗砂砾砂	砾石卵石	全风化岩强风化岩
β_{si}	1.2 ~ 1.3	1.4 ~ 1.8	1.6 ~ 2.0	1.7 ~ 2.1	2.0 ~ 2.5	2.4 ~ 3.0	1.4 ~ 1.8
β_p		2.2 ~ 2.5	2.4 ~ 2.8	2.6 ~ 3.0	3.0 ~ 3.5	3.2 ~ 4.0	2.0 ~ 2.4

注：干作业钻、挖孔桩，β_p 按表列值乘以小于 1.0 的折减系数。当桩端持力层为黏性土或粉土时，折减系数取 0.6；为砂土或碎石土时，取 0.8。

后注浆灌注桩单桩极限承载力计算模式与普通灌注桩相同，区别在于侧阻力和端阻力乘以增强系数 β_{si} 和 β_p。β_{si} 和 β_p 系通过数十根不同土层中的后注浆灌注桩与未注浆灌注桩静载对比试验求得。浆液在不同桩端和桩侧土层中的扩散与加固机理不尽相同，因此侧阻和端阻增强系数 β_{si} 和 β_p 不同，而且变幅很大。总的变化规律是：端阻的增幅高于侧阻，粗粒土的增幅高于细粒土。桩端、桩侧复式注浆高于桩端、桩侧单一注浆。这是由于端阻受沉渣影响敏感，经后注浆后沉渣得到加固且桩端有扩底效应，桩端沉渣和土的加固效应强于桩侧泥皮的加固效应；粗粒土是渗透注浆，细粒土是劈裂注浆，前者的加固效应强于后者。

【例题 4 – 9】　（注岩 2010D12）某泥浆护壁灌注桩，桩径 $d = 0.8$ m，桩长 $l = 24$ m，采用桩端桩侧联合后注浆，桩侧注浆断面位于桩顶下 12 m，桩周土性资料与后注浆桩侧阻力及桩端阻力增强系数列于表中，按《建筑桩基技术规范》（JGJ 94—2008）计算，单桩竖向极限承载力标准值最接近下列哪个选项？

（A）5620 kN　　　　（B）6460 kN　　　　（C）7420 kN　　　　（D）7700 kN

层序	桩周土层名称	厚度（m）	q_{sik}（kPa）	q_{pk}（kPa）	β_{si}	β_p
①	粉土	16	70		1.4	
②	粉砂	8	80	1000	1.6	2.4

【解】　$Q_{uk} = Q_{sk} + Q_{gsk} + Q_{gpk} = u \sum q_{sjk} l_j + u \sum \beta_{si} q_{sik} l_{gi} + \beta_p q_{pk} A_p$

$Q_{sk} = 0$

$Q_{gsk} = u \sum \beta_{si} q_{sik} l_{gi} = \pi \times 0.8 \times (1.4 \times 70 \times 16 + 1.6 \times 80 \times 8) = 6514.4$ kN

$Q_{gpk} = \beta_p q_{pk} A_p = 2.4 \times 1000 \times \pi \times 0.4^2 = 1206.4$ kN

$Q_{uk} = Q_{sk} + Q_{gsk} + Q_{gpk} = 0 + 6514.4 + 1206.4 = 7720.8$ kN

答案为（D）7700 kN

7. 液化效应

对于桩身周围有液化土层的低承台桩基，当承台底面上下分别有厚度不小于 1.5 m、1.0 m 的非液化土或非软弱土层时，可将液化土层极限侧阻力乘以土层液化折减系数计算单桩极限承载力标准值。土层液化折减系数 ψ_l 可按表 4 – 10 确定。

表 4 – 10　土层液化折减系数 ψ_l

$\lambda_N = \dfrac{N}{N_{cr}}$	自地面算起的液化土层 深度 d_L(m)	ψ_l
$\lambda_N \leqslant 0.6$	$d_L \leqslant 10$ $10 < d_L \leqslant 20$	0 1/3
$0.6 < \lambda_N \leqslant 0.8$	$d_L \leqslant 10$ $10 < d_L \leqslant 20$	1/3 2/3
$0.8 < \lambda_N \leqslant 1.0$	$d_L \leqslant 10$ $10 < d_L \leqslant 20$	2/3 1.0

注：①N 为饱和土标贯击数实测值；N_{cr} 为液化判别标贯击数临界值；λ_N 为土层液化指数；

②对于挤土桩当桩距不大于 $4d$，且桩的排数不少于 5 排、总桩数不少于 25 根时，土层液化影响折减系数可按表列值提高一档取值；桩间土标贯击数达到 N_{cr} 时，取 $\psi_l = 1.0$。

当承台底面上下非液化土层厚度小于以上规定时，土层液化折减系数 ψ_l 取为零。

根据《建筑抗震设计规范》(GB50011—2011)，N_{cr} 计算公式如下：

$$N_{cr} = N_0 \beta [\ln(0.6 d_s + 1.5) - 0.1 d_W] \sqrt{3/\rho_c} \tag{4-15}$$

式中，N_0——液化判别标准贯入锤击数基准值，按表 4 – 11 取值；

　　　β——调整系数，设计地震分组第一组取 0.80，第二组取 0.95，第三组取 1.05；

　　　d_s——饱和土标准贯入点深度(m)；

　　　d_W——地下水埋深(m)；

　　　ρ_c——黏粒含量百分率，当小于 3 或为砂土时，应采用 3。

表 4 – 11　液化判别标准贯入锤击数基准值 N_0

设计基本地震加速度(g)	0.10	0.15	0.20	0.30	0.40
标准贯入锤击数基准值 N_0	7	10	12	16	19

振动台试验和工程地震液化实际观测表明，首先土层的地震液化严重程度与土层的液化指数 λ_N 有关，λ_N 愈小液化愈严重；其二，土层的液化并非随地震同步出现，而显示滞后，即地震过后若干小时乃至一二天后才出现喷水冒砂。这说明，桩的极限侧阻力并非瞬间丧失，而且并非全部损失。因此，桩侧阻力根据液化指数乘以不同的折减系数。

【例题 4 – 10】　(注岩 2010D28)8 度(0.2 g)地区，设计地震分组为第一组。地下水位埋深 5 m，某预制桩，截面 0.4 m×0.4 m，桩长 12 m，承台埋深 3 m，土层分布：0~3 m 黏性土，$q_{sk} = 65$ kPa；3~5 m 粉土，$q_{sk} = 55$ kPa；5.0~11.0 m 粉细砂，$q_{sk} = 25$ kPa 在 7 m、8 m、9 m、10 m 处进行标贯试验，实测 N 值分别为 9、8、13 和 12；11.0~15.0 m 中粗砂，$q_{sk} = 60$ kPa，$q_{pk} = 5500$ kPa，在 12 m、13 m 和 14 m 处进行标贯试验，实测 N 值分别为 19、21 和 30。问按照《建筑抗震设计规范》(GB50011—2010)的规定，单桩竖向极限承载力标准值最接近下

列哪个选项？

(A)1550 kN　　　　(B)2050 kN　　　　(C)2100 kN　　　　(D)2150 kN

答案：(B)

【解】　依题意，满足《建筑抗震设计规范》(GB50011—2010)第4.4.3条第2款的要求。根据标贯击数判断砂性土液化

$$N_{cr} = N_0\beta[ln(0.6d_s + 1.5) - 0.1d_W]\sqrt{3/\rho_c}$$

$N_0 = 12$，$\beta = 0.80$，$\rho_c = 3$

列表计算如下：

深度(m)	N	N_{cr}	液化判断	$\lambda = N/N_{cr}$	ψ_l
7	9	11.9	液化	0.76	1/3
8	8	12.9	液化	0.62	1/3
9	13	13.7	液化	0.95	2/3
10	12	14.5	液化	0.83	2/3
12	19	16.0	不液化		
13	21	16.6	不液化		
14	30	17.2	不液化		

单桩竖向承载力标准值为：

$$Q_{uk} = Q_{sk} + Q_{pk} = u\sum q_{sik}l_i + A_p q_{pk}$$

$$Q_{uk} = u\sum q_{sik}l_i = 4 \times 0.4 \times \left(55 \times 2 + \frac{1}{3} \times 25 \times 3.5 + \frac{2}{3} \times 25 \times 2.5 + 60 \times 4\right) = 673.3 \text{ kN}$$

$$Q_{pk} = A_p q_{pk} = 0.4^2 \times 5500 = 880 \text{ kN}$$

$Q_{uk} = Q_{sk} + Q_{pk} = 673.3 + 880 = 1553.3$ kN，答案为(A)

4.3.5　桩基竖向承载力特征值

1)单桩竖向承载力特征值 R_a 应按下式确定：

$$R_a = \frac{1}{K}Q_{uk} \tag{4-16}$$

式中，Q_{uk}——单桩竖向极限承载力标准值(kN)；

　　　K——安全系数，取 $K = 2$。

2)对于端承型桩基、桩数少于4根的摩擦型柱下独立桩基、或由于地层土性、使用条件等因素不宜考虑承台效应时，基桩竖向承载力特征值应取单桩竖向承载力特征值。

3)对于符合下列条件之一的摩擦型桩基，宜考虑承台效应确定其复合基桩的竖向承载力特征值：

（1）上部结构整体刚度较好、体型简单的建（构）筑物；

（2）对差异沉降适应性较强的排架结构和柔性构筑物；

（3）按变刚度调平原则设计的桩基刚度相对弱化区；

（4）软土地基的减沉复合疏桩基础。

变刚度调平设计（optimized design of pile foundation stiffness to reduce differential settlement）：

考虑上部结构形式、荷载和地层分布以及相互作用效应，通过调整桩径、桩长、桩距等改变基桩支承刚度分布，以使建筑物沉降趋于均匀、承台内力降低的设计方法。

变刚度调平概念设计旨在减小差异变形、降低承台内力和上部结构次内力，以节约资源，提高建筑物使用寿命，确保正常使用功能。以下就传统设计存在的问题、变刚度调平设计原理与方法、试验验证、工程应用效果进行说明。

①天然地基箱基的变形特征：附图4.3-1所示为北京中信国际大厦天然地基箱形基础竣工时和使用3.5年相应的沉降等值线。该大厦高104.1 m，框架-核心筒结构；双层箱基，高11.8 m；地基为砂砾与黏性土。碟形沉降明显。这说明加大基础的抗弯刚度对于减小差异沉降的效果并不突出，但材料消耗相当可观。

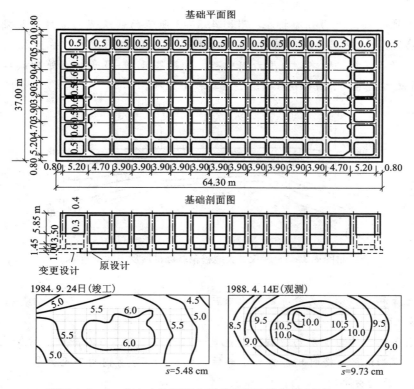

附图4.3-1　北京中信国际大厦箱基沉降等值线（单位：cm）

②均匀布桩的桩筏基础的变形特征：附图4.3-2为北京南银大厦桩筏基础建成一年的沉降等值线。该大厦高113 m，框架-核心筒结构；采用φ400PHC管桩，桩长11 m，均匀布

桩;沉降分布与天然地基上箱基类似,呈明显碟形。

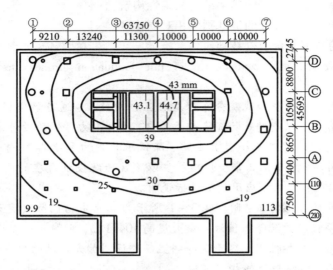

附图4.3-2　南银大厦桩筏基础沉降等值线(建成一年,单位:cm)

③均匀布桩的桩顶反力分布特征:附图4.3-3所示为武汉某大厦桩箱基础的实测桩顶反力分布。该大厦为22层框架-剪力墙结构,桩基为φ500PHC管桩,桩长22 m,均匀布桩,桩距3.3d,桩数344根,桩端持力层为粗中砂。由附图4.3-3看出,随荷载和结构刚度增加,中、边桩反力差增大,最终达1:1.9,呈马鞍形分布。

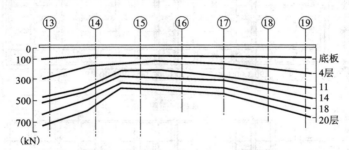

附图4.3-3　武汉某大厦桩箱基础桩顶反力实测结果

④碟形沉降和马鞍形反力分布的负面效应

(1)碟形沉降

约束状态下的非均匀变形与荷载一样也是一种作用,受作用体将产生附加应力。箱筏基础或桩承台的碟形沉降,将引起自身和上部结构的附加弯、剪内力乃至开裂。

(2)马鞍形反力分布

天然地基箱筏基础土反力的马鞍形反力分布的负面效应将导致基础的整体弯矩增大。以附图4.3-1北京中信国际大厦为例,土反力按《高层建筑箱形与筏形基础技术规范》(JGJ6—99)所给反力系数,近似计算中间单位宽板带核心筒一侧的附加弯矩较均布反力增加16.2%。根据附图4.3-3所示桩箱基础实测反力内外比达1:1.9,由此引起的整体弯矩增量比

156

中信国际大厦天然地基的箱基更大。

⑤变刚度调平概念设计

天然地基和均匀布桩的初始竖向支承刚度是均匀分布的，设置于其上的刚度有限的基础（承台）受均布荷载作用时，由于土与土、桩与桩、土与桩的相互作用导致地基或桩群的竖向支承刚度分布发生内弱外强变化，沉降变形出现内大外小的碟形分布，基底反力出现内小外大的马鞍形分布。

当上部结构为荷载与刚度内大外小的框架－核心筒结构时，碟形沉降会更趋明显（附图4.3－4a），上述工程实例证实了这一点。为避免上述负面效应，突破传统设计理念，通过调整地基或基桩的竖向支承刚度分布，促使差异沉降减到最小，基础或承台内力和上部结构次应力显著降低。这就是变刚度调平概念设计的内涵。

（1）局部增强变刚度

在天然地基满足承载力要求的情况下，可对荷载集度高的区域如核心筒等实施局部增强处理，包括采用局部桩基与局部刚性桩复合地基（如附图4.3－4c）。

（2）桩基变刚度

对于荷载分布较均匀的大型油罐等构筑物，宜按变桩距、变桩长布桩（附图4.3－5）以抵消因相互作用对中心区支承刚度的削弱效应。对于框架－核心筒和框架－剪力墙结构，应按荷载分布考虑相互作用，将桩相对集中布置于核心筒和柱下，对于外围框架区应适当弱化，按复合桩基设计，桩长宜减小（当有合适桩端持力层时），如附图4.3.4－（b）。

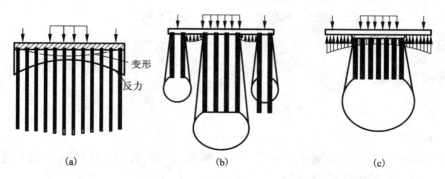

(a)   (b)   (c)

附图4.3－4 框架－核心筒结构均匀布桩与变刚度布桩
(a)均匀布桩；(b)桩基－复合桩基；(c)局部刚性桩复合地基或桩基

（3）主裙连体变刚度

对于主裙连体建筑基础，应按增强主体（采用桩基）、弱化裙房（采用天然地基、疏短桩、复合地基、褥垫增沉等）的原则设计。

（4）上部结构－基础－地基（桩土）共同工作分析

在概念设计的基础上，进行上部结构－基础－地基（桩土）共同作用分析计算，进一步优化布桩，并确定承台内力与配筋。

减沉复合疏桩基础（composite foundation with settlement-reducing piles）：

软土地基天然地基承载力基本满足要求的情况下，为减小沉降采用疏布摩擦型桩的复合桩基。

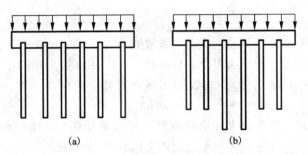

附图 4.3 - 5　均布荷载下变刚度布桩模式
(a)变桩距；(b)变桩长

　　软土地区多层建筑，若采用天然地基，其承载力许多情况下满足要求，但最大沉降往往超过 20 cm，差异变形超过允许值，引发墙体开裂者多见。上世纪 90 年代以来，首先在上海采用以减小沉降为目标的疏布小截面预制桩复合桩基，简称为减沉复合疏桩基础，上海称其为沉降控制复合桩基。近年来，这种减沉复合疏桩基础在温州、天津、济南等地也相继应用。

　　对于减沉复合疏桩基础应用中要注意把握三个关键技术，一是桩端持力层不应是坚硬岩层、密实砂、卵石层，以确保基桩受荷能产生刺入变形，承台底基土能有效分担份额很大的荷载；二是桩距应在 $5 \sim 6d$ 以上，使桩间土受桩牵连变形较小，确保桩间土较充分发挥承载作用；三是由于基桩数量少而疏，成桩质量可靠性应严加控制。

　　4. 考虑承台效应的复合基桩竖向承载力特征值可按下列公式确定：

不考虑地震作用时：

$$R = R_{a} + \eta_{c} \cdot f_{ak} \cdot A_{c} \qquad (4-17a)$$

考虑地震作用时：

$$R = R_{a} + \frac{\zeta_{a}}{1.25} \cdot \eta_{c} \cdot f_{ak} \cdot A_{c} \qquad (4-17b)$$

$$A_{c} = (A - nA_{ps})/n \qquad (4-17c)$$

式中，f_{ak}——承台下 1/2 承台宽度且不超过 5 m 深度范围内各层土的地基承载力特征值按厚度加权的平均值(kPa)；

　　　　η_{c}——承台效应系数，可按表 4 - 12 取值；

　　　　A_{c}——计算基桩所对应的承台底净面积(m^2)；

　　　　A_{ps}——桩身截面面积(m^2)；

　　　　A——承台计算域面积(m^2)。对于柱下独立桩基，A 为承台总面积；对于桩筏基础，A 为柱、墙筏板的 1/2 跨距和悬臂边 2.5 倍筏板厚度所围成的面积；桩集中布置于单片墙下的桩筏基础，取墙两边各 1/2 跨距围成的面积，按条形承台计算 η_{c}；

　　　　ζ_{a}——地基抗震承载力调整系数，应按现行国家标准《建筑抗震设计规范》(GB 50011)采用。

　　当承台底为可液化土、湿陷性土、高灵敏度软土、欠固结土、新填土时，沉桩引起超孔隙水压力和土体隆起时，不考虑承台效应，取 $\eta_{c} = 0$。

表 4 – 12　承台效应系数 η_c

$\dfrac{s_a/d}{B_c/l}$	3	4	5	6	>6
≤0.4	0.06 ~ 0.08	0.14 ~ 0.17	0.22 ~ 0.26	0.32 ~ 0.38	
0.4 ~ 0.8	0.08 ~ 0.10	0.17 ~ 0.20	0.26 ~ 0.30	0.38 ~ 0.44	0.50 ~ 0.80
>0.8	0.10 ~ 0.12	0.20 ~ 0.22	0.30 ~ 0.34	0.44 ~ 0.50	
单排桩条形承台	0.15 ~ 0.18	0.25 ~ 0.30	0.38 ~ 0.45	0.50 ~ 0.60	

注：①表中 s_a/d 为桩中心距与桩径之比；B_c/l 为承台宽度与桩长之比。当计算基桩为非正方形排列时，$s_a = \sqrt{A/n}$，A 为承台计算域面积，n 为总桩数。

②对于桩布置于墙下的箱、筏承台，η_c 可按单排桩条形承台取值。

③对于单排桩条形承台，当承台宽度小于 $1.5d$ 时，η_c 按非条形承台取值。

④对于采用后注浆灌注桩的承台，η_c 宜取低值。

⑤对于饱和黏性土中的挤土桩基、软土地基上的桩基承台，宜取低值的 0.8 倍。

关于承台效应系数的说明：

摩擦型群桩基础在竖向荷载作用下，由于桩土相对位移，桩间土对承台产生一定竖向抗力，成为桩基承载力的一部分而分担荷载，称此种效应为承台效应。承台底地基土承载力特征值的发挥率为承台效应系数。承台效应系数 η_c 可表示为：

$$\eta_c = p_c/f_{ak}$$

式中，f_{ak}——承台底地基土的承载力特征值(kPa)；

　　p_c——承台底土抗力(kPa)。

承台效应系数随下列因素而变化：

1)桩距大小　桩距是影响承台效应系数的主要因素。当桩受荷沉降时带动桩周一定范围的土体一起沉降，形成以桩为中心的沉降漏斗。显然，沉降漏斗愈大，土抗力发挥值就愈低，即承台效应系数愈小。土的竖向位移量愈小，承台土反力愈大，对于群桩，桩距愈大，土反力愈大。

2)承台土抗力随承台宽度与桩长之比 B_c/l 增大而增大

3)承台土抗力随区位和桩排列而变化　矩形排列时，桩数由 2^2 增至 3^2、4^2，P_c/P 递减；单排条形排列的 P_c/P 较矩形排列大。

4)承台土抗力随土性的变化　模型试验和工程测试结果表明，承台效应系数与土性呈一定规律变化，砂土大于粉土，粉土大于黏性土。与理想连续介质相比，地基土属于有限连续介质，就连续性而言，砂土弱于粉土，粉土弱于黏性土；连续性愈弱，桩侧沉降漏斗愈小，土抗力发挥率愈高，承台效应系数愈大。

【例题 4 – 11】　某建筑物地基基础设计等级为乙级，其柱下桩基采用预应力高强度混凝土管桩(PHC 桩)，桩外径 400 mm，壁厚 95 mm，桩尖为敞口形式。有关地基各土层分布情况、地下水位、桩端极限阻力标准值 q_{pk}、桩侧极限侧阻力标准值 q_{sk} 及桩的布置、柱及承台尺寸等，如下图所示。当不考虑地震作用时，根据土的物理指标与桩承载力参数之间的经验关系，试问，按《建筑桩基技术规范》(JGJ 94—2008)计算的单桩竖向承载力特征值 R_a(kN)，最接近于下列何项数值？

（A）1200 　　　　（B）1235 　　　　（C）2400 　　　　（D）2470

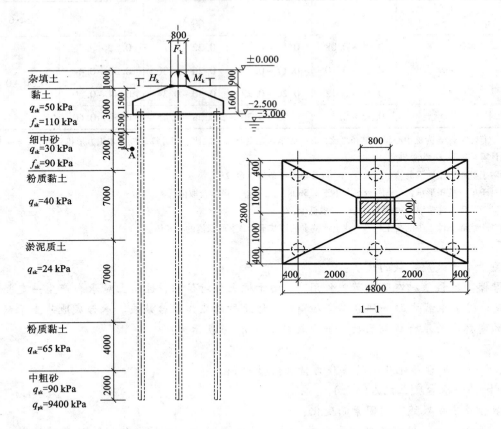

答案：（A）

【解】 根据《建筑桩基技术规范》第5.3.8条：

$d_1 = (0.4 - 2 \times 0.095) = 0.21$ m，$h_b = 2$ m

$\dfrac{h_b}{d_1} = \dfrac{2}{0.21} = 9.5 > 5$，$\lambda_p = 0.8$

$A_j = \dfrac{3.14}{4}(0.4^2 - 0.21^2) = 0.091$ m^2；$A_{pl} = \dfrac{3.14}{4} \times 0.21^2 = 0.035$ m^2

$Q_{uk} = u \sum q_{sik} l_i + q_{pk}(A_j + \lambda_p A_{pl})$

$= 3.14 \times 0.4 \times (50 \times 1.5 + 30 \times 2 + 40 \times 7 + 24 \times 7 + 65 \times 4 + 90 \times 2) + 9400 \times$

$(0.091 + 0.8 \times 0.035)$

$= 1.256 \times 1023 + 9400 \times 0.119 = 1285 + 1119 = 2404$（kN）

根据《建筑桩基技术规范》第5.2.2条：$R_a = \dfrac{Q_{uk}}{2} = \dfrac{2404}{2} = 1202$ kN

【例题4-12】 （注岩2009D13）某柱下6桩独立基础，承台埋深3.0 m，承台面积2.4 m ×4.0 m，采用直径0.4 m的灌注桩，桩长12 m，$s_a/d = 4$，桩顶以下土层参数列表如下。按《建筑桩基技术规范》（JGJ94—2008），考虑承台效应（取承台效应系数 $\eta_c = 0.14$），试确定考虑地基作用时，复合基桩竖向承载力特征值与单桩竖向极限承载力特征值之比最接近下列哪个选项？（取地基抗震承载力调整系数 $\xi_a = 1.5$，粉质黏土的承载力特征值 $f_{ak} = 300$ kPa）

(A)1.05　　　　　(B)1.11　　　　　(C)1.14　　　　　(D)1.26

层序	土名	层底埋深/m	q_{sik}(kPa)	q_{pk}(kPa)
①	填土	3		
②	粉质黏土	13	45	
③	粉砂	17	60	2500
④	粉土	25	45	800

【解】　1)计算单桩承载力特征值：

$$Q_{sk} = u \sum q_{sik} l_i = \pi \times 0.4 \times (45 \times 10 + 60 \times 2) = 716 \text{ kN}$$

$$Q_{pk} = q_{pk} A_p = 2500 \times \pi \times 0.2^2 = 314 \text{ kN}$$

$$Q_{uk} = Q_{sk} + Q_{pk} = 716 + 314 = 1030 \text{ kN}$$

单桩竖向承载力特征值 R_a：$R_a = \dfrac{1}{K} Q_{uk} = \dfrac{1}{2} \times 1030 = 515$ kN

$Q_{sk} > Q_{pk}$，摩擦型，且桩数大于 4 根，考虑承台效应

2)计算复合基桩承载力特征值：

$$A_c = (A - n A_{ps})/n = (2.4 \times 4 - 6 \times \pi \times 0.2^2)/6 = 1.474 \text{ m}^2$$

$$R = R_a + \frac{\zeta_a}{1.25} \cdot \eta_c \cdot f_{ak} \cdot A_c = 515 + \frac{1.5}{1.25} \times 0.14 \times 300 \times 1.474 = 589 \text{ kN}$$

$R/R_a = 589/515 = 1.144$，

(C)1.14

《公路桥涵地基与基础设计规范》(JTG D63—2007) 中有关桩基的计算规定

5.3.1　桩的计算，可按下列规定进行：

1. 承台底面以上的荷载假定全部由桩承受；

2. 桥台土压力可自填土前的原地面起算。

5.3.2　在软土和软弱地基土层较厚、持力层较好的地基中，桩基计算应考虑路基填土荷载或地下水位下降等因素所引起的负摩阻力的影响。

5.3.3　摩擦桩单桩轴向受压承载力容许值$[R_a]$，可按下列公式计算：

1. 钻(挖)孔灌注桩的承载力容许值：

$$[R_a] = \frac{1}{2} u \sum_{i=1}^{n} q_{ik} l_i + A_p q_r \qquad (5.3.3-1)$$

$$q_r = m_0 \lambda [[f_{a0}] + k_2 \gamma_2 (h-3)] \qquad (5.3.3-2)$$

式中，$[R_a]$——单桩轴向受压承载力容许值(kN)，桩身自重与置换土重(当自重计入浮力

时，置换土重也应计入浮力）的差值作为荷载考虑；

u——桩身周长(m)；

A_p——桩端截面面积(m²)，对于扩底桩，取扩底截面面积；

n——土的层数；

l_i——承台底面或局部冲刷线以下各土层的厚度(m)，扩孔部分不计；

q_{ik}——与 l_i 对应的各土层与桩侧的摩阻力标准值(kPa)；宜采用单桩摩阻力试验确定，当无试验资料时按表5.3.3-1选用；

q_r——桩端处土的承载力容许值(kPa)，当持力层为砂土、碎石土时，若计算值超过下列值，宜按下列值采用：粉砂 1000 kPa；细粉砂 1150 kPa；中砂、粗砂、砾砂 1450 kPa；碎石土 2750 kPa；

$[f_{a0}]$——桩端处土的承载力基本容许值(kPa)，按本规范第3.3.3条确定；

h——桩端的埋置深度(m)，对于有冲刷的桩基，埋深由一般冲刷线起算；对无冲刷的桩基，埋深由天然地面线或实际开挖后的地面线起算；h 的计算值不大于40 m，当大于40 m时，按40 m计算；

k_2——容许承载力随深度的修正系数，根据桩端处持力层土类按本规范表3.3.4选用；

γ_2——桩端以上各土层的加权平均重度(kN/m³)，若持力层在水位以下且不透水时，不论桩端以上土层的透水性如何，一律取饱和重度；当持力层透水时则水中部分土层取浮重度；

λ——修正系数，按表5.3.3-2选用；

m_0——清底系数，按表5.3.3-3选用。

表5.3.3-2 修正系数 λ 值

桩端土性质		l/d 4~20	20~25	25 以上
桩端土性质	透水性土	0.70	0.70~0.85	0.85
	不透水性土	0.65	0.65~0.72	0.72

表5.3.3-1 钻孔桩桩侧土的摩阻力标准值 q_{ik}

土 类		q_{ik}(kPa)
中密炉渣、粉煤灰		40~60
黏性土	流塑 $I_L > 1$	20~30
	软塑 $0.75 < I_L \leqslant 1$	30~50
	可塑、硬塑 $0 < I_L \leqslant 0.75$	50~80
	坚硬 $I_L < 0$	80~120
粉土	中密	30~55
	密实	55~80

162

续上表

土 类		q_{ik}（kPa）
粉砂、细砂	中密	35～55
	密实	55～70
中砂	中密	45～60
	密实	60～80
粗砂、砾砂	中密	60～90
	密实	90～140
圆砾、角砾	中密	120～150
	密实	150～180
碎石、卵石	中密	160～220
	密实	220～400
漂石、块石		400～600

注：挖孔桩的摩阻力标准值可参照本表采用。

表5.3.3-3　清底系数 m_0 值

t/d	0.3～0.1
m_0	0.7～1.0

注：① t，d 为桩端沉渣厚度和桩的直径；
② $d \leqslant 1.5$ m 时，$t \leqslant 300$ mm；$d > 1.5$ m 时，$t \leqslant 500$ mm，且 $0.1 < t/d < 0.3$。

2. 沉桩的承载力容许值：

$$[R_a] = \frac{1}{2}\left(u\sum_{i=1}^{n}\alpha_i q_{ik}l_i + \alpha_r A_p q_{rk}\right) \tag{5.3.3-3}$$

式中，$[R_a]$——单桩轴向受压承载力容许值（kN），桩身自重与置换土重（当自重计入浮力时，置换土重也应计入浮力）的差值作为荷载考虑；

    u——桩身周长（m）；

    n——土的层数；

    l_i——承台底面或局部冲刷线以下各土层的厚度（m）；

    q_{ik}——与 l_i 对应的各土层与桩侧摩阻力标准值（kPa）；宜采用单桩摩阻力试验或通过静力触探试验测定，当无试验资料时按表5.3.3-4选用；

    q_{rk}——桩端处土的承载力标准值（kPa），宜采用单桩试验确定或通过静力触探试验测定，当无试验资料时按表5.3.3-5选用；

    α_i，α_r——分别为振动沉桩对各土层桩侧摩阻力和桩端承载力的影响系数，按表5.3.3-6采用；对于锤击、静压沉桩其值均取为1.0。

表 5.3.3 - 4　沉桩桩侧土的摩阻力标准值 q_{ik}

土类	状态	q_{ik} (kPa)
黏性土	$1.5 \geqslant I_L \geqslant 1$	15 ~ 30
	$1 > I_L \geqslant 0.75$	30 ~ 45
	$0.75 > I_L \geqslant 0.5$	45 ~ 60
	$0.5 > I_L \geqslant 0.25$	60 ~ 75
	$0.25 > I_L \geqslant 0$	75 ~ 85
	$0 > I_L$	85 ~ 95
粉土	稍密	20 ~ 35
	中密	35 ~ 65
	密实	65 ~ 80
粉砂、细砂	稍密	20 ~ 35
	中密	35 ~ 65
	密实	65 ~ 80
中砂	中密	55 ~ 75
	密实	75 ~ 90
粗砂	中密	70 ~ ~ 90
	密实	90 ~ 105

注：表中土的液性指数 I_L，系 76 g 按平衡锥测定的数值。

表 5.3.3 - 5　沉桩桩端处土的承载力标准值 q_{rk}

土类	状态	桩端处土的承载力标准值 q_{rk}(kPa)		
黏性土	$I_L \geqslant 1$	1000		
	$0.75 \leqslant I_L < 1$	1600		
	$0.35 \leqslant I_L < 0.65$	2200		
	$I_L < 0.35$	3000		
		桩尖进入持力层的相对深度		
		$h_c/d < 1$	$1 \leqslant h_c/d < 4$	$h_c/d \geqslant 4$
粉土	中密	1700	2000	2300
	密实	2500	3000	3500
粉砂	中密	2500	3000	3500
	密实	5000	6000	7000
细砂	中密	3000	3500	4000
	密实	5500	6500	7500
中、粗砂	中密	3500	4000	4500
	密实	6000	7000	8000
圆砾石	中密	4000	4500	5000
	密实	7000	8000	9000

注：表中 h_c 为桩端进入持力层的深度(不包括桩靴)，d 为桩的直径或边长。

表 5.3.3-6　系数 α_i，α_r 值

	黏土	粉质黏土	粉土	砂土
$d \geqslant 0.8$ m	0.6	0.7	0.9	1.1
2.0 m $\geqslant d > 0.8$ m	0.6	0.7	0.9	1.0
$d > 2.0$ m	0.5	0.6	0.7	0.9

注：表中 d 为桩的直径或边长。

当采用静力触探试验测定时，沉桩承载力允许值计算中的 q_{ik} 和 q_{rk} 取为：

$$q_{ik} = \beta_i \, \overline{q_i} \eqno(5.3.3-4)$$
$$q_{rk} = \beta_r \, \overline{q_r} \eqno(5.3.3-5)$$

式中，$\overline{q_i}$——桩侧第 i 层土由静力触探测得的局部侧摩阻力的平均值(kPa)，当 $\overline{q_i} < 5$ kPa 时，取 $\overline{q_i} = 5$ kPa；

$\overline{q_r}$——桩端(不包括桩靴)标高以上和以下各 $4d$(d 为桩的直径或边长)范围内静力触探端阻的平均值(kPa)；若桩端标高以上 $4d$ 范围内端阻的平均值大于桩端标高以下 $4d$ 的端阻平均值时，则取桩端以下 $4d$ 范围内端阻的平均值；

β_i，β_r——分别为侧摩阻和端阻的综合修正系数，其值按下面判别标准选用相应的计算公式；当土层的 $\overline{q_r} > 2000$ kPa，且 $\overline{q_i}/\overline{q_r} \leqslant 0.014$ 时：

$$\beta_i = 5.067 \, (\overline{q_i})^{-0.45}$$
$$\beta_r = 3.975 \, (\overline{q_r})^{-0.25}$$

如不满足上述 $\overline{q_r}$ 和 $\overline{q_i}/\overline{q_r}$ 条件时：

$$\beta_i = 10.045 \, (\overline{q_i})^{-0.55}$$
$$\beta_r = 12.064 \, (\overline{q_r})^{-0.35}$$

上列综合修正系数计算公式不适合城市杂填土条件下的短桩；综合修正系数用于黄土地区时，应做试桩校核。

5.3.4　支承在基岩上或嵌入基岩内的钻(挖)孔桩、沉桩的单桩轴向受压承载力容许值 $[R_a]$，可按下列公式计算：

$$[R_a] = c_1 A_p f_{rk} + u \sum_{i=1}^{m} c_{2i} h_i f_{rki} + \frac{1}{2} \zeta_s u \sum_{i=1}^{n} q_{ik} l_i \eqno(5.3.4)$$

式中，$[R_a]$——单桩轴向受压承载力容许值(kN)，桩身自重与置换土重(当自重计入浮力时，置换土重也应计入浮力)的差值作为荷载考虑；

u——桩身周长(m)；

A_p——桩端截面面积(m²)，对于扩底桩，取扩底截面面积；

m——岩层的层数，不包括强风化和全风化岩层；

n——土层的层数，强风化和全风化岩层按土层考虑；

h_i——桩嵌入各岩层部分的厚度(m)，不包括强风化和全风化岩层；

l_i——各土层的厚度(m)；

q_{ik}——与 l_i 对应的各土层与桩侧的摩阻力标准值(kPa)；宜采用单桩摩阻力试验确定，当无试验资料时，对于钻(挖)孔桩按表 5.3.3-1 选用；对于沉桩按本规范表 5.3.3-4 选用；

f_rk——桩端岩石饱和单轴抗压强度标准值(kPa)，黏土质岩取天然湿度单轴抗压强度标准值，当 $f_\text{rk} < 2$ MPa 时按摩擦桩计算；

c_1——根据清孔情况、岩石破碎程度等因素而定的端阻发挥系数，按表 5.3.4 选用；

c_{2i}——根据清孔情况、岩石破碎程度等因素而定的第 i 层岩层侧阻发挥系数，按表 5.3.4 选用；

ζ_s——覆盖层土的侧阻力发挥系数，根据桩端 f_rk 确定：当 2 MPa $\leqslant f_\text{rk} < 15$ MPa 时，$\zeta_\text{s} = 0.8$；当 15 MPa $\leqslant f_\text{rk} < 30$ MPa 时，$\zeta_\text{s} = 0.5$；当 $f_\text{rk} > 30$ MPa 时，$\zeta_\text{s} = 0.2$。

表 5.3.4 系数 c_1，c_2 值

岩石层情况	c_1	c_2
完整、较完整	0.6	0.05
较破碎	0.5	0.04
破碎、极破碎	0.4	0.03

注：①当入岩深度小于或等于 0.5 m 时，c_1 乘以 0.75 的折减系数，$c_2 = 0$。

②对于钻孔桩，系数 c_1，c_2 值应降低20%采用；桩端沉渣厚度 t 应满足以下要求：$d \leqslant 1.5$ m 时，$t \leqslant 50$ mm；$d > 1.5$ m 时，$t \leqslant 100$ mm。

③对于中风化层作为持力层的情况，c_1，c_2 应分别乘以 0.75 的折减系数。

本条所述嵌岩桩系指桩端嵌入中风化岩、微风化岩或新鲜岩，桩端岩体能取样进行单轴抗压强度试验的情况。对于桩端置于强风化岩中的嵌岩桩，由于强风化岩不能取样成型，其强度不能通过单轴抗压强度试验确定。这类强风化嵌岩段极限承载力参数标准值可根据岩体的风化程度按砂土、碎石类土取值，按摩擦桩计算。

5.3.5 当河床岩层有冲刷时，桩基需嵌入基岩，嵌岩桩按桩底嵌固设计。其应嵌入基岩的深度，可按下列公式计算：

圆形桩

$$h = \sqrt{\frac{M_\text{H}}{0.0655 \beta f_\text{rk} d}} \qquad (5.3.5-1)$$

方形桩

$$h = \sqrt{\frac{M_\text{H}}{0.0833 \beta f_\text{rk} b}} \qquad (5.3.5-2)$$

式中，h——桩嵌入基岩中(不计强风化层和全风化层)的有效深度(m)，不应小于 0.5 m；

M_H——在基岩顶面处的弯矩(kN·m)；

f_rk——岩石饱和单轴抗压强度标准值(kPa)，黏土质岩取天然湿度单轴抗压强度标准值；

β——系数，$\beta = 0.5 \sim 1.0$，根据岩层侧面构造而定，节理发育的取小值，节理不发育的取大值；

d——桩身直径(m)；

b——垂直于弯矩作用平面桩的边长(m)。

嵌岩桩嵌入基岩中深度的计算公式，在 $f_\text{rk} \geqslant 2$ MPa 时适用。推导该公式时做了如下假

定：对于圆形桩：①桩在嵌固深度 h 范围内的应力图形，假定按两个相等三角形变化；②桩侧压力的分布，假定最大压力 p_{max} 等于平均压应力 p 的 1.27 倍；③水平力 H 和桩端摩阻力对桩的影响忽略不计。对于矩形桩，除假定 $p_{max}=p$ 以外，其他假定与圆形桩相同。上述公式未考虑钻孔底面承受挠曲力矩的影响，计算的深度偏于安全。

5.3.6 桩端后压浆灌注桩单桩轴向受压承载力容许值，应通过静载试验确定。在符合本规范附录 N 后压浆技术规定的条件下，后压浆单桩轴向受压承载力容许值可按下式计算：

$$[R_a] = \frac{1}{2}u\sum_{i=1}^{n}\beta_{si}q_{ik}l_i + \beta_p A_p q_r \tag{5.3.6}$$

式中，$[R_a]$——桩端后压浆灌注桩的单桩轴向受压承载力容许值(kN)，桩身自重与置换土重（当自重计入浮力时，置换土重也应计入浮力）的差值作为荷载考虑；

β_{si}——第 i 层土的侧阻力增强系数，可按表 5.3.6 取值，当在饱和土层中压浆时，仅对桩端以上 8.0～12.0 m 范围的桩侧阻力进行增强修正；当在非饱和土层中压浆时，仅对桩端以上 4.0～5.0 m 范围的桩侧阻力进行增强修正；对于非增强影响范围，$\beta_{si}=1.0$；

β_p——端阻力增强系数，可按表 5.3.6 取值。

其他符号同本规范式(5.3.3-1)

表 5.3.6 桩端后压浆侧阻力增强系数 β_s、端阻力增强系数 β_p

土层名称	黏性土粉土	粉砂	细砂	中砂	粗砂	砾砂	碎石土
β_s	1.3～1.4	1.5～1.6	1.5～1.7	1.6～1.8	1.5～1.8	1.6～2.0	1.5～1.6
β_p	1.5～1.8	1.8～2.0	1.8～2.1	2.0～2.3	2.2～2.4	2.2～2.4	2.2～2.5

桩端后压浆浆液通过渗透(粗粒土)和劈裂(细粒土)形式在沉渣和桩端一定范围土体中扩散，从而起到加固作用。试验表明，浆液循桩侧泥皮和软弱扰动层向上扩散 8.0～12.0 m 的高度(粗粒土取低值、细粒土取高值)，对桩侧阻力起增强作用。这说明桩端压浆既增强端阻又使桩端以上一定范围的侧阻力得到增强。桩端后压浆应注重以下技术指标，从而保证后压浆对桩承载力的提高作用：①浆液水灰比；②桩端压浆终止压力；③持荷时间；④压浆流量；⑤压浆量。

5.3.7 按本规范第 5.3.3 条、第 5.3.4 条、第 5.3.6 条规定计算的单桩轴向受压承载力容许值 $[R_a]$，应根据桩的受荷阶段及受荷情况乘以表 5.3.7 规定的抗力系数。

表 5.3.7 单桩轴向受压承载力的抗力系数

受荷阶段			抗力系数
使用阶段	短期效应组合	永久作用与可变作用组合	1.25
		结构自重、预加力、土重、土侧压力和汽车、人群组合	1.00
	作用效应偶然组合(不含地震作用)		1.25
施工阶段	施工荷载效应组合		1.25

表中永久作用与可变作用组合，包括所有可能同时出现，且对桩受压承载力不利的作用在内。表中作用效应偶然组合，由于其中偶然作用发生的概率很小，作用时间极短，故它们的桩承载力容许值均需乘以大于1.0的抗力系数；施工阶段的作用是临时性的，此时，桩承载力容许值也应乘以大于1.0的抗力系数。

5.3.8 摩擦桩应根据桩承受作用的情况决定是否允许出现拉力。当桩的轴向力由结构自重、预加力、土重、土侧压力、汽车荷载和人群荷载短期效应组合所引起时，桩不允许受拉；当桩的轴向力由上述荷载并与其他作用组成的短期效应组合或荷载效应的偶然组合（地震作用除外）所引起时，则桩允许受拉。摩擦桩单桩轴向受拉承载力容许值按下列公式计算：

$$[R_t] = 0.3u \sum_{i=1}^{n} \alpha_i q_{ik} l_i \tag{5.3.8}$$

式中，$[R_t]$——单桩轴向受拉承载力容许值（kN）；

α_i——振动沉桩对各土层侧摩阻力的影响系数，按本规范表5.3.3-6取值；对于锤击、静压沉桩和钻孔桩，$\alpha_i = 1.0$；

u——桩身周长（m），对于等直径桩，$u = \pi d$；对于扩底桩，自桩端起算的长度 $\sum l_i \leqslant 5d$ 时，取 $u = \pi D$；其余长度均取 $u = \pi D$（其中 D 为桩的扩底直径，d 为桩身直径）。

计算作用于承台底面由外荷载引起的轴向力时，应扣除桩身自重值。

由试验得知，当桩上拔时，桩四周的土能较自由地向上凸起；而桩受压时桩四周的土互相挤压，桩下沉就比较困难。因此，两者摩阻力不同，拔桩时土对桩侧的摩阻力比桩下沉时的摩阻力要小得多。根据国内外的研究，对于黏性土和粉土，拔桩时土对桩侧的摩阻力等于桩受轴向压力量摩阻力的 0.6~0.8 倍；对于砂土，拔桩时土对桩侧的摩阻力等于桩受轴向压力量摩阻力的 0.5~0.7 倍；为安全起见，统一取为 0.6；考虑安全系数后，公式中取 0.3。

对于扩底桩，当桩长与桩径之比 $\sum l_i/d \leqslant 5$ 时，桩（土）自重可取扩大端圆柱体投影面形成的桩（土）自重，这时破坏体周长为 πD，单桩的抗拔极限侧阻力标准值仍取桩侧表面土的标准值。对于 $\sum l_i/d > 5$ 的扩底桩，其抗拔破坏模式受土的压缩性影响，桩上段的剪切面将转变为发生于桩土界面，即破坏柱体直径由 D 减小为 d，因此其剪切面周长以 $\sum l_i/d = 5$ 为界分段计算。

5.3.9 计算桩内力时，可采用 m 法（附录 P 和 Q）或其他可靠的方法。

当作用于桩上水平荷载较小，或桩在地面处的位移不超过 10 mm 时，m 法偏差较小，使用又较方便，故采用 m 法。

5.3.10 桩应验算桩身强度、稳定性及裂缝宽度。验算方法可按照现行《公路钢筋混凝土及预应力混凝土桥涵设计规范》JTG D62 有关章节进行。

5.3.11 9 根桩及 9 根桩以上的多排摩擦桩群桩在桩端平面内桩距小于 6 倍桩径时，群桩作为整体基础验算桩端平面处土的承载力，验算方法按本规范附录 R 进行。当桩端平面以下有软土层或软弱地基时，还应按本规范第 4.2.6 条验算该土层的承载力。

5.3.12 当桩基为端承桩或桩端平面内桩的中距大于桩径（或边长）的 6 倍时，桩基的总沉降量可取单桩的沉降量。在其他情况下，按本规范第 4.3.4 条的规定按墩台基础计算群桩的沉降量，并应计算桩身压缩量。

桩身压缩量宜按实际摩阻力分布计算，当缺乏相关资料时，可按下式估算：

$$\text{桩身压缩量 } s = \frac{Pl}{2EA_{\text{p}}}$$

式中，P——桩顶荷载（kN）；

l——桩长（mm）；

E——桩身混凝土抗压弹性模量（kN/mm^2）；

A_{p}——桩身截面面积（mm^2）。

【例题 4 – 13】 （注岩 2012 C12）某公路跨河桥梁采用钻孔灌注桩（摩擦桩），桩径 1.2 m，桩端入土深度 50 m，桩端持力层为密实粗砂，桩周及桩端地基土的参数见下表，桩基位于水位以下，无冲刷，假定清底系数为 0.8，桩端以上土层的加权平均浮重度为 9.0 kN/m^3，按《公路桥涵地基与基础设计规范》（JTG D63—2007）计算，施工阶段单桩轴向抗压承载力容许值最接近下列哪一个选项？

土层	土层厚度 （m）	侧阻力标准值 q_{sik}（kPa）	承载力基本容许值 $[f_{a0}]$（kPa）
①黏土	35	40	
②粉土	10	60	
③粗砂	20	120	500

（A）6000 kPa （B）7000 kPa

（C）8000 kPa （D）9000 kPa

答案：（C）

【解】 根据《公路桥涵地基与基础设计规范》（JTG D63—2007）第 5.3.3 条第 1 款计算：

$$[R_{\text{a}}] = \frac{1}{2}u\sum_{i=1}^{n}q_{\text{sik}}l_{\text{i}} + A_{\text{p}}q_{\text{r}}$$

$$q_{\text{r}} = m_0\lambda[[f_{a0}] + k_2\gamma_2(h-3)]$$

式中，$m_0 = 0.8$，桩端土为砂土，$l/d = 50/1.2 = 41.7 > 25$，查表 5.3.3 – 2，$\lambda = 0.85$

密实粗砂，查表 3.3.4，$k_2 = 6.0$，$\gamma_2 = 9.0$ kN/m^3，$h = 50$ m > 40 m，取 $h = 40$ m

$q_{\text{r}} = 0.8 \times 0.85 \times [500 + 6.0 \times 9 \times (40-3)] = 1699$ kPa > 1450 kPa，取 $q_{\text{r}} = 1450$ kPa

$$[R_{\text{a}}] = \frac{1}{2} \times \pi \times 1.2 \times (40 \times 35 + 60 \times 10 + 120 \times 5) + \pi \times 0.6^2 \times 1450 = 6541 \text{ kN}$$

根据《公路桥涵地基与基础设计规范》（JTG D63—2007）第 5.3.7 条的规定，施工阶段单桩轴向抗压承载力容许值为：$1.25[R_{\text{a}}] = 1.25 \times 6541 = 8176$ kN，答案为（C）

《铁路桥涵地基与基础设计规范》（TB10002.5—2005）中有关桩基的计算规定

6.1 一般规定

6.1.1 桩基础类型可按下列原则选定：

1. 打入桩可用于稍松至中密的砂类土、粉土和流塑、软塑的黏性土，震动下沉桩可用于砂类土、粉土、黏性土和碎石类土，桩尖爆扩桩可用于硬塑黏性土及中密、密实的砂类土和粉土；

2. 钻孔灌注桩可用于各类土层、岩层;

3. 挖孔灌注桩可用于无地下水或少量地下水的土层;

4. 管柱基础适用于深水、有履盖层或无履盖层、岩面起伏等桥址条件,可支承于较密实的土或新鲜岩层内。

6.1.2 桩基础可设计为单根桩或多根桩形式。

6.1.3 桩基础承台板底面的高程,应根据受力情况以及地质、水流、施工等条件确定:承台板底面在土中时,应位于冻结线以下不少于0.25 m(不冻胀土层不受此限);承台板底面在水中时,应位于最低冰层底面以下不少于0.25 m;在通航或筏运河流中,承台板底面应适当降低。

6.1.4 同一桩基中,不应同时采用磨擦桩和柱桩,且不宜采用不同直径、不同材料的桩,也不宜采用长度相差过大的桩。

6.1.5 对重要桥梁或地质复杂的桥梁,磨擦桩的容许承载力应通过试桩确定。

6.2 计算

6.2.1 单桩(包括管柱)的轴向容许承载力应分别按桩身材料强度和岩土的阻力进行计算,取其较小者。

按岩土的阻力确定桩的容许承载力时,可按第6.2.2条进行计算,并宜通过试桩验证。打入桩可在施工时以冲击试验验证。

6.2.2 按岩土的阻力确定的单桩容许承载力可按下列各式计算。

1. 磨擦桩轴向受压的容许承载力

1)打入、震动下沉和桩尖爆扩桩的容许承载力:

$$[P] = \frac{1}{2}\left(U \sum \alpha_i f_i l_i + \lambda \alpha A R\right) \tag{6.2.2-1}$$

式中, $[P]$ ——桩的容许承载力(kN);

U ——桩身截面周长(m);

l_i ——各土层厚度(m);

A ——桩底支承面积(m^2);

α_i, α ——震动沉桩对各土层桩周摩阻力和桩底承压力的影响系数(表6.2.2-1),对于打入桩其值为1.0;

λ ——系数,见表6.2.2-2;

f_i, R ——分别为桩周土的极限摩阻力(kPa)和桩尖土的极限承载力(kPa),可根据土的物理性质查表6.2.2-3和6.2.2-4确定,或采用静力触探试验测定,此时:

$$f_i = \beta_i \bar{f}_{si}, \quad R = \beta \bar{q}_c$$

表6.2.2-1 震动下沉桩系数 α_i, α

桩径或边宽	砂类土	粉土	粉质黏土	黏土
$d \leq 0.8$ m	1.1	0.9	0.7	0.6
0.8 m $< d \leq 2.0$ m	1.0	0.9	0.7	0.6
$d > 2.0$ m	0.9	0.7	0.6	0.5

表 6.2.2 - 2　系数 λ

	砂类土	粉土	粉质黏土	黏土
$D_p/d = 1.0$	1.0	1.0	1.0	1.0
$D_p/d = 1.5$	0.95	0.85	0.75	0.70
$D_p/d = 2.0$	0.90	0.80	0.65	0.50
$D_p/d = 2.5$	0.85	0.75	0.50	0.40
$D_p/d = 3.0$	0.80	0.60	0.40	0.30

注：为桩身直径，为爆扩桩的爆扩体直径；土为桩尖爆扩体处的种类。

2) 钻(挖)孔灌注桩的容许承载力：

$$[P] = \frac{1}{2}U\sum f_i l_i + m_0 A[\sigma] \qquad (6.2.2-2)$$

式中：$[P]$——桩的容许承载力(kN)；

$\quad\quad U$——桩身截面周长(m)，按成孔桩径计算，通常钻孔桩的成孔桩径按钻头类型分别比设计桩径(即钻头直径)增大下列数值：旋转锥为 30 ~ 50 mm；冲击锥为 50 ~ 100 mm；冲抓锥为 100 ~ 150 mm；

$\quad\quad f_i$——各土层的极限摩阻力(kPa)，按表 6.2.2 - 5 采用；

$\quad\quad l_i$——各土层厚度(m)；

$\quad\quad A$——桩底支承面积(m^2)，按设计桩径计算；

$\quad\quad [\sigma]$——桩底地基土的容许承载力(kPa)，

$\quad\quad\quad$ 当 $h \leqslant 4d$ 时，$[\sigma] = \sigma_0 + k_2\gamma_2(h-3)$；

$\quad\quad\quad$ 当 $4d < h \leqslant 10d$ 时，$[\sigma] = \sigma_0 + k_2\gamma_2(4d-3) + k_2'\gamma_2(h-4d)$；

$\quad\quad\quad$ 当 $h > 10d$ 时，$[\sigma] = \sigma_0 + k_2\gamma_2(4d-3) + k_2'\gamma_2(6d)$；

$\quad\quad\quad$ 其中，d 为桩径或桩的宽度(m)；k_2 采用本规范表 4.1.3 中的数值；k_2' 对于黏性土、粉土和黄土为 1.0，对于其他土，k_2' 为本规范表 4.1.3 中的 k_2 值之半；σ_0、γ_2 和 h 的意义与本规范第 4.1.3 条相同。

$\quad\quad m_0$——桩底支承力折减系数。钻孔灌注桩桩底支承力折减系数可按表 6.2.2 - 6 采用；挖孔灌注桩一般可取 $m_0 = 1.0$。

表 6.2.2 - 6　钻孔灌注桩桩底支承力折减系数 m_0

土质及清底情况	$5d < h \leqslant 10d$	$10d < h \leqslant 25d$	$25d < h \leqslant 50d$
土质较好，不易坍塌，清底良好	0.9 ~ 0.7	0.7 ~ 0.5	0.5 ~ 0.4
土质较差，易坍塌，清底稍差	0.7 ~ 0.5	0.5 ~ 0.4	0.4 ~ 0.3
土质差，难以清底	0.5 ~ 0.4	0.4 ~ 0.3	0.3 ~ 0.1

注：h 为地面线或局部冲刷线以下桩长，d 为桩的直径，均以 m 计。

2. 柱桩轴向受压的容许承载力

1）支承于岩石层上的打入桩、震动下沉桩（包括管柱）的容许承载力：

$$[P] = CRA \qquad (6.2.2-3)$$

式中，$[P]$——桩的容许承载力（kN）；

R——岩石单轴抗压强度（kPa）；

C——系数，匀质无裂缝的岩石层 $C=0.45$；有严重裂缝的、风化的或易软化的岩石层 $C=0.30$；

A——桩底面积（m^2）。

2）支承于岩石层上与嵌入岩石层内的钻（挖）孔灌注桩及管柱的容许承载力：

$$[P] = R(C_1 A + C_2 Uh) \qquad (6.2.2-4)$$

式中，$[P]$——桩及管柱的容许承载力（kN）；

R——岩石单轴抗压强度（kPa）；

U——嵌入岩石层内的桩及管柱的钻孔周长（m）；

h——自新鲜岩石面（平均高程）算起的嵌入深度（m）；

C_1，C_2——系数，根据岩石层破碎程度和清底情况，按表6.2.2-6采用；

A——桩底面积（m^2）。

表 6.2.2-7　系数 C_1，C_2

岩石层及清底情况	C_1	C_2
良　好	0.5	0.04
一　般	0.4	0.03
较　差	0.3	0.02

注：当 $h \leqslant 0.5$ m 时，C_1 应乘以0.7，$C_2=0$。

3. 磨擦桩轴向受拉的容许承载力

$$[P'] = 0.30U \sum \alpha_i l_i f_i \qquad (6.2.2-5)$$

式中，$[P']$——磨擦桩轴向受拉的容许承载力（kN）；

其余符号意义同前。

6.2.3　桩下端锚固在岩石内时，可假定弯矩由锚固侧壁岩石承受，锚固需要深度可不考虑水平剪力影响，并按下列公式近似计算：

1. 圆形桩

$$h_1 = \sqrt{\frac{M}{0.066K \cdot R \cdot d}} \qquad (6.2.3-1)$$

2. 矩形桩

$$h_1 = \sqrt{\frac{M}{0.083K \cdot R \cdot b}} \qquad (6.2.3-2)$$

式中，h_1——自桩下端锚固点算起的锚固需要深度（m）；

M——桩下端锚固点处的弯矩（kN·m）；

172

K——根据岩层构造在水平方向的岩石容许压力换算系数，取 $0.5 \sim 1.0$；

d——钻孔直径(m)；

b——垂直于弯矩作用平面桩的边长(m)；

R——见本规范第 6.2.2 条。

6.2.4 管柱震动下沉中应进行下列计算：

1. 震动荷载下的应力。震动时作用于管柱的计算外力按下式计算：

$$N = \eta P_{\max} \qquad (6.2.4)$$

式中，N——震动时作用于管柱的计算外力(kN)；

$P_{\max}$——所选用的震动打桩机的额定最大震动力(kN)；

η——震动冲击系数，主要是按震动下沉的入土深度、土质条件和施工辅助设施而定，可采用 $1.5 \sim 2.0$。

2. 震动荷载作用下管柱的变形。管柱在震动下沉时，拉伸和压缩引起的弹性变形值必须小于震动体系的振幅。

3. 预应力混凝土管柱的张拉力，不宜小于管柱的震动荷载。

6.2.5 计算基桩的内力和稳定性时，可按本规范附录 D 考虑桩侧弹性抗力的作用。对钻孔灌注桩计算桩身强度和稳定性时，桩身采用设计桩径。

6.2.6 磨擦桩桩顶承受的轴向压力加上桩身自重与桩身入土部分所占同体积土重之差，不得大于本规范第 6.2.2 条按土阻力计算的单桩受压容许承载力。柱桩桩顶承受的轴向压力加上桩身自重，不得大于本规范第 6.2.2 条按岩石强度计算的单桩受压容许承载力。受拉桩桩顶承受的拉力减去桩身自重不得大于本规范第 6.2.2 条按土阻力计算的单桩受拉容许承载力。仅在主力作用时，桩不得承受轴向拉力。

当主力加附加力作用时，按本规范第 6.2.2 条求提的单桩受压容许承载力可提高 20%，当主力加特殊荷载(地震力除外)时柱桩可提高 40%，磨擦桩可提高 20% ~ 40%。

桩基础还应按本规范附录 E 当作实体基础进行验算。当桩基础底面下有软弱土层时，尚应检算该土层的压应力。

6.2.7 位于湿陷性黄土和软土地基中的桩基础，当土壤可能出现湿陷或固结下沉时应考虑桩侧土的负摩阻力的作用。

附录 E 桥梁桩基当作实体基础的检算

将桩基视为图中 1、2、3、4 范围内的实体基础可按下式检算：

$$\frac{N}{A} + \frac{M}{W} \leqslant [\sigma] \qquad (E.1)$$

式中，N——作用于桩基底面的竖直力(kN)，包括土体 1、2、3、4 和桩的恒载；

M——外力对承台板底面处桩基重心的力矩(kN·m)；

A，W——桩基底面的面积(m^2)和截面抵抗矩(m^3)；

$[\sigma]$——桩底处地基容许承载力(kPa)

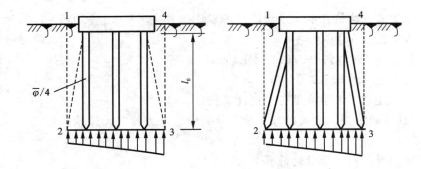

4.4 桩基水平承载力

4.4.1 单桩在水平荷载作用下的破坏机理和特点

桩在水平荷载作用下的工作情况较轴向受力时要复杂些，但仍然是从保证桩身材料和地基强度与稳定性以及桩顶水平位移满足使用要求来分析和确定桩的水平承载力。

桩在水平荷载作用下，桩身产生横向位移或挠曲，并与桩侧土协调变形。桩身对土产生侧向压应力，同时桩侧土反作用于桩，产生侧向土抗力。桩土共同作用，互相影响。

1. 刚性桩

当桩的长径比很小且桩顶自由时，由于桩的相对刚度很大，破坏时桩身不产生挠曲变形，而是绕靠近桩端一点做刚体转动，桩全长范围内的土都达到屈服，称其为刚性桩。当桩很短且桩顶嵌固时，破坏时桩前土体屈服，桩与承台呈刚体平移。

2. 半刚性桩

半刚性桩是指桩顶在水平荷载作用下，桩身发生挠曲变形，但桩身位移曲线只出现一个位移零点。桩侧土的屈服区随荷载增加而逐渐向下扩展，桩身最大弯矩截面也由于上部土抗力减小而向下部转移。若桩身抗弯强度较低(如低配筋率灌注桩)，破坏由桩身断裂引起；若桩身抗弯强度较高(如高配筋率灌注桩)，破坏由桩侧土体塑性挤出、桩的水平位移过大而引起。

当半刚性桩的桩顶嵌固时，桩顶将出现较大反向固端弯矩，而桩身弯矩相应减小并向下部转移，桩顶水平位移比桩顶自由情况下大大减小。随着荷载增加，桩顶最大弯矩处和桩身最大弯矩处将相继屈服而形成塑性铰，桩身承载力达到极限。当桩身强度较高时，水平承载力则为位移控制。

3. 柔性桩

当桩的长径比足够大且桩顶自由时或桩顶嵌固时，在水平荷载作用下，桩身位移曲线出现两个以上位移零点和弯矩零点，且位移和弯矩随桩深衰减很快。破坏性状与半刚性桩类似。

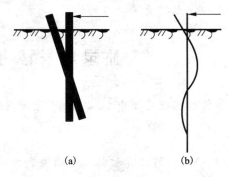

图 4 – 9 桩在横向力作用下变形示意图

(a)刚性桩；(b)弹性桩

半刚性桩和柔性桩统称为弹性桩。

第 1 种情况(a)：

174

基桩的水平承载力可能由桩侧土的强度及稳定性决定;

第 2 种情况(b):

基桩的水平承载力将由桩身材料的抗弯强度(低配筋率灌注桩)或侧向变形条件决定。

刚性桩 $\alpha h \leqslant 2.5$,弹性桩 $\alpha h > 2.5$。

h 为桩的入土深度;α 称之为桩的水平变形系数。

4.4.2 单桩及单排桩中基桩的内力和位移计算

内力和位移的计算方法:弹性地基梁法。

将桩作为弹性地基上的梁,按 Winkler 假定(梁身任一点的土抗力和该点的位移成正比)的解法。从土力学的观点认为是不够严密的,基本概念明确,方法较简单,所得结果一般较安全。弹性地基梁的弹性挠曲微分方程的求解方法可用数值解法、差分法及有限元法。

1. 桩侧土的水平抗力及其分布规律

外荷载→桩→位移

竖向荷载　　竖向位移→桩侧摩阻力、桩底抗力

水平荷载和力矩　　水平位移和转角→桩侧土对桩产生水平抗力 $p(z, x)$

$p(z, x)$ 为深度 z 处桩侧土的水平抗力(kN/m),其大小取决于桩侧土体性质、桩身刚度、桩的入土深度、桩的截面形状、桩距及荷载等。

假定桩侧土的水平抗力符合 Winkler 假定,可表示为:

$$p(z, x) = Cxb_0$$

式中,C——桩侧土的水平抗力系数(kN/m³);

$\quad\quad x$——深度 z 处桩的水平位移(m);

$\quad\quad b_0$——桩的计算宽度(m)。

桩侧土的水平抗力系数 C 随深度的分布规律有如图 4-10 所示的三种形式,相应产生三种基桩内力和位移计算的方法,即:

1)"C"法,又称"张有龄法":假定桩侧土的水平抗力系数 C 沿深度为均匀分布,不随深度而变化,如图 4-10(a)所示;

2)"m"法:假定桩侧土的水平抗力系数 C 随深度成正比例地增长,即 $C = mz$。如图 4-10(c)所示。m 称为桩侧土水平抗力系数的比例系数(kN/m⁴);

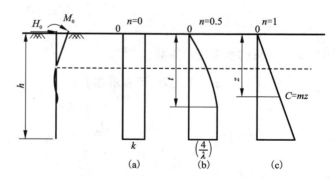

图 4-10　桩侧土水平抗力系数 C 随深度分布模式

(a)张氏法;(b)K法;(c)m法

3)"K"法:假定桩侧土的水平抗力系数 C 随深度呈折线变化:即在桩身挠曲曲线第一挠曲零点 B(图 4-10(b)所示深度 t 处)以上,桩侧土的水平抗力系数 C 随深度增加呈凹形抛物线变化;在第一挠曲零点以下,桩侧土的水平抗力系数 C 不再随深度变化而为常数 K。

根据桩身实测弯矩与计算对比表明,按弹性地基梁基床系数理论中的 m 法与 K 法计算值较为接近于实测值。张氏法假定水平抗力系数沿深度呈常数分布,较适用于超固结黏土中

的桩；m 法与 K 法的水平抗力系数随深度增加而增大，两者计算结果差别不大，但 m 法计算的弯矩略大于 K 法。我国交通、铁道、水利部门均采用 m 法，国际上应用情况也基本如此，因此《建筑桩基技术规范》JGJ94—2008 推荐 m 法作为计算桩的水平承载力的基本方法。

弹性地基梁"m"法的基本假定：

1）认为桩侧土为 Winkler 离散线性弹簧；

2）不考虑桩土之间的黏着力和摩阻力；

3）桩作为弹性构件考虑；

4）当桩受到水平外力作用后，桩土协调变形；

5）任一深度 z 处所产生的桩侧土水平抗力与该点水平位移 x 成正比，即：$p(z, x) = Cxb_0$，且桩侧土的水平抗力系数 C 随深度成正比增长即 $C = mz$。

2. 桩的挠曲微分方程的建立及其解

设桩顶与地面平齐，桩顶作用有水平荷载 H_0 及弯矩 M_0。

此时桩将发生弹性挠曲，桩侧土将产生水平抗力 $p(z, x)$。

从材料力学中知道，梁轴的挠度与梁上分布荷载 q 之间的关系式，即梁的挠曲微分方程为：

$$EI \frac{d^4 x}{dz^4} = -p(z, x)$$

$$EI \frac{d^4 x}{dz^4} = -mzxb_0$$

改写成：

$$\frac{d^4 x}{dz^4} + \frac{mb_0}{EI} zx = 0$$

令：$\alpha^5 = \frac{mb_0}{EI}$，则上式可写成：

$$\frac{d^4 x}{dz^4} + \alpha^5 zx = 0 \qquad (4-18)$$

式中，α 称为桩的水平变形系数（m^{-1}），$\alpha = \sqrt[5]{\frac{mb_0}{EI}}$。

当 $z = 0$ 时，x_0、φ_0、M_0、H_0 可表示如下：

$$\left. x \right|_{z=0} = x_0$$

$$\left. \frac{dx}{dz} \right|_{z=0} = \varphi_0$$

$$\left. EI \frac{d^2 x}{dz^2} \right|_{z=0} = M_0 \qquad (4-19)$$

$$\left. EI \frac{d^3 x}{dz^3} \right|_{z=0} = H_0$$

式（4-18）为一个 4 阶线形变系数奇次常微分方程，用幂级数展开方法求解，设方程的解为：

$$x = \sum_{i=0}^{\infty} a_i z^i = a_0 + a_1 z + a_2 z^2 + \cdots + a_i z^i + \cdots \qquad (4-20)$$

对式（4-20）求导：

$$\frac{dx}{dz} = \sum_{i=1}^{\infty} a_i \cdot i \cdot z^{i-1} \qquad (4-21a)$$

$$\frac{\mathrm{d}^2 x}{\mathrm{d}z^2} = \sum_{i=2}^{\infty} a_i \cdot i \cdot (i-1) \cdot z^{i-2} \tag{4-21b}$$

$$\frac{\mathrm{d}^3 x}{\mathrm{d}z^3} = \sum_{i=3}^{\infty} a_i \cdot i \cdot (i-1) \cdot (i-2) \cdot z^{i-3} \tag{4-21c}$$

$$\frac{\mathrm{d}^4 x}{\mathrm{d}z^4} = \sum_{i=3}^{\infty} a_i \cdot i \cdot (i-1) \cdot (i-2) \cdot (i-3) z^{i-4} \tag{4-21d}$$

将式(4-21d)和式(4-20)代入式(4-18):

$$\sum_{i=3}^{\infty} a_i \cdot i \cdot (i-1) \cdot (i-2) \cdot (i-3) z^{i-4} \equiv -\alpha^5 z \sum_{i=0}^{\infty} a_i z^i \tag{4-22}$$

展开(4-22),恒等式两边 z 之幂相同的项的系数相等,并代入边界条件,经整理后可得到求桩身水平位移 x、桩身转角 φ、弯矩 M、剪力 H 以及桩侧土水平抗力 $p(z,x)$ 的计算公式如下:

1)桩身水平位移(桩轴线挠曲方程):

$$x = x_0 A_1 + \frac{\varphi_0}{\alpha} B_1 + \frac{M_0}{\alpha^2 EI} C_1 + \frac{H_0}{\alpha^3 EI} D_1 \tag{4-23}$$

式中, x_0、φ_0 分别为桩顶的水平位移和转角; M_0、H_0 分别为作用在桩顶的水平荷载及弯矩; A_1、B_1、C_1、D_1 是 (αz) 的函数,为无量纲数值。

2)深度 z 处桩侧土水平抗力 $p(z,x)$:

$$p(z,x) = mb_0 z \left(x_0 A_1 + \frac{\varphi_0}{\alpha} B_1 + \frac{M_0}{\alpha^2 EI} C_1 + \frac{H_0}{\alpha^3 EI} D_1 \right) \tag{4-24}$$

3)深度 z 处桩身的转角:

对式(4-23)求一次导数:

$$\varphi = \frac{\mathrm{d}x}{\mathrm{d}z} = x_0 \alpha A_2 + \frac{\varphi_0}{\alpha} \alpha B_2 + \frac{M_0}{\alpha^2 EI} \alpha C_2 + \frac{H_0}{\alpha^3 EI} \alpha D_2 \tag{4-25}$$

其中, A_2、B_2、C_2、D_2 分别是将 A_1、B_1、C_1、D_1 求一次导数并除以 α 而得。

4)深度 z 处桩身的弯矩:

对式(4-25)求一次导数:

$$\frac{\mathrm{d}^2 x}{\mathrm{d}z^2} = x_0 \alpha^2 A_3 + \frac{\varphi_0}{\alpha} \alpha^2 B_3 + \frac{M_0}{\alpha^2 EI} \alpha^2 C_3 + \frac{H_0}{\alpha^3 EI} \alpha^2 D_3 \tag{4-26a}$$

由于 $\frac{\mathrm{d}^2 x}{\mathrm{d}z^2} = \frac{M}{EI}$,式(4-26a)可改写成:

$$\frac{M}{\alpha^2 EI} = x_0 A_3 + \frac{\varphi_0}{\alpha} B_3 + \frac{M_0}{\alpha^2 EI} C_3 + \frac{H_0}{\alpha^3 EI} D_3 \tag{4-26b}$$

其中, A_3、B_3、C_3、D_3 分别是将 A_2、B_2、C_2、D_2 求一次导数并除以 α 而得。

5)深度 z 处桩身的剪力:

对式(4-26a)求一次导数:

$$\frac{\mathrm{d}^3 x}{\mathrm{d}z^3} = x_0 \alpha^3 A_4 + \frac{\varphi_0}{\alpha} \alpha^3 B_4 + \frac{M_0}{\alpha^2 EI} \alpha^3 C_4 + \frac{H_0}{\alpha^3 EI} \alpha^3 D_4 \tag{4-27a}$$

由于 $\frac{\mathrm{d}^3 x}{\mathrm{d}z^3} = \frac{H}{EI}$,式(4-27a)可改写成:

$$\frac{H}{\alpha^3 EI} = x_0 A_4 + \frac{\varphi_0}{\alpha} B_4 + \frac{M_0}{\alpha^2 EI} C_4 + \frac{H_0}{\alpha^3 EI} D_4 \tag{4-27b}$$

其中，A_4、B_4、C_4、D_4 分别是将 A_3、B_3、C_3、D_3 求一次导数并除以 α 而得。

4.4.3 单桩水平承载力的确定

单桩水平承载力特征值应按下列规定确定：

（1）对于受水平荷载较大的设计等级为甲级、乙级的建筑桩基，单桩水平承载力特征值应通过单桩水平静载试验确定；试验方法可按现行行业标准《建筑基桩检测技术规范》（JGJ106—2003）执行。

（2）对于钢筋砼预制桩、钢桩、桩身全截面配筋率不小于 0.65% 的灌注桩，可根据静载试验结果取地面处水平位移为 10 mm（对于水平位移敏感的建筑物取水平位移 6 mm）所对应荷载的 75% 为单桩水平承载力特征值。

（3）对于桩身配筋率小于 0.65% 的灌注桩，可取单桩水平静载试验的临界荷载的 75% 为单桩水平承载力特征值。

（4）当缺少单桩水平静载试验资料时，可按下列公式估算桩身配筋率小于 0.65% 的灌注桩的单桩水平承载力特征值：

$$R_{ha} = \frac{0.75\alpha\gamma_m f_t W_0}{\nu_M}(1.25 + 22\rho_g)\left(1 \pm \frac{\zeta_N \cdot N}{\gamma_m f_t A_n}\right) \qquad (4-28)$$

式中，R_{ha}——单桩水平承载力特征值（kN）；式中 ± 号根据桩顶竖向力性质确定，压力取"＋"，拉力取"－"；

γ_m——桩截面模量塑性系数，圆形截面取 2.0，矩形截面取 1.75；

W_0——桩身换算截面受拉边缘的截面模量（m^3），圆形截面为：

$$W_0 = \frac{\pi d}{32}[d^2 + 2(\alpha_E - 1)\rho_g d_0^2]$$

方形截面为：$W_0 = \frac{b}{6}[b^2 + 2(\alpha_E - 1)\rho_g b_0^2]$

其中 d 为桩直径（m），d_0 为扣除保护层的桩直径（m）；b 为方桩边长（m），b_0 为扣除保护层的方桩边长（m）；α_E 为钢筋弹性模量与砼弹性模量的比值；

ν_M——桩身最大弯矩系数，按表 4–13 取值，单桩基础和单排桩基纵向轴线与水平力相垂直的情况，按桩顶铰接考虑；

ρ_g——桩身配筋率（%）；

A_n——桩身换算截面积（m^2），圆形截面为：$A_n = \frac{\pi d^2}{4}[1 + (\alpha_E - 1)\rho_g]$

方形截面为：$A_n = b^2[1 + (\alpha_E - 1)\rho_g]$

ζ_N——桩顶竖向力影响系数，竖向压力取 0.5，竖向拉力取 1.0；

N_k——在荷载效应标准组合下桩顶的竖向力（kN）；

α——桩的水平变形系数（m^{-1}）；

$$\alpha = \sqrt[5]{\frac{mb_0}{EI}} \qquad (4-29)$$

式中，EI——桩身抗弯刚度（$kN \cdot m^2$）；对于钢筋混凝土桩，$EI = 0.85E_c I_0$，E_c 为混凝土弹性模量（kPa），I_0 为桩身换算截面惯性矩（m^4）：圆形截面为 $I_0 = W_0 d_0/2$；矩形截面为 $I_0 = W_0 b_0/2$；

b_0——桩身计算宽度(m);

圆形桩：当直径 $d \leqslant 1$ m 时，$b_0 = 0.9(1.5d + 0.5)$

当直径 $d > 1$ m 时，$b_0 = 0.9(d + 1)$

方形桩：当边宽 $b \leqslant 1$ m 时，$b_0 = 1.5b + 0.5$

当边宽 $b > 1$ m 时，$b_0 = b + 1$

m——桩侧土水平抗力系数的比例系数(kN/m^4)，宜通过单桩水平静载试验确定，当无静载试验资料时，可按《桩规》表5.7.5取值。表中预制桩、钢桩的 m 值系根据水平位移为 10 mm 时求得，故当其位移小于 10 mm 时，m 应予以适当提高；对于灌注桩，当水平位移大于表列值时，则应将 m 值适当降低。

另外，m 值对于同一根桩并非为定值，与荷载呈非线性关系，低荷载水平下，m 值较高；随荷载增加，桩侧土的塑性区逐渐扩展而降低。因此，m 取值应与实际荷载、允许位移相适应。如根据试验结果求低配筋率桩的 m，应取临界荷载 H_{cr} 及对应位移 x_{cr} 按下式计算：

$$m = \frac{\left(\dfrac{H_{cr}}{x_{cr}} \nu_x\right)^{\frac{5}{3}}}{b_0 \ (EI)^{\frac{2}{3}}} \qquad (4-30)$$

对于配筋率较高的预制桩和钢桩，则应取允许位移及其对应的荷载按上式计算 m。

表4-13　桩顶(身)最大弯矩系数 ν_M 和桩顶水平位移系数 ν_x

桩顶约束情况	桩的换算埋深(αh)	ν_M	ν_x
铰接、自由	4.0	0.768	2.441
	3.5	0.750	2.502
	3.0	0.703	2.727
	2.8	0.675	2.905
	2.6	0.639	3.163
	2.4	0.601	3.526
固　接	4.0	0.926	0.940
	3.5	0.934	0.970
	3.0	0.967	1.028
	2.8	0.990	1.055
	2.6	1.018	1.079
	2.4	1.045	1.095

注：①铰接(自由)的 ν_M 系桩身的最大弯矩系数，固接的 ν_M 系桩顶的最大弯矩系数；

②当 $\alpha h > 4$ 时，取 $\alpha h = 4.0$。

【例题4-14】 （注岩2005C12）某受压灌注桩桩径 $d = 1.2$ m，桩入土深度 20 m，桩身配筋率 0.6%，桩顶铰接，在荷载效应标准组合下桩顶的竖向力 $N_k = 5000$ kN，桩的水平变形系数 $\alpha = 0.301$ m^{-1}，桩身换算截面积 $A_n = 1.2$ m^2，换算截面受拉边缘的截面模量 $W_0 = 0.2$ m^2，桩身混凝土抗拉强度 $f_t = 1.5$ N/mm^2，按《建筑桩基技术规范》(JGJ94—2008)计算，单桩水平承载力特征值最接近下列哪个选项？

（A）410 kN   （B）460 kN   （C）510 kN   （D）560 kN

【解】 $\alpha h = 0.301 \times 20 = 6.0 > 4$，查表 $4-13$，$\nu_M = 0.768$

$$R_{ha} = \frac{0.75 \alpha \gamma_m f_t W_0}{\nu_M}(1.25 + 22\rho_g)\left(1 + \frac{\zeta_N \cdot N}{\gamma_m f_t A_n}\right)$$

$$= \frac{0.75 \times 0.301 \times 2 \times 1500 \times 0.2}{0.768} \times (1.25 + 22 \times 0.006) \times \left(1 + \frac{0.5 \times 5000}{2 \times 1500 \times 1.2}\right) = 413 \text{ kN}$$

答案为（A）410 kN。

（5）对于混凝土护壁的挖孔桩，计算单桩水平承载力时，其设计桩径取护壁内直径。

（6）当桩的水平承载力由水平位移控制，且缺少单桩水平静载试验资料时，可按下式估算预制桩、钢桩、桩身配筋率不小于 0.65% 的灌注桩的单桩水平承载力特征值：

$$R_{ha} = 0.75 \frac{\alpha^3 EI}{\nu_x} \chi_{0a} \tag{4-31}$$

式中，χ_{0a}——桩顶容许水平位移（m）；

      ν_x——桩顶水平位移系数，按表 4.4-1 取值，取值方法同 ν_M。

【例题 4-15】 （注岩 2002D13）某桩基工程采用直径 2.0 m 的灌注桩，桩身配筋率为 0.68%，桩长 25 m，桩顶铰结，桩顶允许水平位移 $\chi_{0a} = 5$ mm，桩侧土水平抗力系数的比例系数 $m = 2.5 \times 10^4$ kN/m^4，桩身抗弯刚度 $EI = 2.149 \times 10^7$ kN·m^2，按《建筑桩基技术规范》（JGJ94—2008）计算，单桩水平承载力特征值最接近下列哪个选项？

（A）1030 kN   （B）1390 kN   （C）1550 kN   （D）1650 kN

【解】 $b_0 = 0.9(d + 1) = 0.9 \times (2 + 1) = 2.7$ m

$$\alpha = \sqrt[5]{\frac{mb_0}{EI}} = \sqrt[5]{\frac{2.5 \times 10^4 \times 2.7}{2.148 \times 10^7}} = 0.3158 \text{ m}^{-1}$$

$\alpha h = 0.3158 \times 25 = 7.9 > 4$，查表 $4-12$，$\nu_x = 2.441$

$$R_{ha} = 0.75 \frac{\alpha^3 EI}{\nu_x} \chi_{0a} = 0.75 \times \frac{0.3158^3 \times 2.149 \times 10^7}{2.441} \times 5 \times 10^{-3} = 1039 \text{ kN}$$

答案为（A）1030 kN。

【例题 4-16】 （注岩 2010D28）8 度（0.2g）地区，设计地震分组为第一组。地下水位埋深 5 m，某预制桩，截面 0.4 m×0.4 m，桩长 12 m，承台埋深 3 m，土层分布：0~3 m 黏性土，$q_{sk} = 65$ kPa；3~5 m 粉土，$q_{sk} = 55$ kPa；5.0~11.0 m 粉细砂，$q_{sk} = 25$ kPa 在 7 m、8 m、9 m、10 m 处进行标贯试验，实测 N 值分别为 9、8、13 和 12；11.0~15.0 m 中粗砂，$q_{sk} = 60$ kPa，$q_{pk} = 5500$ kPa，在 12 m、13 m 和 14 m 处进行标贯试验，实测 N 值分别为 19、21 和 30。已知粉土水平抗力系数的比例系数 $m_1 = 5$ MN/m^4，粉细砂 $m_2 = 10$ MN/m^4，桩顶铰接，$\chi_{0a} = 10$ mm，$EI = 53$ MN·m^2。问按照《建筑桩基技术规范》（JGJ94—2008）计算，考虑土层液化时的单桩水平承载力特征值最接近下列哪个选项（桩的水平承载力由水平位移控制）？

（A）30 kN   （B）35 kN   （C）40 kN   （D）45 kN

答案：（B）

【解】 根据《桩规》附录 C，当桩顶以下 $2(d+1)m$ 深度内有液化土层时，液化土水平抗力系数的比例系数 m 应折减。

方桩 $0.4\text{ m} \times 0.4\text{ m}$ 换算成等面积圆桩，$d = 0.45\text{ m}$

$h_{\mathrm{m}} = 2(d+1) = 2 \times (0.45+1) = 2.9\text{ m}$

根据例题 4-10 的计算结果，粉细砂 $\psi_l = 1/3$，$m_2 = 10 \times 1/3 = 3.33\text{ MN/m}^4$

m 综合计算值：

$$m = \frac{m_1 h_1{}^2 + m_2(2h_1+h_2)h_2}{h_{\mathrm{m}}^2} = \frac{5 \times 2^2 + 3.33 \times (2 \times 2 + 0.9) \times 0.9}{2.9^2} = 4.13\text{ MN/m}^4$$

$b_0 = 1.5b + 0.5 = 1.5 \times 0.4 + 0.5 = 1.1\text{ m}$

$$\alpha = \sqrt[5]{\frac{mb_0}{EI}} = \sqrt[5]{\frac{4.13 \times 10^3 \times 1.1}{53 \times 10^3}} = 0.61$$

$\alpha h = 0.61 \times 12 = 7.4 > 4.0$ 查表 4.4-1，$\nu_x = 2.441$

单桩水平力特征值

$$R_{\mathrm{ha}} = 0.75\frac{\alpha^3 EI}{\nu_x}x_{0\mathrm{a}} = 0.75 \times \frac{0.61^3 \times 53 \times 10^3}{2.441} \times 10 \times 10^{-3} = 37.0\text{ kN}$$

答案为（B）

【例题 4-17】 （注岩 2006D15）某试验桩桩径 $d = 0.4\text{ m}$，配筋率 $\rho = 0.6\%$，水平静载试验所采取的每级荷载增量值为 15 kN，试桩 $H-t-Y_0$ 曲线明显陡降点的荷载为 120 kN 时对应的水平位移为 3.2 mm，其前一级荷载和后一级荷载对应的水平位移分别为 2.6 mm 和 4.2 mm，则由试验结果计算的地基土水平抗力系数的比例系数 m 最接近下列哪个选项？假定 $(\nu_x)^{5/3} = 4.425$，$(EI)^{2/3} = 877\ (\mathrm{kN} \cdot \mathrm{m}^2)^{2/3}$。

(A)242 MN/m⁴ (B)228 MN/m⁴ (C)205 MN/m⁴ (D)165 MN/m⁴

【解】 单桩水平静载试验的 $H-t-Y_0$ 曲线出现拐点的前一级荷载为单桩水平临界荷载 H_{cr}。$H_{\mathrm{cr}} = 120 - 15 = 105\text{ kN}$，对应的水平位移 $x_{\mathrm{cr}} = 2.6\text{ mm}$。根据《桩规》5.7.5 条条文说明，可按下式求低配筋率（$\rho < 0.65\%$）桩的 m 值：

$$m = \frac{\left(\dfrac{H_{\mathrm{cr}}}{x_{\mathrm{cr}}}\nu_x\right)^{\frac{5}{3}}}{b_0(EI)^{\frac{2}{3}}}$$

其中，$b_0 = 0.9(1.5d + 0.5) = 0.9 \times (1.5 \times 0.4 + 0.5) = 0.99\text{ m}$

$$m = \frac{\left(\dfrac{H_{\mathrm{cr}}}{x_{\mathrm{cr}}}\nu_x\right)^{\frac{5}{3}}}{b_0(EI)^{\frac{2}{3}}} = \frac{\left(\dfrac{105}{2.6 \times 10^{-3}}\right)^{\frac{5}{3}} \times 4.425}{0.99 \times 877} = 2.42 \times 10^5\text{ kN/m}^4 = 242\text{ MN/m}^4$$

根据《桩规》5.7.1 条第 3 款，$R_{\mathrm{ha}} = 0.75H_{\mathrm{cr}} = 0.75 \times 105 = 79.0\text{ kN}$

答案为（A）242 MN/m⁴

(7)验算永久荷载控制的桩基的水平承载力时，应将上述方法确定的单桩水平承载力特征值乘以调整系数 0.80；验算地震作用桩基的水平承载力时，应将上述方法确定的单桩水平承载力特征值乘以调整系数 1.25。

关于单桩水平承载力特征值：

影响单桩水平承载力和位移的因素包括桩身截面抗弯刚度、材料强度、桩侧土质条件、桩的入土深度、桩顶约束条件。如对于低配筋率的灌注桩，通常是桩身先出现裂缝，随后断裂破坏；此时，单桩水平承载力由桩身强度控制。对于抗弯性能强的桩，如高配筋率的混凝土预制桩和钢桩，桩身虽未断裂，但由于桩侧土体塑性隆起，或桩顶水平位移大大超过使用允许值，也认为桩的水平承载力达到极限状态。此时，单桩水平承载力由位移控制。由桩身强度控制和桩顶水平位移控制两种工况均受桩侧土水平抗力系数的比例系数 m 的影响，但是，前者受影响较小，呈 $m^{1/5}$ 的关系；后者受影响较大，呈 $m^{3/5}$ 的关系。对于受水平荷载

较大的建筑桩基，应通过现场单桩水平承载力试验确定单桩水平承载力特征值。对于初设阶段和设计等级非甲级建筑桩基可通过按桩身承载力控制的公式（4-28）和按桩顶水平位移控制的公式（4-31）进行计算。最后对工程桩进行静载试验检测。

4.4.4　单桩水平静载试验

桩的水平静载试验是确定桩的水平承载力的较可靠的方法，也是常用的研究分析试验方法。试验是在现场条件下进行，所确定的单桩水平承载力和地基土的水平抗力系数最符合实际情况。如果预先已在桩身埋有量测元件，则可测定出桩身应力变化，并由此求得桩身弯矩分布。

为设计提供依据的试验桩宜加载至桩顶出现较大水平位移或桩身结构破坏；对工程桩抽样检测，可按设计要求的水平位移允许值控制加载。

1. 试验装置

试验是采用千斤顶施加水平荷载，其施力点位置宜放在实际受力点位置。在千斤顶与试桩接触处宜安置一球形铰座，以保证千斤顶作用力能水平通过桩身轴线。桩的水平位移宜采用大量程百分表测量。

2. 试验加载方法——单向多循环加卸载法

荷载分级：取小于预估水平极限承载力或最大试验荷载的 1/10 作为每级荷载的加载增量。

加载程序与位移观测：每级加荷后，恒载 4 min 测读水平位移，然后卸载至零，停 2 min 测读残余水平位移，至此完成一个加卸载循环，如此循环 5 次便完成一级荷载的试验观测。试验不得中途停歇。

终止试验的条件：当桩身折断或水平位移超过 30～40 mm（软土取 40 mm）或水平位移达到设计要求的水平位移允许值时，可终止试验。

3. 单桩水平临界荷载和单桩水平极限承载力的确定

根据试验数据可绘制水平力-时间-作用点位移 $H-t-Y_0$ 曲线（见图 4-11）和水平力-位移梯度 $H-\Delta Y_0/\Delta H$ 曲线（见图 4-12）。单桩水平临界荷载系指桩身受拉区混凝土开裂退出工作前的荷载，会使桩的横向位移增大。相应地可取 $H-t-Y_0$ 曲线出现拐点的前一级荷载为水平临界荷载，或取 $H-\Delta Y_0/\Delta H$ 曲线上第一拐点对应的水平荷载值为水平临界荷载，当有钢筋应力测试数据时，取 $H-\sigma_s$ 曲线第一拐点对应的水平荷载值值。综合考虑。

单桩的水平极限承载力可按下列方法综合确定：1）取 $H-t-Y_0$ 曲线产生明显陡降的前一级荷载；2）取 $H-\Delta Y_0/\Delta H$ 曲线上第二拐点相对应的水平荷载值；3）取桩身折断或受拉钢筋屈服时的前一级水平荷载值。

单桩水平临界荷载统计值与水平极限荷载统计值的确定方法同单桩竖向抗压极限承载力统计值。

单位工程同一条件下的单桩水平承载力特征值的确定应符合下列规定：

1）当水平承载力按桩身强度控制时，取水平临界荷载统计值；

2）当桩受长期水平荷载作用且不允许开裂时，取水平临界荷载统计值的 0.8 倍作为单桩水平承载力特征值。

当桩顶自由且水平力作用位置位于地面时，m 值可按下列公式确定：

$$m = \frac{(\nu_x \cdot H)^{\frac{5}{3}}}{b_0 Y_0^{\frac{5}{3}}(EI)^{\frac{2}{3}}} \qquad \alpha = \sqrt[5]{\frac{mb_0}{EI}}$$

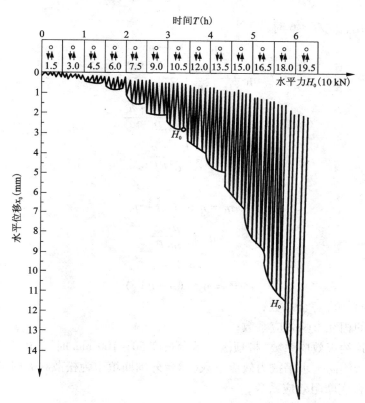

图 4-11 水平力-时间-作用点位移 $\mathbf{H-t-Y_0}$ 曲线

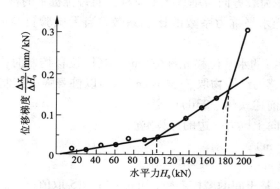

图 4-12 水平力-位移梯度 $\mathbf{H-\Delta Y_0/\Delta H}$ 曲线

4.4.5 群桩基础

水平荷载作用下群桩的破坏特征为：桩与桩间土产生相对位移，桩上部出现裂缝，最终于距承台底一定深度处折断，位移方向一侧无明显挤出现象。

1. 群桩基础(不含水平力垂直于单排桩基纵向轴线和力矩较大的情况)的基桩水平承载力特征值应考虑由承台、桩群、土相互作用产生的群桩效应，可按下列公式确定：

$$R_{\mathrm{h}} = \eta_{\mathrm{h}} R_{\mathrm{ha}} \tag{4-32}$$

考虑地震作用且 $s_{\mathrm{a}}/d \leqslant 6$ 时：

$$\eta_{\mathrm{h}} = \eta_{\mathrm{i}} \eta_{\mathrm{r}} + \eta_l \tag{4-33a}$$

$$\eta_{\mathrm{i}} = \frac{(s_{\mathrm{a}}/d)^{(0.015n_2 + 0.45)}}{0.15n_1 + 0.1n_2 + 1.9} \tag{4-33b}$$

$$\eta_l = \frac{m \cdot \chi_{0\mathrm{a}} \cdot B_{\mathrm{c}}' \cdot h_{\mathrm{c}}^2}{2n_1 n_2 R_{\mathrm{ha}}} \tag{4-33c}$$

$$\chi_{0\mathrm{a}} = \frac{R_{\mathrm{ha}} \cdot \nu_{\mathrm{x}}}{\alpha^3 EI} \tag{4-33d}$$

其他情况：

$$\eta_{\mathrm{h}} = \eta_{\mathrm{i}} \eta_{\mathrm{r}} + \eta_l + \eta_{\mathrm{b}} \tag{4-33e}$$

$$\eta_{\mathrm{b}} = \frac{\mu P_{\mathrm{c}}}{n_1 n_2 R_{\mathrm{ha}}} \tag{4-33f}$$

$$B_{\mathrm{c}}' = B_{\mathrm{c}} + 1 \tag{4-33g}$$

$$P_{\mathrm{c}} = \eta_{\mathrm{c}} f_{\mathrm{ak}} (A - n A_{\mathrm{ps}}) \tag{4-33h}$$

式中，η_{h}——群桩效应综合系数；

η_{i}——桩的相互影响效应系数；

η_{r}——桩顶约束效应系数(桩顶嵌入承台长度 50~100 mm 时)，按表 4-14 取值；

η_l——承台侧向土水平抗力效应系数(承台外围回填土为松散状态时取 $\eta_l = 0$)；

η_{b}——承台底摩阻效应系数；

s_{a}/d——沿水平荷载方向的距径比；

n_1、n_2——沿水平荷载方向与垂直水平荷载方向每排桩中的桩数；

m——承台侧面土水平抗力系数的比例系数，当无试验资料时可按《桩规》表 5.7.5 取值；

$\chi_{0\mathrm{a}}$——桩顶(承台)的水平位移允许值(m)，当以位移控制时，可取 $\chi_{0\mathrm{a}} = 10$ mm(对水平位移敏感的结构物取 $\chi_{0\mathrm{a}} = 6$ mm)；当以桩身强度控制(低配筋率灌注桩)时，可近似按前述式(4-33d)确定；

B_{c}'——承台受侧向土抗力一边的计算宽度(m)；

B_{c}——承台宽度(m)；

h_{c}——承台高度(m)；

μ——承台底与地基土间的摩擦系数，可按表 4-15 取值；

P_{c}——承台底地基土分担的竖向总荷载标准值(kN)；

η_{c}——承台效应系数，可按表 4-12 取值；

A——承台总面积(m^2);

A_{ps}——承台总面积(m^2)。

表 4 – 14　桩顶约束效应系数 η_r

换算深度 αh	2.4	2.6	2.8	3.0	3.5	≥4.0
位移控制	2.58	2.34	2.20	2.13	2.07	2.05
强度控制	1.44	1.57	1.71	1.82	2.00	2.07

表 4 – 15　承台底与地基土间的摩擦系数 μ

土的类别		摩擦系数 μ
黏性土	可塑	0.25 ~ 0.30
	硬塑	0.30 ~ 0.35
	坚硬	0.35 ~ 0.45
粉土	密实、中密(稍湿)	0.30 ~ 0.40
中砂、粗砂、砾砂		0.40 ~ 0.50
碎石土		0.40 ~ 0.60
软岩、软质岩		0.40 ~ 0.60
表面粗糙的较硬岩、坚硬岩		0.65 ~ 0.75

建筑物的群桩基础多数为低承台,且多数带地下室,故承台侧面和地下室外墙侧面均能分担水平荷载,对于带地下室桩基受水平荷载较大时应按《桩规》附录 C 计算基桩、承台与地下室外墙水平抗力及位移。本条适用于无地下室,作用于承台顶面的弯矩较小的情况。本条所述群桩效应综合系数法,是以单桩水平承载力特征值 R_{ha} 为基础,考虑四种群桩效应,求得群桩综合效应系数 η_h,单桩水平承载力特征值 R_{ha} 乘以 η_h 即得群桩中基桩的水平承载力特征值 R_h。

1)桩的相互影响效应系数 η_i:桩的相互影响随桩距减小、桩数增加而增大,沿荷载方向的影响远大于垂直于荷载作用方向。

2)桩顶约束效应系数 η_r:建筑桩基桩顶嵌入承台的深度较浅,为 5 ~ 10 cm,实际约束状态介于铰接与固接之间。这种有限约束连接既能减小桩顶水平位移(相对于桩顶自由),又能降低桩顶约束弯矩(相对于桩顶固接),重新分配桩身弯矩。

根据试验结果统计分析表明,由于桩顶的非完全嵌固导致桩顶弯矩降低至完全嵌固理论值的 40% 左右,桩顶位移较完全嵌固增大约 25%。

3)承台侧向土水平抗力效应系数 η_l:桩基发生水平位移时,面向位移方向的承台侧面将受到土的弹性抗力。由于承台位移一般较小,不足以使其发挥至被动土压力,因此承台侧向土抗力应采用与桩相同的方法——线弹性地基反力系数法计算。

4)承台底摩阻效应系数 η_b:考虑地震作用且 $s_a/d \leqslant 6$ 时,不计入承台底的摩阻效应,即 $\eta_b = 0$;其他情况应计入承台底摩阻效应。

在考虑 η_r 和 η_l 时,均按 m 法确定。

(2)计算水平荷载较大和水平地震作用、风载作用的带地下室的高大建筑物桩基的水平位移时，可考虑地下室侧墙、承台、桩群、土共同作用，按附录C方法计算基桩内力和变位，与水平外力作用平面相垂直的单排桩基础可按规范附录C中表C.0.3-1计算。

【例题4-18】 （注岩2002D9）如图所示桩基，桩侧土水平抗力系数的比例系数 $m = 2 \times 10^4 \text{ kN/m}^4$，承台侧面土水平抗力系数的比例系数 $m = 10^4 \text{ kN/m}^4$，承台底与地基土的摩擦系数 $\mu = 0.3$，承台底地基土分担竖向荷载 $P_c = 1364 \text{ kN}$，单桩 $\alpha h > 4.0$，水平承载力特征值 $R_{ha} = 150 \text{ kN}$，承台允许水平位移 $\chi_{0a} = 6 \text{ mm}$，承台尺寸 $6.4 \text{ m} \times 6.4 \text{ m}$，承台高度 $h = 1.65 \text{ m}$，桩间距 $s_a = 2.4 \text{ m}$，按《建筑桩基技术规范》（JGJ94—2008）计算，基桩的水平承载力特征值最接近下列哪个选项？

(A)380 kN   (B)310 kN   (C)200 kN   (D)450 kN

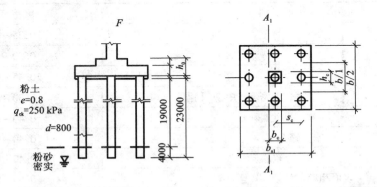

【解】 $n_1 = n_2 = 3$

$$\eta_i = \frac{(s_a/d)^{(0.015n_2 + 0.45)}}{0.15n_1 + 0.1n_2 + 1.9} = \frac{(2.4/0.8)^{(0.015 \times 3 + 0.45)}}{0.15 \times 3 + 0.1 \times 3 + 1.9} = 0.65$$

查表4-14，$\eta_r = 2.05$

$$\eta_l = \frac{m \cdot \chi_{0a} \cdot B'_c \cdot h^2_c}{2n_1 n_2 R_{ha}} = \frac{10^4 \times 6 \times 10^{-3} \times (6.4 + 1) \times 1.65^2}{2 \times 3 \times 3 \times 150} = 0.4477$$

$$\eta_b = \frac{\mu P_c}{n_1 n_2 R_{ha}} = \frac{0.3 \times 1364}{3 \times 3 \times 150} = 0.3031$$

$$\eta_h = \eta_i \eta_r + \eta_l + \eta_b = 0.65 \times 2.05 + 0.4477 + 0.3031 = 2.0833$$

$$R_h = \eta_h R_{ha} = 2.0833 \times 150 = 312 \text{ kN}$$

答案为（B）310 kN。

4.5 桩基抗拔承载力

4.5.1 概述

建筑桩基通常以承压为主，风载和偶尔的地震作用对高耸建筑物产生的水平力和力矩引发外围基桩受拔，但由于其受拔力量级小，不是设计中的主要问题。近年来地下空间的开发利用，地下车库等的大量兴建，桩基抗浮设计才是重点。

抗拔桩桩型可分为以下4类：

1）等截面普通灌注桩和等截面后注浆灌注桩；

2）预应力空心桩，包括混凝土、高强混凝土管桩（PC、PHC）和混凝土、高强混凝土空心方桩（PS、PHS）；

3）扩底灌注桩；

4）后张预应力灌注桩。

抗拔桩承载与破坏机理的主要特点如下：

（1）桩身在轴向拉力作用下，出现与抗压桩相反的负泊松效应，即桩身向内收缩，使作用于桩侧表面的径向应力松弛，导致桩的侧阻力降低。这是各种桩型的抗拔桩的侧阻力低于抗压桩的共同特点。

（2）桩身在轴向拉力作用下，不仅应满足桩身抗拉的极限承载力，而且应根据环境类别和裂缝控制等级控制裂缝出现或裂缝宽度，因此发展桩身预应力技术突显重要。

（3）等截面桩与扩底桩、短桩与长桩、不同地层土性和竖向分布特点，在拉拔荷载下的承载机理和破坏形态差异较大。

（4）抗拔桩桩型、桩径、桩长设计与抗压桩相比存在理念上的差异，抗压桩的设计既要发挥侧阻力也要发挥端阻力，并着重于将荷载传递至深部坚硬土层，桩径、桩长变化幅度大；抗拔桩是利用桩侧土层侧阻力承受上拔荷载，无需将荷载传递到地基深层，桩径、桩长相对于抗压桩小。

4.5.2 抗拔桩基承载力验算

1. 承受拔力的桩基，应按下列公式同时验算群桩基础呈整体破坏和呈非整体破坏时基桩的抗拔承载力：

$$N_k \leqslant T_{gk}/2 + G_{gp} \tag{4-34a}$$

$$N_k \leqslant T_{uk}/2 + G_p \tag{4-34b}$$

式中，N_k——按荷载效应标准组合计算的基桩拔力（kN）；

$\qquad G_{gp}$——群桩基础所包围体积的桩土总自重（kN）除以总桩数，地下水位以下取浮重度；

$\qquad G_p$——基桩自重（kN），地下水位以下取浮重度；对于扩底桩应按表 4-16 确定桩、土柱体周长，计算桩、土自重；

$\qquad T_{gk}$，T_{uk}——分别为群桩呈整体破坏和呈非整体破坏时基桩的抗拔极限承载力标准值（kN）（按下列方法确定）。

2. 群桩基础及其基桩的抗拔极限承载力应按下列规定确定：

1）对于设计等级为甲级和乙级建筑桩基，基桩的抗拔极限承载力应通过现场单桩上拔静载荷试验确定。单桩上拔静载荷试验及抗拔极限承载力标准值取值可按现行行业标准《建筑基桩检测技术规范》（JGJ 106）进行。

2）如无当地经验时，群桩基础及设计等级为丙级建筑桩基，基桩的抗拔极限承载力取值可按下列规定计算：

（1）群桩呈非整体破坏时，基桩的抗拔极限承载力标准值可按下式计算：

$$T_{uk} = \sum \lambda_i q_{sik} u_i l_i \tag{4-35}$$

式中，T_{uk}——基桩抗拔极限承载力标准值（kPa）；

u_i——桩身周长(m)，对于等直径桩取 $u = \pi d$；对于扩底桩，可按表 4 – 16 取值；

q_{sik}——桩侧表面第 i 层土的抗压极限侧阻力标准值(kPa)，可按《桩规》表 5.4.6 – 1 桩的极限侧阻力标准值取值；

λ_i——抗拔系数，与土质有关，可按表 4 – 17 取值。

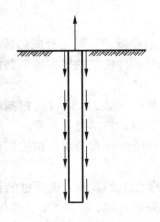

图 4 – 13　等截面桩的破坏形态

——圆柱形破坏

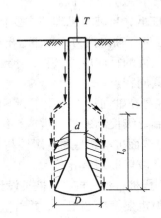

图 4 – 14　抗拔扩底桩的破坏形态

——复合型破坏

表 4 – 16　扩底桩破坏表面周长 u_i

自桩底起算的长度 l_i	≤ (4 ~ 10)d	> (4 ~ 10)d
u_i	πD	πd

注：l_i 对于软土取低值，对于卵石、砾石取高值；l_i 取值按内摩擦角增大而增加。

表 4 – 17　抗拔系数 λ

土类	λ 值
砂土	0.50 ~ 0.70
黏性土、粉土	0.70 ~ 0.80

注：桩长 l 与桩径 d 之比小于 20 时，λ 取小值。

抗拔系数即单桩抗拔抗压极限承载力之比值，根据试验结果，灌注桩高于预制桩，长桩高于短桩，黏性土高于砂土。

扩底桩的抗拔承载力破坏模式(见图 4 – 14)，随土的内摩擦角大小而变，内摩擦角越大，受扩底影响的破坏柱体越长。桩底以上柱形剪切破坏区段长度随土性而变，变动于约 (4 ~ 10)d 范围，对于软土约为 $4d$ 左右，卵、砾石约为 (7 ~ 10)d。该扩径压剪区段以上，剪切破坏缩小至桩周硬壳层外表或桩土界面。

(2)群桩呈整体破坏时，基桩的抗拔极限承载力标准值可按下式计算：

$$T_{gk} = \frac{1}{n} u_l \sum \lambda_i q_{sik} l_i \qquad (4 – 36)$$

式中，T_{gk}——基桩抗拔极限承载力标准值(kPa)；

u_l——桩身周长(m)。

【例题 4 – 19】 (注岩 2003D14)某地下车库为抗浮设置抗拔桩，拟采用钢筋混凝土预制方桩，边长 300 mm，桩长 12 m，桩中心距 2 m，桩群外围周长 4 ×30 m=120 m，桩数 $n=14 \times 14 = 196$，按荷载效应标准组合计算的基桩拔力 $N_k = 330$ kN，场区地层条件见图，抗拔系数对黏土取 0.7，对粉砂取 0.6，钢筋混凝土桩体重度 25 kN/m³，桩群范围内桩土总自重 100 MN(扣除浮力后)。按《建筑桩基技术规范》(JGJ94—2008)，验算群桩基础呈整体破坏和呈非整体破坏时基桩的抗拔承载力，下列哪个选项是正确的？

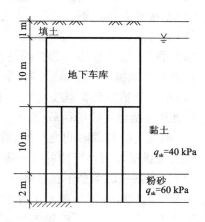

(A)群桩基础呈整体破坏和呈非整体破坏时基桩的抗拔承载力均满足

(B)群桩基础呈整体破坏时基桩的抗拔承载力满足，呈非整体破坏时基桩的抗拔承载力不满足

(C)群桩基础呈整体破坏时基桩的抗拔承载力不满足，呈非整体破坏时基桩的抗拔承载力满足

(D)群桩基础呈整体破坏和呈非整体破坏时基桩的抗拔承载力均不满足

【解】 群桩基础呈非整体破坏时

$$T_{uk} = \sum \lambda_i q_{sik} u_i l_i = 4 \times 0.3 \times (0.7 \times 40 \times 10 + 0.6 \times 60 \times 2) = 422.4 \text{ kN}$$

$$G_p = 0.3^2 \times 12 \times (25 - 10) = 16.2 \text{ kN}$$

$N_k = 330$ kN $> T_{uk}/2 + G_p = 422.4/2 + 16.2 = 227.4$ kN，不满足

群桩基础呈整体破坏时

$$T_{gk} = \frac{1}{n} u_l \sum \lambda_i q_{sik} l_i = \frac{1}{196} \times 120 \times (0.7 \times 40 \times 10 + 0.6 \times 60 \times 2) = 215.5 \text{ kN}$$

$$G_{gp} = 100 \times 10^3 / 196 = 510 \text{ kN}$$

$N_k = 330$ kN $< T_{gk}/2 + G_{gp} = 215.5/2 + 510 = 618$ kN，满足

答案为(B)。

4.5.3 单桩竖向抗拔静载试验

为设计提供依据的试验桩宜加载至桩侧土破坏或桩身材料达到设计强度；对工程桩抽样检测，可按设计要求确定最大加载量。

1.试验装置

试验是采用千斤顶施加荷载，荷载可用放置于千斤顶上的应力环，应变式压力传感器直接测定。试桩上拔变形采用百分表测量，布置方法与竖向抗压试验相同。

2.试验加载方法——慢速维持荷载法

荷载分级、测读沉降时间以及变形相对稳定的标准等与单桩竖向抗压静载试验相同。

3.终止加载的条件:

当当出现下列情况之一时，即可终止加载:

（1）按钢筋抗拉强度控制，桩顶上拔荷载达到钢筋强度标准值的 0.9 倍时；

（2）某级荷载作用下，桩顶上拔量达到前一级荷载作用下的 5 倍；

（3）累计上拔量超过 100 mm；

（4）对于验收抽样检测的工程桩，达到设计要求的最大上拔荷载值。

4. 单桩竖向抗拔极限承载力可按下列方法综合判定：

（1）根据上拔量随荷载变化的特征确定：对于陡变型是拔荷载—桩顶上拔量（$U-\delta$）曲线，取陡升起始点对应的荷载值；

（2）根据上拔量随时间变化的特征确定：取桩顶上拔量—时间对数（$\delta-\lg t$）曲线斜率明显变陡或曲线尾部明显弯曲的前一级荷载；

（3）当在某一级荷载下抗拔钢筋断裂时，取前一级荷载值。

单桩竖向抗拔极限承载力统计值的确定方法同单桩竖向抗压极限承载力。

单位工程同一条件下的单桩竖向抗拔承载力特征值应按单桩竖向抗拔极限承载力统计值的一半取值。

4.6 桩基础常规设计

4.6.1 基本设计规定

（一）一般规定

1. 桩基础应按下列两类极限状态设计：

1）承载能力极限状态：桩基达到最大承载能力、整体失稳或发生不适于继续承载的变形；

2）正常使用极限状态：桩基达到建筑物正常使用所规定变形限值或达到耐久性要求的某项限值。

2. 根据建筑规模、功能特征，对差异变形的适应性、场地地基和建筑物体型的复杂性以及由于桩基问题可能造成建筑破坏或影响正常使用的程度，应将桩基设计分为表 4－18 所列的三个设计等级。桩基设计时，应根据此表确定设计等级。

表 4－18　建筑桩基设计等级

设计等级	建筑类型
甲级	1）重要的建筑； 2）30 层以上或高度超过 100 m 的高层建筑； 3）体型复杂且层数超过 10 层的高低层（含纯地下室）连体建筑； 4）20 层以上框架—核心筒结构及其他对差异沉降有特殊要求的建筑； 5）场地和地基条件复杂的 7 层以上的一般建筑及坡地、岸边建筑； 6）对相邻既有工程影响较大的建筑
乙级	除甲级、丙级以外的建筑
丙级	场地和地基条件简单、荷载分布均匀的 7 层及 7 层以下的一般建筑

划分建筑桩基设计等级，旨在界定桩基设计的复杂程度、计算内容和应采取的相应技术措施。桩基设计等级是根据建筑物规模、体型与功能特征、场地地质与环境的复杂程度，以

及由于桩基问题可能造成建筑物破坏或影响正常使用的程度划分为三个等级。

甲级建筑桩基,第一类是(1)重要的建筑;(2)30层以上或高度超过100 m的高层建筑。这类建筑物的特点是荷载大、重心高、风载和地震作用水平剪力大,设计时应选择基桩承载力变幅大、布桩具有较大灵活性的桩型,基础埋置深度足够大,严格控制桩基的整体倾斜和稳定。第二类是(3)体型复杂且层数相差超过10层的高低层(含纯地下室)连体建筑物;(4)20层以上框架–核心筒结构及其他对于差异沉降有特殊要求的建筑物。这类建筑物由于荷载与刚度分布极为不均,抵抗和适应差异变形的性能较差,或使用功能上对变形有特殊要求(如冷藏库、精密生产工艺的多层厂房、液面控制严格的贮液罐体、精密机床和透平设备基础等)的建(构)筑物桩基,须严格控制差异变形乃至沉降量。桩基设计中,首先,概念设计要遵循变刚度调平设计原则;其二,在概念设计的基础上要进行上部结构—承台—桩土的共同作用分析,计算沉降等值线、承台内力和配筋。第三类是(5)场地和地基条件复杂的一般建筑物及坡地、岸边建筑;(6)对相邻既有工程影响较大的建筑物。这类建筑物自身无特殊性,但由于场地条件、环境条件的特殊性,应按桩基设计等级甲级设计。如场地处于岸边高坡、地基为半填半挖、基底同置于岩石和土质地层、岩溶极为发育且岩面起伏很大、桩身范围有较厚自重湿陷性黄土或可液化土等等,这种情况下首先应把握好桩基的概念设计,控制差异变形和整体稳定、考虑负摩阻力等至关重要;又如在相邻既有工程的场地上建造新建筑物,包括基础跨越地铁、基础埋深大于紧邻的重要或高层建筑物等,此时如何确定桩基传递荷载和施工不致影响既有建筑物的安全成为设计施工应予控制的关键因素。

丙级建筑桩基的要素同时包含两方面,一是场地和地基条件简单,二是荷载分布较均匀、体型简单的七层及七层以下一般建筑;桩基设计较简单,计算内容可视具体情况简略。

乙级建筑桩基,为甲级、丙级以外的建筑桩基,设计较甲级简单,计算内容应根据场地与地基条件、建筑物类型酌定。

3. 桩基应根据具体条件分别进行下列承载能力计算和稳定性验算:

1)根据桩基的使用功能和受力特征进行桩基的竖向(抗压或抗拔)承载力计算和水平承载力计算;

2)应对桩身及承台承载力进行计算;对于桩侧土不排水抗剪强度小于10 kPa且长径比大于50的细长桩应进行桩身压屈验算;对于砼预制桩应按吊装、运输和锤击作用进行桩身承载力验算;对于钢管桩应进行局部压屈验算;

3)当桩端平面以下存在软弱下卧层时,应进行软弱下卧层承载力验算;

4)对位于坡地、岸边的桩基进行整体稳定性验算;

5)对于抗浮、抗拔桩基,应进行基桩和群桩的抗拔承载力计算;

6)对于抗震设防区的桩基,应进行抗震承载力验算。

4. 下列建筑桩基应进行沉降计算:

1)设计等级为甲级的非嵌岩桩和非深厚坚硬持力层的建筑桩基;

2)设计等级为乙级的体型复杂、荷载分布显著不均匀或桩端平面以下存在软弱土层的建筑桩基;

3)软土地基多层建筑减沉复合疏桩基础。

5. 对受水平荷载较大,或对水平位移有严格限制的建筑桩基,应计算其水平位移。

6. 应根据桩基所处的环境类别和相应的裂缝控制等级,验算桩和承台正截面的抗裂和裂缝宽度。

7. 桩基设计时，所采用的作用效应组合与相应的抗力应符合下列规定：

1）确定桩数和布桩时，应采用传至承台底面的荷载效应标准组合；相应的抗力应采用基桩或复合基桩承载力特征值。

2）计算荷载作用下的桩基沉降和水平位移时，应采用荷载效应准永久组合；计算水平地震作用、风载作用下的桩基水平位移时，应采用水平地震作用、风载效应标准组合。

3）验算坡地、岸边建筑桩基的整体稳定性时，应采用荷载效应标准组合；抗震设防区，应采用地震作用效应和荷载效应的标准组合。

4）在计算桩基结构承载力、确定尺寸和配筋时，应采用传至承台顶面的荷载效应基本组合。当进行承台和桩身裂缝控制验算时，应分别采用荷载效应标准组合和荷载效应准永久组合。

5）桩基结构设计安全等级、结构设计使用年限和结构重要性系数 γ_0 应按现行有关建筑结构规范的规定采用，除临时性建筑外，重要性系数 γ_0 不应小于 1.0。

6）当桩基结构进行抗震验算时，其承载力调整系数 γ_{RE} 应按现行国家标准《建筑抗震设计规范》(GB 50011) 的规定采用。

8. 桩筏基础以减小差异沉降和承台内力为目标的变刚度调平设计，宜结合具体条件按下列规定实施：

1）对于主裙楼连体建筑，当高层主体采用桩基时，裙房（含纯地下室）的地基或桩基刚度宜相对弱化，可采用天然地基、复合地基、疏桩或短桩基础。

2）对于框架－核心筒结构高层建筑桩基，应强化核心筒区域桩基刚度（如适当增加桩长、桩径、桩数、采用后注浆等措施），相对弱化核心筒外围桩基刚度（采用复合桩基，视地层条件减小桩长）。

3）对于框架－核心筒结构高层建筑天然地基承载力满足要求的情况下，宜于核心筒区域局部设置增强刚度、减小沉降的摩擦型桩。

4）对于大体量筒仓、储罐的摩擦型桩基，宜按内强外弱原则布桩。

5）对上述按变刚度调平设计的桩基，宜进行上部结构—承台—桩—土共同工作分析。

9. 软土地基上的多层建筑物，当天然地基承载力基本满足要求时，可采用减沉复合疏桩基础。

10. 对于按第 4 条规定应进行沉降计算的建筑桩基，在其施工过程及建成后使用期间，应进行系统的沉降观测直至沉降稳定。

系统的沉降观测，包含四个要点：一是桩基完工之后即应在柱、墙脚部设置测点，以测量地基的回弹再压缩量。待地下室建造出地面后，将测点移至地面柱、墙脚部成为长期测点，并加设保护措施；二是对于框架－核心筒、框架－剪力墙结构，应于内部柱、墙和外围柱、墙上设置测点，以获取建筑物内、外部的沉降和差异沉降值；三是沉降观测应委托专业单位负责进行，施工单位自测自检平行作业，以资校对；四是沉降观测应事先制定观测间隔时间和全程计划，观测数据和所绘曲线应作为工程验收内容，移交建设单位存档，并按相关规范观测直至稳定。

（二）基本资料

1. 桩基设计应具备以下资料：岩土工程勘察资料、建筑场地与环境条件的有关资料、建筑物的有关资料、施工条件的有关资料、供设计比较用的有关桩型及其实施的可能性资料。

2. 桩基的详细勘察除应满足现行国家标准《岩土工程勘察规范》(GB 50021)有关要求外,尚应满足下列要求:

1)勘探点间距:对于端承型桩(含嵌岩桩):主要根据桩端持力层顶面坡度决定,宜为12~24 m。当相邻两个勘察点揭露出的桩端持力层层面坡度大于10%或持力层起伏较大、地层分布复杂时,应根据具体工程条件适当加密勘探点。对于摩擦型桩:宜按20~35 m 布置勘探孔,但遇到土层的性质或状态在水平方向分布变化较大,或存在可能影响成桩的土层时,应适当加密勘探点。复杂地质条件下的柱下单桩基础应按柱列线布置勘探点,并宜每桩设一勘探点。

2)勘探深度:宜布置1/3~1/2 的勘探孔为控制性孔。对于设计等级为甲级的建筑桩基,至少应布置3 个控制性孔,设计等级为乙级的建筑桩基至少应布置2 个控制性孔。控制性孔应穿透桩端平面以下压缩层厚度;一般性勘探孔应深入预计桩端平面以下3~5 倍桩身设计直径,且不得小于3 m;对于大直径桩,不得小于5 m。嵌岩桩的控制性钻孔应深入预计桩端平面以下不小于3~5 倍桩身设计直径,一般性钻孔应深入预计桩端平面以下不小于1~3 倍桩身设计直径。当持力层较薄时,应有部分钻孔钻穿持力岩层。在岩溶、断层破碎带地区,应查明溶洞、溶沟、溶槽、石笋等的分布情况,钻孔应钻穿溶洞或断层破碎带进入稳定土层,进入深度应满足上述控制性钻孔和一般性钻孔的要求。

3)在勘探深度范围内的每一地层,均应采取不扰动试样进行室内试验或根据土质情况选用有效的原位测试方法进行原位测试,提供设计所需参数。

(三)桩的选型与布置

1. 桩型与成桩工艺应根据建筑结构类型、荷载性质、桩的使用功能、穿越土层、桩端持力层、地下水位、施工设备、施工环境、施工经验、制桩材料供应条件等,按安全适用、经济合理的原则选择。选择时可按《桩规》附录 A 进行。

1)对于框架 – 核心筒等荷载分布很不均匀的桩筏基础,宜选择基桩尺寸和承载力可调性较大的桩型和工艺。

2)挤土沉管灌注桩用于淤泥和淤泥质土层时,应局限于多层住宅单排桩条基。

主要桩型的特点及施工中常见问题:

1)泥浆护壁正、反循环灌注桩 可穿透硬夹层进入各种坚硬持力层,桩径、桩长可变范围大;潜水钻正循环在软土层中钻进效率很高。现场泥浆池占地大,外运渣土量大,施工对环境影响大;浆液稠度、比重控制失当易产生坍孔、夹泥、沉渣和泥皮厚等质量问题。

2)长螺旋压灌桩 适用于在黏性土、粉土、砂土、粒径不超过100 mm 土层中成孔成桩;采取钻孔压灌混凝土,无沉渣、泥皮,质量稳定性好、工效高、造价低,适于 $\phi500 \sim \phi800$,$l \leqslant 25$ m 的灌注桩。成桩直径不超过800 mm,深度限28 m,桩端不能进入坚硬碎石层和基岩;采用插筋器后插钢筋笼,保护层厚度控制和确保钢筋笼完全到位难度大;软土中成桩尚无经验。

3)旋挖成孔灌注桩 可穿透各种地层进入坚硬持力层,成孔效率高,泥浆量少且可重复循环使用,渣土含浆量低,外运量少,施工对环境影响小;漂石中钻进可更换短螺旋钻头,嵌岩时或更换嵌岩钻头。成桩直径一般为800~1200 mm,深度限60 m,极软土中成孔易坍孔。

4)冲击成孔灌注桩 适于含漂石、碎石土层、岩溶地层中成孔,进尺速度慢,工效低,操作人员少。外运泥浆渣土量大，钻进过程中有噪声，遇黏土层钻进效率低，扩孔率大；成孔后清底清渣控制不严对桩承载力影响大。

5）人工挖孔灌注桩　适于地面狭小的低水位非软土场地成桩，桩侧桩底土层可直观查验，孔底可清理干净，质量可控性好；桩径可达 5 m，最小 1 m，桩长不宜超过 30 m。易发生人身安全事故，可采用机械成孔条件下应避免采用；当遇有流动性软土夹层和流土流砂时，应采用水下灌注混凝土，混凝土初凝前不得于相邻桩孔中抽水。

6）后注浆灌注桩　于钢筋笼上设置桩端和桩侧注浆阀，于灌注混凝土 2d 后实施后注浆，以提高承载力、减小沉降；单桩承载力增幅，对于卵砾、中粗砂持力层为 70 ~ 100%，粉土、黏性土持力层为 40% ~ 70%；桩基沉降可降低 30% 左右；上述 5 种灌注桩均可采用后注浆。后注浆管阀不合格，或浆液水灰比不当，注浆量不够，均会导致注浆效果显著降低；基桩桩身强度低，会导致后注浆的承载力潜能不能发挥。

7）沉管内夯灌注桩　工艺简单，不排浆排渣，成桩速度快，造价低，但挤土效应的负面影响严重；采用全过程内夯质量稳定性可提高，宜限于墙下单排布桩应用。由于沉管挤土，拔管桩周土回缩，导致桩身缩径、断裂、上涌等现象，在各种桩型中质量事故居于首位，近十年来趋于淘汰。

8）混凝土预制桩　工艺较简单，桩身结构承载力可调幅度大；沉桩挤土效应是设计施工中应考虑的主要因素，在松散土层、可液化土层中应用，合理设计可起到消除湿陷、液化的正面效果。由于沉桩的挤土效应，常发生桩体上涌脱离持力层，增大沉降；桩接头被拉断，桩体倾斜；采取控制沉桩速率、插板排水、设应力释放孔、预钻孔等措施，或提高沉桩质量。

9）预应力混凝土管桩　混凝土强度可达 C60（PC）、C80（PHC），抗裂性能和经济指标较好；可根据地层条件采用敞口桩，降低挤土效应；在松散、液化土中沉桩可收到提高土体密实度的正面效果；应用于 8° 及以上地震设防区宜根据场地土性分析后确定。挤土效应引发的质量问题与混凝土预制桩相似；由于片面追求经济效益、抢工期，不合理设计和施工而造成的工程事故较多；在基岩面无强风化层和岩面倾斜的情况下，沉桩易出现桩端碎断、滑移。

10）钢管桩　用于土质差、桩很长的情况下有一定技术优势，造价数倍于灌注桩；为提高桩身结构承载力，可采用混凝土灌芯（SCP桩）；对钢材有强腐蚀性的环境下不应采用。挤土效应虽不致于造成断桩、缩径，但引起移位、上涌仍难免。

综合多因素优选桩型：

1）深厚软土场地　对于多层、小高层建筑可选用预应力管桩或空心方桩。其关键是沉桩质量控制，在桩距符合规范要求的前提下要采取消减沉桩挤土效应措施，墙下布置单排桩有利于质量控制。地震设防为 8° 及以上的液化土、深厚软土地区不宜采用预应力管桩。

对于高层和超高层建筑，宜采用灌注桩。灌注桩由于可穿透硬夹层达到较好持力层，可灵活调整桩径、桩长，有利于优化布桩；可采用后注浆增强桩的承载力，尤其适合于荷载极度不均的框—筒、筒—筒结构。

2）一般黏性土、粉土为主的场地　灌注桩可作为首选。关于成桩工艺，应根据地质、环境等条件优选。对于高层和超高层建筑，可采用旋挖、反循环回转钻成孔；对于多层和小高层建筑，可采用长螺旋钻压灌混凝土后插钢筋笼成桩，并结合后注浆。

当土层承载力较低且无浅埋硬夹层时，对于多层和小高层建筑，可选用预应力管桩或预应力空心方桩。但当土的密实度和承载力较高时，预制桩的适应性随之降低，因沉桩深度往往受到贯入阻力的限制，挤土效应又引发桩体上涌，削弱单桩承载力，增大建筑物沉降。以北京地区为例，20 世纪 90 年代间曾少量采用预制桩，由于上述问题突出，随后便被淘汰。

3）填土和液化土场地　对于填土和液化土开阔场地，较合理的工序是先采用强夯（饱和黏性土、软土除外）、真空预压（饱和软土）等先行加密而后成桩，但实际工程中由于种种原因往往无法实施先处理后成桩。填土中若不含粒径 15 cm 以上大块碎石，可选用中小直径预应力管桩，利用沉桩过程的挤土效应对除黏土、软土以外的填土起到加密作用，消减桩的负摩阻力；对于可液化的松散粉土、砂土可起到消除或降低液化效应。

当桩端持力层埋深很大，桩长过大（＞50 m）或建筑物荷载集度高，也可采用旋挖钻或正反循环钻成孔的灌注桩，结合后注浆。

4）湿陷性黄土场地　当湿陷性土层薄，可采用后注浆灌注桩。对于湿陷性土层较厚的高层住宅，可采用满布中小桩径的预应力管桩，利用沉桩挤土效应消除上部湿陷性黄土的湿陷性。既避免湿陷引起的负摩阻力，又可满足增强承载力和减小沉降的要求。这种做法，在太原地区取得了成功的经验。

5）含漂石、块石的黏性土、粉土场地　对于这类场地，传统的成孔方法是采用冲击钻或人工挖孔，但冲击成孔效率低且现场排浆排渣量大、占地多。而人工挖孔的人身安全问题多，已受严格限制。

采用旋挖成孔已成功解决这种特殊难题，在通过该土层时，以螺距上大下小的短螺旋钻头替换旋挖斗实施钻进。当遇粒径在 800 mm 以上弧石时，采用防水包装的少量炸药进行爆碎。

6）虚填块石场地　沿海和内陆山区，实行开山爆破大块石填海或填谷造地。在这种特殊地层中成桩难度极大，迄今未开发出机械成孔设备和方法，既有工程都是采用人工开挖加爆碎的办法，既危险又低效。

7）岩溶场地岩溶场地　不宜选用预制桩，因基岩面起伏变化大，且水溶岩表面往往不存在风化岩，预制桩桩尖无法入岩，导致桩尖处于不稳定状态，且可能在沉桩过程桩尖出现滑移折断。

岩溶地区采用灌注桩是势在必行，但成桩过程出现的问题往往十分复杂，要因地制宜分析应对。如穿过溶洞时的成桩方法有：钢或混凝土套管护壁法；先灌注水泥土后钻孔成桩法等。

基桩选型常见误区：

1）凡嵌岩桩必为端承桩

场地基岩埋藏深度、建筑物荷载大小与埋深是考虑是否采用嵌岩桩的三个因素。嵌岩桩的设计要避免走入两个误区：一是凡嵌岩桩必为端承桩，即不计上覆土层的桩侧阻力；二是为了提高嵌岩桩的承载能力，对于强度高于混凝土的硬质岩也实施扩底。

鉴于嵌岩桩嵌岩费用和工时较多，设计应力求充分发挥基岩和桩身材料的潜能，做到桩身抗压承载力与岩土侧阻端阻总承载力匹配，桩身混凝土强度不宜低于 C40。对于超高层建筑，可采取增加桩身配筋（随深度变截面）、提高混凝土强度等级（大于 C40）来提高桩身轴压承载力。

对于强风化层厚且土质较好（如花岗岩）的情况，可根据承载力要求、成桩难度等因素，选择强风化层为桩端持力层，入岩部分的侧阻力和端阻力可按风化层状态按碎石类、砂类土确定，这种情况下，桩属于非嵌岩桩。

将嵌岩桩一律视为端承桩会导致将桩端嵌岩深度不必要地加大，施工周期延长，造价增加。

2）将挤土灌注桩应用于高层建筑

沉管挤土灌注桩无需排土排浆，造价低。上世纪80年代曾风行于南方各省，由于设计施工对于这类桩的挤土效应认识不足，造成的事故极多，因而21世纪以来趋于淘汰。然而，重温这类桩使用不当的教训仍属必要。某28层建筑，框架－剪力墙结构；场地地层自上而下为饱和粉质黏土、粉土、黏土；采用 $\phi500$、$l = 22$ m 沉管灌注桩，梁板式筏形承台，桩距 3.6d，均匀满堂布桩；成桩过程出现明显地面隆起和桩上浮；建至12层底板即开裂，建成后梁板式筏形承台的主次梁及部分与核心筒相连的框架梁开裂。最后采取加固措施，将梁板式筏形承台主次梁两侧加焊钢板，梁与梁之间充填混凝土变为平板式筏形承台。

鉴于沉管灌注桩应用不当的普遍性及其严重后果，本次规范修订中，严格控制沉管灌注桩的应用范围，在软土地区仅限于多层住宅单排桩条基使用。

3）预制桩的质量稳定性高于灌注桩

近年来，由于沉管灌注桩事故频发，PHC 和 PC 管桩迅猛发展，取代沉管灌注桩。毋庸置疑，预应力管桩不存在缩颈、夹泥等质量问题，其质量稳定性优于沉管灌注桩，但是与钻、挖、冲孔灌注桩比较则不然。首先，沉桩过程的挤土效应常常导致断桩（接头处）、桩端上浮、增大沉降，以及对周边建筑物和市政设施造成破坏等；其次，预制桩不能穿透硬夹层，往往使得桩长过短，持力层不理想，导致沉降过大；其三，预制桩的桩径、桩长、单桩承载力可调范围小，不能或难于按变刚度调平原则优化设计。因此，预制桩的使用要因地、因工程对象制宜。

4）人工挖孔桩质量稳定可靠

人工挖孔桩在低水位非饱和土中成孔，可进行彻底清孔，直观检查持力层，因此质量稳定性较高。但是，设计者对于高水位条件下采用人工挖孔桩的潜在隐患认识不足。有的边挖孔边抽水，以至将桩侧细颗粒淘走，引起地面下沉，甚至导致护壁整体滑脱，造成人身事故；还有的将相邻桩新灌注混凝土的水泥颗粒带走，造成离析；在流动性淤泥中实施强制性挖孔，引起大量淤泥发生侧向流动，导致土体滑移将桩体推歪、推断。

5）灌注桩不适当扩底

扩底桩用于持力层较好、桩较短的端承型灌注桩，可取得较好的技术经济效益。但是，若将扩底不适当应用，则可能走进误区。如：在饱和单轴抗压强度高于桩身混凝土强度的基岩中扩底，是不必要的；在桩侧土层较好、桩长较大的情况下扩底，一则损失扩底端以上部分侧阻力，二则增加扩底费用，可能得失相当或失大于得；将扩底端放置于有软弱下卧层的薄硬土层上，既无增强效应，还可能留下安全隐患。

2. 基桩的布置宜符合下列条件：

1）基桩的最小中心距应符合《桩规》表 3.3.3－1 的规定；当施工中采取减小挤土效应的可靠措施时，可根据当地经验适当减小。

基桩最小中心距规定基于两个因素确定。第一，有效发挥桩的承载力，群桩试验表明对于非挤土桩，桩距 3~4d 时，侧阻和端阻的群桩效应系数接近或略大于 1；砂土、粉土略高于黏性土。考虑承台效应的群桩效应系数则均大于 1。但桩基的变形因群桩效应而增大，亦即桩基的竖向支承刚度因桩土相互作用而降低。

基桩最小中心距所考虑的第二个因素是成桩工艺。对于非挤土桩而言，无需考虑挤土效应问题；对于挤土桩，为减小挤土负面效应，在饱和黏性土和密实土层条件下，桩距应适当加大。因此最小桩距的规定，考虑了非挤土、部分挤土和挤土效应，同时考虑桩的排列与数量等因素。

2）排列基桩时，宜使桩群承载力合力点与竖向永久荷载合力作用点重合，并使基桩受水平力和力矩较大方向有较大抗弯截面模量。

桩群承载力合力点宜与竖向永久荷载合力作用点重合，以减小荷载偏心的负面效应。当桩基受水平力时，应使基桩受水平力和力矩较大方向有较大的抗弯截面模量，以增强桩基的水平承载力，减小桩基的倾斜变形。

3）对于桩箱基础、剪力墙结构桩筏（含平板和梁板式承台）基础，宜将桩布置于墙下。

为改善承台的受力状态，特别是降低承台的整体弯矩、冲切力和剪切力，宜将桩布置于墙下和梁下，并适当弱化外围。

4）对于框架－核心筒结构桩筏基础应按荷载分布考虑相互影响，将桩相对集中布置于核心筒和柱下，外围框架柱宜采用复合桩基，有合适桩端持力层时，桩长宜减小。

为减小差异变形、优化反力分布、降低承台内力，应按变刚度调平原则布桩。也就是根据荷载分布，作到局部平衡，并考虑相互作用对于桩土刚度的影响，强化内部核心筒和剪力墙区，弱化外围框架区。调整基桩支承刚度的具体作法是：对于刚度增强区，采取加大桩长（有多层持力层）、或加大桩径（端承型桩）、减小桩距（满足最小桩距）；对于刚度相对弱化区，除调整桩的几何尺寸外，宜按复合桩基设计。由此改变传统设计带来的碟形沉降和马鞍形反力分布，降低冲切力、剪切力和弯矩，优化承台设计。

5）应选择较硬土层作为桩端持力层。桩端全断面进入持力层的深度，对于黏性土、粉土不宜小于 $2d$，砂土不宜小于 $1.5d$，碎石类土，不宜小于 $1d$。当存在软弱下卧层时，桩端以下硬持力层厚度不宜小于 $3d$。

桩端持力层是影响基桩承载力的关键性因素，不仅制约桩端阻力而且影响侧阻力的发挥，因此选择较硬土层为桩端持力层至关重要；其次，应确保桩端进入持力层的深度，有效发挥其承载力。进入持力层的深度除考虑承载性状外尚应同成桩工艺可行性相结合。

6）对于嵌岩桩，嵌岩深度应综合荷载、上覆土层、基岩、桩径、桩长诸因素确定；对于嵌入倾斜的完整和较完整岩的全断面深度不宜小于 $0.4d$ 且不小于 0.5 m，倾斜度大于 30% 的中风化岩，宜根据倾斜度及岩石完整性适当加大嵌岩深度；对于嵌入平整、完整的坚硬岩和较硬岩的深度不宜小于 $0.2d$，且不应小于 0.2 m。

（四）特殊条件下的桩基

1. 软土地基的桩基设计原则应符合下列规定：

1）软土中的桩基宜选择中、低压缩性土层作为桩端持力层；

软土地基特别是沿海深厚软土区，一般坚硬地层埋置很深，但选择较好的中、低压缩性土层作为桩端持力层仍有可能，且十分重要。

2）桩周围软土因自重固结、场地填土、地面大面积堆载、降低地下水位、大面积挤土沉桩等原因而产生的沉降大于基桩的沉降时，应视具体工程情况分析计算桩侧负摩阻力对基桩的影响；

软土地区桩基因负摩阻力而受损的事故不少，原因各异。一是有些地区覆盖有新近沉积的欠固结土层；二是采取开山或吹填围海造地；三是使用过程地面大面积堆载；四是邻近场地降低地下水；五是大面积挤土沉桩引起超孔隙水压和土体上涌等等。负摩阻力的发生和危害是可以预防、消减的。问题是设计和施工者的事先预测和采取应对措施。

3）采用挤土桩和部分挤土桩时，应采取消减孔隙水压力和挤土效应的技术措施，并应控制沉桩速率，减小挤土效应对成桩质量、邻近建筑物、道路、地下管线和基坑边坡等产生的不利影响；

挤土沉桩在软土地区造成的事故不少，一是预制桩接头被拉断、桩体侧移和上涌，沉管灌注桩发生断桩、缩颈；二是邻近建筑物、道路和管线受破坏。设计时要因地制宜选择桩型和工艺，尽量避免采用沉管灌注桩。对于预制桩和钢桩的沉桩，应采取减小孔压和减轻挤土效应的措施，包括施打塑料排水板、应力释放孔、引孔沉桩、控制沉桩速率等。

4）先成桩后开挖基坑时，必须合理安排基坑挖土顺序和控制分层开挖的深度，防止土体侧移对桩的影响。

关于基坑开挖对已成桩的影响问题。在软土地区，考虑到基桩施工有利的作业条件，往往采取先成桩后开挖基坑的施工程序。由于基坑开挖的不均衡，形成"坑中坑"，导致土体蠕变滑移将基桩推歪推断，有的水平位移达1m多，造成严重的质量事故。这类事故从上世纪80年代以来，从南到北屡见不鲜。因此，软土场地在已成桩的条件下开挖基坑，必须严格实行均衡开挖，高差不应超过1m，不得在坑边弃土，以确保已成基桩不因土体滑移而发生水平位移和折断。

2. 湿陷性黄土地区的桩基设计原则应符合下列规定：

1）基桩应穿透湿陷性黄土层，桩端应支承在压缩性低的黏性土、粉土、中密和密实砂土以及碎石类土层中；

湿陷性黄土地区的桩基，由于土的自重湿陷对基桩产生负摩阻力，非自重湿陷性土由于浸水削弱桩侧阻力，承台底土抗力也随之消减，导致基桩承载力降低。为确保基桩承载力的安全可靠性，桩端持力层应选择低压缩性的黏性土、粉土、中密和密实土以及碎石类土层。

2）湿陷性黄土地基中，设计等级为甲、乙级建筑桩基的单桩极限承载力，宜以浸水载荷试验为主要依据；

湿陷性黄土地基中的单桩极限承载力的不确定性较大，故设计等级为甲、乙级桩基工程的单桩极限承载力的确定，强调采用浸水静载试验方法。

3）自重湿陷性黄土地基中的单桩极限承载力，应根据工程具体情况分析计算桩侧负摩阻力的影响。

自重湿陷性黄土地基中的单桩极限承载力，应视浸水可能性、桩端持力层性质、建筑桩基设计等级等因素考虑负摩阻力的影响。

3. 季节性冻土和膨胀土地基中的桩基设计原则应符合下列规定：

1）桩端进入冻深线或膨胀土的大气影响急剧层以下的深度应满足抗拔稳定性验算要求，且不得小于4倍桩径及1倍扩大端直径，最小深度应大于1.5m；

2）为减小和消除冻胀或膨胀对建筑物桩基的作用，宜采用钻(挖)孔灌注桩；

3）确定基桩竖向极限承载力时，除不计入冻胀、膨胀深度范围内桩侧阻力外，还应考虑地基土的冻胀、膨胀作用，验算桩基的抗拔稳定性和桩身受拉承载力；

4）为消除桩基受冻胀或膨胀作用的危害，可在冻胀或膨胀深度范围内，沿桩周及承台作隔冻、隔胀处理。

主要应考虑冻胀和膨胀对于基桩抗拔稳定性问题，避免冻胀或膨胀力作用下产生上拔变形，乃至因累积上拔变形而引起建筑物开裂。因此，对于荷载不大的多层建筑桩基设计应考虑以下诸因素：桩端进入冻深线或膨胀土的大气影响急剧层以下一定深度；宜采用无挤土效应的钻、挖孔桩；对桩基的抗拔稳定性和桩身受拉承载力进行验算；对承台和桩身上部采取隔冻、隔胀处理。

4. 岩溶地区的桩基设计原则应符合下列规定：

1）岩溶地区的桩基，宜采用钻、冲孔桩；

2）当单桩荷载较大，岩层埋深较浅时，宜采用嵌岩桩；

3）当基岩面起伏很大且埋深较大时，宜采用摩擦型灌注桩。

主要考虑岩溶地区的基岩表面起伏大，溶沟、溶槽、溶洞往往较发育，无风化岩层覆盖等特点，设计应把握三方面要点：一是基桩选型和工艺宜采用钻、冲孔灌注桩，以利于嵌岩；二是应控制嵌岩最小深度，以确保倾斜基岩上基桩的稳定；三是当基岩的溶蚀极为发育，溶沟、溶槽、溶洞密布，岩面起伏很大，而上覆土层厚度较大时，考虑到嵌岩桩桩长变异性过大，嵌岩施工难以实施，可采用较小桩径($\phi500 \sim \phi700$)密布非嵌岩桩，并后注浆，形成整体性和刚度很大的块体基础。如宜春邮电大楼即是一例，楼高 80 m，框架 - 剪力墙结构，地质条件与上述情况类似，原设计为嵌岩桩，成桩过程出现个别桩充盈系数达 20 以上，后改为$\phi700$灌注桩，利用上部 20 m 左右较好土层，实施桩端桩侧后注浆，筏板承台。建成后沉降均匀，最大不超过 10 mm。

5. 坡地岸边上桩基的设计原则应符合下列规定：

1）对建于坡地岸边的桩基，不得将桩支承于边坡潜在的滑动体上。桩端应进入潜在滑裂面以下稳定岩土层内的深度应能保证桩基的稳定；

2）建筑桩基与边坡应保持一定的水平距离；建筑场地内的边坡必须是完全稳定的边坡，当有崩塌、滑坡等不良地质现象存在时，应按现行国家标准《建筑边坡工程技术规范》（GB50330）的规定进行整治，确保其稳定性；

3）新建坡地、岸边建筑桩基工程应与建筑边坡工程统一规划，同步设计，合理确定施工顺序；

4）不宜采用挤土桩；

5）应验算最不利荷载效应组合下桩基的整体稳定性和基桩水平承载力。

坡地、岸边建筑桩基的设计，关键是确保其整体稳定性，一旦失稳既影响自身建筑物的安全也会波及相邻建筑的安全。整体稳定性涉及这样三个方面问题：一是建筑场地必须是稳定的，如果存在软弱土层或岩土界面等潜在滑移面，必须将桩支承于稳定岩土层以下足够深度，并验算桩基的整体稳定性和基桩的水平承载力；二是建筑桩基外缘与坡顶的水平距离必须符合有关规范规定；边坡自身必须是稳定的或经整治后确保其稳定性；三是成桩过程不得产生挤土效应。

6. 抗震设防区桩基的设计原则应符合下列规定：

1）桩进入液化土层以下稳定土层的长度（不包括桩尖部分）应按计算确定；对于碎石土，砾、粗、中砂，密实粉土，坚硬黏性土尚不应小于 2～3 倍桩身直径，对其他非岩石类土尚不宜小于4~5倍桩身直径；桩钢筋笼长不小于以上数字且箍筋加密；

2）承台和地下室侧墙周围应采用灰土、级配砂石、压实性较好的素土回填，并分层夯实，也可采用素混凝土回填；

3）当承台周围为可液化土或地基承载力特征值小于40 kPa（或不排水抗剪强度小于15 kPa）的软土，且桩基水平承载力不满足计算要求时，可将承台外每侧1/2承台边长范围内的土进行加固；

4）对于存在液化扩展的地段，应验算桩基在土流动的侧向作用力下的稳定性；

5）抗震设防区的桩基应进行抗震承载力验算，非液化土中低承台桩基单桩抗震承载力特征值，可比非抗震设计时提高25%。

桩基较其他基础形式具有较好的抗震性能，但设计中应把握这样三点：一是基桩进入液化土层以下稳定土层的长度不应小于本条规定的最小值；二是为确保承台和地下室外墙土抗力能分担水平地震作用，肥槽回填质量必须确保；三是当承台周围为软土和可液化土，且桩基水平承载力不满足要求时，可对外侧土体进行适当加固以提高水平抗力。

7. 可能出现负摩阻力的桩基设计原则应符合下列规定：

1）对于填土建筑场地，宜先填土并保证填土的密实性，软土场地填土前应采取预设塑料排水板等措施，待填土地基沉降基本稳定后方可成桩；

对于填土建筑场地，宜先填土后成桩，为保证填土的密实性，应根据填料及下卧层性质，对低水位场地应分层填土分层辗压或分层强夯，压实系数不应小于0.94。为加速下卧层固结，宜采取插塑料排水板等措施。

2）对于有地面大面积堆载的建筑物，应采取减小地面沉降对建筑物桩基影响的措施；

室内大面积堆载常见于各类仓库、炼钢、轧钢车间，由堆载引起上部结构开裂乃至破坏的事故不少。要防止堆载对桩基产生负摩阻力，对堆载地基进行加固处理是措施之一，但造价往往偏高。对与堆载相邻的桩基采用刚性排桩进行隔离，对预制桩表面涂层处理等都是可供选用的措施。

3）对于自重湿陷性黄土地基，可采用强夯、挤密土桩等先行处理，消除上部或全部土的自重湿陷；对于欠固结土宜采取先期排水预压等措施；

4）对于挤土沉桩，应采取消减超孔隙水压力、控制沉桩速率等措施；

5）对于中性点以上的桩身可对表面进行减阻处理，以减少负摩阻力。

8. 抗拔桩基的设计原则应符合下列规定：

1）应根据环境类别及水土对钢筋的腐蚀、钢筋种类对腐蚀的敏感性和荷载作用时间等因素确定抗拔桩的裂缝控制等级；

2）对于严格要求不出现裂缝的一级裂缝控制等级，桩身应设置预应力筋；对于一般要求不出现裂缝的二级裂缝控制等级，桩身宜设置预应力筋；

3）对于三级裂缝控制等级，应进行桩身裂缝宽度计算；

4）当基桩抗拔承载力要求较高时，可采用桩侧后注浆、扩底等技术措施。

建筑桩基的抗拔问题主要出现于两种情况，一种是建筑物在风荷载、地震作用下的局部非永久上拔力；另一种是抵抗超补偿地下室地下水浮力的抗浮桩。对于前者，抗拔力与建筑物高度、风压强度、抗震设防等级等因素相关。当建筑物设有地下室时，由于风荷载、地震引起的桩顶拔力显著减小，一般不起控制作用。

随着近年地下空间的开发利用，抗浮成为较普遍的问题。抗浮有多种方式，包括地下室底板上配重（如素砼或钢渣砼）、设置抗浮桩。后者具有较好的灵活性、适用性和经济性。对于抗浮桩基的设计，首要问题是根据场地勘察报告关于环境类别，水、土腐蚀性，参照现行《混凝土结构设计规范》（GB 50010）确定桩身的裂缝控制等级，对于不同裂缝控制等级采取相应设计原则。对于抗浮荷载较大的情况宜采用桩侧后注浆、扩底灌注桩，当裂缝控制等级较高时，可采用预应力桩；以岩层为主的地基宜采用岩石锚杆抗浮。其次，对于抗浮桩承载力应按本规范进行单桩和群桩抗拔承载力计算。

4.6.2　桩基构造

（一）灌注桩

1. 灌注桩应按下列规定配筋：

1）配筋率：当桩身直径为 0.3～2.0 m 时，正截面配筋率可取 0.65%～0.2%（小直径桩取高值）；对受荷特别大的桩、抗拔桩、抗水平荷载桩，偏心受压桩、高承台桩和嵌岩端承桩应根据计算确定配筋率，并不应小于上述规定值；

2）配筋长度：

（1）端承型桩和位于坡地、岸边的基桩应沿桩身等截面或变截面通长配筋；

（2）摩擦型灌注桩配筋长度不应小于 2/3 桩长；当受水平荷载时，配筋长度尚不宜小于 $4.0/\alpha$（α 为桩的水平变形系数）；

（3）对于受地震作用的基桩，桩身配筋长度应穿过可液化土层和软弱土层，进入稳定土层的深度应按计算确定；对于碎石土，砾、粗、中砂，密实粉土，坚硬黏性土尚不应小于 2～3 倍桩身直径，对其他非岩石土尚不宜小于 4～5 倍桩身直径；

（4）受负摩阻力的桩、因先成桩后开挖基坑而随地基土回弹的桩，其配筋长度应穿过软弱土层并进入稳定土层，进入的深度不应小于 2～3 倍桩身直径；

（5）抗拔桩及因地震作用、冻胀或膨胀力作用而受拔力的桩，应等截面或变截面通长配筋。

3）对于受水平荷载的桩，主筋不应小于 $8\phi12$；对于抗压桩和抗拔桩，主筋不应少于 $6\phi10$；纵向主筋应沿桩身周边均匀布置，其净距不应小于 60 mm；

4）箍筋应采用螺旋式，直径不应小于 6 mm，间距宜为 200～300 mm；受水平荷载较大桩基、承受水平地震作用的桩基以及考虑主筋作用计算桩身受压承载力时，桩顶以下 $5d$ 范围内的箍筋应加密，间距不应大于 100 mm；当桩身位于液化土层范围内时箍筋应加密；当考虑箍筋受力作用时，箍筋配置应符合现行国家标准《混凝土结构设计规范》（GB 50010）的有关规定；当钢筋笼长度超过 4 m 时，应每隔 2 m 设一道直径不小于 12 mm 的焊接加劲箍筋。

灌注桩的配筋与预制桩不同之处是无需考虑吊装、锤击沉桩等因素。正截面最小配筋率宜根据桩径确定，如 $\phi300$ mm 桩，配 $6\phi10$，$A_g = 471$ mm²，$\mu_g = A_g/A_{ps} = 0.67\%$；又如 $\phi2000$ mm 桩，配 $16\phi22$，$A_g = 6280$ mm²，$\mu_g = A_g/A_{ps} = 0.2\%$。另外，从承受水平力的角度考虑，桩身受弯截面模量为桩径的 3 次方，配筋对水平抗力的贡献随桩径增大显著增大。从以上两方面考虑，规定正截面最小配筋率为 0.2%～0.65%，大桩径取低值，小桩径取高值。

对于受水平荷载桩，其极限承载力受配筋率影响大，主筋不应小于 $8\phi12$，以保证受拉区主筋不小于 $3\phi12$。对于抗压桩和抗拔桩，为保证桩身钢筋笼的成型刚度以及桩身承载力的可靠性，主筋不应小于6φ10；$d \leqslant 400$ mm时，不应小于4φ10。

关于配筋长度，主要考虑轴向荷载的传递特征及荷载性质。对于端承型桩，侧阻力分担荷载量较小，桩身压应力沿深度减小并不明显，这时应通长等截面配筋；对于桩长较大的摩擦端承桩，侧摩阻力分担荷载量较大，桩身压应力沿深度减小较为明显，这时可变截面配筋；抗震设防区的嵌岩桩，从基岩到上覆土层刚度突变，在桩端也有应力集中，故配筋量不宜减少。位于坡地、岸边的基桩，其配筋长度应考虑由多项因素确定，在非抗震设防区，应根据土体整体滑移计算桩端进入潜在滑裂面以下足够深度，其纵筋长度也应与之对应；震害表明，坡地、岸边建筑物，由于滑移性地裂致使桩基础破坏较为严重，为防止基桩截面断裂失效，因此规定纵筋应通长布置。

非抗震设防区的摩擦型桩，宜分段变截面配筋；当桩较长也可部分长度配筋，但不宜小于2/3桩长。当受水平力时，尚不应小于反弯点下限$4.0/\alpha$；当有可液化层、软弱土层时，纵向主筋应穿越这些土层进入稳定土层一定深度。对于抗拔桩应根据桩长、裂缝控制等级、桩侧土性等因素通长等截面或变截面配筋。

关于箍筋的配置，主要考虑三方面因素。一是箍筋的受剪作用，对于地震设防地区，基桩桩顶要承受较大剪力和弯矩，在风载等水平力作用下也同样如此，故规定桩顶$5d$范围箍筋应适当加密，一般间距为100 mm；二是箍筋在轴压荷载下对混凝土起到约束加强作用，可大幅提高桩身受压承载力，而桩顶部分荷载最大，故桩顶部位箍筋应适当加密；三是为控制钢筋笼的刚度。根据桩身直径不同，箍筋直径一般为φ6～12 mm，加劲箍为φ12～18 mm。当桩长较短且直径大于1200 mm时，基桩在地震作用下呈现刚性桩的特征，破坏主要集中在桩头1～2 m范围内，因此箍筋加密区段取$3d$即可。加密区以外区段的箍筋间距宜为200～300 mm。为方便施工和改善受力，箍筋宜采用螺旋式。

2. 桩身混凝土及混凝土保护层厚度应符合下列要求：

1）桩身混凝土强度等级不得小于C25，混凝土预制桩尖强度等级不得小于C30；

2）灌注桩主筋的混凝土保护层厚度不应小于35 mm，水下灌注桩的主筋混凝土保护层厚度不得小于50 mm；

3）四类、五类环境中桩身混凝土保护层厚度应符合国家现行标准《港口工程混凝土结构设计规范》（JTJ 267），《工业建筑防腐蚀设计规范》（GB 50046）的相关规定。

3. 扩底灌注桩扩底端尺寸应符合下列规定（图4-15）：

1）对于持力层承载力较高、上覆土层较差的抗压桩和桩端以上有一定厚度较好土层的抗拔桩，可采用扩底；扩底端直径与桩身直径之比D/d，应根据承载力要求及扩底端侧面和桩端持力层土性特征以及扩底施工方法确定；挖孔桩的D/d不应大于3，钻孔桩的D/d不应大于2.5；

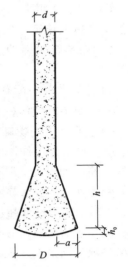

图4-15 扩底桩构造

扩底灌注桩的受力变形特点及应用条件：

对于抗压桩，当砂卵石、风化岩等高强度持力层埋置较浅时，可采用扩底方式获得较大的端承力。施工扩底端时，由于重力作用，扩底端及以上一定高度范围内孔壁土体存在松弛效应；另外当桩受压下沉时，扩底上部倾斜面形成空隙。这两种效应导致变截面以上$2d$范围侧阻力消减，与变截面以下高度相加累计损失侧阻力为 $(4 \sim 6)\pi dq_{sik}$。总桩端阻力虽大幅增加，但单桩承载力增幅有限，且施工和材料投入相应增加，可以说有得有失，为了做到得大于失，应进行具体分析判定扩底的合理性。首先应考虑土层分布情况，当上履土层性质较差，本身不能提供较大侧阻力时，则宜优先选用扩底方案；若上履土层性质较好，如砂土、卵石等，能提供较大的侧摩阻力，或上履土层深厚，其总侧摩阻力也很大，此时扩底就没必要了。一般说来，利用后注浆技术既可提高基桩侧阻力和端阻力，施工也较简单，与扩底桩相比，具有更好的经济性和安全性。

对于抗拔扩底桩，在上拔力作用下，扩大头上一定高度范围内土体均参与抗拔，尤其是扩底斜截面以上约一倍扩底直径高度范围土体强度较高时，才能获得较好的效果。由于扩底混凝土用量较多，当需要控制裂缝时，用钢量较大，所以并不是所有场地土中用扩底桩抗拔都是经济的。一般说来，桩端以上有一定厚度较好土层时，抗拔桩可采用扩底，但这并不是唯一选择。根据工程实践比较，利用桩侧后注浆技术提高侧阻力具有较好的经济性和安全性，当桩很长时，施工较扩底更简便。

2）扩底端侧面的斜率应根据实际成孔及土体自立条件确定，a/h_c 可取 $1/4 \sim 1/2$，砂土可取 $1/4$，粉土、黏性土可取 $1/3 \sim 1/2$；

3）抗压桩扩底端底面宜呈锅底形，矢高 h_b 可取 $(0.15 \sim 0.2)D$。

（二）混凝土预制桩

1. 混凝土预制桩的截面边长不应小于 200 mm；预应力混凝土预制实心桩的截面边长不宜小于 350 mm。

2. 预制桩的混凝土强度等级不宜低于 C30；预应力混凝土实心桩的混凝土强度等级不应低于 C40；预制桩纵向钢筋的混凝土保护层厚度不宜小于 30 mm。

3. 预制桩的桩身配筋应按吊运、打桩及桩在使用中的受力等条件计算确定。采用锤击法沉桩时，预制桩的最小配筋率不宜小于 0.8%。静压法沉桩时，最小配筋率不宜小于 0.6%，主筋直径不宜小于 $\phi14$ mm，打入桩桩顶以下 $4 \sim 5$ 倍桩身直径长度范围内箍筋应加密，并设置钢筋网片。

4. 预制桩的分节长度应根据施工条件及运输条件确定；每根桩的接头数量不宜超过 3 个。

5. 预制桩的桩尖可将主筋合拢焊在桩尖辅助钢筋上，对于持力层为密实砂和碎石类土时，宜在桩尖处包以钢钣桩靴，加强桩尖。

（三）预应力混凝土空心桩

1. 预应力混凝土空心桩按截面形式可分为管桩、空心方桩；按混凝土强度等级可分为预应力高强混凝土管桩（PHC）和空心方桩（PHS）、预应力混凝土管桩（PC）和空心方桩（PS）。离心成型的先张法预应力混凝土桩的截面尺寸、配筋、桩身极限弯矩、桩身竖向受压承载力设计值等参数可按《桩规》附录 B 确定。

2. 预应力混凝土空心桩桩尖型式宜根据地层性质选择闭口型或敞口型；闭口型分为平底十字型和锥型。

3. 预应力混凝土空心桩质量要求，尚应符合国家现行标准《先张法预应力混凝土管桩》（GB/T 13476）和《预应力混凝土空心方桩》（JG 197）及其他的有关标准规定。

4. 预应力混凝土桩的连接可采用端板焊接连接、法兰连接、机械啮合连接、螺纹连接。

每根桩的接头数量不宜超过 3 个。

5. 桩端嵌入遇水易软化的强风化岩、全风化岩和非饱和土的预应力混凝土空心桩，沉桩后，应对桩端以上 2 m 左右范围内采取有效的防渗措施，可采用微膨胀混凝土填芯或在内壁预涂柔性防水材料。

（四）钢桩

1. 钢桩可采用管型、H 型或其他异型钢材。

2. 钢桩的分段长度宜为 12 ~ 15 m。

3. 钢桩焊接接头应采用等强度连接。

4. 钢桩的端部形式，应根据桩所穿越的土层、桩端持力层性质、桩的尺寸、挤土效应等因素综合考虑确定，并可按下列规定采用：

1）钢管桩可采用下列桩端形式：

（1）敞口：带加强箍（带内隔板、不带内隔板）；不带加强箍（带内隔板、不带内隔板）。

（2）闭口：平底；锥底。

2）H 型钢桩可采用下列桩端形式：

（1）带端板；

（2）不带端板：锥底；平底（带扩大翼、不带扩大翼）。

5. 钢桩的防腐处理应符合下列规定：

1）钢桩的腐蚀速率当无实测资料时可按表 4 - 19 确定；

2）钢桩防腐处理可采用外表面涂防腐层、增加腐蚀余量及阴极保护；当钢管桩内壁同外界隔绝时，可不考虑内壁防腐。

表 4 - 19　钢桩年腐蚀速率

钢桩所处环境		单面腐蚀率（mm/y）
地面以上	无腐蚀性气体或腐蚀性挥发介质	0.05 ~ 0.1
地面以下	水位以上	0.05
	水位以下	0.03
	水位波动区	0.1 ~ 0.3

（五）承台构造

1. 桩基承台的构造，除应满足抗冲切、抗剪切、抗弯承载力和上部结构要求外，尚应符合下列要求：

1）独立柱下桩基承台的最小宽度不应小于 500 mm，边桩中心至承台边缘的距离不应小于桩的直径或边长，且桩的外边缘至承台边缘的距离不应小于 150 mm。对于墙下条形承台梁，桩的外边缘至承台梁边缘的距离不应小于 75 mm。承台的最小厚度不应小于 300 mm。

承台最小宽度不应小于 500 mm，桩中心至承台边缘的距离不宜小于桩直径或边长，边缘挑出部分不应小于 150 mm，主要是为满足嵌固及斜截面承载力（抗冲切、抗剪切）的要求。对于墙下条形承台梁，其边缘挑出部分可减少至 75 mm，主要是考虑到墙体与承台梁共同工作可增强承台梁的整体刚度，受力情况良好。

2)高层建筑平板式和梁板式筏形承台的最小厚度不应小于 400 mm,墙下布桩的剪力墙结构筏形承台的最小厚度不应小于 200 mm。

承台的最小厚度规定为不应小于 300 mm,高层建筑平板式筏形基础承台最小厚度不应小于 400 mm,是为满足承台基本刚度、桩与承台的连接等构造需要。

3)高层建筑箱形承台的构造应符合《高层建筑筏形与箱形基础技术规范》(JGJ 6)的规定。

2. 承台混凝土材料及其强度等级应符合结构混凝土耐久性的要求和抗渗要求。

承台混凝土强度等级应满足结构混凝土耐久性要求,对设计使用年限为 50 年的承台,根据现行《混凝土结构设计规范》(GB 50010)的规定,当环境类别为二 a 类别时不应低于 C25,二 b 类别时不应低于 C30。有抗渗要求时,其混凝土的抗渗等级应符合有关标准的要求。

3. 承台的钢筋配置应符合下列规定:

1)柱下独立桩基承台受力钢筋应通长配置(图 4-16a),对四桩以上(含四桩)承台宜按双向均匀布置,对三桩的三角形承台应按三向板带均匀布置,且最里面的三根钢筋围成的三角形应在柱截面范围内(图 4-16b)。钢筋锚固长度自边桩内侧(当为圆桩时,应将其直径乘以 0.8 等效为方桩)算起,不应小于 $35d_\mathrm{g}$(d_g 为钢筋直径);当不满足时应将钢筋向上弯折,此时水平段的长度不应小于 $25d_\mathrm{g}$,弯折段长度不应小于 $10d_\mathrm{g}$。承台纵向受力钢筋的直径不应小于 12 mm,间距不应大于 200 mm。柱下独立桩基承台的最小配筋率不应小于 0.15%。

柱下独立桩基承台的受力钢筋应通长配置,主要是为保证桩基承台的受力性能良好,根据工程经验及承台受弯试验对矩形承台将受力钢筋双向均匀布置;对三桩的三角形承台应按三向板带均匀布置,为提高承台中部的抗裂性能,最里面的三根钢筋围成的三角形应在柱截面范围内。承台受力钢筋的直径不宜小于 12 mm,间距不宜大于 200 mm。主要是为满足施工及受力要求。独立桩基承台的最小配筋率不应小于 0.15%。具体工程的实际最小配筋率宜考虑结构安全等级、基桩承载力等因素综合确定。

2)柱下独立两桩承台,应按现行国家标准《混凝土结构设计规范》(GB 50010)中的深受弯构件配置纵向受拉钢筋、水平及竖向分布钢筋。承台纵向受力钢筋端部的锚固长度及构造应与柱下多桩承台的规定相同。

柱下独立两桩承台,当桩距与承台有效高度之比小于 5 时,其受力性能属深受弯构件范畴,因而宜按现行《混凝土结构设计规范》(GB 50010)中的深受弯构件配置纵向受拉钢筋、水平及竖向分布钢筋。

3)条形承台梁的纵向主筋应符合现行国家标准《混凝土结构设计规范》(GB 50010)关于最小配筋率的规定(图 4-16c),主筋直径不应小于 12 mm,架立筋直径不应小于 10 mm,箍筋直径不应小于 6 mm。承台梁端部纵向受力钢筋的锚固长度及构造应与柱下多桩承台的规定相同。

条形承台梁纵向主筋应满足现行《混凝土结构设计规范》(GB 50010)关于最小配筋率 0.2% 的要求以保证具有最小抗弯能力。关于主筋、架立筋、箍筋直径的要求是为满足施工及受力要求。

4)筏形承台板或箱形承台板在计算中当仅考虑局部弯矩作用时,考虑到整体弯曲的影响,在纵横两个方向的下层钢筋配筋率不宜小于 0.15%;上层钢筋应按计算配筋率全部连通。当筏板的厚度大于 2000 mm 时,宜在板厚中间部位设置直径不小于 12 mm、间距不大于

300 mm 的双向钢筋网。

筏板承台在计算中仅考虑局部弯矩时，由于未考虑实际存在的整体弯矩的影响，因此需要加强构造，故规定纵横两个方向的下层钢筋配筋率不宜小于 0.15%；上层钢筋按计算钢筋全部连通。当筏板厚度大于 2000 mm 时，在筏板中部设置直径不小于 12 mm、间距不大于 300 mm 的双向钢筋网，是为减小大体积混凝土温度收缩的影响，并提高筏板的抗剪承载力。

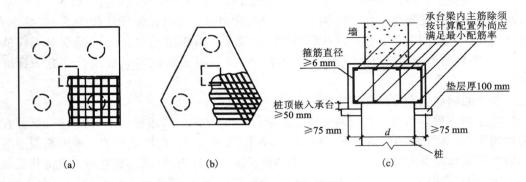

图 4-16　承台配筋示意

(a)矩形承台配筋；(b)三桩承台配筋；(c)墙下承台梁配筋图

5)承台底面钢筋的混凝土保护层厚度，当有混凝土垫层时，不应小于 50 mm，无垫层时不应小于 70 mm；此外尚不应小于桩头嵌入承台内的长度。

4. 桩与承台的连接构造应符合下列规定：

1)桩嵌入承台内的长度对中等直径桩不宜小于 50 mm；对大直径桩不宜小于 100 mm。

桩嵌入承台的长度规定是根据实际工程经验确定。如果桩嵌入承台深度过大，会降低承台的有效高度，使受力不利。

2)混凝土桩的桩顶纵向主筋应锚入承台内，其锚入长度不宜小于 35 倍纵向主筋直径。对于抗拔桩，桩顶纵向主筋的锚固长度应按现行国家标准《混凝土结构设计规范》(GB50010)确定。

混凝土桩的桩顶纵向主筋锚入承台内的长度一般情况下为 35 倍直径，对于专用抗拔桩，桩顶纵向主筋的锚固长度应按现行《混凝土结构设计规范》(GB 50010)的受拉钢筋锚固长度确定。

3)对于大直径灌注桩，当采用一柱一桩时可设置承台或将桩与柱直接连接。

5. 柱与承台的连接构造应符合下列规定：

1)对于一柱一桩基础，柱与桩直接连接时，柱纵向主筋锚入桩身内长度不应小于 35 倍纵向主筋直径。

2)对于多桩承台，柱纵向主筋应锚入承台不应小于 35 倍纵向主筋直径；当承台高度不满足锚固要求时，竖向锚固长度不应小于 20 倍纵向主筋直径，并向柱轴线方向呈 90°弯折。

3)当有抗震设防要求时，对于一、二级抗震等级的柱，纵向主筋锚固长度应乘以 1.15 的系数；对于三级抗震等级的柱，纵向主筋锚固长度应乘以 1.05 的系数。

6. 承台与承台之间的连接构造应符合下列规定：

1)一柱一桩时，应在桩顶两个主轴方向上设置联系梁。当桩与柱的截面直径之比大于 2

时，可不设联系梁。

一柱一桩时，应在桩顶两个相互垂直方向上设置联系梁，以保证桩基的整体刚度。当桩与柱的截面直径之比大于 2 时，在水平力作用下，承台水平变位较小，可以认为满足结构内力分析时柱底为固端的假定。

2）两桩桩基的承台，应在其短向设置联系梁。

3）有抗震设防要求的柱下桩基承台，宜沿两个主轴方向设置联系梁。

有抗震设防要求的柱下桩基承台，由于地震作用下，建筑物的各桩基承台所受的地震剪力和弯矩是不确定的，因此在纵横两方向设置联系梁，有利于桩基的受力性能。

4）联系梁顶面宜与承台顶面位于同一标高。联系梁宽度不宜小于 250 mm，其高度可取承台中心距的 1/10 ~ 1/15，且不宜小于 400 mm。

联系梁顶面与承台顶面位于同一标高，有利于直接将柱底剪力、弯矩传递至承台。联系梁的截面尺寸及配筋一般按下述方法确定：以柱剪力作用于梁端，按轴心受压构件确定其截面尺寸，配筋则取与轴心受压相同的轴力（绝对值），按轴心受拉构件确定。在抗震设防区也可取柱轴力的 1/10 为梁端拉压力的粗略方法确定截面尺寸及配筋。联系梁最小宽度和高度尺寸的规定，是为了确保其平面外有足够的刚度。

5）联系梁配筋应按计算确定，梁上下部配筋不宜小于 2 根直径 12 mm 钢筋；位于同一轴线上的联系梁纵筋宜通长配置。

7. 承台和地下室外墙与基坑侧壁间隙应灌注素混凝土或搅拌滚动性水泥土，或采用灰土、级配砂石、压实性较好的素土分层夯实，其压实系数不宜小于 0.94。

承台和地下室外墙的肥槽回填土质量至关重要。在地震和风载作用下，可利用其外侧土抗力分担相当大份额的水平荷载，从而减小桩顶剪力分担，降低上部结构反应。但工程实践中，往往忽视肥槽回填质量，以至出现浸水湿陷，导致散水破坏，给桩基结构在遭遇地震工况下留下安全隐患。设计人员应加以重视，避免这种情况发生。一般情况下，采用灰土和压实性较好的素土分层夯实；当施工中分层夯实有困难时，可采用素混凝土回填。

4.6.3 桩基础设计步骤与程序

1. 进行调查研究，场地勘察，收集有关资料；

2. 综合勘察报告、荷载情况、使用要求、上部结构条件等确定桩端持力层；

3. 选择桩型（摩擦桩或端承桩），确定桩的外形尺寸和构造；

4. 确定单桩承载力特征值；

5. 根据上部结构荷载情况，初步拟定桩的数量和平面布置；

6. 根据桩的平面布置，初步拟订承台的轮廓尺寸及承台底标高；

7. 验算作用于单桩上的竖向和横向荷载力；

8. 验算承台尺寸及结构强度；

9. 必要时验算桩基整体承载力和沉降量，当持力层下有软弱下卧层时，验算软弱下卧层地基承载力；

10. 单桩设计，绘制桩和承台的结构及施工详图。

4.6.4 选择桩型

参见 4.6.1 基本设计规定之三——桩的选型

1. 承台底面标高的考虑

承台底面的标高应根据桩的受力情况，桩的刚度和地形、地质、水流、施工等条件确定。

低桩承台稳定性较好，水中施工难度较大，用于季节性河流，冲刷小的河流或岸滩上墩台及旱地上其他结构物基础。

当承台埋于冻胀土层中时，为了避免由于土的冻胀引起桩基础的损坏，承台底面应位于冻结线以下不少于 0.25 m。

对于常年有流水、冲刷较深，或水位较高，施工排水困难，在受力条件允许时，应尽可能采用高桩承台。

2. 端承桩和摩擦桩的考虑

端承桩与摩擦桩的选择主要根据地质和受力情况确定。

端承桩桩基础承载力大，沉降量小，较为安全可靠，因此当基岩埋深较浅时应考虑采用。若适宜的岩层埋置较深或受到施工条件的限制不宜采用柱桩时，则可采用摩擦桩。

同一桩基础中不宜同时采用端承桩和摩擦桩，同时也不宜采用不同材料、不同直径和长度相差过大的桩，以避免桩基产生不均匀沉降或丧失稳定性。

当采用端承桩时，除桩底支承在基岩上外，如覆盖层较薄，或水平荷载较大时，还需将桩底端嵌入基岩中一定深度成为嵌岩桩，以增加桩基的稳定性和承载能力。为保证嵌岩桩在横向荷载作用下的稳定性，需嵌入基岩的深度与桩嵌固处的内力及桩周岩石强度有关，应分别考虑弯矩和轴向力要求，由要求较大的来控制设计深度。

3. 单排桩与多排桩的考虑

主要根据受力情况，并与桩长、桩数的确定密切相关。

多排桩稳定性好，抗弯刚度较大，能承受较大的水平荷载，水平位移小，但多排桩的设置将会增大承台的尺寸，增加施工困难，有时还影响航道；

单排桩与此相反，能较好地与柱式墩台结构形式配用，可节省圬工，减小作用在桩基的竖向荷载。

因此，当桥跨不大、桥高较矮时，或单桩承载力较大，需用桩数不多时常采用单排桩基础。公路桥梁自采用了具有较大刚度的钻孔灌注桩后，选用盖梁式承台双柱或多柱式单排墩台桩柱基础也较广泛，对较高的桥台，拱桥桥台，制动墩和单向水平推力墩基础则常需用多排桩。

在桩基受有较大水平力作用时，无论是单排桩还是多排桩，若能选用斜桩或竖直桩配合斜桩的形式则将明显增加桩基抗水平力的能力和稳定性。

4.6.5 桩径、桩长的拟定

桩径与桩长的设计，综合考虑荷载的大小、土层性质及桩周土阻力状况、桩基类型与结构特点、桩的长径比、以及施工设备与技术条件等因素。力求做到满足使用要求，造价经济，最有效地利用和发挥地基土和桩身材料的承载性能。

设计时常先拟定尺寸，然后通过基桩计算和验算，视所拟定的尺寸是否经济合理，再作最后确定。

1. 桩径拟定

当桩的类型选定后,桩的横截面(桩径)可根据各类桩的特点与常用尺寸,并考虑上述因素选择确定。

2. 桩长拟定

桩长确定的关键选择桩端持力层,桩端持力层对于桩的承载力和沉降有着重要影响,设计时可先根据地质条件选择适宜的桩端持力层初步确定桩长。

一般桩端置于岩层或坚实的土层上,承载力大,沉降量小。容许的深度内没有坚实土层存在,应尽可能选择压缩性较低、强度较高的土层,避免桩端坐落在软土层,以免桩基础发生过大的沉降。

桩端持力层应考虑多因素综合分析后确定,包括:上覆土层性质与桩的长径比;桩型与成桩工艺;下卧土层性质与群桩效应;工程特点与荷载;可选桩端持力层的性价比;变刚度调平设计等。

1)上覆土层性质与桩的长径比 上覆土层的强度和模量越高,桩、土荷载传递率越高,桩侧阻力分担荷载比越大,桩身轴力随深度衰减越快,单桩荷载传递的有效长径比(或临界长径比)l/d 随之减小。一般说来,对于软土地基,$l/d = 50 \sim 80$,对于一般第四纪土地基,$l/d = 30 \sim 50$。桩长超过有效长径比后,传递到桩端的荷载趋近于零。对于群桩基础,尚应考虑群桩效应,即由于桩与桩的相互影响导致荷载传递的有效长径比加大,桩端以下持力层所受荷载和沉降加大。桩距越小、桩数越多,群桩效应越显著。

2)桩型与成桩工艺 为发挥桩端持力层的承载潜能,桩端进入持力层应达到一定深度。对于钻孔灌注桩,按设计要求达到所需深度不存在施工困难,对于挤土预制桩则不然,不仅要考虑桩端进入持力层的可贯入性,而且还要考虑其对于硬砂夹层等的可穿透性。设计不当,往往会造成困难局面,初始沉桩时还可能顺利,随着沉桩数量增加,挤土效应积累,沉桩阻力加大,导致桩被击碎或桩无法进入设计深度,或无法穿透硬夹层等情况时有发生。

3)可选桩端持力层厚度和软弱下卧层性质 硬土层厚度理想值是不小于桩端阻力临界深度 h_{cp} 和临界厚度之和 t_c,然而实际工程地质条件往往不符合这一要求,工程实际又不能无限制加大桩长来满足这一要求,因此。应在确保桩端阻力不致因桩端进入持力层深度过浅而大幅削弱,也不致因桩端离软弱下卧层距离过小而发生桩端持力层的冲切破坏或过大的沉降变形。故《桩规》第 3.3.3 条第 5 款规定:应选择较硬土层作为桩端持力层。桩端全断面进入持力层的深度,对于黏性土、粉土不宜小于 $2d$,砂土不宜小于 $1.5d$,碎石类土,不宜小于 $1d$。当存在软弱下卧层时,桩端以下硬持力层厚度不宜小于 $3d$。

上述是考虑桩端持力层厚度和软弱下卧层影响的一般性原则,工程实际中还应结合具体条件进行综合分析,包括桩的长径比、上覆土层的性质、下卧层的强度、模量、厚度及其与桩端持力层的差异等。当桩的长径比较大、上覆土层强度高,传递到桩端持力层和下卧层的荷载相对较小;当下卧层的承载力与桩端持力层相差不超过 1/2 时,桩端持力层发生冲切破坏、下卧层被挤出的可能性小;软弱下卧层很薄时对沉降变形的增大效应随之降低等等。据此,可对桩端进入持力层深度和桩端以下持力层厚度的确定在上述规定的基础上适当调整。

4)考虑工程特点与荷载 对于超高层建筑,其结构安全等级属于一级,桩基设计等级为甲级,对其桩基设计的安全可靠性、技术合理性、施工质量可控性均应在充分调查、周密分析的基础上予以保证。由于其荷载集度高,通过基桩传递到深部地层的荷载大;由于其高度大,对于整体倾斜的控制更显重要；由于其结构刚度和荷载分布不均，对差异沉降的控制更为突出。这些特点对于其桩端持力层的承载力、支承刚度和下卧层的工程性质提出了更高的要求。

4.6.6　根数及平面布置

1. 桩的根数估算

初步估算，不考虑群桩效应，当桩基为轴向受压时：

$$N_k = \frac{F_k + G_k}{n} \leq R_a \Rightarrow n \geq \frac{F_k + G_k}{R_a}$$

式中，F_k——在荷载效应的标准组合下作用于承台顶面的竖向力标准值(kN)；

　　　G_k——桩基承台和承台上土的自重标准值(kN)；

　　　R_a——单桩竖向抗压承载力特征值(kN)。

当受偏心荷载作用时，桩数应增加 10% ~ 20%。

对于桩数超过 3 根的非端承群桩基础，需要考虑群桩效应，在求得基桩承载力设计值后应重新估算桩数，如有必要，还须通过桩基软弱下卧层承载力和桩基沉降验算才能最终确定。

应当指出，在层厚较大的高灵敏度流塑性黏土(如沿海的淤泥、淤泥质土)中，不宜采用间距小而桩数多的打入式桩基，否则，对这类土的结构破坏严重，致使土体强度明显降低。如果加上相邻各桩的相互影响，这类桩基的沉降和不均匀沉降都将显著增大，这时宜采用承载力高而桩数少的桩基。

2. 平面布置

参见 4.6.1 基本设计规定之三——桩的选型

4.6.7　桩基承载力验算

(一)桩基竖向承载力验算

桩基竖向承载力计算应符合下述要求：

1. 荷载效应标准组合：

轴心竖向力作用下：

$$N_k \leq R \tag{4-37a}$$

偏心竖向力作用下，除应满足上式外，尚应满足：

$$N_{kmax} \leq 1.2R \tag{4-37b}$$

2. 地震作用效应和荷载效应标准组合：

轴心竖向力作用下：

$$N_{Ek} \leq 1.25R \tag{4-37c}$$

偏心竖向力作用下，除应满足上式外，尚应满足：

$$N_{Ekmax} \leq 1.5R \tag{4-37d}$$

式中，N_k——荷载效应标准组合轴心竖向力作用下，基桩或复合基桩的平均竖向力(kN)；

　　　N_{kmax}——荷载效应标准组合偏心竖向力作用下，桩顶最大竖向力(kN)；

　　　N_{Ek}——地震作用效应和荷载效应标准组合下，基桩或复合基桩的平均竖向力(kN)；

　　　N_{Ekmax}——地震作用效应和荷载效应标准组合下，基桩或复合基桩的最大竖向力(kN)；

　　　R——复合基桩或基桩的竖向承载力特征值(kN)。

（二）桩顶作用效应计算

1. 对于一般建筑物和受水平力（包括力矩与水平剪力）较小的高层建筑群桩基础，应按下列公式计算柱、墙、核心筒群桩中基桩或复合基桩的桩顶作用效应：

轴心竖向力作用下：

$$N_{\mathrm{k}} = \frac{F_{\mathrm{k}} + G_{\mathrm{k}}}{n} \qquad (4-38\mathrm{a})$$

偏心竖向力作用下：

$$N_{\mathrm{ik}} = \frac{F_{\mathrm{k}} + G_{\mathrm{k}}}{n} \pm \frac{M_{\mathrm{xk}}y_{\mathrm{i}}}{\sum y_{\mathrm{j}}^2} \pm \frac{M_{\mathrm{yk}}x_{\mathrm{i}}}{\sum x_{\mathrm{j}}^2} \qquad (4-38\mathrm{b})$$

水平力：

$$H_{\mathrm{ik}} = \frac{H_{\mathrm{k}}}{n} \qquad (4-38\mathrm{c})$$

式中，F_{k}——荷载效应标准组合下，作用于承台顶面的竖向力标准值（kN）；

G_{k}——桩基承台和承台上土的自重标准值（kN），对稳定的地下水位以下部分应扣除水的浮力；

N_{k}——荷载效应标准组合轴心竖向力作用下，基桩或复合基桩的平均竖向力（kN）；

N_{ik}——荷载效应标准组合偏心竖向力作用下，第 i 基桩或复合基桩的竖向力（kN）；

M_{xk}，M_{yk}——荷载效应标准组合下，作用于承台底面，绕通过桩群形心的 x、y 主轴的力矩（kN·m）；

x_{i}，x_{j}，y_{i}，y_{j}——第 i、j 基桩或复合基桩至 y、x 轴的距离（m）；

H_{k}——荷载效应标准组合下，作用于桩基承台底面的水平力（kN）；

H_{ik}——荷载效应标准组合下，作用于桩基承台底面的水平力（kN）；

n——桩基中的桩数。

推导上述公式时作了如下基本假定：

①承台为绝对刚性，受力矩作用时呈平面转动，不产生挠曲；

②桩与承台为铰接连接，只传递轴向力、水平剪力，不传递力矩；

③各桩的支承刚度和桩身的截面积相同；

④忽略承台变位时承台与土体接触面上产生的法向力和切向力（摩阻力）。

第②条假定，实际桩基工程桩顶嵌入承台 5~10 cm，桩顶主筋锚入承台不少于 $35d$，既非铰接又非理想嵌固，受水平荷载和力矩作用后，连接点逐渐出现塑变，产生微小转动，因此桩顶与承台连接介于固接与铰接之间，这将导致计算的桩基外缘最大轴向力比实际偏大，最小轴向力比实际偏小，其结果是使计算偏于安全。

2. 对于主要承受竖向荷载的抗震设防区低承台桩基，在同时满足下列条件时，桩顶作用效应计算可不考虑地震作用：

1）按现行国家标准《建筑抗震设计规范》（GB 50011）规定可不进行桩基抗震承载力验算的建筑物；

2）建筑场地位于建筑抗震的有利地段。

3. 属于下列情况之一的桩基，计算各基桩的作用效应、桩身内力和位移时，宜考虑承台（包括地下墙体）与基桩协同工作和土的弹性抗力作用，其计算方法可按《桩规》附录 C 进行：

1）位于 8 度和 8 度以上抗震设防区的建筑，当其桩基承台刚度较大或由于上部结构与承台协同作用能增强承台的刚度时；

2）其他受较大水平力的桩基。

【例题 4 - 20】 （注岩 2007C12）某框架柱下采用桩基础，桩的分布、承台尺寸及埋深等资料如图所示。承台下设 5 根直径 0.8 m 的钻孔灌注桩，在作用效应的标准组合下，上部结构传至承台顶面处的轴向力 $F_k = 10000$ kN，弯矩 $M_{yk} = 480$ kN·m，承台与土自重标准值 $G_k = 500$ kN。按《建筑桩基技术规范》（JGJ94—2008），基桩承载力特征值至少要达到下列哪个选项的数值时，该柱下桩基才能满足承载力要求（不考虑地震作用）？

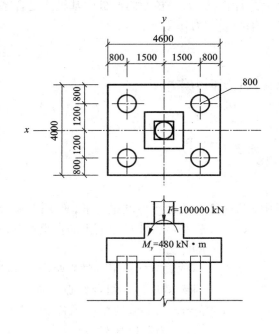

（A）1820 kN

（B）2000 kN

（C）2100 kN

（D）2520 kN

【解】 $N_k = \dfrac{F_k + G_k}{n} = \dfrac{10000 + 500}{5}$

$\qquad = 2100$ kN

$N_k = 2100$ kN $\leqslant R \Rightarrow R \geqslant 2100$ kN

$N_{k, max} = \dfrac{F_k + G_k}{n} + \dfrac{M_{yk} x_i}{\sum x_j^2} = 2100 + \dfrac{480 \times 1.5}{4 \times 1.5^2} = 2180$ kN

$N_{k, max} = 2180$ kN $\leqslant 1.2R \Rightarrow R \geqslant 1817$ kN

$R \geqslant 2100$ kN，答案为（C）。

【例题 4 - 21】 （注岩 2007C13）某框架柱下采用桩基础，桩的分布、承台尺寸及埋深等资料如图所示。承台下设 12 根直径 0.6 m 的钻孔灌注桩，桩长 $l = 15$ m，在作用效应的标准组合下，上部结构传至承台顶面处的轴向力 $F_k = 3840$ kN，弯矩 $M_{yk} = 161$ kN·m（逆时针），水平力 $H_k = 50$ kN（向左）。按《建筑桩基技术规范》（JGJ94—2008），计算上述基桩最大竖向力最接近下列哪个选项？

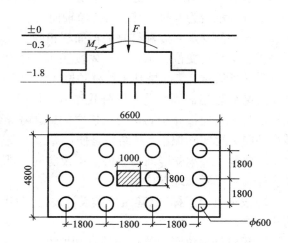

（A）430 kN

（B）480 kN

（C）530 kN

（D）580 kN

212

【解】 $M_{yk} = 161 + 50 \times 1.5 = 236 \text{ kN} \cdot \text{m}$

$$N_{k, \max} = \frac{F_k + G_k}{n} + \frac{M_{yk} x_i}{\sum x_j^2} = \frac{3840 + 6.6 \times 4.8 \times 1.8 \times 20}{12} + \frac{236 \times 2.7}{6 \times 0.9^2 + 6 \times 2.7^2} = 428 \text{ kN}$$

答案为（A）。

(三)软弱下卧层强度验算

软弱下卧层是相对桩端持力层而言，当桩端以下硬持力层厚度不大，而紧临桩端持力层以下为承载力明显低于桩端持力层的土层。在此情况下，设计关心的问题是能否将该有限厚度的硬层做为桩端持力层。

当桩端持力层下存在承载力低于桩端持力层承载力 1/3 的软弱下卧层时，若设计不当，可能发生因持力层的冲剪破坏而使桩基失稳；当软弱下卧层承载力与持力层承载力相差不大时，主要问题是引起桩基沉降过大，此时应验算桩基的沉降和差异沉降。

对于桩距不超过 $6d$、桩端持力层下存在承载力低于桩端持力层承载力 1/3 的软弱下卧层时，可按下列公式验算软弱下卧层的承载力：

$$\sigma_z + \gamma_m z \leqslant f_{az} \tag{4-39a}$$

$$\sigma_z = \frac{(F_k + G_k) - \frac{3}{2}(A_0 + B_0) \cdot \sum q_{sik} l_i}{(A_0 + 2t \cdot \tan\theta)(B_0 + 2t \cdot \tan\theta)} \tag{4-39b}$$

式中，σ_z——作用于软弱下卧层顶面的附加应力（kPa）；

γ_m——软弱层顶面以上各土层重度（地下水位以下取浮重度）按土层厚度计算的加权平均值（kN/m^3）；

t——硬持力层厚度（m）；

f_{az}——软弱下卧层经深度 z 修正后的地基承载力特征值（kPa）；

A_0, B_0——桩群外缘矩形底面的长、短边边长（m）；

q_{sik}——桩周第 i 层土的极限侧阻力标准值（kPa），无当地经验时，可根据成桩工艺按《桩规》表 5.3.5-1 取值；

θ——桩端硬持力层压力扩散角（°），按表 4-20 取值。

表 4-20 桩端硬持力层压力扩散角 θ

E_{s1}/E_{s2}	$t = 0.25B_0$	$t \geqslant 0.50B_0$
1	4^0	12^0
3	6^0	23^0
5	10^0	25^0
10	20^0	30^0

注：1. E_{s1}、E_{s2} 为硬持力层、软弱下卧层的压缩模量；

2. 当 $t < 0.25B_0$ 时，取 $\theta = 0°$，必要时，宜通过试验确定；当 $0.25B_0 < t < 0.50B_0$ 时，可内插取值。

关于软弱下卧层承载力验算公式的说明：

1)验算范围。规定在桩端平面以下受力层范围存在低于持力层承载力 1/3 的软弱下卧层。实际工程持力层以下存在相对软弱土层是常见现象，只有当强度相差过大时才有必要验算。因下卧层地基承载力与桩端持力层差异过小，土体的塑性挤出和失稳也不致出现。

2）传递至桩端平面的荷载，按扣除实体基础外表面总极限侧阻力的3/4而非1/2总极限侧阻力。这是主要考虑荷载传递机理，在软弱下卧层进入临界状态前基桩侧阻平均值已接近于极限。

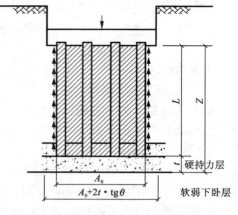

3）桩端荷载扩散。持力层刚度愈大扩散角愈大这是基本性状，这里所规定的压力扩散角与《建筑地基基础设计规范》（GB 50007）一致。

4）软弱下卧层承载力只进行深度修正。这是因为下卧层受压区应力分布并非均匀，呈内大外小，不应作宽度修正；考虑到承台底面以上土已挖除且可能和土体脱空，因此修正深度从承台底部计算至软弱土层顶面。另外，既然是软弱下卧层，即多为软弱黏性土，故深度修正系数取1.0。

图 4-17　软弱下卧层承载力验算

【例题 4-22】　（注岩 2010D12）某9桩群桩基础如图所示，桩径 $d=0.4$ m，桩长 $l=16.2$ m，承台底面尺寸 4 m×4 m，桩边距离承台边缘0.4 m，地下水位在地面下 2.5 m，土层分布为：①填土，$\gamma=17.8$ kN/m³；②黏土，$\gamma=19.5$ kN/m³，$f_{ak}=150$ kPa，$q_{sik}=24$ kPa；③粉土，$\gamma=19$ kN/m³，$f_{ak}=228$ kPa，$q_{sik}=30$ kPa，$E_s=8.0$ MPa；④淤泥质黏土，$f_{ak}=75$ kPa，$E_s=1.6$ MPa。在作用效应标准组合下，上部结构传来的竖向荷载 $F_k=6400$ kN。按《建筑桩基技术规范》（JGJ94—2008），软弱下卧层承载力特征值至少应达到下列哪个选项的数值才能满足要求？

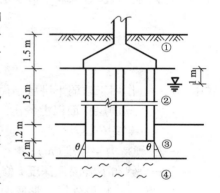

（A）66 kPa　　　　（B）93 kPa　　　　（C）175 kPa　　　　（D）204 kPa

【解】　$f_{ak}=75$ kPa $<\dfrac{1}{3}\times228=76$ kPa

$E_{s1}/E_{s2}=8.0/1.6=5$，$t=2$ m $>0.5B_0=0.5\times3.6=1.8$ m，查表 4.6-2，$\theta=25°$

$(A_0+B_0)\cdot\sum q_{sik}l_i=(3.6+3.6)\times(24\times15+30\times1.2)=2851.2$ kN

$(A_0+2t\cdot\tan\theta)(B_0+2t\cdot\tan\theta)=(3.6+2\times2\times\tan25°)^2=29.87$ m²

$G_k=4\times4\times1.5\times20=480$ kN

$$\sigma_z=\frac{(F_k+G_k)-\dfrac{3}{2}(A_0+B_0)\cdot\sum q_{sik}l_i}{(A_0+2t\cdot\tan\theta)(B_0+2t\cdot\tan\theta)}=\frac{6400+480-1.5\times2851.2}{29.87}=87.15\text{ kPa}$$

$$\gamma_m z=\frac{17.8\times1.5+19.5\times1+9.5\times14+9\times3.2}{19.7}\times18.2=10.56\times18.2=192.16\text{ kPa}$$

$f_{az}\geq\sigma_z+\gamma_m z=87.15+192.16=279.3$ kPa

$f_{az}=f_{ak}+\eta_d\gamma_m(d-0.5)$

$f_{ak}=f_{az}-\eta_d\gamma_m(d-0.5)=279.3-1.0\times10.56\times(18.2-0.5)=92.4$ kPa

答案为（B）93 kPa。

4.6.8 桩基沉降计算

（一）一般规定

1. 建筑桩基沉降变形计算值不应大于桩基沉降变形允许值。

2. 桩基沉降变形可用下列指标表示：

1）沉降量； 2）沉降差；

3）整体倾斜：建筑物桩基础倾斜方向两端点的沉降差与其距离之比值；

4）局部倾斜：墙下条形承台沿纵向某一长度范围内桩基础两点的沉降差与其距离之比值。

3. 计算桩基沉降变形时，桩基变形指标应按下列规定选用：

1）由于土层厚度与性质不均匀、荷载差异、体型复杂、相互影响等因素引起的地基沉降变形，对于砌体承重结构应由局部倾斜控制；

2）对于多层或高层建筑和高耸结构应由整体倾斜值控制；

3）当其结构为框架、框架 – 剪力墙、框架 – 核心筒结构时，尚应控制柱（墙）之间的差异沉降。

4. 建筑桩基沉降变形允许值，应按表 4 – 21 规定采用。

表 4 – 21 建筑桩基沉降变形允许值

变 形 特 征		允许值
砌体承重结构基础的局部倾斜		0.002
各类建筑相邻柱（墙）基的沉降差		
1）框架、框架—剪力墙、框架—核心筒结构		$0.002l_0$
2）砌体墙填充的边排柱		$0.0007l_0$
3）当基础不均匀沉降时不产生附加应力的结构		$0.005l_0$
单层排架结构（柱距为 6 m）桩基的沉降量（mm）		120
桥式吊车轨面的倾斜（按不调整轨道考虑）		
纵向		0.004
横向		0.003
多层和高层建筑的整体倾斜	$H_g \leqslant 24$	0.004
	$H_g \leqslant 24$	0.003
	$H_g \leqslant 24$	0.0025
	$H_g \leqslant 24$	0.002
高耸结构桩基的整体倾斜	$H_g \leqslant 20$	0.008
	$20 < H_g \leqslant 50$	0.006
	$50 < H_g \leqslant 100$	0.005
	$100 < H_g \leqslant 150$	0.004
	$150 < H_g \leqslant 200$	0.003
	$200 < H_g \leqslant 250$	0.002

变　形　特　征		允许值
高耸结构基础的沉降量(mm)	$H_g \leqslant 100$	350
	$100 < H_g \leqslant 200$	250
	$200 < H_g \leqslant 250$	150
体型简单的剪力墙结构 高层建筑桩基最大沉降量(mm)	—	200

注：l_0 为相邻柱(墙)二测点间的距离，H_g 为自室外地面标高算起的建筑物高度。

5. 对于表 4–21 中未包括的建筑桩基沉降变形允许值，应根据上部结构对桩基沉降变形的适应能力和使用要求确定。

（二）桩中心距不大于 6 倍桩径的桩基

1. 对于桩中心距不大于 6 倍桩径的桩基，其最终沉降量计算可采用等效作用分层总和法。等效作用面位于桩端平面，等效作用面积为桩承台投影面积，等效作用附加压力近似取承台底平均附加压力。等效作用面以下的应力分布采用各向同性均质直线变形体理论。计算模式如图 4–18 所示，桩基任一点最终沉降量可用角点法按下式计算：

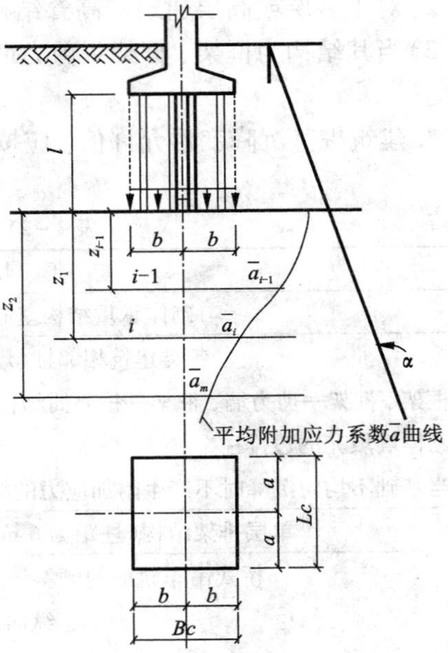

$$s = \psi \cdot \psi_e \cdot s'$$
$$= \psi \cdot \psi_e \cdot \sum_{j=1}^{m} p_{0j} \sum_{i=1}^{n} \frac{z_{ij} \overline{\alpha}_{ij} - z_{(i-1)j} \overline{\alpha}_{(i-1)j}}{E_{si}}$$

$$(4-40a)$$

式中，s——桩基最终沉降量(mm)；

s'——采用布辛奈斯克(Boussinesp)解，按实体深基础分层总和法计算出的桩基沉降量(mm)；

ψ——桩基沉降计算经验系数；

ψ_e——桩基等效沉降系数，可按下列公式简化计算：

$$\psi_e = c_0 + \frac{n_b - 1}{C_1(n_b - 1) + C_2} \qquad (4-40b)$$

其中，C_0，C_1，C_2——根据桩群距径比 s_a/d、长径比 l/d 及基础长宽比 L_c/B_c，按本书末附录二确定；

n_b——矩形布桩时的短边布桩数，当布桩不规则时可按下式近似计算，

$$n_b = \sqrt{n \cdot B_c / L_c} \qquad (4-40c)$$

式中，L_c，B_c，n——矩形承台的长、宽及总桩数。

当布桩不规则时，等效距径比可按下式近似计算：

图 4–18　桩基沉降计算示意图

圆形桩：$s_a/d = \sqrt{A}/(\sqrt{n} \cdot d)$

方形桩：$s_a/d = 0.886 \sqrt{A}/(\sqrt{n} \cdot b)$

其中，A 为桩基承台总面积；b 为方形桩截面边长。

m——角点法计算点对应的矩形荷载分块数；

p_{0j}——第 j 块矩形底面在荷载效应准永久组合下的附加压力（kPa）；

m——桩基沉降计算深度范围内所划分的土层数；

m——等效作用面以下第 i 层土的压缩模量（MPa），采用地基土在自重压力至自重压力加附加压力作用时的压缩模量；

z_{ij}，$z_{(i-1)j}$——桩端平面第 j 块荷载作用面至第 i 层土、第 $i-1$ 层土底面的距离（m）

$\overline{\alpha}_{ij}$，$\overline{\alpha}_{(i-1)j}$——桩端平面第 j 块荷载计算点至第 i 层土、第 $i-1$ 层土底面学仪式范围内平均附加应力系数，可按《桩规》附录 D 选用。

2. 计算矩形桩基中点沉降量时，桩基沉降量可采用下列简化公式：

$$s = \psi \cdot \psi_e \cdot s' = 4\psi \cdot \psi_e \cdot p_0 \sum_{i=1}^{n} \frac{z_i \overline{\alpha}_i - z_{(i-1)} \overline{\alpha}_{(i-1)}}{E_{si}} \qquad (4-41)$$

式中，$\overline{\alpha}_i$，$\overline{\alpha}_{(i-1)}$——平均附加应力系数，根据矩形长宽比 a/b 及深宽比 $\dfrac{z_i}{b} = \dfrac{2z_i}{B_c}$、$\dfrac{z_{i-1}}{b} = \dfrac{2z_{i-1}}{B_c}$ 按规范附录 D 选用；

p_0——在荷载效应准永久组合下承台底的平均附加压力（kPa）；

3. 桩基沉降计算深度 z_n 应按应力比法确定，即计算深度处的附加应力 σ_z 与土的自重应力 σ_c 应符合下列公式要求：

$$\sigma_z \leqslant 0.2\sigma_c \qquad (4-42a)$$

$$\sigma_z = \sum_{j=1}^{m} \alpha_j p_{0j} \qquad (4-42b)$$

式中，α_j——附加应力系数，可根据角点法划分的矩形长宽比及深宽比按规范附录 D 选用。

4. 当无可靠经验时，桩基沉降计算经验系数 ψ 可按表 4-22 选用。对于采用后注浆施工工艺的灌注桩，桩基沉降计算经验系数应根据桩端持力土层类别，乘以 0.7（砂、砾、卵石）~0.8（黏性土、粉土）折减系数；饱和土中采用预制桩（不含复打、复压、引孔沉桩）时，应根据桩距、土质、沉桩速率和顺序等因素，乘以 1.3~1.8 挤土效应系数，土的渗透性低，桩距小，桩数多，沉桩速率快时取大值。

表 4-22 桩基沉降计算经验系数 ψ

$\overline{E}_s$（MPa）	$\leqslant 10$	15	20	35	$\geqslant 50$
ψ	1.2	0.9	0.65	0.50	0.40

注：①$\overline{E}_s$ 为沉降计算深度范围内压缩模量的当量值，可按下式计算：$\overline{E}_s = \sum A_i / \sum \dfrac{A_i}{E_{si}}$，式中 A_i 为第 i 层土附加压力系数沿土层厚度的积分值，可近似按分块面积计算；

②ψ 可根据 $\overline{E}_s$ 内插取值。

5. 计算桩基沉降时，应考虑相邻基础的影响，采用叠加原理计算；桩基等效沉降系数可按独立基础计算。

6. 当桩基形状不规则时，可采用等代矩形面积计算桩基等效沉降系数，等效矩形的长宽比可根据承台实际尺寸和形状确定。

桩距小于和等于6倍桩径的群桩基础，在工作荷载下的沉降计算方法，目前有两大类。一类是按实体深基础计算模型，采用弹性半空间表面荷载下 Boussinesq 应力解计算附加应力，用分层总和法计算沉降；另一类是以半无限弹性体内部集中力作用下的 Mindlin 解为基础计算沉降。后者主要分为两种，一种是 Poulos 提出的相互作用因子法；第二种是 Geddes 对 Mindlin 公式积分而导出集中力作用于弹性半空间内部的应力解，按叠加原理，求得群桩桩端平面下各单桩附加应力和，按分层总和法计算群桩沉降。

上述方法存在如下缺陷：①实体深基础法，其附加应力按 Boussinesq 解计算与实际不符（计算应力偏大），且实体深基础模型不能反映桩的长径比、距径比等的影响；②相互作用因子法不能反映压缩层范围内土的成层性；③Gedd-es 应力叠加—分层总和法对于大桩群不能手算，且要求假定侧阻力分布，并给出桩端荷载分担比。针对以上问题，《桩规》给出等效作用分层总和法。

1) 运用弹性半无限体内作用力的 Mindlin 位移解，基于桩、土位移协调条件，略去桩身弹性压缩，给出匀质土中不同距径比、长径比、桩数、基础长宽比条件下刚性承台群桩的沉降数值解 w_M。

2) 运用弹性半无限体表面均布荷载下的 Boussinesq 解，不计实体深基础侧阻力和应力扩散，求得实体深基础的沉降 w_B。

3) 两种沉降解之比：相同基础平面尺寸条件下，对于按不同几何参数刚性承台群桩 Mindlin 位移解沉降计算值 w_M 与不考虑群桩侧面剪应力和应力不扩散实体深基础 Boussinesq 解沉降计算值 w_B 二者之比为等效沉降系数 ψ_e。按实体深基础 Boussinesq 解分层总和法计算沉降 w_B，乘以等效沉降系数 ψ_e，实质上纳入了按 Mindlin 位移解计算桩基础沉降时，附加应力及桩群几何参数的影响，称此为等效作用分层总和法。

【例题 4 - 23】 （注岩 2002D4）某建筑物，采用柱下桩基础，采用 9 根钢筋混凝土预制桩，桩截面边长 0.4 m，桩长 $l=22$ m，承台埋深 2 m。假定在荷载效应准永久组合作用下，传至承台底面的附加压力为 400 kPa，压缩层厚度为 9.6 m，桩基沉降计算经验系数 $\psi=1.5$，问桩基的沉降量最接近下列哪个选项的数值？

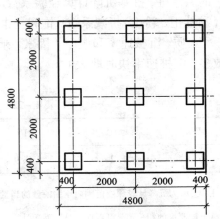

（A）35 mm

（B）40 mm

（C）50 mm

（D）60 mm

层序	土层名称	层底深度（m）	层厚（m）	天然重度（kN/m³）	压缩模量（MPa）	q_{sik}（kPa）
①	填土	1.2	1.2	18.0		
②	粉质黏土	2.0	0.8	18.0		
③	淤泥质土	12.0	10.0	17.0		28
④－1	黏土	22.7	10.7	18.0	4.5	55
④－2	粉砂	28.8	6.1	19.0	15.0	100
④－3	粉质黏土	35.3	6.5	18.5	6.0	
⑤－2	粉砂	40.0	4.7	20.0	30.0	

注：地下水位离地表0.5 m。

【解】 $p_0 = 400$ kPa

沉降计算表

z_i（m）	a/b	z/b	$\overline{\alpha_i}$	$z_i\overline{\alpha_i}$	$z_i\overline{\alpha_i} - z_{i-1}\overline{\alpha_{i-1}}$	E_s（MPa）	$\Delta s'_i$（mm）	$\sum \Delta s'_i$（mm）
0	1.0	0	0.25×4	0				
4.8	1.0	2.0	0.1746×4	3.3523	3.3523	15.0	89.4	89.4
9.6	1.0	4.0	0.1114×4	4.2778	0.9255	6.0	61.7	151.1

$s_a/d = 2.0/0.4 = 5$；$l/d = 22/0.4 = 55$；$L_c/B_c = 4.8/4.8 = 1$

查本书末附录二，$C_0 = 0.034$，$C_1 = 1.606$，$C_2 = 8.613$

$$\psi_e = C_0 + \frac{n_b - 1}{C_1(n_b - 1) + C_2} = 0.034 + \frac{3-1}{1.606 \times (3-1) + 8.613} = 0.203$$

$$\overline{E_s} = \sum A_i / \sum \frac{A_i}{E_{si}} = \frac{3.3523 + 0.9255}{\dfrac{3.3523}{15} + \dfrac{0.9255}{6}} = 11.3 \text{ MPa}$$

查表4.6－3，$\psi = 1.2 - \dfrac{11.3 - 10}{15 - 10} \times (1.2 - 0.9) = 1.122$

$s = \psi \cdot \psi_e \cdot s' = 1.122 \times 0.203 \times 151.1 = 34.4$ mm

答案为（A）35 mm。

（三）单桩、单排桩、疏桩基础

1. 对于单桩、单排桩、桩中心距大于6倍桩径的疏桩基础的沉降计算应符合下列规定：

1）承台底地基土不分担荷载的桩基。桩端平面以下地基中由基桩引起的附加应力，按考虑桩径影响的明德林（Mindlin）解附录 F 计算确定。将沉降计算点水平面影响范围内各基桩对应力计算点产生的附加应力叠加，采用单向压缩分层总和法计算土层的沉降，并计入桩身压缩 s_e。桩基的最终沉降量可按下列公式计算：

$$s = \psi \sum_{i=1}^{n} \frac{\sigma_{zi}}{E_{si}} \cdot \Delta z_i + s_e \qquad (4-43a)$$

$$\sigma_{zi} = \sum_{j=1}^{m} \frac{Q_j}{l_j^2} [\alpha_j I_{p,ij} + (1-\alpha_j) I_{s,ij}] \qquad (4-43b)$$

$$s_e = \xi_e \frac{Q_j l_j}{E_c A_{ps}} \qquad (4-43c)$$

2）承台底地基土分担荷载的复合桩基。将承台底土压力对地基中某点产生的附加应力按布辛奈斯克解（附录 D）计算，与基桩产生的附加应力叠加，采用与本条第 1 款相同方法计算沉降。其最终沉降量可按下列公式计算：

$$s = \psi \sum_{i=1}^{n} \frac{\sigma_{zi} + \sigma_{zci}}{E_{si}} \cdot \Delta z_i + s_e \qquad (4-43d)$$

$$\sigma_{zci} = \sum_{k=1}^{u} \alpha_{ki} \cdot p_{c,k} \qquad (4-43e)$$

式中，m——以沉降计算点为圆心，0.6 倍桩长为半径的水平面影响范围内的基桩数；

n——沉降计算深度范围内土层的计算分层数，分层数应结合土层性质，分层厚度不应超过计算深度的 0.3 倍；

σ_{zi}——水平面影响范围内各基桩对应力计算点桩端平面以下第 i 层土 1/2 厚度处产生的附加竖向应力之和（kPa），应力计算点应取与沉降计算点最近的桩中心点；

σ_{zci}——承台压力对应力计算点桩端平面以下第 i 计算土层 1/2 厚度处产生的应力（kPa），可将承台板划分为 u 个矩形块，可按本规范附录 D 采用角点法计算；

Δz_i——第 i 计算土层厚度（m）；

E_{si}——第 i 计算土层的压缩模量（MPa），采用土的自重压力至土的自重压力加附加压力作用时的压缩模量；

Q_j——第 j 桩在荷载效应准永久组合作用下，桩顶的附加荷载（kN），当地下室埋深超过 5 m 时，取荷载效应准永久组合作用下的总荷载为考虑回弹再压缩的等代附加荷载；

l_j——第 j 桩桩长（m）；

A_{ps}——桩身截面面积（m^2）；

α_j——第 j 桩总桩端阻力与桩顶荷载之比，近似取极限总端阻力与单桩极限承载力之比；

$I_{p,ij}$，$I_{s,ij}$——第 j 桩桩端阻力和桩侧阻力对计算轴线第 i 计算土层 1/2 厚度处的应力影响系数，可按规范附录 F 确定；

E_c——桩身混凝土的弹性模量（MPa）；

s_e——计算桩身压缩（mm）；

$p_{c,k}$——第 k 块承台底均布压力（kPa），可按 $p_{c,k} = \eta_{c,k} \cdot f_{ak}$ 取值，其中 $\eta_{c,k}$ 为第 k 块承台底板的承台效应系数，按表 4-12 确定；f_{ak} 为承台底地基承载力特征值（kPa）；

α_{ki}——第 k 块承台底角点处，桩端平面以下第 i 计算土层 1/2 厚度处的附加应力系数，可按规范附录 D 确定；

ξ_e——桩身压缩系数。端承型桩，取 $\xi_e = 1.0$；摩擦型桩，当 $l/d \leqslant 30$ 时，取 $\xi_e = 2/3$；当 $l/d \geqslant 50$ 时，取 $\xi_e = 1/2$；介于两者之间可线性插值；

ψ——沉降计算经验系数，无当地经验时，可取 1.0。

3) 对于单桩、单排桩、疏桩复合桩基础的最终沉降计算深度 z_n，可按应力比法确定，即 z_n 处由桩引起的附加应力 σ_z、由承台土压力引起的附加应力 σ_{zc} 与土的自重应力 σ_c 应符合下式要求：

$$\sigma_z + \sigma_{zc} = 0.2\sigma_c \tag{4-44}$$

关于单桩、单排桩、疏桩（桩距大于 $6d$）基础最终沉降量计算：

工程实际中，采用一柱一桩或一柱两桩、单排桩、桩距大于 $6d$ 的疏桩基础并非罕见。如：按变刚度调平设计的框架－核心筒结构工程中，刚度相对弱化的外围桩基，柱下布 1~3 桩者居多；剪力墙结构，常采取墙下布桩（单排桩）；框架和排架结构建筑桩基按一柱一桩或一柱二桩布置也不少。有的设计考虑承台分担荷载，即设计为复合桩基，此时承台多数为平板式或梁板式筏形承台；另一种情况是仅在柱、墙下单独设置承台，或即使设计为满堂筏形承台，由于承台底土层为软土、欠固结土、可液化、湿陷性土等原因，承台不分担荷载，或因使用要求，变形控制严格，只能考虑桩的承载作用。首先，就桩数、桩距等而言，这类桩基不能应用等效作用分层总和法，需要另行给出沉降计算方法。其次，对于复合桩基和普通桩基的计算模式应予区分。

单桩、单排桩、疏桩复合桩基沉降计算模式是基于新推导的 Mindlin 解计入桩径影响公式计算桩的附加应力，以 Boussinesq 解计算承台底压力引起的附加应力，将二者叠加按分层总和法计算沉降，计算式为（4-43）。

沉降计算点为底层柱、墙中心点，应力计算点取与沉降计算点最近的桩中心点，见附图 4.6-1。当沉降计算点与应力计算点不重合时，二者的沉降并不相等，但由于承台刚度的作用，在工程实践的意义上，近似取二者相同。本规范中，应力计算点的沉降包含桩端以下土层的压缩和桩身压缩，桩端以下土层的压缩应按桩端以下轴线处的附加应力计算（桩身以外土中附加应力远小于轴线处）。

承台底压力引起的沉降实际上包含两部分，一部分为回弹再压缩变形，另一部分为超出土自重部分的附加压力引起的变形。对于前者的计算较为复杂，一是回弹再压缩量对于整个基础而言分布是不均的，坑中央最大，基坑边缘最小；二是再压缩层深度及其分布难以确定。若将此二部分压缩变形分别计算，目前尚难解决。故计算时近似将全部承台底压力等效为附加压力计算沉降。

这里应着重说明三点：一是考虑单排桩、疏桩基础在基坑开挖（软土地区往往是先成桩后开挖；非软土地区，则是开挖一定深度后再成桩）时，桩对土体的回弹约束效应小，故应将回弹再压缩计入沉降量；二是当基坑深度小于 5 m 时，回弹量很小，可忽略不计。三是中、小桩距桩基的桩对于土体回弹的约束效应导致回弹量减小，故其回弹再压缩可予忽略。

计算复合桩基沉降时，假定承台底附加压力为均布，$p_c = \eta_c \cdot f_{ak}$，$\eta_c$ 按 $s_a > 6d$ 取值，f_{ak} 为地基承载力特征值，对全承台分块按式（4-43e）计算桩端平面以下土层的应力 σ_{zci}，与基桩产生的应力 σ_{zi} 叠加，按式（4-43d）计算最终沉降量。若核心筒桩群在计算点 0.6 倍桩长范围以内，应考虑其影响。

单桩、单排桩、疏桩常规桩基，取承台压力 $p_c = 0$，即按式（4-43a）进行沉降计算。

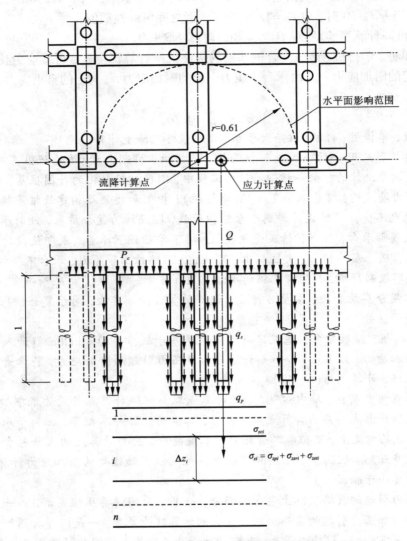

附图 4.6 - 1　单桩、单排桩、疏桩基础沉降计算示意图

这里应着重说明上述计算式有关的五个问题：

1）单桩、单排桩、疏桩桩基沉降计算深度相对于常规群桩要小得多，而由 Mindlin 解导出得 Geddes 应力计算式模型是作用于桩轴线的集中力，因而其桩端平面以下一定范围内应力集中现象极明显，与一定直径桩的实际性状相差甚大，远远超出土的强度，用于计算压缩层厚度很小的桩基沉降显然不妥。Geddes 应力系数与考虑桩径的 Mindlin 应力系数相比，其差异变化的特点是：愈近桩端差异愈大，桩端下 $l/10$ 处二者趋向接近；桩的长径比愈小差异愈大，如 $l/d = 10$ 时，桩端以下 $0.008l$ 处，Geddes 解端阻产生的竖向应力为考虑桩径的 44 倍，侧阻（按均布）产生的竖向应力为考虑桩径的 8 倍。而单桩、单排桩、疏桩的桩端以下压缩层又较小，由此带来的误差过大。故对 Mindlin 应力解考虑桩径因素求解。为便于使用，求得

基桩长径比 $l/d = 10$，15，20，25，30，$40 \sim 100$ 的应力系数 I_p、I_{sr}、I_{st} 列于《桩规》附录 F。

2）关于土的泊松比 ν 的取值。土的泊松比 $\nu = 0.25 \sim 0.42$；鉴于对计算结果不敏感，故统一取 $\nu = 0.35$ 计算应力系数。

3）关于相邻基桩的水平面影响范围。对于相邻基桩荷载对计算点竖向应力的影响，以水平距离 $\rho = 0.6l$（l 为计算点桩长）范围内的桩为限，即取最大 $n = \rho/l = 0.6$。

4）沉降计算经验系数 ψ。若无当地经验，取 $\psi = 1.0$。

5）关于桩身压缩。由单桩、单排桩实测与计算沉降比较可见，桩身压缩比 s_e/s 随桩的长径比 l/d 增大和桩端持力层刚度增大而增加。如 CCTV，新台址桩基长径比 $l/d = 43$，28，桩端持力层为卵砾、中粗砂层，$E_s \geqslant 100$ MPa，桩身压缩分别为 22 mm，$s_e/s = 88\%$；14.4 mm，$s_e/s = 59\%$。因此，本规范第 5.5.14 条规定应计入桩身压缩。这是基于单桩、单排桩总沉降量较小，桩身压缩比例超过 50%，若忽略桩身压缩，则引起的误差过大。

6）桩身弹性压缩的计算。基于桩身材料的弹性假定及桩侧阻力呈矩形、三角形分布，由下式可简化计算桩身弹性压缩量：

$$s_e = \frac{1}{AE_p} \int_0^l \left[Q_0 - \pi d \int_0^z q_s(z) \mathrm{d}z \right] \mathrm{d}z = \xi_e \frac{Q_0 l}{AE_p}$$

对于端承型桩，$\xi_e = 1.0$；对于摩擦型桩，随桩侧阻力份额增加和桩长增加，ξ_e 减小；$\xi_e = 1/2 \sim 2/3$。

关于单桩、单排桩、疏桩复合桩基沉降计算方法的可靠性问题。从单桩、单排桩静载试验实测与计算比较来看，还是具有较大可靠性。采用考虑桩径因素的 Mindlin 解进行单桩应力计算，较之 Geddes 集中应力公式应该说是前进了一大步。其缺陷与其他手算方法一样，不能考虑承台整体和上部结构刚度调整沉降的作用。因此，这种手算方法主要用于初步设计阶段，最终应采用共同作用有限元方法进行分析。

【例题 4 – 23】（注岩 2009C11）钻孔灌注桩单桩基础，桩径 $d = 0.5$ m，桩长 $l = 40$ m，桩端持力层为圆砾，在荷载效应准永久组合下，作用在桩顶的附加荷载 $Q_j = 1000$ kN，桩身混凝土弹性模量 $E_c = 3.6 \times 10^4 \text{N/mm}^2$。经单桩静载荷试验，单桩承载力标准值 $Q_{uk} = 2240$ kN，端阻力标准值 $Q_{pk} = 600$ kN。按《建筑桩基技术规范》（JGJ94—2008）计算，桩身压缩变形量最接近下列哪个选项？

（A）3.0 mm　　（B）3.5 mm　　（C）4.0 mm　　（D）4.5 mm

【解】 $Q_{sk} = Q_{uk} - Q_{pk} = 2240 - 600 = 1640$ kN $> Q_{pk} = 600$ kN，为摩擦型桩。当 $l/d \leqslant 30$ 时，取 $\xi_e = 2/3$；当 $l/d \geqslant 50$ 时，取 $\xi_e = 1/2$；介于两者之间可线性插值；$l/d = 40/0.5 = 80 > 50$，$\xi_e = \dfrac{1}{2}$。

桩身压缩量 s_e：

$$s_e = \xi_e \frac{Q_j l_j}{E_c A_{ps}} = \frac{1}{2} \times \frac{1000 \times 40}{3.6 \times 10^4 \times \pi \times 0.25^2} = 2.83 \text{ mm}$$

答案为（A）3.0 mm

（四）软土地基减沉复合疏桩基础

1. 当软土地基上多层建筑，地基承载力基本满足要求（以底层平面面积计算）时，可设置穿过软土层进入相对较好土层的疏布摩擦型桩，由桩和桩间土共同分担荷载。这种减沉复合

疏桩基础,可按下列公式确定承台面积和桩数:

$$A_c = \xi \frac{F_k + G_k}{f_{ak}} \tag{4-45a}$$

$$n \geqslant \frac{F_k + G_k - \eta_c f_{ak} A_c}{R_a} \tag{4-45b}$$

式中, A_c——桩基承台总净面积(m^2);

  n——基桩数;

  f_{ak}——承台底地基承载力特征值(kPa);

  ξ——承台面积控制系数, $\xi \geqslant 0.60$;

  η_c——桩基承台效应系数,按表4-12确定。

  软土地基减沉复合疏桩基础的设计应遵循两个原则,一是桩和桩间土在受荷变形过程中始终确保两者共同分担荷载,因此单桩承载力宜控制在较小范围,桩的横截面尺寸一般宜选择 $\phi 200 \sim \phi 400$(或 $200 \times 200 \sim 300 \times 300$),桩应穿越上部软土层,桩端支承于相对较硬土层;二是桩距 $s_a > (5 \sim 6)d$,以确保桩间土的荷载分担比足够大。

  减沉复合疏桩基础承台型式可采用两种,一种是筏式承台,多用于承载力小于荷载要求和建筑物对差异沉降控制较严或带有地下室的情况;另一种是条形承台,但承台面积系数(与首层面积相比)较大,多用于无地下室的多层住宅。

  桩数除满足承载力要求外,尚应经沉降计算最终确定。

2. 减沉复合疏桩基础中心沉降可按下列公式计算:

$$s = \psi(s_s + s_{sp}) \tag{4-46a}$$

$$s_s = 4p_0 \sum_{i=1}^{m} \frac{z_i \overline{\alpha_i} - z_{i-1} \overline{\alpha_{i-1}}}{E_{si}} \tag{4-46b}$$

$$s_{sp} = 280 \frac{\overline{q_{su}}}{\overline{E_s}} \cdot \frac{d}{(s_a/d)^2} \tag{4-46c}$$

$$p_0 = \eta_p \frac{F - nR_a}{A_c} \tag{4-46d}$$

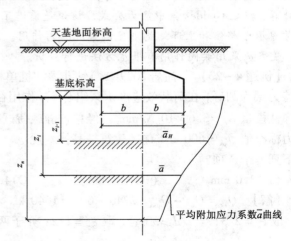

图4-19 复合疏桩基础沉降计算示意图

式中, s——桩基中心点沉降量(mm);

  s_s——由承台底地基土附加压力作用下产生的中点沉降量(mm),见图4-19;

  s_{sp}——由桩土相互作用产生的沉降(mm);

  p_0——按荷载效应准永久组合计算的假想天然地基平均附加压力(kPa);

  E_{si}——承台底以下第 i 计算土层的压缩模量(MPa),应取自重压力至土的自重压力加附加压力段的模量值;

  m——地基沉降计算深度范围内的土层数;沉降计算深度按 $\sigma_z = 0.1\sigma_c$ 确定, σ_z 可按《桩规》第5.5.8条确定,即: $\sigma_z = \sum_{j=1}^{m} \alpha_j p_{0j}$

d——桩身直径（m），当为方形桩时，$d=1.27b$（b 为方形桩截面边长）；

$\overline{q_{su}}$，$\overline{E_s}$——桩身范围内按厚度加权的平均桩侧极限摩阻力（kPa）、平均压缩模量（MPa）；

s_a/d——等效距径比，按《桩规》第 5.5.10 条执行；

z_i，z_{i-1}——承台底至第 i 层、第 $i-1$ 层土底面的距离（m）；

$\overline{\alpha_i}$，$\overline{\alpha_{i-1}}$——承台底至第 i 层、第 $i-1$ 层土层底范围内的角点平均附加应力系数，根据承台等效面积的计算分块矩形长宽比 a/b 及深宽比 $z_i/b=2z_i/B_c$，由《桩规》附录 D 确定；其中承台等效宽度 $B_c=B\sqrt{A_c}/L$，B、L 为建筑物基础外缘平面的宽度和长度；

F——荷载效应准永久组合下，作用于承台底的总附加荷载（kN）；

η_p——基桩刺入变形影响系数；按桩端持力层土质决定，砂土取 1.0，粉土取 1.15，黏性土取 1.30；

ψ——沉降计算经验系数，无当地经验时，可取 1.0。

对于复合疏桩基础而言，与常规桩基相比其沉降性状有两个特点。一是桩的沉降发生塑性刺入的可能性大，在受荷变形过程中桩、土分担荷载比随土体固结而使其在一定范围变动，随固结变形逐渐完成而趋于稳定。二是桩间土体的压缩固结受承台压力作用为主，受桩、土相互作用影响居次。由于承台底面桩、土的沉降是相等的，桩基的沉降既可通过计算桩的沉降，也可通过计算桩间土沉降实现。桩的沉降包含桩端平面以下土的压缩和塑性刺入（忽略桩的弹性压缩），同时应考虑承台土反力对桩沉降的影响。桩间土的沉降包含承台底土的压缩和桩对土的影响。为了回避桩端塑性刺入这一难以计算的问题，我们采取计算桩间土沉降的方法。

基础平面中点最终沉降计算式为：$s=\psi(s_s+s_{sp})$。

1）承台底地基土附加应力作用下的压缩变形沉降 s_s。按 Bouissinesq 解计算土中的附加应力，按单向压缩分层总和法计算沉降，与常规浅基沉降计算模式相同。

关于承台底附加压力 p_0，考虑到桩的刺入变形导致承台分担荷载量增大，故计算 p_0 时乘以刺入变形影响系数 η_p，按桩端持力层土质决定，砂土取 1.0，粉土取 1.15，黏性土取 1.30。

2）关于桩对土影响的沉降增加值 s_{sp}。减沉桩桩端阻力比例较小，端阻力对承台底地基土位移的影响也较小，予以忽略。桩侧阻力引起桩周土的沉降，按桩侧剪切位移传递法计算，桩侧土离桩中心 r 处任一点的竖向位移为：

$$w_r=\frac{\tau_0 r_0}{G_s}\int_r^{r_m}\frac{dr}{r}=\frac{\tau_0 r_0}{G_s}\ln\frac{r_m}{r}$$

式中，τ_0 为桩侧阻力平均值；r_0 为桩半径；G_s 为土的剪切模量，$G_s=E_0/2(1+\nu)$，ν 为泊松比，软土取 $\nu=0.4$；E_0 为土的变形模量，其理论关系式为：$E_0=\left[1-\dfrac{2\nu^2}{1-\nu}\right]E_s\approx0.5E_s$，$E_s$ 为土的压缩模量；r_m 为桩桩侧土剪切位移最大半径，软土地区取 $r_m=8d$。将上式积分，可求得任一基桩桩周碟形位移体积，为：

$$V_{sp}=\int_0^{2\pi}\int_{r_0}^{r_m}\frac{\tau_0 r_0}{G_s}r\ln\frac{r_m}{r}dr d\theta=\frac{2\pi\tau_0 r_0}{G_s}\left(\frac{r_0^2}{2}\ln\frac{r_0}{r_m}+\frac{r_m^2}{4}-\frac{r_0^2}{4}\right)$$

桩对土的影响值 s_{sp} 为单一基桩桩周位移体积除以碟形沉降面积 $\pi(r_m^2-r_0^2)$；另考虑桩距

较小时剪切位移的重叠效应，当桩侧土剪切位移最大半径 r_m 大于平均桩距 $\bar{s_a}$ 时，引入近似重叠系数 $\pi\left(r_m/\bar{s_a}\right)^2$，则

$$s_{sp} = \frac{V_{sp}}{\pi(r_m^2 - r_0^2)} \cdot \pi\left(\frac{r_m}{\bar{s_a}}\right)^2 = \frac{\dfrac{8(1+\nu)\pi\tau_0 r_0}{E_s}\left(\dfrac{r_0^2}{2}\ln\dfrac{r_0}{r_m} + \dfrac{r_m^2}{4} - \dfrac{r_0^2}{4}\right)}{\pi(r_m^2 - r_0^2)} \cdot \pi\left(\frac{r_m}{\bar{s_a}}\right)^2$$

$$= \frac{(1+\nu)8\pi\tau_0}{4E_s} \cdot \frac{1}{(s_a/d)^2} \cdot \frac{r_m^2\left(\dfrac{r_0^2}{2}\ln\dfrac{r_0}{r_m} + \dfrac{r_m^2}{4} - \dfrac{r_0^2}{4}\right)}{(r_m^2 - r_0^2)r_0}$$

因 $r_m = 8d \gg r_0$，且 $\tau_0 = q_{su}$，$\nu = 0.4$，上式可简化为：

$$s_{sp} = 280\,\frac{\overline{q_{su}}}{\overline{E_s}} \cdot \frac{d}{(s_a/d)^2}$$

一般情况下，$\overline{q_{su}} = 30$ kPa，$\overline{E_s} = 2$ MPa，$s_a/d = 6$，$d = 0.4$ m。代入上式，可求得 $s_{sp} = 280 \times \dfrac{30}{2} \times \dfrac{0.4}{6^2} = 47$ mm。

【例题 4 - 25】 某多层住宅框架结构，采用独立基础，作用效应准永久组合下作用于承台底的总附加荷载 $F = 288$ kN，作用效应标准组合下作用于承台顶面的荷载 $F_k = 320$ kN，基础埋深 1.2 m，方形承台，边长为 2 m，土层分布如图。为减少基础沉降，基础下疏布 4 根摩擦桩，桩径 $d = 0.2$ m，桩长 $l = 9$ m，C20 混凝土，单桩承载力特征值 $R_a = 60$ kN。地下水位在地面下 0.5 m，试设计该基础，并比较不设疏桩和设疏桩基础中点的沉降量。

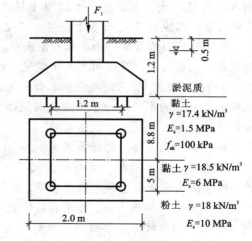

【解】 1. 确定承台面积和桩数
取承台面积控制系数 $\xi = 0.60$，

$$A_c = \xi\frac{F_k + G_k}{f_{ak}} = 0.6 \times \frac{320 + 2 \times 2 \times 1.2 \times 20}{100} = 2.5 \text{ m}^2$$

取 $A_c = 2.0 \text{ m} \times 2.0 \text{ m} = 4 \text{ m}^2$
取桩间距 $s_a = 1.2$ m，$B_c/l = 2/9 = 0.22 < 0.4$，$s_a/d = 1.2/0.2 = 6$
查表 4.4 - 6，$\eta_c = 0.35$

$$n \geqslant \frac{F_k + G_k - \eta_c f_{ak} A_c}{R_a} = \frac{320 + 96 - 0.35 \times 100 \times 4}{60} = 4.6，取 n = 4$$

2. 不设疏桩，基础中心点的沉降计算

$$p_0 = \frac{F}{A} - \gamma d = \frac{288}{4} - \frac{17.4 \times 0.5 + 7.4 \times 0.7}{1.2} \times 1.2 = 58.1 \text{ kPa}$$

（1）确定沉降计算深度 z_n

根据《建筑地基基础设计规范》（GB50007—2011）表 5.3.6，$b \leqslant 2$ m，$\Delta z = 0.3$ m，由计算深度 18.0 m 往上取 0.3 m，17.7 m ～ 18.0 m 范围内沉降为 0.001 mm < $0.025 \times 79.47 = 1.987$

mm，满足要求，故沉降计算深度取 $z_n = 18.0$ m。

（2）确定沉降计算经验系数 ψ_s

计算深度 $z_n = 18.0$ m 范围内压缩模量的当量值 $\overline{E_s}$ 为：

$$\overline{E_s} = \frac{\sum A_i}{\sum \dfrac{A_i}{E_{si}}} = \frac{2.1384}{\left(\dfrac{2.0275}{1.5} + \dfrac{0.0811}{6.0} + \dfrac{0.0298}{10.0}\right)} = 1.56 \text{ MPa}$$

$p_0 = 58.1$ kPa $< f_{ak} = 100$ kPa，查表 4.6-3：$\psi_s = 1.1$

地基最终沉降量 $s = \psi_s \cdot s' = 1.1 \times 79.47 = 87.42$ mm

沉降计算表

z_i (m)	l/b	z/b	$\overline{\alpha_i}$	$z_i\overline{\alpha_i}$	$z_i\overline{\alpha_i} - z_{i-1}\overline{\alpha_{i-1}}$	E_s (MPa)	$\Delta s'_i$ (mm)	$\sum \Delta s'_i$ (mm)
0	1.0	0	0.25×4	0				
8.8	1.0	8.8	0.0576×4	2.0275	2.0275	1.5	78.53	78.53
13.8	1.0	13.8	0.0382×4	2.1086	0.0811	6.0	0.785	79.32
17.7	1.0	17.7	0.0302×4	2.1382	0.0269	10.0	0.156	79.47
18.0	1.0	18.0	0.0297×4	2.1384	0.0002	10.0	0.001	79.47

3. 设置疏桩，基础中心点的沉降计算

$$s = \psi(s_s + s_{sp})$$

$$s_s = 4p_0 \sum_{i=1}^{m} \frac{z_i\overline{\alpha_i} - z_{(i-1)}\overline{\alpha_{(i-1)}}}{E_{si}}$$

$$s_{sp} = 280 \frac{\overline{q_{su}}}{\overline{E_s}} \cdot \frac{d}{(s_a/d)^2}$$

$$p_0 = \eta_p \frac{F - nR_a}{A_c}$$

（1）由桩土相互作用产生的沉降 s_{sp}：

设 $\overline{q_{su}} = 30$ kPa，$\overline{E_s} = \dfrac{1.5\times8.8 + 6.0\times0.2}{9} = 1.6$ MPa

$$s_{sp} = 280 \frac{\overline{q_{su}}}{\overline{E_s}} \cdot \frac{d}{(s_a/d)^2} = 280 \times \frac{30}{1.6} \times \frac{0.2}{(1.2/0.2)^2} = 29.17 \text{ mm}$$

（2）由承台底地基土附加压力作用下产生的中点沉降量 s_s：

$\eta_p = 1.30$（桩端持力层为黏性土），$\psi = 1.0$

$A_c = 2.0\times2.0 - 4\times\pi\times0.1^2 = 3.87$ m²

$$p_0 = \eta_p \frac{F - nR_a}{A_c} = 1.30 \times \frac{288 - 4\times60}{3.87} = 16.1 \text{ kPa}$$

$$B_c = B\sqrt{A_c}/L = 2 \times \sqrt{3.87}/2 = 1.97 \text{ m}$$

计算深度取 $z_n = 8.8$ m

$a/b = 1.0$，$2z/B_c = 2 \times 8.8/1.97 = 8.93$

查表 D.0.1-1，$\alpha = 0.006$，$\sigma_z = \sum\limits_{j=1}^{m} \alpha_j p_{0j} = 4 \times 0.006 \times 16.1 = 0.39$ kPa

$0.1\sigma_c = 0.1 \times (17.4 \times 0.5 + 7.4 \times 9.5) = 0.79$ kPa

$\sigma_z \leqslant 0.1\sigma_c$，计算深度取 $z_n = 8.8$ m 满足要求

查表 D.0.1-2，$\bar{\alpha} = 0.0576 - \dfrac{8.93 - 8.8}{9.2 - 8.8} \times (0.0576 - 0.0554) = 0.0569$

$$s_s = 4p_0 \sum_{i=1}^{m} \frac{z_i \bar{\alpha}_i - z_{(i-1)} \bar{\alpha}_{(i-1)}}{E_{si}} = 4 \times 16.1 \times \frac{8.8 \times 0.0569 - 0}{1.5} = 21.49 \text{ mm}$$

$s = \psi(s_s + s_{sp}) = 1.0 \times (21.49 + 29.17) = 50.66$ mm

（3）条形承台减沉复合疏桩基础沉降计算

无地下室多层住宅多数将承台设计为墙下条形承台板，条基之间净距较小，若按实际平面计算相邻影响十分繁锁，为此，宜将其简化为等效平板式承台，按角点法分块计算基础中点沉降。

4.6.9　桩身承载力与裂缝控制验算

桩身应进行承载力和裂缝控制计算。计算时应考虑桩身材料强度、成桩工艺、吊运与沉桩、约束条件、环境类别诸因素，除按本节有关规定执行外，尚应符合现行国家标准《混凝土结构设计规范》（GB 50010），《钢结构设计规范》（GB 50017）和《建筑抗震设计规范》（GB 50011）的有关规定。

（一）受压桩

1. 钢筋混凝土轴心受压桩正截面受压承载力应符合下列规定：

1）当桩顶以下 $5d$ 范围的桩身螺旋式箍筋间距不大于 100 mm，且符合灌注桩的构造要求时：

$$N \leqslant \psi_c f_c A_{ps} + 0.9 f_y' A_s' \tag{4-47a}$$

2）当桩身配筋不符合上述 1 款规定时：

$$N \leqslant \psi_c f_c A_{ps} \tag{4-47b}$$

式中，N——荷载效应基本组合下的桩顶轴向压力设计值（kN）；

　　ψ_c——基桩成桩工艺系数：干作业非挤土灌注桩 $\psi_c = 0.9$；泥浆护壁和套管护壁非挤土灌注桩、部分挤土灌注桩、挤土灌注桩 $\psi_c = 0.7 \sim 0.8$；软土地区挤土灌注桩 $\psi_c = 0.6$；混凝土预制桩、预应力混凝土空心桩 $\psi_c = 0.85$。

　　f_c——混凝土轴心抗压强度设计值（N/mm²）；

　　f_y'——纵向主筋抗压强度设计值（N/mm²）；

　　A_s'——纵向主筋截面面积（mm²）。

2. 计算轴心受压混凝土桩正截面受压承载力时，一般取稳定系数 $\varphi = 1.0$。对于高承台基桩、桩身穿越可液化土或不排水抗剪强度小于 10 kPa（地基承载力特征值小于 25 kPa）的软

弱土层的基桩，应考虑压屈影响，可按式(4-47)、(4-48)计算所得桩身正截面受压承载力乘以 φ 折减。其稳定系数 φ 可根据桩身压屈计算长度 l_c 和桩的设计直径 d(或矩形桩短边尺寸 b)确定。桩身压屈计算长度可根据桩顶的约束情况、桩身露出地面的自由长度 l_0、桩的入土长度 h、桩侧和桩底的土质条件应按表4-23确定。桩的稳定系数 φ 可按表4-24确定。

钢筋混凝土轴向受压桩正截面受压承载力计算，涉及以下三方面因素。

1)纵向主筋的作用。轴向受压桩的承载性状与上部结构柱相近，较柱的受力条件更为有利的是桩周受土的约束，侧阻力使轴向荷载随深度递减，因此，桩身受压承载力由桩顶下一定区段控制。纵向主筋的配置，对于长摩擦型桩和摩擦端承桩可随深度变断面或局部长度配置。纵向主筋的承压作用在一定条件下可计入桩身受压承载力。

2)箍筋的作用。箍筋不仅起水平抗剪作用，更重要的是对混凝土起侧向约束增强作用。附图4.6.9-1是带箍筋与不带箍筋混凝土轴压应力-应变关系。由图看出，带箍筋的约束混凝土轴压强度较无约束混凝土提高80%左右，且其应力-应变关系改善。因此，本规范明确规定凡桩顶 $5d$ 范围箍筋间距不大于100 mm者，均可考虑纵向主筋的作用。

表4-23　桩身压屈计算长度 l_c

桩顶铰接				桩顶固接			
桩底支于非岩石土中		桩底嵌于岩石内		桩底支于非岩石土中		桩底嵌于岩石内	
$h<\dfrac{4.0}{\alpha}$	$h\geq\dfrac{4.0}{\alpha}$	$h<\dfrac{4.0}{\alpha}$	$h\geq\dfrac{4.0}{\alpha}$	$h<\dfrac{4.0}{\alpha}$	$h\geq\dfrac{4.0}{\alpha}$	$h<\dfrac{4.0}{\alpha}$	$h\geq\dfrac{4.0}{\alpha}$
$l_c=1.0\times(l_0+h)$	$l_c=0.7\times\left(l_0+\dfrac{4.0}{\alpha}\right)$	$l_c=0.7\times(l_0+h)$	$l_c=0.7\times\left(l_0+\dfrac{4.0}{\alpha}\right)$	$l_c=0.7\times(l_0+h)$	$l_c=0.5\times\left(l_0+\dfrac{4.0}{\alpha}\right)$	$l_c=0.5\times(l_0+h)$	$l_c=0.5\times\left(l_0+\dfrac{4.0}{\alpha}\right)$

注：①表中 $\alpha=\sqrt[5]{\dfrac{mb_0}{EI}}$；

②l_0 为高承台基桩露出地面的长度，对于低承台桩基，$l_0=0$；

③h 为桩的入土长度，当桩侧有厚度为 d_1 的液化土层时，桩露出地面长度 l_0 和桩的入土长度 h 分别调整为 $l_0'=l_0+(1-\psi_1)d_1$，$h'=h-(1-\psi_1)d_1$，ψ_1 按表4.3-7取值；

④当存在 $f_{ak}<25$ kPa 的软弱土时，按液化土处理。

表 4 – 24　桩身稳定系数 φ

l_c/d	≤7	8.5	10.5	12	14	15.5	17	19	21	22.5	24
l_c/b	≤8	10	12	14	16	18	20	22	24	26	28
φ	1.0	0.98	0.95	0.92	0.87	0.81	0.75	0.70	0.65	0.60	0.56
l_c/d	26	28	29.5	31	33	34.5	36.5	38	40	41.5	43
l_c/b	30	32	34	36	38	40	42	44	46	48	50
φ	0.52	0.48	0.44	0.40	0.36	0.32	0.29	0.26	0.23	0.21	0.19

注：b 为矩形桩短边尺寸，d 为桩直径。

3）成桩工艺系数 ψ_c。桩身混凝土的受压承载力是桩身受压承载力的主要部分，但其强度和截面变异受成桩工艺的影响。就其成桩环境、质量可控度不同，将成桩工艺系数 ψ_c 规定如下。

混凝土预制桩、预应力混凝土空心桩 $\psi_c=0.85$；在工厂制作时桩身完整，混凝土质量控制较好，本身并不应进行强度折减；但在沉桩时，由于挤土效应可能产生水平推力、基坑开挖导致的土体水平移动、锤击沉桩产生的拉压应力、接桩形成的接缝等因素，均可能导致在沉桩后桩身出现裂缝，降低其本身的承载力，故取强度折减系数 $\psi_c=0.85$。对于预应力混凝土桩，当计入预应力对桩身强度影响时，$\psi_c=0.7$。

干作业非挤土灌注桩（含机钻、挖、冲孔桩、人工挖孔桩），成孔直径均匀，混凝土浇筑条件较好，成桩后强度折减较小，取 $\psi_c=0.90$。

对于泥浆护壁和套管护壁非挤土灌注桩、部分挤土灌注桩、挤土灌注桩 $\psi_c=0.7\sim0.8$；软土地区挤土灌注桩 $\psi_c=0.6$。对于泥浆护壁非挤土灌注桩应视地层土质取 ψ_c 值，对于易塌孔的流塑状软土、松散粉土、粉砂，ψ_c 宜取 0.7。

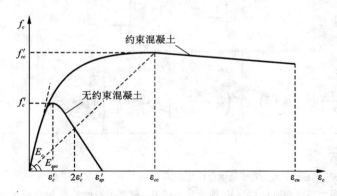

附图 4.6.9 – 1　约束下无约束混凝土应力 – 应变关系（引自 Mander et al 1984）

3. 计算偏心受压混凝土桩正截面受压承载力时，可不考虑偏心距的增大影响，但对于高承台基桩、桩身穿越可液化土或不排水抗剪强度小于 10 kPa（地基承载力特征值小于 25 kPa）的软弱土层的基桩，应考虑桩身在弯矩作用平面内的挠曲对轴向力偏心距的影响，应将轴向力对截面重心的初始偏心矩 e_i 乘以偏心矩增大系数 η，偏心距增大系数 η 的具体计算方法可按现行国家标准《混凝土结构设计规范》GB 50010 执行。

4. 对于打入式钢管桩,可按以下规定验算桩身局部压曲:

1)当 $t/d = \frac{1}{50} \sim \frac{1}{80}$, $d \leq 600$ mm,最大锤击压应力小于钢材强度设计值时,可不进行局部压屈验算;

2)当 $d > 600$ mm,可按下式验算:

$$t/d \geq f'_y/0.388E \qquad\qquad (4-48a)$$

3)当 $d \geq 900$ mm,除按式(4-48a)验算外,还应按下式验算:

$$t/d \geq \sqrt{f'_y/14.5E} \qquad\qquad (4-48b)$$

式中, t, d——钢管桩壁厚(mm)、外径(mm);

E, f'_y——钢材弹性模量(N/mm^2)、抗压强度设计值(N/mm^2)。

【例题 4-26】 (注岩 2003C13)某钢筋混凝土管桩,外径 0.55 m,内径 0.39 m,混凝土强度等级 C40($f_c = 19.5$ N/mm^2),主筋 17ϕ18($A'_s = 4326$ mm^2),HPB235($f'_y = 210$ N/mm^2),桩顶以下 3 m 范围内箍筋间距为 100 mm。按《建筑桩基技术规范》(JGJ94—2008)计算,该钢筋混凝土轴心受压桩正截面受压承载力最接近下列哪个选项?

(A)2750 kN   (B)3100 kN   (C)3450 kN   (D)3800 kN

【解】 3 m > 5d = 5 × 0.55 = 2.75 m,

混凝土预制桩、预应力混凝土空心桩 $\psi_c = 0.85$

$N \leq \psi_c f_c A_{ps} + 0.9 f'_y A'_s$

$= 0.85 \times 19.5 \times \frac{\pi}{4} \times (550^2 - 390^2) + 0.9 \times 4326 \times 210 = 2775.5$ kN

答案为(A)2750 kN。

【例题 4-27】 (注岩 2010C11)某灌注桩直径为 0.8 m,桩身露出地面长度 10 m,桩入土长度为 20 m,桩端嵌入较完整的坚硬岩石,桩的水平变形系数 $\alpha = 0.52$ m^{-1},桩顶铰接,桩顶以下 5 m 范围内箍筋间距为 200 mm。该桩轴心受压,桩顶轴向压力设计值 $N = 6800$ kN,成桩工艺系数取 $\psi_c = 0.8$。按《建筑桩基技术规范》(JGJ94—2008)计算,该钢筋混凝土轴心受压桩轴心抗压强度设计值应不小于下列哪个选项的数值?

(A)15 MPa   (B)17 MPa   (C)19 MPa   (D)21 MPa

【解】 $h = 20$ m $> \frac{4}{\alpha} = \frac{4}{0.52} = 7.69$ m,桩顶铰接,桩端嵌入较完整的坚硬岩石,

查表 4.6-4,$l_c = 0.7\left(l_0 + \frac{4.0}{\alpha}\right) = 0.7 \times (10 + 7.69) = 12.4$ m

$l_c/d = 12.4/0.8 = 15.5$,查表 4.6-5,$\varphi = 0.81$

$N \leq \varphi \psi_c f_c A_{ps}$

$f_c \geq \dfrac{N}{\varphi \psi_c A_{ps}} = \dfrac{6800}{0.81 \times 0.8 \times \pi \times 0.4^2} = 20.9$ MPa

答案为(D)21 MPa。

(二)抗拔桩

工程中抗浮桩的布桩方式有两种形式:一是抗浮桩集中布置在柱下,柱附近的筏板刚度不够受到柱约束,变形较小,桩顶反力较为均匀,各桩分担的浮力趋于一致;二是抗浮桩均

匀布置在筏板下，筏板刚度不够受到浮力产生上拱变形，桩顶反力不均匀，靠近柱的基桩分担的浮力较小，而远离柱的基桩分担浮力偏大。因此应优先采用前一种布置方案，当采用后一种方案时，应加大基础筏板刚度。

1. 钢筋混凝土轴心抗拔桩的正截面受拉承载力应符合下式规定：

$$N \leqslant f_y A_s + f_{py} A_{py} \tag{4-49}$$

式中，N——荷载效应基本组合下桩顶轴向拉力设计值（N）；

f_y，f_{py}——普通钢筋、预应力钢筋的抗拉强度设计值（N/mm^2）；

A_s，A_{py}——普通钢筋、预应力钢筋的截面面积（mm^2）。

2. 对于抗拔桩的裂缝控制计算应符合下列规定：

1）对于严格要求不出现裂缝的一级裂缝控制等级预应力混凝土基桩，在荷载效应标准组合下混凝土不应产生拉应力，应符合下式要求：

$$\sigma_{ck} - \sigma_{pc} \leqslant 0 \tag{4-50}$$

2）对于一般要求不出现裂缝的二级裂缝控制等级预应力混凝土基桩，在荷载效应标准组合下的拉应力不应大于混凝土轴心受拉强度标准值，应符合下列公式要求：

在荷载效应标准组合下：

$$\sigma_{ck} - \sigma_{pc} \leqslant f_{tk} \tag{4-51a}$$

在荷载效应准永久组合下：

$$\sigma_{cq} - \sigma_{pc} \leqslant 0 \tag{4-51b}$$

3）对于允许出现裂缝的三级裂缝控制等级基桩，按荷载效应标准组合计算的最大裂缝宽度应符合下列规定：

$$w_{max} \leqslant w_{lim} \tag{4-52}$$

式中，σ_{ck}，σ_{cq}——荷载效应标准组合、准永久组合下正截面法向应力（N/mm^2）；

σ_{pc}——扣除全部应力损失后，桩身混凝土的预应力（N/mm^2）；

f_{tk}——混凝土轴心抗拉强度标准值（N/mm^2）；

w_{max}——按荷载效应标准组合计算的最大裂缝宽度（mm），可按现行国家标准《混凝土结构设计规范》GB 50010 计算；

w_{lim}——最大裂缝宽度限值（mm），按《桩规》表 3.5.3 取用。

3. 当考虑地震作用验算桩身抗拔承载力时，应根据现行国家标准《建筑抗震设计规范》（GB 50011）的规定，对作用于桩顶的地震作用效应进行调整。

（三）受水平作用桩

对于受水平荷载和地震作用的桩，其桩身受弯承载力和受剪承载力的验算应符合下列规定：

1）对于桩顶固端的桩，应验算桩顶正截面弯矩；对于桩顶自由或铰接的桩，应验算桩身最大弯矩截面处的正截面弯矩；

2）应验算桩顶斜截面的受剪承载力；

3）桩身所承受最大弯矩和水平剪力的计算，可按规范附录 C 计算；

4）桩身正截面受弯承载力和斜截面受剪承载力，应按现行国家标准《混凝土结构设计规范》（GB 50010）执行；

5）当考虑地震作用验算桩身正截面受弯和斜截面受剪承载力时，应根据现行国家标准

232

《建筑抗震设计规范》(GB 50011)的规定,对作用于桩顶的地震作用效应进行调整。

当桩处于成层土中且土层刚度相差大时,水平地震作用下,软硬土层界面处的剪力和弯距将出现突增,这是基桩震害的主要原因之一。因此,应采用地震反应的时程分析方法分析软硬土层界面处的地震作用效应,进而采取相应的措施。

(四)预制桩吊运和锤击验算

1. 预制桩吊运时单吊点和双吊点的设置,应按吊点(或支点)跨间正弯矩与吊点处的负弯矩相等的原则进行布置。考虑预制桩吊运时可能受到冲击和振动的影响,计算吊运弯矩和吊运拉力时,可将桩身重力乘以1.5的动力系数。

2. 对于裂缝控制等级为一级、二级的混凝土预制桩、预应力混凝土管桩,可按下列规定验算桩身的锤击压应力和锤击拉应力:

1)最大锤击压应力 σ_P 可按下式计算:

$$\sigma_p = \frac{\alpha \sqrt{2eE\gamma_p H}}{\left[1 + \frac{A_c}{A_H}\sqrt{\frac{E_c \cdot \gamma_c}{E_H \cdot \gamma_H}}\right]\left[1 + \frac{A}{A_c}\sqrt{\frac{E \cdot \gamma_p}{E_c \cdot \gamma_c}}\right]} \qquad (4-53)$$

式中, σ_p ——桩的最大锤击压应力(N/mm^2);

α ——锤型系数,自由落锤为1.0,柴油锤取1.4;

e ——锤击效率系数,自由落锤为0.6,柴油锤取0.8;

H ——锤落距;

A_H, A_c, A ——锤、桩垫、桩的实际断面面积;

E_H, E_c, E ——锤、桩垫、桩的纵向弹性模量;

γ_H, γ_c, γ ——锤、桩垫、桩的重度。

2)当桩需穿越软土层或桩存在变截面时,可按表4-25确定桩身的最大锤击拉应力。

3. 最大锤击压应力和最大锤击拉应力分别不应超过混凝土的轴心抗压强度设计值和轴心抗拉强度设计值。

表4-25　最大锤击拉应力 σ_t 建议值(kPa)

应力类别	桩类	建议值	出现部位
桩轴向拉应力值	预应力混凝土管桩	$(0.33\sim0.5)\sigma_p$	①桩刚穿越软土层时; ②距桩尖$(0.5\sim0.7)l$处。
	混凝土及预应力混凝土桩	$(0.25\sim0.33)\sigma_p$	
桩截面环向拉应力或侧向拉应力	预应力混凝土管桩	$0.25\sigma_p$	最大锤击压应力相应的截面
	混凝土及预应力混凝土桩(侧向)	$(0.22\sim0.25)\sigma_p$	

4.6.10　承台计算

(一)受弯计算

1. 桩基承台应进行正截面受弯承载力计算,受弯承载力和配筋可按现行国家标准《混凝土结构设计规范》(GB50010)进行。

2. 柱下独立桩基承台的正截面弯矩设计值可按下列规定计算：

1) 多桩(四桩及以上)矩形承台弯矩计算截面取在柱边和承台变阶处[见图 4-20(a)]，可按下列公式计算：

$$M_x = \sum N_i y_i \qquad (4-54a)$$

$$M_y = \sum N_i x_i \qquad (4-54b)$$

式中，M_x，M_y——绕 X 轴和绕 Y 轴方向计算截面处的弯矩设计值(kN·m)；

x_i，y_i——垂直于 Y 轴和 X 轴方向自桩轴线到相应计算截面的距离(m)；

N_i——不计承台及其上土重，在荷载效应基本组合下的第 i 基桩或复合基桩竖向反力设计值(kN)。

柱下独立桩基承台弯曲破坏时的极限承载力，是采用板的塑性铰线理论，按机动法基本原理计算的上限解，然后在有限的塑性铰模式中，求得的最小极限荷载。试验表明，这个解比较接近承台的抗弯承载力。

为推导承台受弯破坏的极限承载力，需作以下假定(公式推导过程略)：

(1)钢筋混凝土承台板为理想刚塑体；

(2)承台板与桩顶的连接为铰接，桩对承台提供点支撑，为不动铰支座；

(3)承台板与柱的连接为铰接，柱对承台提供集中荷载；

(4)承台板底纵筋双向正交等量配置，以保证板的抗弯能力为各向同性；

(5)塑性铰线在柱边形成；

(6)忽略地基土反力、承台及其上土重；

(7)桩中心至承台边缘的距离等于桩的直径。

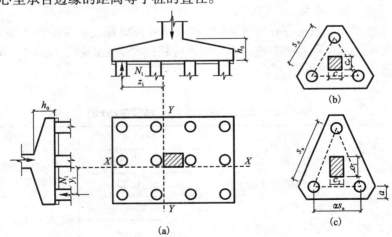

图 4-20 承台弯矩计算示意

(a)矩形多桩承台；(b)等边三桩承台；(c)等腰三桩承台

2) 三桩承台的正截面弯矩值应符合下列要求：

(1)等边三桩承台[见图 4-20(b)]：

$$M = \frac{N_{\max}}{3}\left(s_a - \frac{\sqrt{3}}{4}c\right) \qquad (4-55)$$

式中，M——通过承台形心至各边边缘正交截面范围内板带的弯矩设计值（kN·m）；

s_a——桩中心距（m）；

N_i——不计承台及其上土重，在荷载效应基本组合下的三桩中最大基桩或复合基桩竖向反力设计值（kN）；

c——方柱边长（m），圆柱时 $c = 0.8d$，d 为圆柱直径。

（2）等腰三桩承台［见图 4 – 20（c）］：

$$M_1 = \frac{N_{\max}}{3}\left(s_a - \frac{0.75}{\sqrt{4 - \alpha^2}}c_1\right) \tag{4 – 56a}$$

$$M_2 = \frac{N_{\max}}{3}\left(\alpha s_a - \frac{0.75}{\sqrt{4 - \alpha^2}}c_2\right) \tag{4 – 56b}$$

式中，M_1，M_2——通过承台形心至两腰边缘和底边边缘正交截面范围内板带的弯矩设计值（kN·m）；

s_a——长向桩中心距（m）；

α——短向桩中心距与长向桩中心距之比，当 α 小于 0.5 时，应按变截面的二桩承台设计；

c_1，c_2——垂直于、平行于承台底边的柱截面边长（m）。

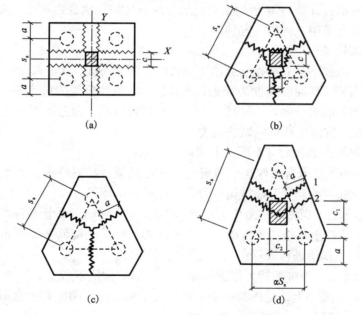

图 4 – 21　承台受弯裂缝开展示意图

（a）四桩承台；（b）、（c）等边三桩承台；（d）等腰三桩承台

同样地，利用钢筋混凝土板的屈服线理论按机动法基本原理推导，得通过柱边屈服曲线的等边三桩承台正截面弯矩计算公式：

$$M = \frac{N_{\max}}{3}\left(s_a - \frac{\sqrt{3}}{2}c\right)$$

从弯曲破坏试验来看，裂缝可能开展到柱内［见图 4 – 21（c）］，极端情况下，塑性铰线在

柱中心开展时,得到:

$$M = \frac{N_{\max}}{3} \cdot s_{\mathrm{a}}$$

考虑到图 4 - 21(b) 的屈服线产生在柱边,过于理想化,而图 4 - 21(c) 的屈服线未考虑柱的约束作用,其弯矩偏于安全。根据试件破坏的多数情况采用上两式的平均值作为本规范的弯矩计算公式,即得到式(4 - 55)。

对等腰三桩承台,其典型的屈服线基本上都垂直于等腰三桩承台的两个腰,试件通常在长跨发生弯曲破坏,其屈服线见图 4 - 21(d),同样可导出承台正截面弯矩的计算公式:

当屈服线通过柱中心时

$$M'_1 = \frac{N_{\max}}{3} \cdot s_{\mathrm{a}}$$

当屈服线通过柱边时

$$M''_1 = \frac{N_{\max}}{3} \left(s_{\mathrm{a}} - \frac{0.75}{\sqrt{4 - \alpha^2}} c_1 \right)$$

基于同样的考虑,采用该两式的平均值确定等腰三桩承台的正截面弯矩,即式(4 - 56a)、短跨方向的正截面弯矩即式(4 - 56b)。

上述关于三桩承台计算的 M 值均指通过承台形心与相应承台边正交截面的弯矩设计值,因而可按此相应宽度采用三向均匀配筋。

3)柱下独立两桩承台

破坏性试验表明柱下独立两桩承台破坏模式符合深梁特征,其正截面受弯承载力极限状态是以纵向受拉钢筋达到屈服强度为标志,在弹性、非弹性阶段的应变不符合平截面假定。由于截面过高裂缝不能充分向顶部开展,故而内力臂应当小于截面的有效高度,因此与按一般梁计算结果相比,按深梁计算的纵筋偏大。

3. 箱形承台和筏形承台的弯矩可按下列规定计算:

(1)箱形承台和筏形承台的弯矩宜考虑地基土层性质、基桩分布、承台和上部结构类型和刚度,按地基 - 桩 - 承台 - 上部结构共同作用原理分析计算;

(2)对于箱形承台,当桩端持力层为基岩、密实的碎石类土、砂土且深厚均匀时;或当上部结构为剪力墙;或当上部结构为框架 - 核心筒结构且按变刚度调平原则布桩时,箱形承台底板可仅按局部弯矩作用进行计算;

(3)对于筏形承台,当桩端持力层深厚坚硬、上部结构刚度较好,且柱荷载及柱间距的变化不超过 20% 时;或当上部结构为框架 - 核心筒结构且按变刚度调平原则布桩时,可仅按局部弯矩作用进行计算。

箱形承台和筏形承台的总弯矩由两部分组成,一是由结构整体弯曲形成的弯矩称为总体弯矩 M_1,二是由基底反力作用于筏板产生的弯矩称为局部弯矩 M_2。由于对结构整体变形的影响因素众多且复杂,设计时应采取措施减少整体弯矩。如:对于箱形承台,当桩端持力层为基岩、密实的碎石类土、砂土且深厚均匀时;或当上部结构为剪力墙;或当上部结构为框架 - 核心筒结构且按变刚度调平原则布桩时,由于基础各部分的沉降变形较均匀,桩顶反力分布较均匀,整体弯矩较小,因而箱形承台顶、底板可仅考虑局部弯矩作用进行计算、忽略基础的整体弯矩,但需在配筋构造上采取措施承受实际上存在的一定数量的整体弯矩。

4. 柱下条形承台梁的弯矩可按下列规定计算：

1）按弹性地基梁（地基计算模型应根据土层特性选取）进行分析计算；

2）当桩端持力层较硬且桩柱轴线不重合时，可视桩为不动铰支座，按连续梁计算。

5. 墙下条形承台梁，可按倒置弹性地基梁计算弯矩和剪力，并应符合规范附录 G 的要求。对于承台上的砌体墙，尚应验算桩顶部位砌体的局部承压强度。

（二）受冲切计算

1. 桩基承台厚度应满足柱（墙）对承台的冲切和基桩对承台的冲切承载力要求。

2. 轴心竖向力作用下桩基承台受柱（墙）的冲切，可按下列规定计算：

1）冲切破坏锥体应采用自柱（墙）边或承台变阶处至相应桩顶边缘连线所构成的锥体，锥体斜面与承台底面之夹角不应小于 45°（见图 4－22）。

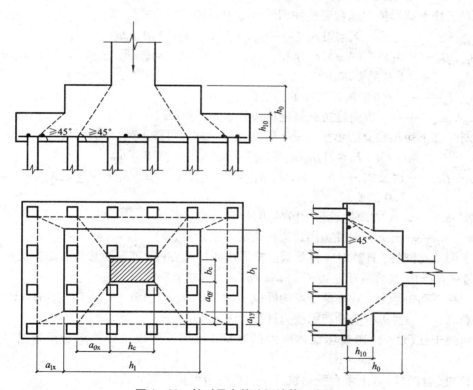

图 4－22 柱对承台的冲切计算示意图

2）受柱（墙）冲切承载力可按下列公式计算：

$$F_l \leqslant \beta_{\mathrm{hp}}\beta_0 u_m f_t h_0 \qquad (4-57\mathrm{a})$$

$$F_l = F - \sum Q_i \qquad (4-57\mathrm{b})$$

$$\beta_0 = \frac{0.84}{\lambda + 0.2} \qquad (4-57\mathrm{c})$$

式中，F_l——不计承台及其上土重，在荷载效应基本组合下作用于冲切破坏锥体上的冲切力设计值（kN）；

f_t——承台混凝土抗拉强度设计值（N/mm²）；

u_{m}——承台冲切破坏锥体一半有效高度处的周长(m);

h_0——承台冲切破坏锥体的有效高度(m);

β_{hp}——承台受冲切承载力截面高度影响系数,当 $h \leqslant 800$ mm 时,取 $\beta_{\mathrm{hp}} = 1.0$,$h \geqslant 2000$ mm 时,取 $\beta_{\mathrm{hp}} = 0.9$,其间按线性内插法取值;

λ——冲跨比,$\lambda = a_0/h_0$,a_0 为冲跨,即柱边或承台变阶处到桩边的水平距离;当 $\lambda < 0.25$ 时,取 $\lambda = 0.25$;当 $\lambda > 1.0$ 时,取 $\lambda = 1.0$;

F——不计承台及其上土重,在荷载效应基本组合作用下柱(墙)底的竖向荷载设计值(kN);

$\sum Q_{\mathrm{i}}$——不计承台及其上土重,在荷载效应基本组合下冲切破坏锥体内各基桩或复合基桩的反力设计值之和(kN)。

3)对于柱下矩形独立承台受柱冲切的承载力可按下列公式计算:

$$F_l \leqslant 2[\beta_{0x}(b_c + a_{0y}) + \beta_{0y}(h_c + a_{0x})]\beta_{\mathrm{hp}}f_t h_0 \qquad (4-58)$$

式中,β_{0x},β_{0y}——由公式(4-57c)求得,$\lambda_{0x} = a_{0x}/h_0$,$\lambda_{0y} = a_{0y}/h_0$;应满足 λ_{0x},$\lambda_{0y} = 0.25 \sim 1.0$ 的要求;

h_c,b_c——x、y 方向的柱截面的边长(m);

a_{0x},a_{0y}——x、y 方向柱边离最近桩边的水平距离(m)。

4)对于柱下矩形独立阶形承台受上阶冲切的承载力可按下列公式计算:

$$F_l \leqslant 2[\beta_{1x}(b_1 + a_{1y}) + \beta_{1y}(h_1 + a_{1x})]\beta_{\mathrm{hp}}f_t h_{10} \qquad (4-59)$$

式中,β_{1x},β_{1y}——由公式(4-57c)求得,$\lambda_{1x} = a_{1x}/h_{10}$,$\lambda_{1y} = a_{1y}/h_{10}$;应满足 λ_{1x},$\lambda_{1y} = 0.25 \sim 1.0$ 的要求;

h_1,b_1——x、y 方向的承台上阶的边长(m);

a_{1x},a_{1y}——x、y 方向柱边离最近桩边的水平距离(m)。

对于圆柱及圆桩,计算时应将其截面换算成方柱及方桩,即取换算柱截面边长 $b_c = 0.8d_c$(d_c 为圆柱直径),换算桩截面边长 $b_p = 0.8d$(d 为圆桩直径)。

对于柱下两桩承台,宜按深受弯构件($l_0/h < 5.0$,$l_0 = 1.15l_n$,l_n 为两桩净距)计算受弯、受剪承载力,不需要进行受冲切承载力计算。

3. 对位于柱(墙)冲切破坏锥体以外的基桩,可按下列规定计算承台受基桩冲切的承载力:

1)四桩(含四桩)以上承台受角桩冲切的承载力可按下列公式计算:

$$N_l \leqslant [\beta_{1x}(c_2 + a_{1y}/2) + \beta_{1y}(c_1 + a_{1x}/2)]\beta_{\mathrm{hp}}f_t h_0 \qquad (4-60a)$$

$$\beta_{1x} = \frac{0.56}{\lambda_{1x} + 0.2} \qquad (4-60b)$$

$$\beta_{1y} = \frac{0.56}{\lambda_{1y} + 0.2} \qquad (4-60c)$$

式中,N_l——不计承台及其上土重,在荷载效应基本组合下作用下角桩(含复合基桩)反力设计值(kN);

h_0——承台外边缘的有效高度(m);

β_{1x},β_{1y}——角桩冲切系数;

c_1,c_2——x、y 方向从角桩内边缘至承台外边缘的距离(m);

λ_{1x}，λ_{1y}——由公式(4-57c)求得，$\lambda_{1x} = a_{1x}/h_0$，$\lambda_{1y} = a_{1y}/h_0$；应满足 λ_{1x}，$\lambda_{1y} = 0.25 \sim$ 1.0 的要求；

a_{1x}，a_{1y}——从承台底角桩顶内边缘引45°冲切线与承台顶面相交点至角桩内边缘的水平距离(m)；当柱(墙)边或承台变阶处位于该45°线以内时，则取由柱(墙)边或变阶处与桩内边缘连线作为冲切锥体的锥线。

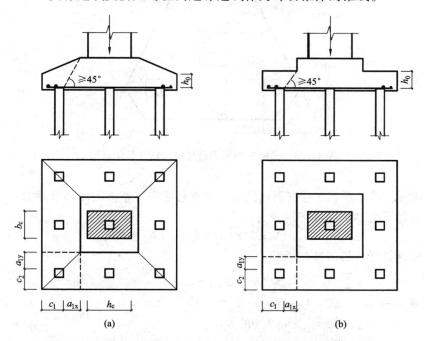

图4-23 四桩以上(含四桩)承台角桩冲切计算示意图

2)对于三桩三角形承台可按下列公式计算受角桩冲切的承载力：

底部角桩：

$$N_l \leqslant \beta_{11}(2c_1 + a_{11})\beta_{\text{hp}}\tan\frac{\theta_1}{2}f_t h_0 \qquad (4-61a)$$

$$\beta_{11} = \frac{0.56}{\lambda_{11} + 0.2} \qquad (4-61b)$$

顶部角桩：

$$N_l \leqslant \beta_{12}(2c_2 + a_{12})\beta_{\text{hp}}\tan\frac{\theta_2}{2}f_t h_0 \qquad (4-62a)$$

$$\beta_{12} = \frac{0.56}{\lambda_{12} + 0.2} \qquad (4-62b)$$

式中，λ_{11}，λ_{12}——角桩冲跨比，$\lambda_{11} = a_{11}/h_0$，$\lambda_{12} = a_{12}/h_0$；应满足 λ_{11}，$\lambda_{12} = 0.25 \sim 1.0$ 的要求；

a_{11}，a_{12}——从承台底角桩顶内边缘引45°冲切线与承台顶面相交点至角桩内边缘的水平距离(m)；当柱(墙)边或承台变阶处位于该45°线以内时，则取由柱(墙)边或变阶处与桩内边缘连线作为冲切锥体的锥线。

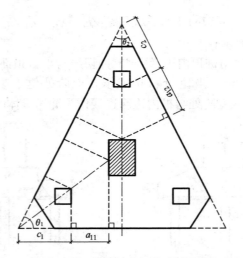

图 4-24 三桩三角形承台角桩冲切计算示意图

3) 对于箱形、筏形承台，可按下列公式计算承台受内部基桩的冲切承载力：

①按下式计算受基桩的冲切承载力：

$$N_l \leqslant 2.8(b_p + h_0)\beta_{hp}f_t h_0 \tag{4-63}$$

②按下式计算受桩群的冲切承载力：

$$\sum N_{li} \leqslant 2[\beta_{0x}(b_y + a_{0y}) + \beta_{0y}(b_x + a_{0x})]\beta_{hp}f_t h_0 \tag{4-64}$$

式中，β_{0x}，β_{0y}——由公式（4-57c）求得，其中 $\lambda_{0x} = a_{0x}/h_0$，$\lambda_{0y} = a_{0y}/h_0$；应满足 λ_{0x}，$\lambda_{0y} = 0.25 \sim 1.0$ 的要求；

N_l，$\sum N_{li}$——不计承台和其上土重，在荷载效应基本组合下，基桩或复合基桩的净反力设计值、冲切锥体内各基桩或复合基桩反力设计值之和（kN）。

（三）受剪计算

1. 柱（墙）下桩基承台，应分别对柱（墙）边、变阶处和桩边联线形成的贯通承台的斜截面的受剪承载力进行验算。当承台悬挑边有多排基桩形成多个斜截面时，应对每个斜截面的受剪承载力进行验算。

2. 柱下独立桩基承台斜截面受剪承载力应按下列规定计算：

1) 承台斜截面受剪承载力可按下列公式计算：

$$V \leqslant \beta_{hs}\alpha f_t b_0 h_0 \tag{4-65a}$$

$$\alpha = \frac{1.75}{\lambda + 1.0} \tag{4-65b}$$

$$\beta_{hs} = \left(\frac{800}{h_0}\right)^{1/4} \tag{4-65c}$$

式中，V——不计承台及其上土重，在荷载效应基本组合下，斜截面的最大剪力设计值（kN）；

f_t——承台混凝土抗拉强度设计值（N/mm²）；

b_0——承台计算截面处的计算宽度（m）；

h_0——承台计算截面处的有效高度（m）；

α——承台剪切系数，按式（4-65b）确定；

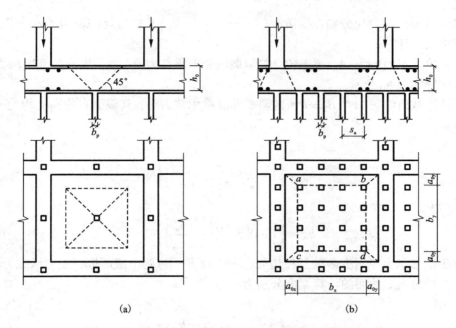

图 4 – 25　基桩对筏形承台和墙对筏形承台的冲切计算示意图

(a)受基桩的冲切；(b)受桩群的冲切

λ——计算截面的剪跨比，$\lambda_x = a_x/h_0$，$\lambda_y = a_y/h_0$，此处，a_x、a_y 为为柱边(墙边)或承台变阶处至 y、x 方向计算一排桩的桩边的水平距离,；当 $\lambda < 0.25$ 时，取 $\lambda = 0.25$；当 $\lambda > 3.0$ 时，取 $\lambda = 3.0$；

β_{hs}——承台受剪切承载力截面高度影响系数，当 $h_0 < 800$ mm 时，取 $h_0 = 800$ mm，$h_0 > 2000$ mm 时，取 $h_0 = 2000$ mm，其间按线性内插法取值；

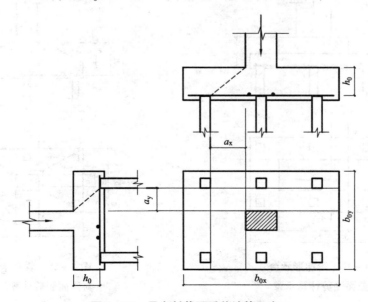

图 4 – 26　承台斜截面受剪计算示意

2)对于阶梯形承台应分别在变阶处(A_1—A_1，B_1—B_1)及柱边处(A_2—A_2，B_2—B_2)进行斜截面受剪承载力计算：

计算变阶处截面(A_1—A_1，B_1—B_1)的斜截面受剪承载力时，其截面有效高度均为h_{10}，截面计算宽度分别为b_{y1}和b_{x1}。

计算柱边截面(A_2—A_2，B_2—B_2)的斜截面受剪承载力时，其截面有效高度均为$h_{10}+h_{20}$，截面计算宽度分别为：

对A_2—A_2

$$b_{y0}=\left[1-0.5\frac{h_{20}}{h_0}\left(1-\frac{b_{y2}}{b_{y1}}\right)\right]b_{y1} \tag{4-66a}$$

对B_2—B_2

$$b_{x0}=\left[1-0.5\frac{h_{20}}{h_0}\left(1-\frac{b_{x2}}{b_{x1}}\right)\right]b_{x1} \tag{4-66b}$$

3)对于锥形承台应对变阶处及柱边处(A—A 及 B—B)两个截面进行受剪承载力计算，截面有效高度均为h_0，截面的计算宽度分别为：

对A—A

$$b_{y0}=\left[1-0.5\frac{h_{20}}{h_0}\left(1-\frac{b_{y2}}{b_{y1}}\right)\right]b_{y1} \tag{4-67a}$$

对B—B

$$b_{x0}=\left[1-0.5\frac{h_{20}}{h_0}\left(1-\frac{b_{x2}}{b_{x1}}\right)\right]b_{x1} \tag{4-67b}$$

3. 梁板式筏形承台的梁的受剪承载力可按现行国家标准《混凝土结构设计规范》（GB 50010）计算。

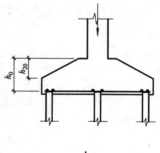

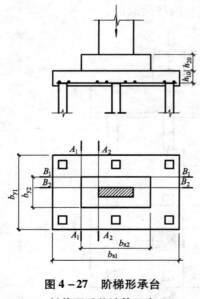

图4-27 阶梯形承台
斜截面受剪计算示意

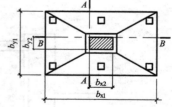

图4-28 锥形承台
斜截面受剪计算示意

4. 砌体墙下条形承台梁配有箍筋，但未配弯起钢筋时，斜截面的受剪承载力可按下式计算：

$$V \leqslant 0.7f_t bh_0 + 1.25f_{yv}\frac{A_{sv}}{s}h_0 \tag{4-68}$$

式中，V——不计承台及其上土重，在荷载效应基本组合下，计算截面处的剪力设计值(kN)；

f_t——承台梁混凝土抗拉强度设计值(N/mm^2)；

b——承台梁计算截面处的计算宽度(mm)；

h_0——承台梁计算截面处的有效高度(mm)；

s——沿计算斜截面方向箍筋的间距(mm)；

A_{sv}——配置在同一截面内箍筋各肢的全部截面面积(mm^2)；

f_{yv}——箍筋抗拉强度设计值(N/mm^2)。

5. 砌体墙下条形承台梁配有箍筋和弯起钢筋时，斜截面的受剪承载力可按下式计算：

$$V \leqslant 0.7f_t bh_0 + 1.25f_{yv}\frac{A_{sv}}{s}h_0 + 0.8f_y A_{sb}\sin\alpha_s \tag{4-69}$$

式中，α_s——斜截面上弯起钢筋与承台底面的夹角；

A_{sb}——同一截面弯起钢筋的截面面积(mm^2)；

f_y——弯起钢筋的抗拉强度设计值(N/mm^2)。

6. 柱下条形承台梁，当配有箍筋但未配弯起钢筋时，其斜截面的受剪承载力可按下式计算：

$$V \leqslant \frac{1.75}{\lambda+1}f_t bh_0 + f_{yv}\frac{A_{sv}}{s}h_0 \tag{4-70}$$

式中，λ——计算截面的剪跨比，$\lambda = a/h_0$，此处，a 为为柱边至桩边的水平距离,；当 $\lambda < 1.5$ 时，取 $\lambda = 1.5$；当 $\lambda > 3.0$ 时，取 $\lambda = 3.0$。

（四）局部受压计算

对于柱下桩基，当承台混凝土强度等级低于柱或桩的混凝土强度等级时，应验算柱下或桩上承台的局部受压承载力。

（五）抗震验算

当进行承台的抗震验算时，应根据现行国家标准《建筑抗震设计规范》(GB 50011)的规定对承台顶面的地震作用效应和承台的受弯、受冲切、受剪承载力进行抗震调整。

【例题 4-28】 （注岩 2011C10）某 6 桩基承台，承台尺寸 3.8 m×4.8 m，桩径 $d = 0.6$ m，在 x 方向布桩 3 根，间距 1.8 m，在 y 方向布桩 2 根，间距 2.6 m，桩中心距离承台边缘 0.6 m，承台高度 1.5 m，埋深 2.0 m。在作用效应基本组合下，作用于承台顶面的轴向力 F = 12000 kN，力矩 M = 1500 kN·m，水平力 H = 600 kN，承台及其上填土的平均重度为 20 kN/m^3。按《建筑桩基技术规范》(JGJ94—2008)计算，承台承受的正截面最大弯矩最接近下列哪个选项？

（A）4800 kN·m （B）5300 kN·m （C）5600 kN·m （D）5900 kN·m

【解】 1. 计算桩顶作用效应

$M_y = 1500 + 600 × 1.5 = 2400$ kN·m

$$N_{\max} = \frac{F}{n} + \frac{M_y x_i}{\sum x_j^2} = \frac{12000}{6} + \frac{2400 \times 1.8}{4 \times 1.8^2 + 0} = 2333.3 \text{ kN}$$

2. 计算承台承受的正截面最大弯矩

$$M_{y,\max} = \sum N_i x_i = 2 \times 2333.3 \times (1.8 - 0.6) = 5600 \text{ kN} \cdot \text{m}$$

答案为(C)5600 kN·m

【例题 4-29】 某 6 桩基群桩基础，如图所示，预制方桩 0.35 m × 0.35 m，桩中心距 1.2 m，承台 3.2 m × 2.0 m，承台高度 0.9 m，埋深 1.4 m，柱尺寸 0.6 m × 0.6 m。在作用效应基本组合下，作用于承台顶面的轴向力 $F = 3200$ kN，力矩 $M = 170$ kN·m，水平力 $H = 150$ kN，承台采用 C20 混凝土($f_t = 1.1$ MPa)，承台及其上填土的平均重度为 20 kN/m³。按《建筑桩基技术规范》(JGJ94—2008)，试验算承台受柱冲切承载力、受角桩冲切承载力及承台受剪承载力。

【解】 1. 计算桩顶作用效应

$$M_y = 170 + 150 \times 0.9 = 305 \text{ kN} \cdot \text{m}$$

$$N = \frac{F}{n} = \frac{3200}{6} = 533.3 \text{ kN}$$

$$N_{\max} = \frac{F}{n} + \frac{M_y x_i}{\sum x_j^2} = \frac{3200}{6} + \frac{305 \times 1.2}{4 \times 1.2^2 + 0} = 596.9 \text{ kN}$$

$$N_{\min} = \frac{F}{n} - \frac{M_y x_i}{\sum x_j^2} = \frac{3200}{6} - \frac{305 \times 1.2}{4 \times 1.2^2 + 0} = 469.8 \text{ kN}$$

2. 验算承台受柱冲切承载力

$$F_l = F - \sum Q_i = 3200 - 2 \times 533.3 = 2133.4 \text{ kN}$$

$$\beta_{\mathrm{hp}} = 1.0 - \frac{0.9 - 0.8}{2.0 - 0.8} \times (1.0 - 0.9) = 0.992$$

$$\lambda_x = a_{0x}/h_0 = (1.2 - 0.3 - 0.35/2)/0.815 = 0.725/0.815 = 0.89,$$

$$\beta_{0x} = \frac{0.84}{\lambda + 0.2} = \frac{0.84}{0.89 + 0.2} = 0.77$$

$$\lambda_y = a_{0y}/h_0 = (0.6 - 0.3 - 0.35/2)/0.815 = 0.15 < 0.25, \text{ 取 } \lambda_y = 0.25,$$

$$a_{0y} = \lambda_y h_0 = 0.25 \times 0.815 = 0.20 \text{ m}$$

$$\beta_{0y} = \frac{0.84}{\lambda + 0.2} = \frac{0.84}{0.25 + 0.2} = 1.87$$

$$2[\beta_{0x}(b_c + a_{0y}) + \beta_{0y}(h_c + a_{0x})]\beta_{\mathrm{hp}}f_t h_0$$
$$= 2 \times [0.77 \times (0.6 + 0.8) + 1.87 \times (0.6 + 0.725)] \times 0.992 \times 1100 \times 0.815 = 5502.7 \text{ kN}$$

$$F_l = 2133.4 \text{ kN} < 2[\beta_{0x}(b_c + a_{0y}) + \beta_{0y}(h_c + a_{0x})]\beta_{\mathrm{hp}}f_t h_0 = 5502.7 \text{ kN, 满足。}$$

244

3. 验算承台受角桩冲切承载力

$N_l = 596.9 \text{ kN}$

$$\beta_{hp} = 1.0 - \frac{0.9 - 0.8}{2.0 - 0.8} \times (1.0 - 0.9) = 0.992$$

$0.725 \text{ m} < 0.815 \text{ m}, \ a_{1x} = 0.815 \text{ m}$

$\lambda_{1x} = a_{1x}/h_0 = 0.815/0.815 = 1.0,$

$$\beta_{1x} = \frac{0.56}{\lambda_{1x} + 0.2} = \frac{0.56}{1.0 + 0.2} = 0.467$$

$0.125 \text{ m} < 0.815 \text{ m}, \ a_{1y} = 0.815 \text{ m}$

$\lambda_{1y} = a_{1y}/h_0 = 0.815/0.815 = 1.0,$

$$\beta_{1y} = \frac{0.56}{\lambda_{1y} + 0.2} = \frac{0.56}{1.0 + 0.2} = 0.467$$

$c_1 = c_2 = 0.4 + 0.35/2 = 0.575 \text{ m}$

$[\beta_{1x}(c_2 + a_{1y}/2) + \beta_{1y}(c_1 + a_{1x}/2)]\beta_{hp}f_t h_0$

$= 2 \times [0.467 \times (0.575 + 0.815/2)] \times 0.992 \times 1100 \times 0.815 = 816 \text{ kN}$

$N_l = 596.9 \text{ kN} \le [\beta_{1x}(c_2 + a_{1y}/2) + \beta_{1y}(c_1 + a_{1x}/2)]\beta_{hp}f_t h_0 = 816 \text{ kN}$, 满足。

4. 验算承台斜截面受剪承载力

1) Ⅰ—Ⅰ截面

$V = 2 \times 596.9 = 1193.8 \text{ kN}$

$$\beta_{hs} = \left(\frac{800}{h_0}\right)^{1/4} = \left(\frac{800}{815}\right)^{1/4} = 0.9954$$

$a_x = 0.725 \text{ m}, \ \lambda_x = a_x/h_0 = 0.725/0.815 = 0.89,$

$$\alpha = \frac{1.75}{\lambda + 1.0} = \frac{1.75}{0.89 + 1.0} = 0.926$$

$\beta_{hs}\alpha f_t b_0 h_0 = 0.9954 \times 0.926 \times 1100 \times 2.0 \times 0.815 = 1652.7 \text{ kN}$

$V = 1193.8 \text{ kN} \le \beta_{hs}\alpha f_t b_0 h_0 = 1652.7 \text{ kN}$, 满足。

2) Ⅱ—Ⅱ截面

$V = 3200/2 = 1600 \text{ kN}$

$$\beta_{hs} = \left(\frac{800}{h_0}\right)^{1/4} = \left(\frac{800}{815}\right)^{1/4} = 0.9954$$

$a_y = 0.125 \text{ m}, \ \lambda_y = a_y/h_0 = 0.125/0.815 = 0.15 < 0.25,$

$\lambda_y = a_{0y}/h_0 = (0.6 - 0.3 - 0.35/2)/0.815 = 0.15 < 0.25$, 取 $\lambda_y = 0.25$, $a_{0y} = \lambda_y h_0 = 0.25$

$\times 0.815 = 0.20 \text{ m}$

$$\alpha = \frac{1.75}{\lambda + 1.0} = \frac{1.75}{0.25 + 1.0} = 1.40$$

$\beta_{hs}\alpha f_t b_0 h_0 = 0.9954 \times 1.40 \times 1100 \times 3.2 \times 0.815 = 3997.8 \text{ kN}$

$V = 1600 \text{ kN} \le \beta_{hs}\alpha f_t b_0 h_0 = 3997.8 \text{ kN}$, 满足。

4.7 桩基施工

4.7.1 灌注桩施工

一、施工准备

1. 灌注桩施工应具备下列资料：

1）建筑场地岩土工程勘察报告；

2）桩基工程施工图及图纸会审纪要；

3）建筑场地和邻近区域内的地下管线、地下构筑物、危房、精密仪器车间等的调查资料；

4）主要施工机械及其配套设备的技术性能资料；

5）桩基工程的施工组织设计；

6）水泥、砂、石、钢筋等原材料及其制品的质检报告；

7）有关荷载、施工工艺的试验参考资料。

2. 钻孔机具及工艺的选择，应根据桩型、钻孔深度、土层情况、泥浆排放及处理条件综合确定。

3. 施工组织设计应结合工程特点，有针对性地制定相应质量管理措施，主要应包括下列内容：

1）施工平面图：标明桩位、编号、施工顺序、水电线路和临时设施的位置；采用泥浆护壁成孔时，应标明泥浆制备设施及其循环系统；

2）确定成孔机械、配套设备以及合理施工工艺的有关资料，泥浆护壁灌注桩必须有泥浆处理措施；

3）施工作业计划和劳动力组织计划；

4）机械设备、备件、工具、材料供应计划；

5）桩基施工时，对安全、劳动保护、防火、防雨、防台风、爆破作业、文物和环境保护等方面应按有关规定执行；

6）保证工程质量、安全生产和季节性施工的技术措施。

4. 成桩机械必须经鉴定合格，不得使用不合格机械。

5. 施工前应组织图纸会审，会审纪要连同施工图等应作为施工依据，并应列入工程档案。

6. 桩基施工用的供水、供电、道路、排水、临时房屋等临时设施，必须在开工前准备就绪，施工场地应进行平整处理，保证施工机械正常作业。

7. 基桩轴线的控制点和水准点应设在不受施工影响的地方。开工前，经复核后应妥善保护，施工中应经常复测。

8. 用于施工质量检验的仪表、器具的性能指标，应符合现行国家相关标准的规定。

二、一般规定

1. 不同桩型的适用条件应符合下列规定：

1）泥浆护壁钻孔灌注桩宜用于地下水位以下的黏性土、粉土、砂土、填土、碎石土及风化岩层；

2）旋挖成孔灌注桩宜用于黏性土、粉土、砂土、填土、碎石土及风化岩层；

3）冲孔灌注桩除宜用于上述地质情况外，还能穿透旧基础、建筑垃圾填土或大孤石等障碍物。在岩溶发育地区应慎重使用，采用时，应适当加密勘察钻孔；

4）长螺旋钻孔压灌桩后插钢筋笼宜用于黏性土、粉土、砂土、填土、非密实的碎石类土、强风化岩；

5）干作业钻、挖孔灌注桩宜用于地下水位以上的黏性土、粉土、填土、中等密实以上的砂土、风化岩层；

6）在地下水位较高，有承压水的砂土层、滞水层、厚度较大的流塑状淤泥、淤泥质土层中不得选用人工挖孔灌注桩；

7）沉管灌注桩宜用于黏性土、粉土和砂土；夯扩桩宜用于桩端持力层为埋深不超过 20 m 的中、低压缩性黏性土、粉土、砂土和碎石类土。

在岩溶发育地区采用冲、钻孔桩应适当加密勘察钻孔。在较复杂的岩溶地段施工时经常会发生偏孔、掉钻、卡钻及泥浆流失等情况，所以应在施工前制定出相应的处理方案。

人工挖孔桩在地质、施工条件较差时，难以保证施工人员的安全工作条件，特别是遇有承压水、流动性淤泥层、流砂层时，易引发安全和质量事故，因此不得选用此种工艺。

2. 成孔设备就位后，必须平整、稳固，确保在成孔过程中不发生倾斜和偏移。应在成孔钻具上设置控制深度的标尺，并应在施工中进行观测记录。

3. 成孔的控制深度应符合下列要求：

1）摩擦型桩：摩擦桩应以设计桩长控制成孔深度；端承摩擦桩必须保证设计桩长及桩端进入持力层深度。当采用锤击沉管法成孔时，桩管入土深度控制应以标高为主，以贯入度控制为辅。

2）端承型桩：当采用钻（冲），挖掘成孔时，必须保证桩端进入持力层的设计深度；当采用锤击沉管法成孔时，沉管深度控制以贯入度为主，以设计持力层标高对照为辅。

4. 灌注桩成孔施工的允许偏差应满足《桩规》表 6.2.4 的要求。

5. 钢筋笼制作、安装的质量应符合下列要求：

1）钢筋笼的材质、尺寸应符合设计要求，制作允许偏差应符合表 6.2.5 的规定；

2）分段制作的钢筋笼，其接头宜采用焊接或机械式接头（钢筋直径大于 20 mm），并应遵守国家现行标准《钢筋机械连接通用技术规程》（JGJ 10）、《钢筋焊接及验收规程》（JGJ 18）和《混凝土结构工程施工质量验收规范》（GB 50204）的规定；

3）加劲箍宜设在主筋外侧，当因施工工艺有特殊要求时也可置于内侧；

4）导管接头处外径应比钢筋笼的内径小 100 mm 以上；

5）搬运和吊装钢筋笼时，应防止变形，安放应对准孔位，避免碰撞孔壁和自由落下，就位后应立即固定。

6. 粗骨料可选用卵石或碎石，其骨料粒径不得大于钢筋间距最小净距的 1/3。

7. 检查成孔质量合格后应尽快灌注混凝土。直径大于 1 m 或单桩混凝土量超过 25 m³ 的桩，每根桩桩身混凝土应留有 1 组试件；直径不大于 1 m 的桩或单桩混凝土量不超过 25 m³ 的桩，每个灌注台班不得少于 1 组；每组试件应留 3 件。

8. 桩在施工前，宜进行试成孔。

9. 灌注桩施工现场所有设备、设施、安全装置、工具配件以及个人劳保用品必须经常检查，确保完好和使用安全。

三、泥浆护壁成孔灌注桩

（一）泥浆的制备和处理

1. 除能自行造浆的黏性土层外，均应制备泥浆。泥浆制备应选用高塑性黏土或膨润土。泥浆应根据施工机械、工艺及穿越土层情况进行配合比设计。

2. 泥浆护壁应符合下列规定：

1）施工期间护筒内的泥浆面应高出地下水位 1 m 以上，在受水位涨落影响时，泥浆面应高出最高水位 1.5 m 以上；

2）在清孔过程中，应不断置换泥浆，直至浇注水下混凝土；

3）浇注混凝土前，孔底 500 mm 以内的泥浆比重应小于 1.25；含砂率不得大于 8%；黏度不得大于 28ss；

4）在容易产生泥浆渗漏的土层中应采取维持孔壁稳定的措施。

清孔后要求测定的泥浆指标有三项，即比重、含砂率和黏度。它们是影响混凝土灌注质量的主要指标。

3. 废弃的浆、渣应进行处理，不得污染环境。

（二）正、反循环钻孔灌注桩的施工

1. 对孔深较大的端承型桩和粗粒土层中的摩擦型桩，宜采用反循环工艺成孔或清孔，也可根据土层情况采用正循环钻进，反循环清孔。

2. 泥浆护壁成孔时，宜采用孔口护筒，护筒设置应符合下列规定：

1）护筒埋设应准确、稳定，护筒中心与桩位中心的偏差不得大于 50 mm；

2）护筒可用 4~8 mm 厚钢板制作，其内径应大于钻头直径 100 mm，上部宜开设 1~2 个溢浆孔；

3）护筒的埋设深度：在黏性土中不宜小于 1.0 m；砂土中不宜小于 1.5 m。护筒下端外侧应采用黏土填实；其高度尚应满足孔内泥浆面高度的要求；

4）受水位涨落影响或水下施工的钻孔灌注桩，护筒应加高加深，必要时应打入不透水层。

3. 当在软土层中钻进时，应根据泥浆补给情况控制钻进速度；在硬层或岩层中的钻进速度应以钻机不发生跳动为准。

4. 钻机设置的导向装置应符合下列规定：

1）潜水钻的钻头上应有不小于 3 倍直径长度的导向装置；

2）利用钻杆加压的正循环回转钻机，在钻具中应加设扶正器。

5. 如在钻进过程中发生斜孔、塌孔和护筒周围冒浆、失稳等现象时，应停钻，待采取相应措施后再进行钻进。

6. 钻孔达到设计深度，灌注混凝土之前，孔底沉渣厚度指标应符合下列规定：

1）对端承型桩，不应大于 50 mm；

2）对摩擦型桩，不应大于 100 mm；

3）对抗拔、抗水平力桩，不应大于 200 mm。

（三）冲击成孔灌注桩的施工

1. 在钻头锥顶和提升钢丝绳之间应设置保证钻头自动转向的装置。

2. 冲孔桩孔口护筒,其内径应大于钻头直径200 mm。

3. 冲击成孔质量控制应符合下列规定:

1)开孔时,应低锤密击,当表土为淤泥、细砂等软弱土层时,可加黏土块夹小片石反复冲击造壁,孔内泥浆面应保持稳定;

2)在各种不同的土层、岩层中成孔时,可按照表6.3.13的操作要点进行;

3)进入基岩后,应采用大冲程、低频率冲击,当发现成孔偏移时,应回填片石至偏孔上方300~500 mm处,然后重新冲孔;

4)当遇到孤石时,可预爆或采用高低冲程交替冲击,将大孤石击碎或挤入孔壁;

5)应采取有效的技术措施防止扰动孔壁、塌孔、扩孔、卡钻和掉钻及泥浆流失等事故;

6)每钻进4~5 m应验孔一次,在更换钻头前或容易缩孔处,均应验孔;

7)进入基岩后,非桩端持力层每钻进300~500 mm和桩端持力层每钻进100~300 mm时,应清孔取样一次,并应做记录。

4. 排渣可采用泥浆循环或抽渣筒等方法,当采用抽渣筒排渣时,应及时补给泥浆。

5. 冲孔中遇到斜孔、弯孔、梅花孔、塌孔及护筒周围冒浆、失稳等情况时,应停止施工,采取措施后方可继续施工。

6. 大直径桩孔可分级成孔,第一级成孔直径应为设计桩径的0.6~0.8倍。

7. 清孔宜按下列规定进行:

1)不易塌孔的桩孔,可采用空气吸泥清孔;

2)稳定性差的孔壁应采用泥浆循环或抽渣筒排渣,清孔后灌注混凝土之前的泥浆指标应符合(一)1条;

3)清孔时,孔内泥浆面应符合(一)2条的规定;

4)灌注混凝土前,孔底沉渣允许厚度应符合(二)6条的规定。

(四)旋挖成孔灌注桩的施工

1. 旋挖钻成孔灌注桩应根据不同的地层情况及地下水位埋深,采用干作业成孔和泥浆护壁成孔工艺,干作业成孔工艺可按第六节执行。

2. 泥浆护壁旋挖钻机成孔应配备成孔和清孔用泥浆及泥浆池(箱),在容易产生泥浆渗漏的土层中可采取提高泥浆比重、掺入锯末、增黏剂提高泥浆黏度等维持孔壁稳定的措施。

3. 泥浆制备的能力应大于钻孔时的泥浆需求量,每台套钻机的泥浆储备量不应少于单桩体积。

4. 旋挖钻机施工时,应保证机械稳定、安全作业,必要时可在场地辅设能保证其安全行走和操作的钢板或垫层(路基板)。

5. 每根桩均应安设钢护筒,护筒应满足(二)2条的规定。

6. 成孔前和每次提出钻斗时,应检查钻斗和钻杆连接销子、钻斗门连接销子以及钢丝绳的状况,并应清除钻斗上的渣土。

7. 旋挖钻机成孔应采用跳挖方式,钻斗倒出的土距桩孔口的最小距离应大于6 m,并应及时清除。应根据钻进速度同步补充泥浆,保持所需的泥浆面高度不变。

8. 钻孔达到设计深度时,应采用清孔钻头进行清孔,并应满足本规范(二)2条和(二)3条要求。孔底沉渣厚度控制指标应符合(二)6条规定。

旋挖钻机重量较大、机架较高、设备较昂贵,保证其安全作业很重要。强调其作业的注意事项，这是总结近几年的施工经验后得出的。

旋挖钻机成孔，孔底沉渣(虚土)厚度较难控制，目前积累的工程经验表明，采用旋挖钻机成孔时，应采用清孔钻头进行清渣清孔，并采用桩端后注浆工艺保证桩端承载力。

(五)水下混凝土的灌注

1. 钢筋笼吊装完毕后，应安置导管或气泵管二次清孔，并应进行孔位、孔径、垂直度、孔深、沉渣厚度等检验，合格后应立即灌注混凝土。

2. 水下灌注的混凝土应符合下列规定：

1)水下灌注混凝土必须具备良好的和易性，配合比应通过试验确定；坍落度宜为 180~220 mm；水泥用量不应少于 360 kg/m³(当掺入粉煤灰时水泥用量可不受此限)；

2)水下灌注混凝土的含砂率宜为 40%~50%，并宜选用中粗砂；粗骨料的最大粒径应小于 40 mm；

3)水下灌注混凝土宜掺外加剂。

3. 导管的构造和使用应符合下列规定：

1)导管壁厚不宜小于 3 mm，直径宜为 200~250 mm；直径制作偏差不应超过 2 mm，导管的分节长度可视工艺要求确定，底管长度不宜小于 4 m，接头宜采用双螺纹方扣快速接头；

2)导管使用前应试拼装、试压，试水压力可取为 0.6~1.0 MPa；

3)每次灌注后应对导管内外进行清洗。

4. 使用的隔水栓应有良好的隔水性能，并应保证顺利排出；隔水栓宜采用球胆或与桩身混凝土强度等级相同的细石混凝土制作。

5. 灌注水下混凝土的质量控制应满足下列要求：

1)开始灌注混凝土时，导管底部至孔底的距离宜为 300~500 mm；

2)应有足够的混凝土储备量，导管一次埋入混凝土灌注面以下不应少于 0.8 m；

3)导管埋入混凝土深度宜为 2~6 m。严禁将导管提出混凝土灌注面，并应控制提拔导管速度，应有专人测量导管埋深及管内外混凝土灌注面的高差，填写水下混凝土灌注记录；

4)灌注水下混凝土必须连续施工，每根桩的灌注时间应按初盘混凝土的初凝时间控制，对灌注过程中的故障应记录备案；

5)应控制最后一次灌注量，超灌高度宜为 0.8~1.0 m，凿除泛浆高度后必须保证暴露的桩顶混凝土强度达到设计等级。

四、长螺旋钻孔压灌桩

1. 当需要穿越老黏土、厚层砂土、碎石土以及塑性指数大于 25 的黏土时，应进行试钻。

2. 钻机定位后，应进行复检，钻头与桩位点偏差不得大于 20 mm，开孔时下钻速度应缓慢；钻进过程中，不宜反转或提升钻杆。

3. 钻进过程中，当遇到卡钻、钻机摇晃、偏斜或发生异常声响时，应立即停钻，查明原因，采取相应措施后方可继续作业。

4. 根据桩身混凝土的设计强度等级，应通过试验确定混凝土配合比；混凝土坍落度宜为 180~220 mm；粗骨料可采用卵石或碎石，最大粒径不宜大于 30 mm；可掺加粉煤灰或外加剂。

5. 混凝土泵应根据桩径选型，混凝土输送泵管布置宜减少弯道，混凝土泵与钻机的距离不宜超过 60 m。

6. 桩身混凝土的泵送压灌应连续进行,当钻机移位时,混凝土泵料斗内的混凝土应连续搅拌,泵送混凝土时,料斗内混凝土的高度不得低于 400 mm。

7. 混凝土输送泵管宜保持水平,当长距离泵送时,泵管下面应垫实。

8. 当气温高于 30℃时,宜在输送泵管上覆盖隔热材料,每隔一段时间应洒水降温。

9. 钻至设计标高后,应先泵入混凝土并停顿 10～20 s,再缓慢提升钻杆。提钻速度应根据土层情况确定,且应与混凝土泵送量相匹配,保证管内有一定高度的混凝土。

10. 在地下水位以下的砂土层中钻进时,钻杆底部活门应有防止进水的措施,压灌混凝土应连续进行。

11. 压灌桩的充盈系数宜为 1.0～1.2。桩顶混凝土超灌高度不宜小于 0.3～0.5 m。

12. 成桩后,应及时清除钻杆及泵(软)管内残留混凝土。长时间停置时,应采用清水将钻杆、泵管、混凝土泵清洗干净。

13. 混凝土压灌结束后,应立即将钢筋笼插至设计深度。钢筋笼插设宜采用专用插筋器。

长螺旋钻孔压灌桩成桩工艺是国内近年开发且使用较广的一种新工艺,适用于地下水位以上的黏性土、粉土、素填土、中等密实以上的砂土,属非挤土成桩工艺,该工艺有穿透力强、低噪音、无振动、无泥浆污染、施工效率高、质量稳定等特点。

长螺旋钻孔压灌桩成桩施工时,为提高混凝土的流动性,一般宜掺入粉煤灰。每方混凝土的粉煤灰掺量宜为 70～90 kg,坍落度应控制在 160～200 mm,这主要是考虑保证施工中混合料的顺利输送。坍落度过大,易产生泌水、离析等现象,在泵压作用下,骨料与砂浆分离,导致堵管。坍落度过小,混合料流动性差,也容易造成堵管。另外所用粗骨料石子粒径不宜大于 30 mm。

长螺旋钻孔压灌桩成桩,应准确掌握提拔钻杆时间,钻至预定标高后,开始泵送混凝土,管内空气从排气阀排出,待钻杆内管及输送软、硬管内混凝土达到连续时提钻。若提钻时间较晚,在泵送压力下钻头处的水泥浆液被挤出,容易造成管路堵塞。应杜绝在泵送混凝土前提拔钻杆,以免造成桩端处存在虚土或桩端混合料离析、端阻力减小。提拔钻杆中应连续泵料,特别是在饱和砂土、饱和粉土层中不得停泵待料,避免造成混凝土离析、桩身缩径和断桩,目前施工多采用商品混凝土或现场用两台 0.5 m³ 的强制式搅拌机拌制。

灌注桩后插钢筋笼工艺近年有较大发展,插笼深度提高到目前 20～30 m,较好地解决了地下水位以下压灌桩的配筋问题。但后插钢筋笼的导向问题没有得到很好地解决,施工时应注意根据具体条件采取综合措施控制钢筋笼的垂直度和保护层有效厚度。

五、沉管灌注桩和内夯沉管灌注桩

(一)锤击沉管灌注桩施工

1. 锤击沉管灌注桩施工应根据土质情况和荷载要求,分别选用单打法、复打法或反插法。

2. 锤击沉管灌注桩施工应符合下列规定:

1)群桩基础的基桩施工,应根据土质、布桩情况,采取消减负面挤土效应的技术措施,确保成桩质量;

2)桩管、混凝土预制桩尖或钢桩尖的加工质量和埋设位置应与设计相符,桩管与桩尖的接触应有良好的密封性。

3. 灌注混凝土和拔管的操作控制应符合下列规定:

1)沉管至设计标高后，应立即检查和处理桩管内的进泥、进水和吞桩尖等情况，并立即灌注混凝土；

2)当桩身配置局部长度钢筋笼时，第一次灌注混凝土应先灌至笼底标高，然后放置钢筋笼，再灌至桩顶标高。第一次拔管高度应以能容纳第二次灌入的混凝土量为限，不应拔得过高。在拔管过程中应采用测锤或浮标检测混凝土面的下降情况；

3)拔管速度应保持均匀，对一般土层拔管速度宜为 1 m/min，在软弱土层和软硬土层交界处拔管速度宜控制在 0.3～0.8 m/min；

4)采用倒打拔管的打击次数，单动汽锤不得少于 50 次/min，自由落锤小落距轻击不得少于 40 次/min；在管底未拔至桩顶设计标高之前，倒打和轻击不得中断。

4.混凝土的充盈系数不得小于1.0；对于充盈系数小于1.0的桩，应全长复打，对可能断桩和缩颈桩，应采用局部复打。成桩后的桩身混凝土顶面应高于桩顶设计标高500 mm 以内。全长复打时，桩管入土深度宜接近原桩长，局部复打应超过断桩或缩颈区 1 m 以上。

5.全长复打桩施工时应符合下列规定：

1)第一次灌注混凝土应达到自然地面；

2)拔管过程中应及时清除黏在管壁上和散落在地面上的混凝土；

3)初打与复打的桩轴线应重合；

4)复打施工必须在第一次灌注的混凝土初凝之前完成。

6.混凝土的坍落度宜采用 80～100 mm。

（二）振动、振动冲击沉管灌注桩施工

1.振动、振动冲击沉管灌注桩应根据土质情况和荷载要求，分别选用单打法、复打法、反插法等。单打法可用于含水量较小的土层，且宜采用预制桩尖；反插法及复打法可用于饱和土层。

2.振动、振动冲击沉管灌注桩单打法施工的质量控制应符合下列规定：

1)必须严格控制最后 30 s 的电流、电压值，其值按设计要求或根据试桩和当地经验确定；

2)桩管内灌满混凝土后，应先振动 5～10 s，再开始拔管，应边振边拔，每拔出 0.5～1.0 m，停拔，振动 5～10 s；如此反复，直至桩管全部拔出；

3)在一般土层内，拔管速度宜为 1.2～1.5 m/min，用活瓣桩尖时宜慢，用预制桩尖时可适当加快；在软弱土层中宜控制在 0.6～0.8 m/min。

3.振动、振动冲击沉管灌注桩反插法施工的质量控制应符合下列规定：

1)桩管灌满混凝土后，先振动再拔管，每次拔管高度 0.5～1.0 m，反插深度 0.3～0.5 m；在拔管过程中，应分段添加混凝土，保持管内混凝土面始终不低于地表面或高于地下水位 1.0～1.5 m 以上，拔管速度应小于 0.5 m/min；

2)在距桩尖处 1.5 m 范围内，宜多次反插以扩大桩端部断面；

3)穿过淤泥夹层时，应减慢拔管速度，并减少拔管高度和反插深度，在流动性淤泥中不宜使用反插法。

4.振动、振动冲击沉管灌注桩复打法的施工要求可按(一)4 和(一)5 执行。

（三）内夯沉管灌注桩施工

1.当采用外管与内夯管结合锤击沉管进行夯压、扩底、扩径时，内夯管应比外管短100

mm，内夯管底端可采用闭口平底或闭口锥底（图4-29）。

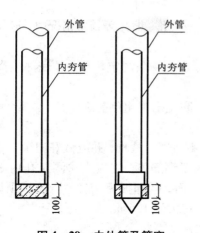

图4-29　内外管及管塞
（a）平底内夯管；（b）锥底内夯管

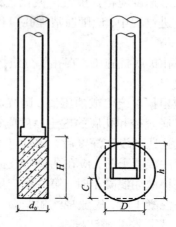

图4-30　扩底端

2. 外管封底可采用干硬性混凝土、无水混凝土配料，经夯击形成阻水、阻泥管塞，其高度可为100 mm。当内、外管间不会发生间隙涌水、涌泥时，亦可不采用上述封底措施。

3. 桩端夯扩头平均直径可按下列公式估算：

一次夯扩

$$D_1 = d_0 \sqrt{\frac{H_1 + h_1 - C_1}{h_1}} \qquad (4-71a)$$

二次夯扩

$$D_2 = d_0 \sqrt{\frac{H_1 + H_2 + h_2 - C_1 - C_2}{h_2}} \qquad (4-71b)$$

式中，D_1，D_2——第一次、第二次夯扩扩头平均直径（m）；

d_0——外管直径（m）；

H_1，H_2——第一次、第二次夯扩工序中，外管内灌注混凝土面从桩底算起的高度（m）；

h_1，h_2——第一次、第二次夯扩工序中，外管从桩底算起的上拔高度（m），分别可取 $H_1/2$，$H_2/2$；

C_1，C_2——第一次、第二次夯扩工序中，内外管同步下沉至离桩底的距离，均可取为0.2 m（图4-30）。

4. 桩身混凝土宜分段灌注；拔管时内夯管和桩锤应施压于外管中的混凝土顶面，边压边拔。

5. 施工前宜进行试成桩，并应详细记录混凝土的分次灌注量、外管上拔高度、内管夯击次数、双管同步沉入深度，并应检查外管的封底情况，有无进水、涌泥等，经核定后可作为施工控制依据。

六、干作业成孔灌注桩

（一）钻孔（扩底）灌注桩施工

1. 钻孔时应符合下列规定：

1）钻杆应保持垂直稳固，位置准确，防止因钻杆晃动引起扩大孔径；

2）钻进速度应根据电流值变化，及时调整；

3）钻进过程中，应随时清理孔口积土，遇到地下水、塌孔、缩孔等异常情况时，应及时处理。

2. 钻孔扩底桩施工，直孔部分应按（一）1、（一）3、（一）4条规定执行，扩底部位尚应符合下列规定：

1）应根据电流值或油压值，调节扩孔刀片削土量，防止出现超负荷现象；

2）扩底直径和孔底的虚土厚度应符合设计要求。

3. 成孔达到设计深度后，孔口应予保护，应按二、4条规定验收，并应做好记录。

4. 灌注混凝土前，应在孔口安放护孔漏斗，然后放置钢筋笼，并应再次测量孔内虚土厚度。扩底桩灌注混凝土时，第一次应灌到扩底部位的顶面，随即振捣密实；浇注桩顶以下5 m范围内混凝土时，应随浇注随振动，每次浇注高度不得大于1.5 m。

（二）人工挖孔灌注桩施工

1. 人工挖孔桩的孔径（不含护壁）不得小于0.8 m，且不宜大于2.5 m；孔深不宜大于30 m。当桩净距小于2.5 m时，应采用间隔开挖。相邻排桩跳挖的最小施工净距不得小于4.5 m。

2. 人工挖孔桩混凝土护壁的厚度不应小于100 mm，混凝土强度等级不应低于桩身混凝土强度等级，并应振捣密实；护壁应配置直径不小于8 mm的构造钢筋，竖向筋应上下搭接或拉接。

3. 人工挖孔桩施工应采取下列安全措施：

1）孔内必须设置应急软爬梯供人员上下；使用的电葫芦、吊笼等应安全可靠，并配有自动卡紧保险装置，不得使用麻绳和尼龙绳吊挂或脚踏井壁凸缘上下。电葫芦宜用按钮式开关，使用前必须检验其安全起吊能力；

2）每日开工前必须检测井下的有毒、有害气体，并应有足够的安全防范措施。当桩孔开挖深度超过10 m时，应有专门向井下送风的设备，风量不宜少于25 L/s；

3）孔口四周必须设置护栏，护栏高度宜为0.8 m；

4）挖出的土石方应及时运离孔口，不得堆放在孔口周边1.0 m范围内，机动车辆的通行不得对井壁的安全造成影响；

5）施工现场的一切电源、电路的安装和拆除必须遵守现行行业标准《施工现场临时用电安全技术规范》（JGJ46）的规定。

4. 开孔前，桩位应准确定位放样，在桩位外设置定位基准桩，安装护壁模板必须用桩中心点校正模板位置，并应由专人负责。

5. 第一节井圈护壁应符合下列规定：

1）井圈中心线与设计轴线的偏差不得大于20 mm；

2）井圈顶面应比场地高出100～150 mm，壁厚应比下面井壁厚度增加100～150 mm。

6. 修筑井圈护壁应符合下列规定：

1）护壁的厚度、拉接钢筋、配筋、混凝土强度等级均应符合设计要求；

2）上下节护壁的搭接长度不得小于50 mm；

3）每节护壁均应在当日连续施工完毕；

4）护壁混凝土必须保证振捣密实，应根据土层渗水情况使用速凝剂；

5）护壁模板的拆除应在灌注混凝土 24 h 之后；

6）发现护壁有蜂窝、漏水现象时，应及时补强；

7）同一水平面上的井圈任意直径的极差不得大于 50 mm。

7. 当遇有局部或厚度不大于 1.5 m 的流动性淤泥和可能出现涌土涌砂时，护壁施工可按下列方法处理：

1）将每节护壁的高度减小到 300～500 mm，并随挖、随验、随灌注混凝土；

2）采用钢护筒或有效的降水措施。

8. 挖至设计标高，终孔后应清除护壁上的泥土和孔底残渣、积水，并应进行隐蔽工程验收。验收合格后，应立即封底和灌注桩身混凝土。

9. 灌注桩身混凝土时，混凝土必须通过溜槽；当落距超过 3 m 时，应采用串筒，串筒末端距孔底高度不宜大于 2 m；也可采用导管泵送；混凝土宜采用插入式振捣器振实。

10. 当渗水量过大时，应采取场地截水、降水或水下灌注混凝土等有效措施。严禁在桩孔中边抽水边开挖边灌注，包括相邻桩的灌注。

七、灌注桩后注浆

1. 灌注桩后注浆工法可用于各类钻、挖、冲孔灌注桩及地下连续墙的沉渣（虚土）、泥皮和桩底、桩侧一定范围土体的加固。

灌注桩桩底后注浆和桩侧后注浆技术具有以下特点：一是桩底注浆采用管式单向注浆阀，有别于构造复杂的注浆预载箱、注浆囊、U 形注浆管，实施开敞式注浆，其竖向导管可与桩身完整性声速检测兼用，注浆后可代替纵向主筋；二是桩侧注浆是外置于桩土界面的弹性注浆管阀，不同于设置于桩身内的袖阀式注浆管，可实现桩身无损注浆。注浆装置安装简便、成本较低、可靠性高，适用于不同钻具成孔的锥形和平底孔型。

灌注桩后注浆（cast-in-place pile post grouting，简写 PPG）是灌注桩的辅助工法。该技术旨在通过桩底桩侧后注浆固化沉渣（虚土）和泥皮，并加固桩底和桩周一定范围的土体，以大幅提高桩的承载力，增强桩的质量稳定性，减小桩基沉降。对于干作业的钻、挖孔灌注桩，经实践表明均取得良好成效。故本规定适用于除沉管灌注桩外的各类钻、挖、冲孔灌注桩。该技术目前已应用于全国二十多个省市的数以千计的桩基工程中。

2. 后注浆装置的设置应符合下列规定：

1）后注浆导管应采用钢管，且应与钢筋笼加劲筋绑扎固定或焊接；

2）桩端后注浆导管及注浆阀数量宜根据桩径大小设置。对于直径不大于 1200 mm 的桩，宜沿钢筋笼圆周对称设置 2 根；对于直径大于 1200 mm 而不大于 2500 mm 的桩，宜对称设置 3 根；

3）对于桩长超过 15 m 且承载力增幅要求较高者，宜采用桩端桩侧复式注浆。桩侧后注浆管阀设置数量应综合地层情况、桩长和承载力增幅要求等因素确定，可在离桩底 5～15 m 以上、桩顶 8 m 以下，每隔 6～12 m 设置一道桩侧注浆阀，当有粗粒土时，宜将注浆阀设置于粗粒土层下部，对于干作业成孔灌注桩宜设于粗粒土层中部；

4）对于非通长配筋桩，下部应有不少于 2 根与注浆管等长的主筋组成的钢筋笼通底；

5）钢筋笼应沉放到底，不得悬吊，下笼受阻时不得撞笼、墩笼、扭笼。

3. 后注浆阀应具备下列性能：

1)注浆阀应能承受 1 MPa 以上静水压力；注浆阀外部保护层应能抵抗砂石等硬质物的刮撞而不致使管阀受损；

2)注浆阀应具备逆止功能。

4. 浆液配比、终止注浆压力、流量、注浆量等参数设计应符合下列规定：

1)浆液的水灰比应根据土的饱和度、渗透性确定，对于饱和土水灰比宜为 0.45 ~ 0.65，对于非饱和土水灰比宜为 0.7 ~ 0.9(松散碎石土、砂砾宜为 0.5 ~ 0.6)；低水灰比浆液宜掺入减水剂；

2)桩端注浆终止注浆压力应根据土层性质及注浆点深度确定，对于风化岩、非饱和黏性土及粉土，注浆压力宜为 3 ~ 10 MPa；对于饱和土层注浆压力宜为 1.2 ~ 4 MPa，软土宜取低值，密实黏性土宜取高值；

3)注浆流量不宜超过 75 L/min；

4)单桩注浆量的设计应根据桩径、桩长、桩端桩侧土层性质、单桩承载力增幅及是否复式注浆等因素确定，可按下式估算：

$$G_c = \alpha_p d + \alpha_s n d \tag{4 - 72}$$

式中，α_p，α_s——桩端、桩侧注浆量经验系数，$\alpha_p = 1.5 ~ 1.8$，$\alpha_s = 0.5 ~ 0.7$；对于卵、砾石、中粗砂取较高值；

d——基桩设计直径(m)；

n——桩侧注浆断面数；

G_c——注浆量，以水泥质量计(t)。

对独立单桩、桩距大于 $6d$ 的群桩和群桩初始注浆的数根基桩的注浆量应按上述估算值乘以 1.2 的系数；

5)后注浆作业开始前，宜进行注浆试验，优化并最终确定注浆参数。

浆液水灰比是根据大量工程实践经验提出的。水灰比过大容易造成浆液流失，降低后注浆的有效性，水灰比过小会增大注浆阻力，降低可注性，乃至转化为压密注浆。因此，水灰比的大小应根据土层类别、土的密实度、土是否饱和诸因素确定。当浆液水灰比不超过 0.5 时，加入减水、微膨胀等外加剂在于增加浆液的流动性和对土体的增强效应。确保最佳注浆量是确保桩的承载力增幅达到要求的重要因素，过量注浆会增加不必要的消耗，应通过试注浆确定。这里推荐的用于预估注浆量公式是以大量工程经验确定有关参数推导提出的。

5. 后注浆作业起始时间、顺序和速率应符合下列规定：

1)注浆作业宜于成桩 $2d$ 后开始；

2)注浆作业与成孔作业点的距离不宜小于 8 ~ 10 m；

3)对于饱和土中的复式注浆顺序宜先桩侧后桩端；对于非饱和土宜先桩端后桩侧；多断面桩侧注浆应先上后下；桩侧桩端注浆间隔时间不宜少于 2 h；

4)桩端注浆应对同一根桩的各注浆导管依次实施等量注浆；

5)对于桩群注浆宜先外围、后内部。

关于注浆作业起始时间和顺序的规定是大量工程实践经验的总结，对于提高后注浆的可靠性和有效性至关重要。

6. 当满足下列条件之一时可终止注浆：

1)注浆总量和注浆压力均达到设计要求；

2)注浆总量已达到设计值的75%，且注浆压力超过设计值。

7. 当注浆压力长时间低于正常值或地面出现冒浆或周围桩孔串浆，应改为间歇注浆，间歇时间宜为30~60 min，或调低浆液水灰比。

8. 后注浆施工过程中，应经常对后注浆的各项工艺参数进行检查，发现异常应采取相应处理措施。当注浆量等主要参数达不到设计值时，应根据工程具体情况采取相应措施。

9. 后注浆桩基工程质量检查和验收应符合下列要求：

1)后注浆施工完成后应提供水泥材质检验报告、压力表检定证书、试注浆记录、设计工艺参数、后注浆作业记录、特殊情况处理记录等资料；

2)在桩身混凝土强度达到设计要求的条件下，承载力检验应在后注浆20d后进行，浆液中掺入早强剂时可于注浆15d后进行。

规定终止注浆的条件是为了保证后注浆的预期效果及避免无效过量注浆。采用间歇注浆的目的是通过一定时间的休止使已压入浆提高抗浆液流失阻力，并通过调整水灰比消除规定中所述的两种不正常现象。实践过程曾发生过高压输浆管接口松脱或爆管而伤人的事故，因此，操作人员应采取相应的安全防护措施。

4.7.2 混凝土预制桩与钢桩施工

一、混凝土预制桩的制作

1. 混凝土预制桩可在施工现场预制，预制场地必须平整、坚实。

2. 制桩模板宜采用钢模板，模板应具有足够刚度，并应平整，尺寸应准确。

3. 钢筋骨架的主筋连接宜采用对焊和电弧焊，当钢筋直径不小于20 mm时，宜采用机械接头连接。主筋接头配置在同一截面内的数量，应符合下列规定：

1)当采用对焊或电弧焊时，对于受拉钢筋，不得超过50%；

2)相邻两根主筋接头截面的距离应大于$35d_g$(d_g为主筋直径)，并不应小于50 mm；

3)必须符合现行行业标准《钢筋焊接及验收规程》(JGJ 18)和《钢筋机械连接通用技术规程》(JGJ 107)的规定。

4. 预制桩钢筋骨架的允许偏差应符合表4-26的规定。

表4-26 预制桩钢筋骨架的允许偏差

项目	允许偏差(mm)
主筋间距	±5
桩尖中心线	10
箍筋间距或螺旋筋的螺距	±20
吊环沿纵轴线方向	±20
吊环沿垂直于纵轴线方向	±20
吊环露出桩表面的高度	±10
主筋距桩顶距离	±5
桩顶钢筋网片位置	±10
多节桩桩顶预埋件位置	±3

5. 确定桩的单节长度时应符合下列规定：

1）满足桩架的有效高度、制作场地条件、运输与装卸能力；

2）避免在桩尖接近或处于硬持力层中时接桩。

桩尖停在硬层内接桩，如电焊连接耗时较长，桩周摩阻得到恢复，使进一步锤击发生困难。对于静力压桩，则沉桩更困难，甚至压不下去。若采用机械式快速接头，则可避免这种情况。

6. 灌注混凝土预制桩时，宜从桩顶开始灌筑，并应防止另一端的砂浆积聚过多。

7. 锤击预制桩的骨料粒径宜为 5～40 mm。

8. 锤击预制桩，应在强度与龄期均达到要求后，方可锤击。

根据实践经验，凡达强度与龄期的预制桩大都能顺利打入土中，很少打裂；而仅满足强度不满足龄期的预制桩打裂或打断的比例较大。为使沉桩顺利进行，应做到强度与龄期双控。

9. 重叠法制作预制桩时，应符合下列规定：

1）桩与邻桩及底模之间的接触面不得黏连；

2）上层桩或邻桩的浇注，必须在下层桩或邻桩的混凝土达到设计强度的 30% 以上时，方可进行；

3）桩的重叠层数不应超过 4 层。

10. 混凝土预制桩的表面应平整、密实，制作允许偏差应符合表 4-27 的规定。

表 4-27 混凝土预制桩制作允许偏差

桩 型	项 目	允许偏差(mm)
钢筋混凝土实心桩	横截面边长	±5
	桩顶对角线之差	≤5
	保护层厚度	±5
	桩身弯曲矢高	不大于1‰桩长且不大于20
	桩尖偏心	≤10
	桩端面倾斜	≤0.005
	桩节长度	±20
钢筋混凝土管桩	直径	±5
	长度	±5%L
	管壁厚度	-5
	保护层厚度	+10, -5
	桩身弯曲(度)矢高	$L/1000$
	桩尖偏心	≤10
	桩头板平整度	≤2
	桩头板偏心	≤2

11.《桩规》未作规定的预应力混凝土桩的其他要求及离心混凝土强度等级评定方法，应符合国家现行标准《先张法预应力混凝土管桩》(GB/T 13476),《先张法预应力混凝土薄壁管桩》(JC 888)和《预应力混凝土空心方桩》(JG 197)的规定。

二、混凝土预制桩的起吊、运输和堆放

1. 混凝土实心桩的吊运应符合下列规定：

1) 混凝土设计强度达到 70% 及以上方可起吊，达到 100% 方可运输；

2) 桩起吊时应采取相应措施，保证安全平稳，保护桩身质量；

3) 水平运输时，应做到桩身平稳放置，严禁在场地上直接拖拉桩体。

2. 预应力混凝土空心桩的吊运应符合下列规定：

1) 出厂前应作出厂检查，其规格、批号、制作日期应符合所属的验收批号内容；

2) 在吊运过程中应轻吊轻放，避免剧烈碰撞；

3) 单节桩可采用专用吊钩勾住桩两端内壁直接进行水平起吊；

4) 运至施工现场时应进行检查验收，严禁使用质量不合格及在吊运过程中产生裂缝的桩。

3. 预应力混凝土空心桩的堆放应符合下列规定：

1) 堆放场地应平整坚实，最下层与地面接触的垫木应有足够的宽度和高度。堆放时桩应稳固，不得滚动；

2) 应按不同规格、长度及施工流水顺序分别堆放；

3) 当场地条件许可时，宜单层堆放；当叠层堆放时，外径为 500～600 mm 的桩不宜超过 4 层，外径为 300～400 mm 的桩不宜超过 5 层；

4) 叠层堆放桩时，应在垂直于桩长度方向的地面上设置 2 道垫木，垫木应分别位于距桩端 0.2 倍桩长处；底层最外缘的桩应在垫木处用木楔塞紧；

5) 垫木宜选用耐压的长木枋或枕木，不得使用有棱角的金属构件。

4. 取桩应符合下列规定：

1) 当桩叠层堆放超过 2 层时，应采用吊机取桩，严禁拖拉取桩；

2) 三点支撑自行式打桩机不应拖拉取桩。

三、混凝土预制桩的接桩

1. 桩的连接可采用焊接、法兰连接或机械快速连接(螺纹式、啮合式)。

2. 接桩材料应符合下列规定：

1) 焊接接桩：钢钣宜采用低碳钢，焊条宜采用 E43；并应符合现行行业标准《建筑钢结构焊接技术规程》(JGJ 81)要求。接头宜采用探伤检测，同一工程检测量不得少于 3 个接头。

2) 法兰接桩：钢钣和螺栓宜采用低碳钢。

3. 采用焊接接桩除应符合现行行业标准《建筑钢结构焊接技术规程》(JGJ 81)的有关规定外，尚应符合下列规定：

1) 下节桩段的桩头宜高出地面 0.5 m；

2) 下节桩的桩头处宜设导向箍。接桩时上下节桩段应保持顺直，错位偏差不宜大于 2 mm。接桩就位纠偏时，不得采用大锤横向敲打；

3) 桩对接前，上下端板表面应采用铁刷子清刷干净，坡口处应刷至露出金属光泽；

4) 焊接宜在桩四周对称地进行，待上下桩节固定后拆除导向箍再分层施焊；焊接层数不得少于 2 层，第一层焊完后必须把焊渣清理干净，方可进行第二层（的）施焊，焊缝应连续、饱满；

5）焊好后的桩接头应自然冷却后方可继续锤击，自然冷却时间不宜少于 8 min；严禁采用水冷却或焊好即施打；

6）雨天焊接时，应采取可靠的防雨措施；

7）焊接接头的质量检查，对于同一工程探伤抽样检验不得少于 3 个接头。

4. 采用机械快速螺纹接桩的操作与质量应符合下列规定：

1）安装前应检查桩两端制作的尺寸偏差及连接件，无受损后方可起吊施工，其下节桩端宜高出地面 0.8 m；

2）接桩时，卸下上下节桩两端的保护装置后，应清理接头残物，涂上润滑脂；

3）应采用专用接头锥度对中，对准上下节桩进行旋紧连接；

4）可采用专用链条式板手进行旋紧，（臂长 1 m 卡紧后人工旋紧再用铁锤敲击板臂，）锁紧后两端板尚应有 1～2 mm 的间隙。

5. 采用机械啮合接头接桩的操作与质量应符合下列规定：

1）将上下接头钣清理干净，用扳手将已涂抹沥青涂料的连接销逐根旋入上节桩Ⅰ型端头钣的螺栓孔内，并用钢模板调整好连接销的方位；

2）剔除下节桩Ⅱ型端头钣连接槽内泡沫塑料保护块，在连接槽内注入沥青涂料，并在端头钣面周边抹上宽度 20 mm、厚度 3 mm 的沥青涂料；当地基土、地下水含中等以上腐蚀介质时，桩端钣板面应满涂沥青涂料；

3）将上节桩吊起，使连接销与Ⅱ型端头钣上各连接口对准，随即将连接销插入连接槽内；

4）加压使上下节桩的桩头钣接触，接桩完成。

四、锤击沉桩

1. 沉桩前必须处理空中和地下障碍物，场地应平整，排水应畅通，并应满足打桩所需的地面承载力。

2. 桩锤的选用应根据地质条件、桩型、桩的密集程度、单桩竖向承载力及现有施工条件等因素确定，也可按《桩规》附录 H 选用。

3. 桩打入时应符合下列规定：

1）桩帽或送桩帽与桩周围的间隙应为 5～10 mm；

2）锤与桩帽、桩帽与桩之间应加设硬木、麻袋、草垫等弹性衬垫；

3）桩锤、桩帽或送桩帽应和桩身在同一中心线上；

4）桩插入时的垂直度偏差不得超过 0.5%。

桩帽或送桩帽的规格应与桩的断面相适应，太小会将桩顶打碎，太大易造成偏心锤击。插桩应控制其垂直度，才能确保沉桩的垂直度，重要工程插桩均应采用二台经纬仪从两个方向控制垂直度。

4. 打桩顺序要求应符合下列规定：

1）对于密集桩群，自中间向两个方向或四周对称施打；

2）当一侧毗邻建筑物时，由毗邻建筑物处向另一方向施打；

3）根据基础的设计标高，宜先深后浅；

4）根据桩的规格，宜先大后小，先长后短。

沉桩顺序是沉桩施工方案的一项重要内容。以往施工单位不注意合理安排沉桩顺序造成事故的事例很多，如桩位偏移、桩体上涌、地面隆起过多、建筑物破坏等。

5. 打入桩（预制混凝土方桩、预应力混凝土空心桩、钢桩）的桩位偏差，应符合表 4 – 28 的规定。斜桩倾斜度的偏差不得大于倾斜角正切值的 15%（倾斜角系桩的纵向中心线与铅垂线间夹角）。

表 4 – 28　打入桩桩位的允许偏差

项目		允许偏差（mm）
带有基础梁的桩	垂直基础梁的中心线	$100 + 0.01H$
	沿基础梁的中心线	$150 + 0.01H$
桩数为 1 ~ 3 根桩基中的桩		100
桩数为 4 ~ 16 根桩基中的桩		1/2 桩径或边长
桩数大于 16 根桩基中的桩	最外边的桩	1/3 桩径或边长
	中间桩	1/2 桩径或边长

注：H 为施工现场地面标高与桩顶设计标高的距离。

6. 桩终止锤击的控制应符合下列规定：

1）当桩端位于一般土层时，应以控制桩端设计标高为主，贯入度为辅；

2）桩端达到坚硬、硬塑的黏性土、中密以上粉土、砂土、碎石类土及风化岩时，应以贯入度控制为主，桩端标高为辅；

3）贯入度已达到设计要求而桩端标高未达到时，应继续锤击 3 阵，并按每阵 10 击的贯入度不应大于设计规定的数值确认，必要时，施工控制贯入度应通过试验确定。

本条所规定的停止锤击的控制原则适用于一般情况，实践中也存在某些特例。如软土中的密集桩群，由于大量桩沉入土中产生挤土效应，对后续桩的沉桩带来困难，如坚持按设计标高控制很难实现。按贯入度控制的桩，有时也会出现满足不了设计要求的情况。对于重要建筑，强调贯入度和桩端标高均达到设计要求，即实行双控是必要的。因此确定停锤标准是较复杂的，宜借鉴经验与通过静载试验综合确定停锤标准。

7. 当遇到贯入度剧变，桩身突然发生倾斜、位移或有严重回弹、桩顶或桩身出现严重裂缝、破碎等情况时，应暂停打桩，并分析原因，采取相应措施。

8. 当采用射水法沉桩时，应符合下列规定：

1）射水法沉桩宜用于砂土和碎石土；

2）沉桩至最后 1 ~ 2 m 时，应停止射水，并采用锤击至规定标高，终锤控制标准可按四、6 条有关规定执行。

9. 施打大面积密集桩群时，可采取下列辅助措施：

1）对预钻孔沉桩，预钻孔孔径可比桩径（或方桩对角线）小 50 ~ 100 mm，深度可根据桩距和土的密实度、渗透性确定，宜为桩长的 1/3 ~ 1/2；施工时应随钻随打；桩架宜具备钻孔锤击双重性能；

2）应设置袋装砂井或塑料排水板。袋装砂井直径宜为 70～80 mm，间距宜为 1.0～1.5 m，深度宜为 10～12 m；塑料排水板的深度、间距与袋装砂井相同；

3）应设置隔离板桩或地下连续墙；

4）可开挖地面防震沟，并可与其他措施结合使用。防震沟沟宽可取 0.5～0.8 m，深度按土质情况决定；

5）应限制打桩速率；

6）沉桩结束后，宜普遍实施一次复打；

7）沉桩过程中应加强邻近建筑物、地下管线等的观测、监护。

10. 预应力混凝土管桩的总锤击数及最后 1.0 m 沉桩锤击数应根据当地工程经验确定。

11. 锤击沉桩送桩应符合下列规定：

1）送桩深度不宜大于 2.0 m；

2）当桩顶打至接近地面需要送桩时，应测出桩的垂直度并检查桩顶质量，合格后应及时送桩；

3）送桩的最后贯入度应参考相同条件下不送桩时的最后贯入度并修正；

4）送桩后遗留的桩孔应立即回填或覆盖。

5）当送桩深度超过 2.0 m 且不大于 6.0 m 时，打桩机应为三点支撑履带自行式或步履式柴油打桩机；桩帽和桩锤之间应用竖纹硬木或盘圆层叠的钢丝绳作"锤垫"，其厚度宜取 150～200 mm。

12. 送桩器及衬垫设置应符合下列规定：

1）送桩器宜做成圆筒形，并应有足够的强度、刚度和耐打性。送桩器长度应满足送桩深度的要求，弯曲度不得大于 1/1000；

2）送桩器上下两端面应平整，且与送桩器中心轴线相垂直；

3）送桩器下端面应开孔，使空心桩内腔与外界连通；

4）送桩器应与桩匹配。套筒式送桩器下端的套筒深度宜取 250～350 mm，套管内径应比桩外径大 20～30 mm，插销式送桩器下端的插销长度宜取 200～300 mm，杆销外径应比（管）桩内径小 20～30 mm。对于腔内存有余浆的管桩，不宜采用插销式送桩器；

5）送桩作业时，送桩器与桩头之间应设置 1～2 层麻袋或硬纸板等衬垫。内填弹性衬垫压实后的厚度不宜小于 60 mm。

13. 施工现场应配备桩身垂直度观测仪器（长条水准尺或经纬仪）和观测人员，随时量测桩身的垂直度。

五、静压沉桩

1. 采用静压沉桩时，场地地基承载力不应小于压桩机接地压强的 1.2 倍，且场地应平整。

2. 静力压桩宜选择液压式和绳索式压桩工艺；宜根据单节桩的长度选用顶压式液压压桩机和抱压式液压压桩机。

3. 选择压桩机的参数应包括下列内容：

1）压桩机型号、桩机质量（不含配重）、最大压桩力等；

2）压桩机的外型尺寸及拖运尺寸；

3）压桩机的最小边桩距及最大压桩力；

4）长、短船型履靴的接地压强；

5）夹持机构的型式；

6）液压油缸的数量、直径，率定后的压力表读数与压桩力的对应关系；

7）吊桩机构的性能及吊桩能力。

4. 压桩机的每件配重必须用量具核实，并将其质量标记在该件配重的外露表面；液压式压桩机的最大压桩力应取压桩机的机架重量和配重之和乘以 0.9。

5. 当边桩空位不能满足中置式压桩机施压条件时，宜利用压边桩机构或选用前置式液压压桩机进行压桩，但此时应估计最大压桩能力减少造成的影响。

6. 当设计要求或施工需要采用引孔法压桩时，应配备螺旋钻孔机，或在压桩机上配备专用的螺旋钻。当桩端持力层需进入较坚硬的岩层时，应配备可入岩的钻孔桩机或冲孔桩机。

7. 最大压桩力不得小于设计的单桩竖向极限承载力标准值，必要时可由现场试验确定。

8. 静力压桩施工的质量控制应符合下列规定：

1）第一节桩下压时垂直度偏差不应大于 0.5%；

2）宜将每根桩一次性连续压到底，且最后一节有效桩长不宜小于 5 m；

3）抱压力不应大于桩身允许侧向压力的 1.1 倍。

9. 终压条件应符合下列规定：

1）应根据现场试压桩的试验结果确定终压力标准；

2）终压连续复压次数应根据桩长及地质条件等因素确定。对于入土深度大于或等于 8 m 的桩，复压次数可为 2~3 次；对于入土深度小于 8 m 的桩，复压次数可为 3~5 次；

3）稳压压桩力不得小于终压力，稳定压桩的时间宜为 5~10 s。

10. 压桩顺序宜根据场地工程地质条件确定，并应符合下列规定：

1）对于场地地层中局部含砂、碎石、卵石时，宜先对该区域进行压桩；

2）当持力层埋深或桩的入土深度差别较大时，宜先施压长桩后施压短桩。

11. 压桩过程中应测量桩身的垂直度。当桩身垂直度偏差大于 1% 的时，应找出原因并设法纠正；当桩尖进入较硬土层后，严禁用移动机架等方法强行纠偏。

12. 出现下列情况之一时，应暂停压桩作业，并分析原因，采用相应措施：

1）压力表读数显示情况与勘察报告中的土层性质明显不符；

2）桩难以穿越具有软弱下卧层的硬夹层；

3）实际桩长与设计桩长相差较大；

4）出现异常响声；压桩机械工作状态出现异常；

5）桩身出现纵向裂缝和桩头混凝土出现剥落等异常现象；

6）夹持机构打滑；

7）压桩机下陷。

13. 静压送桩的质量控制应符合下列规定：

1）测量桩的垂直度并检查桩头质量，合格后方可送桩，压、送作业应连续进行；

2）送桩应采用专制钢质送桩器，不得将工程桩用作送桩器；

3）当场地上多数桩的有效桩长 L 小于或等于 15 m 或桩端持力层为风化软质岩，可能需要复压时，送桩深度不宜超过 1.5 m；

4）除满足本条上述 3 款规定外，当桩的垂直度偏差小于 1%，且桩的有效桩长大于 15 m 时，静压桩送桩深度不宜超过 8 m；

5）送桩的最大压桩力不宜超过桩身允许抱压压桩力的 1.1 倍。

14. 引孔压桩法质量控制应符合下列规定：

1）引孔宜采用螺旋钻干作业法；引孔的垂直度偏差不宜大于 0.5%；

2）引孔作业和压桩作业应连续进行，间隔时间不宜大于 12 h；在软土地基中不宜大于 3 h；

3）引孔中有积水时，宜采用开口型桩尖。

15. 当桩较密集，或地基为饱和淤泥、淤泥质土及黏性土时，应设置塑料排水板、袋装砂井消减超孔压或采取引孔等措施，并可按四、6 条执行。在压桩施工过程中应对总桩数 10% 的桩设置上涌和水平偏位观测点，定时检测桩的上浮量及桩顶水平偏位值，若上涌和偏位值较大，应采取复压等措施。

16. 对预制混凝土方桩、预应力混凝土空心桩、钢桩等压入桩的桩位偏差，应符合表 4 – 27 的规定。

六、钢桩（钢管桩、H 型桩及其他异型钢桩）施工

（一）钢桩的制作

1. 制作钢桩的材料应符合设计要求，并应有出厂合格证和试验报告。

2. 现场制作钢桩应有平整的场地及挡风防雨措施。

3. 钢桩制作的允许偏差应符合表 4 – 29 的规定，钢桩的分段长度应满足一、5 条的规定，且不宜大于 15 m。

钢桩制作偏差不仅要在制作过程控制，运到工地后在施打前还应检查，否则沉桩时会发生困难，甚至成桩失败。这是因为出厂后在运输或堆放过程中会因措施不当而造成桩身局部变形。此外，出厂成品均为定尺钢桩，而实际施工时都是由数根焊接而成，但不正好是定尺桩的组合，多数情况下，最后一节为非定尺桩，这就要进行切割。因此要对切割后的节段及拼接后的桩进行外形尺寸检验。

4. 用于地下水有侵蚀性的地区或腐蚀性土层的钢桩，应按设计要求作防腐处理。

表 4 – 29　钢桩制作的允许偏差

项目		允许偏差（mm）
外径或断面尺寸	桩端部	±0.5% 外径或边长
	桩身	±0.1% 外径或边长
长度		>0
矢高		≤1‰桩长
端部平整度		≤2（H 型桩≤1）
端部平面与桩身中心线的倾斜值		≤2

（二）钢桩的焊接

1. 钢桩的焊接应符合下列规定：

1）必须清除桩端部的浮锈、油污等脏物，保持干燥；下节桩顶经锤击后变形的部分应割除；

2）上下节桩焊接时应校正垂直度，对口的间隙宜为 2～3 mm；

3）焊丝（自动焊）或焊条应烘干；

4）焊接应对称进行；

5）应采用多层焊，钢管桩各层焊缝的接头应错开，焊渣应清除；

6）当气温低于 0℃ 或雨雪天/无可靠措施确保焊接质量时，不得焊接；

7）每个接头焊接完毕，应冷却 1 min 后方可锤击；

8）焊接质量应符合国家现行标准《钢结构工程施工质量验收规范》（GB 50205）和《建筑钢结构焊接技术规程》（JGJ 81）的规定，每个接头除应按表 4-30 规定进行外观检查外，还应按接头总数的 5% 进行超声或 2% 进行 X 射线拍片检查，对于同一工程，探伤抽样检验不得少于 3 个接头。

表 4-30　接桩焊缝外观允许偏差

项　　　目	允许偏差（mm）
上下节桩错口：	
①钢管桩外径≥700 mm	3
②钢管桩外径＜700 mm	2
H 型钢桩	1
咬边深度（焊缝）	0.5
加强层高度（焊缝）	0～2
加强层宽度（焊缝）	0～3

焊接是钢桩施工中的关键工序，必须严格控制质量。如焊丝不烘干，会引起烧焊时含氢量高，使焊缝容易产生气孔而降低其强度和韧性，因而焊丝必须在 200～300℃ 温度下烘干 2 h。据有关资料，未烘干的焊丝其含氢量为 12 mL/100 gm，经过 300℃ 温度烘干 2 h 后，减少到 9.5 mL/100 gm。

现场焊接受气候的影响较大，雨天烧焊时，由于水分蒸发会有大量氢气混入焊缝内形成气孔。大于 10 m/s 的风速会使自保护气体和电弧火焰不稳定。雨天或刮风条件下施工，必须采取防风避雨措施，否则质量不能保证。

焊缝温度未冷却到一定温度就锤击，易导致焊缝出现裂缝。浇水骤冷更易使之发生脆裂。因此，必须对冷却时间予以限定且要自然冷却。有资料介绍，1 min 停歇，母材温度即降至 300℃，此时焊缝强度可以经受锤击压力。

外观检查和无破损检验是确保焊接质量的重要环节。超声或拍片的数量应视工程的重要程度和焊接人员的技术水平而定，这里提供的数量，仅是一般工程的要求。还应注意检验应实行随机抽样。

2. H 型钢桩或其他异型薄壁钢桩，接头处应加连接板，可按等强度设置。

H 型钢桩或其他薄壁钢桩不同于钢管桩，其断面与刚度本来很小，为保证原有的刚度和强度不致因焊接而削弱，一般应加连接板。

（三）钢桩的运输和堆放

1. 钢桩的运输与堆放应符合下列规定：

1）堆放场地应平整、坚实、排水通畅；

2）桩的两端应有适当保护措施，钢管桩应设保护圈；

3）搬运时应防止桩体撞击而造成桩端、桩体损坏或弯曲；

4）钢桩应按规格、材质分别堆放，堆放层数：$\phi900$ mm 的钢桩，不宜大于 3 层；$\phi600$ mm 的钢桩，不宜大于 4 层；$\phi400$ mm 的钢桩，不宜大于 5 层；H 型钢桩不宜大于 6 层。支点设置应合理，钢桩的两侧应采用木楔塞住。

钢管桩出厂时，两端应有防护圈，以防坡口受损；对 H 型桩，因其刚度不大，若支点不合理，堆放层数过多，均会造成桩体弯曲，影响施工。

（四）钢桩的沉桩

1. 当钢桩采用锤击沉桩时，可按四节有关条文实施；当采用静压沉桩时，可按五节有关条文实施。

2. 对敞口钢管桩，当锤击沉桩有困难时，可在管内取土助沉。

钢管桩内取土，需配以专用抓斗，若要穿透砂层或硬土层，可在桩下端焊一圈钢箍以增强穿透力，厚度为 8~12 mm，但需先试沉桩，方可确定采用。

3. 锤击 H 型钢桩时，锤重不宜大于 4.5t 级（柴油锤），且在锤击过程中桩架前应有横向约束装置。

H 型钢桩，其刚度不如钢管桩，且两个方向的刚度不一，很容易在刚度小的方向发生失稳，因而要对锤重予以限制。如在刚度小的方向设约束装置有利于顺利沉桩。

4. 当持力层较硬时，H 型钢桩不宜送桩。

H 型钢桩送桩时，锤的能量损失约 1/3~4/5，故桩端持力层较好时，一般不送桩。

5. 当地表层遇有大块石、混凝土块等回填物时，应在插入 H 型钢桩前进行触探，并应清除桩位上的障碍物。

大块石或混凝土块容易嵌入 H 型钢桩的槽口内，随桩一起沉入下层土内，如遇硬土层则使沉桩困难，甚至继续锤击导致桩体失稳，故应事先清障。

4.7.3 承台施工

一、基坑开挖和回填

1. 桩基承台施工顺序宜先深后浅。

2. 当承台埋置较深时，应对邻近建筑物及市政设施采取必要的保护措施，在施工期间应进行监测。

3. 基坑开挖前应对边坡支护型式、降水措施、挖土方案、运土路线及堆土位置编制施工方案，若桩基施工引起超孔隙水压力，宜待超孔隙水压力大部分消散后开挖。

4. 当地下水位较高需降水时，可根据周围环境情况采用内降水或外降水措施。

外降水可降低主动土压力，增加边坡的稳定；内降水可增加被动土压，减少支护结构的变形，且利于机具在基坑内作业。

5. 挖土应均衡分层进行，对流塑状软土的基坑开挖，高差不应超过 1 m。

6. 挖出的土方不得堆置在基坑附近。

7. 机械挖土时必须确保基坑内的桩体不受损坏。

8. 基坑开挖结束后，应在基坑底做出排水盲沟及集水井，如有降水设施仍应维持运转。

9. 在承台和地下室外墙与基坑侧壁间隙回填土前，应排除积水，清除虚土和建筑垃圾，填土应按设计要求选料，分层夯实，对称进行。

二、钢筋和混凝土施工

1. 绑扎钢筋前应将灌注桩桩头浮浆部分和预制桩桩顶锤击面破碎部分去除，桩体及其主筋埋入承台的长度应符合设计要求，钢管桩尚应焊好桩顶连接件，并应按设计施作桩头和垫层防水。

2. 承台混凝土应一次浇注完成，混凝土入槽宜采用平铺法。对大体积混凝土施工，应采取有效措施防止温度应力引起裂缝。

4.8　桩基工程质量检查和验收

4.8.1　一般规定

1. 桩基工程应进行桩位、桩长、桩径、桩身质量和单桩承载力的检验。

2. 桩基工程的检验按时间顺序可分为三个阶段：施工前检验、施工检验和施工后检验。

3. 对砂、石子、水泥、钢材等桩体原材料质量的检验项目和方法应符合国家现行有关标准的规定。

4.8.2　施工前检验

1. 施工前应严格对桩位进行检验。

2. 预制桩(混凝土预制桩、钢桩)施工前应进行下列检验：

1)成品桩应按选定的标准图或设计图制作，现场应对其外观质量及桩身混凝土强度进行检验；

2)应对接桩用焊条、压桩用压力表等材料和设备进行检验。

3. 灌注桩施工前应进行下列检验：

1)混凝土拌制应对原材料质量与计量、混凝土配合比、坍落度、混凝土强度等级等进行检查；

2)钢筋笼制作应对钢筋规格、焊条规格、品种、焊口规格、焊缝长度、焊缝外观和质量、主筋和箍筋的制作偏差等进行检查，钢筋笼制作允许偏差应符合《桩规》表6.2.5的要求。

4.8.3　施工检验

1. 预制桩(混凝土预制桩、钢桩)施工过程中应进行下列检验：

1)打入(静压)深度、停锤标准、静压终止压力值及桩身(架)垂直度检查；

2)接桩质量、接桩间歇时间及桩顶完整状况；

3)每米进尺锤击数、最后1 m锤击数、总锤击数、最后三阵贯入度及桩尖标高等。

2. 灌注桩施工过程中应进行下列检验：

1)灌注混凝土前，应按照本规范第6章有关施工质量要求，对已成孔的中心位置、孔深、孔径、垂直度、孔底沉渣厚度进行检验；

2)应对钢筋笼安放的实际位置等进行检查，并填写相应质量检测、检查记录；

3）干作业条件下成孔后应对大直径桩桩端持力层进行检验。

3. 对于沉管灌注桩施工工序的质量检查宜按本规范第 9.1.1～9.3.2 条有关项目进行。

4. 对于挤土预制桩和挤土灌注桩，施工过程均应对桩顶和地面土体的竖向和水平位移进行系统观测；若发现异常，应采取复打、复压、引孔、设置排水措施及调整沉桩速率等措施。

4.8.4 施工后检验

1. 根据不同桩型应按本规范表 6.2.4 及表 7.4.5 规定检查成桩桩位偏差。

2. 工程桩应进行承载力和桩身质量检验。

3. 有下列情况之一的桩基工程，应采用静荷载试验对工程桩单桩竖向承载力进行检测，检测数量应根据桩基设计等级、本工程施工前取得试验数据的可靠性因素，可按现行行业标准《建筑基桩检测技术规范》（JGJ 106）确定：

1）工程施工前已进行单桩静载试验，但施工过程变更了工艺参数或施工质量出现异常时；

2）施工前工程未按本规范第 5.3.1 条规定进行单桩静载试验的工程；

3）地质条件复杂、桩的施工质量可靠性低；

4）采用新桩型或新工艺。

4. 有下列情况之一的桩基工程，可采用高应变动测法对工程桩单桩竖向承载力进行检测：

1）除本规范第 9.4.3 条规定条件外的桩基；

2）设计等级为甲、乙级的建筑桩基静载试验检测的辅助检测。

5. 桩身质量除对预留混凝土试件进行强度等级检验外，尚应进行现场检测。检测方法可采用可靠的动测法，对于大直径桩还可采取钻芯法、声波透射法；检测数量可根据现行行业标准《建筑基桩检测技术规范》（JGJ 106）确定。

6. 对专用抗拔桩和对水平承载力有特殊要求的桩基工程，应进行单桩抗拔静载试验和水平静载试验检测。

《建筑基桩检测技术规范》（JGJ 106—2003）的有关规定

对检测数量的规定

3.3.1 当设计有要求或满足下列条件之一时，施工前应采用静载试验确定单桩竖向抗压承载力特征值：

1. 设计等级为甲、乙级的建筑桩基；

2. 地质条件复杂、桩施工质量可靠性低；

3. 本地区采用的新桩型或新工艺。

检测数量在同一条件下不应少于 3 根，且不宜少于总桩数的 1%；当工程桩的总数在 50 根以内时，不应少于 2 根。

3.3.2 打入式预制桩有下列条件要求之一时，应采用高应变法进行试打桩的打桩过程监测：

1. 控制打桩过程中的桩身应力；

2. 选定沉桩设备和确定工艺参数；

3. 选择桩端持力层。

在相同施工工艺和相近地质条件下，试打桩数量不应少于 3 根。

3.3.3　单桩承载力和桩身完整性验收抽样检测的受检桩选择宜符合下列规定：

1. 施工质量有疑问的桩；

2. 设计方认为重要的桩；

3. 局部地质条件出现异常的桩；

4. 施工工艺不同的桩；

5. 承载力验收检测时适量选择完整性检测中判定的Ⅲ类桩；

6. 除上述规定外，同类型桩宜均匀随机分布。

3.3.4　混凝土桩的桩身完整性检测的抽检数量应符合下列规定：

1. 柱下三桩或三桩以下的承台抽检桩数不得少于 1 根；

2. 设计等级为甲级，或场地条件复杂、成桩质量可靠性较低的灌注桩，抽检数量不应用于少于总桩数的 30%，且不得少于 20 根；其他桩基工程的抽检数量不应少于总桩数的 20%，且不得少于 10 根。

注：1. 对端承型大直径灌注桩，应在上述两款规定的抽检桩数范围内，选用钻芯法或声波透射法对部分受检桩进行桩身完整性检测，抽检数量不应少于总桩数的 10%。

2. 地下水位以上且终孔后桩端持力层已通过检验的人工挖孔桩以及单节混凝土预制桩，抽测数量可适当减少，但不应少于总数的 10%，且不应少于 10 根。

3. 当符合第 3.3.3 条第 1～4 款规定的桩数较多，或为了全面了解整个工程基桩的桩身完整性情况时，应适当增加抽检数量。

3.3.5　对单位工程内且在同一条件下的工程桩，当符合下列条件之一时，应采用单桩竖向抗压承载力静载试验进行验收检测：

1. 设计等级为甲级的桩基；

2. 地质条件复杂、桩施工质量可靠性低；

3. 本地区采用的新桩型或新工艺

4. 挤土群桩施工产生挤土效应。

抽检数量不应少于总桩数的 1%，且不少于 3 根；当总桩数在 50 根以内时，不应少于 2 根。

3.3.6　对第 3.3.5 条规定条件外的预制桩和满足高应变法适用检测范围的灌注桩，可采用高应变法进行单桩竖向抗压承载力验收检测。当有本地区相近条件的对比验证资料时，高应变法也可作为第 3.3.5 条规定条件下单桩竖向抗压承载力验收检测的补充。抽检数量不宜少于总桩数的 5%，且不得少于 5 根。

3.3.7　对于端承型大直径灌注桩，当受设备或现场条件限制无法检测单桩竖向抗压承载力时，可采用钻芯法测定桩底沉渣厚度并钻取桩端持力层岩土芯样检验桩端持力层。抽检数量不应少于总桩数的 10%，且不应少于 10 根。

3.3.8　对于承受拔力和水平力较大的桩基，应进行单桩竖向抗拔、水平承载力检测。检测数量不应少于总桩数的 1%，且不应少于 3 根。

对检测开始时间的规定

3.2.6 检测开始时间应符合下列规定：

1. 当采用低应变法或声波透射法检测时，受检桩混凝土强度至少达到设计强度的70%，且不小于15 MPa；

2. 当采用钻芯法检测时，受检桩的混凝土龄期达到28d或预留同条件养护试块强度达到设计强度；

3. 承载力检验前的休止时间除应达到本条第2款规定的混凝土强度外，当无成熟的地区经验时，尚不应少于表3.2.6规定的时间。

表 3.2.6 休止时间

土的类别	砂土	粉土	黏性土	
			非饱和	饱和
休止时间(d)	7	10	15	25

注：对于泥浆护壁灌注桩，宜适当延长休止时间

对"钻芯法"的有关规定

7.1.1 钻芯法适用于检测混凝土灌注桩的桩长、桩身混凝土强度、桩底沉渣厚度和桩身完整性，判定或鉴别桩端持力层岩土性状。

芯样试件直径不宜小于骨料最大粒径的3倍，在任何情况下不得小于骨料最大粒径的2倍，否则试件强度的离散性较大。目前，钻头外径有76 mm、91 mm、101 mm、110 mm、130 mm几种规格，从经济合理的角度综合考虑，应选用外径为101 mm和110 mm的钻头；当受检桩采用商品混凝土、骨料最大粒径小于30 mm时，可选用外径为91 mm的钻头；如果不检测混凝土的强度，可选用外径为76 mm的钻头。

7.3.1 每根受检桩的钻芯孔数和钻孔位置宜符合下列规定：

1. 桩径小于1.2 m的桩钻1孔，桩径为1.2～1.6 m的桩钻2孔，桩径大于1.6 m的桩钻3孔；

2. 当钻芯孔为一个时，宜在距桩中心10～15 cm的位置开孔；当钻芯孔为两个或两个以上时，开孔位置宜在距桩中心0.15～0.25D内均匀对称布置；

3. 对桩端持力层的钻探，每根受检桩不应少于一孔，且钻探深度应满足设计要求。

7.3.5 提钻卸取芯样时，应拧卸钻头和扩孔器，严禁敲打卸芯。

7.3.6 每回次进尺宜控制在1.5 m以内；钻至桩底时，宜采取适宜的钻芯方法和工艺钻取沉渣并测定沉渣厚度，并采用适宜的方法对桩端持力层岩土性状进行鉴别。

钻至桩底时，为检测桩底沉渣或虚土厚度，应采用减压、慢速钻进。若遇钻具突降，应即停钻，及时测量机上余尺，准确记录孔深及有关情况。当持力层为中、微风化岩石时，可将桩底0.5 m左右的持力层以及沉渣纳入同一回次。当持力层为强风化岩层或土层时，可采用合金钢钻头干钻等适宜的钻芯方法和工艺钻取沉渣并测定沉渣厚度。

对中、微风化岩的桩端持力层，可直接钻取芯样鉴别；对强风化岩层或土层，可采用动力触探、超标准贯入试验等方法鉴别。试验宜在距桩底0.5 m内进行。

7.4.1 截取混凝土抗压芯样试件应符合下列规定：

1. 当桩长为10~30 m时，每孔截取3组芯样；当桩长小于10 m时，可取2组；当桩长大于30 m时不少于4组；

2. 上部芯样位置距桩顶设计标高不宜大于1倍桩径或1 m，下部芯样位置距桩底不宜大于1倍桩径或1 m，中间芯样宜等间距截取；

3. 缺陷位置能取样时，应截取一组芯样进行混凝土抗压试验。

4. 当同一基桩的钻芯孔数大于一个，其中一孔在某深度存在缺陷时，应在其他孔的该深度处截取芯样进行混凝土抗压试验。

7.4.2 当桩端持力层为中、微风化岩层且岩芯可制作成试件时，应在接近桩底部位截取一组岩石芯样；遇分层岩性时宜在各层取样。

7.4.3 每组芯样应制作三个芯样杭压试件。芯样试件应按本规范附录E进行加工和测量。

附录E 芯样试件加工和测量

E.0.1 应采用双面锯切机加工芯样试件。加工时应将芯样固定，锯切平面垂直于芯样轴线。锯切过程中应淋水冷却金刚石圆锯片。

E.0.2 锯切后的芯样试件，当试件不能满足平整度及垂直度要求时，应选用以下方法进行端面加工：

1. 在磨平机上磨平；

2. 用水泥砂浆（或水泥净浆）或硫磺胶泥（或硫磺）等材料在专用补平装置上补平。水泥砂浆（或水泥净浆）补平厚度不宜大于5 mm，硫磺胶泥（或硫磺）补平厚度不宜大于1.5 mm。补平层应与芯样结合牢固，受压时补平层与芯样的结合面不得提前破坏。

E.0.3 试验前，应对芯样试件的几何尺寸做下列测量：

1. 平均直径：用游标卡尺测量芯样中部，在相互垂直的两个位置上，取其两次测量的算术平均值，精确至0.5 mm；

2. 芯样高度：用钢卷尺或钢板尺进行测量，精确至1.0 mm。

3 垂直度：用游标量角器测量两个端面与母线的夹角，精确至0.1°。

4. 平整度：用钢板尺或角尺紧靠在芯样端面上，一面转动钢板尺，一面用塞尺测量与芯样端面之间的缝隙。

E.0.4 试件有裂缝或有其他较大缺陷、芯样试件内含有钢筋以及试件尺寸偏差超过下列数值时，不得用作抗压强度试验：

1. 芯样试件高度小于$0.95d$或大于$1.05d$时（d为芯样试件平均直径）；

2. 沿试件高度任一直径与平均直径相差达2 mm以上时。

3. 试件端面的不平整度在100 mm长度内超过0.1 mm时。

4. 试件端面与轴线的不垂直度超过2°时。

5. 芯样试件平均直径小于2倍表观混凝土粗骨料最大粒径时。

7.5.3 抗压强度试验后，当发现芯样试件平均直径小于2倍试件内混凝土粗骨料最大粒径，且强度值异常时，该试件的强度值不得参与统计平均。

当出现截取芯样未能制作成试件、芯样试件平均直径小于2倍试件内混凝土粗骨料最大粒径时，应重新截取芯样试件进行抗压强度试验。条件不具备时，可将另外两个强度的平均值作为该组混凝土芯样试件抗压强度值。在报告中应对有关情况予以说明。

7.5.4 混凝土芯样试件抗压强度应按下列公式计算：

$$f_{cu} = \xi \cdot \frac{4P}{\pi d^2}$$ (7.5.4)

式中，f_{cu}——混凝土芯样试件抗压强度(MPa)，精确至0.1 MPa；

d——芯样试件的平均直径(mm)；

P——芯样试件抗压试验测得的破坏荷载(N)；

ξ——混凝土芯样试件抗压强度折减系数，应考虑芯样尺寸效应、钻芯机械对芯样扰动和混凝土成型条件的影响，通过试验统计确定；当无试验统计资料时，宜取为1.0。

7.5.5 桩底岩芯单轴抗压强度试验可按现行国家标准《建筑地基基础设计规范》(GB50007)附录J执行。

7.6.1 混凝土芯样试件抗压强度代表值应按一组三块试件强度值的平均值确定。同一受检桩同一深度部位有两组或两组以上混凝土芯样试件抗压强度代表值时，取其平均值作为该桩该深度处混凝土芯样试件抗压强度代表值。

7.6.2 受检桩中不同深度位置的混凝土芯样试件抗压强度代表值中的最小值为该桩混凝土芯样试件抗压强度代表值。

7.6.4 桩身完整性类别应结合钻芯孔数、现场混凝土芯样特征、芯样单轴抗压强度试验结果，按本规范表3.5.1的规定和表7.6.4的特征进行综合判定。

表3.5.1 桩身完整性分类表

桩身完整性类别	分 类 原 则
Ⅰ类桩	桩身完整
Ⅱ类桩	桩身有轻微缺陷，不会影响桩身结构承载力的正常发挥
Ⅲ类桩	桩身有明显缺陷，对桩身结构承载力有影响
Ⅳ类桩	桩身存在严重缺陷

表7.6.4 桩身完整性判定

类别	特 征
Ⅰ	混凝土芯样连续、完整、表面光滑、胶结好、骨料分布均匀、呈长柱状、断口吻合，芯样侧面仅见少量气泡
Ⅱ	混凝土芯样连续、完整、胶结较好、骨料分布基本均匀、呈柱状、断口基本吻合，芯样侧面局部见蜂窝麻面、沟槽

续上表

类别	特　　征
III	大部分混凝土芯样胶结较好，无松散、夹泥或分层现象，但有下列情况之一： 芯样局部破碎且破碎长度不大于 10 cm； 芯样骨料分布不均匀； 芯样多呈短柱状或块状； 芯样侧面蜂窝麻面、沟槽连续
IV	有下列情况之一： 钻进很困难； 芯样任一段松散、夹泥或分层； 芯样局部破碎且破碎长度大于 10 cm

7.6.5 成桩质量评价应按单桩进行。当出现下列情况之一时，应判定该受检桩不满足设计要求：

1. 桩身完整性类别为 IV 类的桩；

2. 受检桩混凝土芯样试件抗压强度代表值小于混凝土设计强度等级的桩。

3. 桩长、桩底沉渣厚度不满足设计或规范要求的桩。

4. 桩端持力层岩土性状(强度)或厚度未达到设计或规范要求的桩。

练习题

【习题 4 –1】 (注岩 2003C15)一钻孔灌注桩，桩径 $d = 0.8$ m，桩长 $l = 10$ m，穿过软土层，桩端持力层为砾石。如图所示，地下水位在地面下 1.5 m，地下水位以上软黏土的天然重度为 $\gamma = 17.1$ kN/m³，地下水位以下软黏土的有效重度 $\gamma' = 9.4$ kN/m³。现在桩顶四周大面积填土，填土荷载 $p = 10$ kPa，按《建筑桩基技术规范》(JGJ94—2008)，计算该单桩基础由于填土引起的负摩阻力下拉荷载最接近下列哪个选项的数值(负摩阻力系数 $\xi_n = 0.2$)？

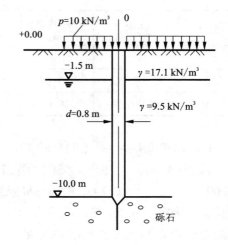

(A)393 kN　　　　(B)286 kN

(C)264 kN　　　　(D)238 kN

【习题 4 –2】 (注岩 2004D14)某端承型单桩基础，桩入土深度 12 m，桩径 $d = 0.8$ m 中性点位于桩顶下 6 m，桩顶荷载 $Q_0 = 500$ kN，由于地表大面积堆载而产生了负摩阻力，负摩阻力平均值 $q_s^n = 20$ kPa，按《建筑桩基技术规范》(JGJ94—2008)计算，桩身最大轴力最接近下列哪个选项的数值？

(A)500 kN　　　(B)650 kN　　　(C)800 kN　　　(D)900 kN

【习题 4 –3】 (注岩 2012D10)某正方形承台下布端承型灌注桩 9 根，桩身直径为 700

mm，纵、横桩间距均为 2.5 m，地下水位埋深为 0 m，桩端持力层为卵石，桩周土 0～5 m 为均匀的新填土，以下为正常固结土层，假定填土重度为 18.5 kN/m³，桩侧极限负摩阻力标准值为 30 kPa，按《建筑桩基技术规范》(JGJ 94—2008)考虑群桩效应时，计算基桩下拉荷载最接近下列哪个选项？

（A）180 kN （B）230 kN （C）280 kN （D）330 kN

【习题 4－4】 （注岩 2003D12 某工程单桥静力触探资料如图所示，拟采用第④层粉砂作为桩端持力层，假定采用钢筋混凝土方桩，断面为 0.35 m×0.35 m，桩长为 16 m，桩端入土深度 18 m，按《建筑桩基技术规范》(JGJ94—2008)，计算单桩竖向极限承载力标准值，最接近下列哪个选项的数值？

（A）1202 kN （B）1380 kN

（C）1578 kN （D）1900 kN

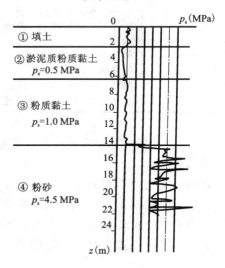

【习题 4－5】 （注岩 2004C17）某工程双桥静探资料见表，拟采用③层粉砂作持力层，采用混凝土方桩，桩断面尺寸 0.4 m×0.4 m，桩长 $l=13$ m，承台埋深 2 m，桩端进入粉砂层 2 m。按《建筑桩基工程技术规范》(JGJ94—2008)计算，单桩竖向极限承载力标准值最接近下列哪个选项？

层序	土名	层底深度（m）	探头平均侧阻力 f_{si}(kPa)	探头阻力 q_c(kPa)	桩侧阻力综合修正系数 β_i
①	填土	1.5			
②	淤泥质黏土	13.0	12	600	2.56
③	饱和粉砂	20.0	110	12000	0.61

（A）1220 kN （B）1580 kN （C）1715 kN （D）1900 kN

【习题 4－6】 （注岩 2003C12）某工程桩基的单桩竖向极限承载力标准值要求达到 $Q_{uk}=30000$ kN，桩径 $d=1.4$ m，桩的总极限侧阻力标准值经尺寸效应修正后为 $Q_{sk}=12000$ kN，桩端持力层为密实砂土，极限端阻力标准值 $q_{pk}=3000$ kPa，拟采用扩底，由于扩底导致总极限侧阻力损失 $\Delta Q_{sk}=2000$ kN。为满足设计要求，扩底直径最接近下列哪个选项？

（A）3.0 m （B）3.5 m （C）3.8 m （D）4.0 m

【习题 4－7】 （注岩 2002D3）某工程场地，地表以下深度 2～12 m 为黏性土，$q_{sik}=50$ kPa；12～20 m 为粉土，$q_{sik}=60$ kPa；20～30 m 为中砂，$q_{sik}=80$ kPa，$q_{pk}=7000$ kPa；采用 $d=800$ mm，$l=21$ m 的钢管桩，桩顶入土 2 m，桩端入土 23 m。按《建筑桩基技术规范》(JGJ94—2008)计算，敞口钢管桩桩端加设十字隔板的单桩竖向极限承载力标准值 Q_{uk} 最接近下列哪个选项？

（A）$5.3×10^3$ kN （B）$5.6×10^3$ kN （C）$5.9×10^3$ kN （D）$6.1×10^3$ kN

【习题 4-8】 （注岩 2003C11）某工程场地采用钢管桩，外径 $d=0.8$ m，桩端进入中砂层 2 m。桩端闭口时单桩竖向极限承载力标准值 $Q_{uk}=7000$ kN，其中总极限侧阻力标准值 $Q_{sk}=5000$ kN，极限端阻力标准值 $Q_{pk}=2000$ kN。由于沉桩困难，改为敞口，加一隔板，按《建筑桩基技术规范》（JGJ94—2008）计算，改变后该桩的单桩竖向极限承载力标准值 Q_{uk} 最接近下列哪个选项？

（A）5.6×10^3 kN　　（B）5.9×10^3 kN　　（C）6.1×10^3 kN　　（D）6.4×10^3 kN

【习题 4-9】 （注岩 2009C11）某工程采用泥浆护壁钻孔灌注桩，桩径 800 mm，桩端进入较完整的中等风化岩 1.0 m，岩体的饱和单轴抗压强度标准值为 $f_{rk}=41.5$ MPa，桩顶以下土层参数列表如下。按《建筑桩基技术规范》（JGJ94—2008）计算，单桩竖向极限承载力标准值 Q_{uk} 最接近下列哪个选项？

（A）7000 kN　　（B）7400 kN　　（C）8000 kN　　（D）8400 kN

岩土层编号	岩土层名称	桩顶以下岩土层厚度（m）	q_{sik}（kPa）	q_{pk}（kPa）
①	黏土	13.7	32	
②	粉质黏土	2.3	40	
③	粗砂	2.0	75	
④	强风化岩	8.85	180	2500
⑤	中等风化岩	8.0		

【习题 4-10】 （注岩 2010D12）某人工挖孔灌注桩，桩径 $d=1.0$ m，扩底直径 $D=1.6$ m，扩底高度 $h_c=1.2$ m，桩长 $l=10.5$ m，桩端入砂卵石持力层 0.5 m。土层分布为：0~2.3 m 新填土，$q_{sk}=20$ kPa；2.3~6.3 m 黏土，$q_{sk}=50$ kPa；6.3~8.6 m 粉质黏土，$q_{sk}=40$ kPa；8.6~9.7 m 黏土，$q_{sk}=50$ kPa；9.7~10 m 细砂，$q_{sk}=60$ kPa；10 m 以下为砂卵石，$q_{pk}=5000$ kPa。按《建筑桩基技术规范》（JGJ94—2008）计算，单桩竖向极限承载力标准值 Q_{uk} 最接近下列哪个选项？

（A）8700 kN　　（B）8860 kN　　（C）9170 kN　　（D）9300 kN

【习题 4-11】 （注岩 2010D12）某泥浆护壁灌注桩，桩径 $d=0.8$ m，桩长 $l=24$ m，采用桩端桩侧联合后注浆，桩侧注浆断面位于桩顶下 12 m，桩周土层（从桩顶起算）为：0~16 m 为粉土，$q_{s1k}=70$ kPa，后注浆侧阻力增强系数 $\beta_{s1}=1.4$；16~24 m 为粉砂，$q_{s2k}=80$ kPa，后注浆侧阻力增强系数 $\beta_{s2}=1.6$，$q_{pk}=1000$ kPa，后注浆端阻力增强系数 $\beta_p=2.4$。按《建筑桩基技术规范》（JGJ94—2008）计算，单桩竖向极限承载力标准值 Q_{uk} 最接近下列哪个选项？

（A）5620 kN　　（B）6460 kN　　（C）7420 kN　　（D）7700 kN

【习题 4-12】 （注岩 2012D28）8 度地区地下水位埋深 4 m，某钻孔桩桩顶位于地面以下 1.5 m，桩顶嵌入承台底面 0.5 m，桩直径 0.8 m，桩长 20.5 m，地层资料见下表，桩全部承受地震作用，问按照《建筑抗震设计规范》（GB50011—2010）的规定，单桩竖向抗震承载力特征值最接近下列哪个选项？

土层名称(m)	层底埋深 (m)	土层厚度 (m)	标准贯入锤击数 N	临界标准贯入锤击数 N_{cr}	极限侧阻力标准值 (kPa)	极限端阻力标准值 (kPa)
粉质黏土①	5.0	5	—		30	
粉土②	15.0	10	7	10	20	
密实中砂③	30.0	15	—	—	50	4000

(A)1680 kN　　　(B)2100 kN　　　(C)3110 kN　　　(D)3610 kN

【习题4-13】 （注岩2002D7）某建筑物采用桩下桩基础，承台下采用6根钢筋混凝土预制桩，边长400 mm，桩长22 m，桩顶入土深度2 m，假定单桩的总极限侧阻力标准值 $Q_{sk}=1500$ kN，极限端阻力标准值 $Q_{pk}=700$ kN，承台底部为厚层粉土，承载力特征值 $f_{ak}=180$ kPa，若不考虑地震作用，复合基桩的承载力特征值最接近下列哪个选项？

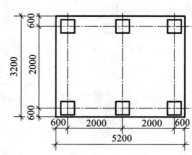

(A)1200 kN

(B)1400 kN

(C)1600 kN

(D)1700 kN

【习题4-14】 （注岩2005D15）某桩基工程，其桩型、平面布置、剖面和地层分布如图所示，承台底面以下存在高灵敏度淤泥质黏土，承载力特征值 $f_{ak}=90$ kPa，若不考虑地震作用，复合基桩的承载力特征值最接近下列哪个选项？

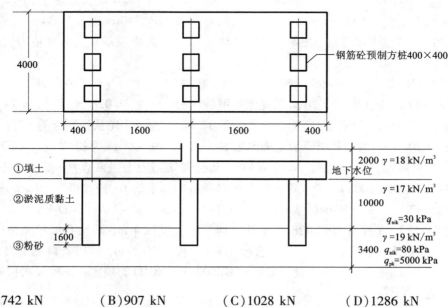

(A)742 kN　　　(B)907 kN　　　(C)1028 kN　　　(D)1286 kN

276

【习题 4 – 15】 （注岩 2003C13）某桥梁桩基，桩顶嵌固于承台中，承台底离地面 10 m，桩长 $l = 50$ m，桩径 $d = 1$ m，桩端支于砂性土中，桩的水平变形系数 $\alpha = 0.25$ m^{-1}。按《建筑桩基技术规范》（JGJ94—2008）计算，该桩基的压屈稳定系数最接近下列哪个选项？

（A）0.95   （B）0.90   （C）0.85   （D）0.80

【习题 4 – 16】 （注岩 2006D15）某试验桩桩径 $d = 0.4$ m，配筋率 $\rho = 0.6\%$，水平静载试验所采取的每级荷载增量值为 15 kN，试桩 $H - t - Y_0$ 曲线明显陡降点的荷载为 120 kN 时对应的水平位移为 3.2 mm，其前一级荷载和后一级荷载对应的水平位移分别为 2.6 mm 和 4.2 mm，则由试验结果计算的地基土水平抗力系数的比例系数 m 最接近下列哪个选项？假定 $(\nu_x)^{5/3} = 4.425$，$(EI)^{2/3} = 877$（kN·m^2）$^{2/3}$。

（A）242 MN/m^4 （B）228 MN/m^4 （C）205 MN/m^4 （D）165 MN/m^4

【习题 4 – 17】 （注岩 2002D13）某桩基工程采用直径 2.0 m 的灌注桩，桩身配筋率为 0.68%，桩长 25m，桩顶铰结，桩顶允许水平位移 $\chi_{0a} = 5$ mm，桩侧土水平抗力系数的比例系数 $m = 2.5 \times 10^4$ kN/m^4，桩身抗弯刚度 $EI = 2.149 \times 10^7$ kN·m^2，按《建筑桩基技术规范》（JGJ94—2008）计算，单桩水平承载力特征值最接近下列哪个选项？

（A）1030 kN   （B）1390 kN   （C）1550 kN   （D）1650 kN

【习题 4 – 18】 （注岩 2004D17）桩顶为自由端的钢管桩，桩径 $d = 0.6$ m，桩入土深度 10 m，桩顶允许水平位移 $\chi_{0a} = 10$ mm，桩侧土水平抗力系数的比例系数 $m = 10^4$ kN/m^4，桩身抗弯刚度 $EI = 1.7 \times 10^5$ kN·m^2，桩的水平变形系数 $\alpha = 0.59$，按《建筑桩基技术规范》（JGJ94—2008）计算，单桩水平承载力特征值最接近下列哪个选项？

（A）75 kN   （B）107 kN   （C）143 kN   （D）175 kN

【习题 4 – 19】 （注岩 2005C12）某受压灌注桩桩径 $d = 1.2$ m，桩入土深度 20 m，桩身配筋率 0.6%，桩顶铰接，在荷载效应标准组合下桩顶的竖向力 $N_k = 5000$ kN，桩的水平变形系数 $\alpha = 0.301$ m^{-1}，桩身换算截面积 $A_n = 1.2$ m^2，换算截面受拉边缘的截面模量 $W_0 = 0.2$ m^2，桩身混凝土抗拉强度 $f_t = 1.5$ N/mm^2，按《建筑桩基技术规范》（JGJ94—2008）计算，单桩水平承载力特征值最接近下列哪个选项？

（A）410 kN   （B）460 kN   （C）510 kN   （D）560 kN

【习题 4 – 20】 （注岩 2007C13）某桩基工程采用直径 1.0 m 的灌注桩，桩身配筋率为 0.68%，桩入土深度 $h = 20$ m，桩顶铰结，要求基桩水平承载力特征值 $R_h = 1000$ kN，桩侧土水平抗力系数的比例系数 $m = 2.0 \times 10^4$ kN/m^4，桩身抗弯刚度 $EI = 5 \times 10^6$ kN·m^2，按《建筑桩基技术规范》（JGJ94—2008）计算，满足水平承载力要求的桩顶容许水平位移最接近下列哪个选项？（群桩效应综合系数 $\eta_h = 1.0$）

（A）7.4 mm   （B）8.4 mm   （C）9.4 mm   （D）12.6 mm

【习题 4 – 21】 （注岩 2004C14）群桩基础，桩径 $d = 0.6$ m，桩的换算埋深 $\alpha h \geqslant 4.0$，单桩水平承载力特征值 $R_{ha} = 50$ kN（位移控制），沿水平荷载方向布桩排数 $n_1 = 3$，每排桩数 $n_2 = 4$，距径比 $s_a/d = 3$，承台底位于地面上 50 mm，按《建筑桩基技术规范》JGJ94—2008 计算，基桩的水平承载力特征值最接近下列哪个选项？

（A）45 kN   （B）50 kN   （C）55 kN   （D）65 kN

【习题 4 - 22】（注岩 2004C13）某框架柱下采用桩基础，桩的分布、方形承台尺寸及埋深、地层剖面等资料如图所示。承台下设 5 根直径 0.6 m 的钻孔灌注桩，桩长 $l = 15$ m，在作用效应的标准组合下，上部结构传至承台顶面处的轴向力 $F_k = 3840$ kN，弯矩 $M_{yk} = 161$ kN·m，荷载作用位置及方向如图所示。设承台及填土的自重标准值为 $G_k = 447$ kN，按《建筑桩基技术规范》（JGJ94—2008），计算上述基桩最大竖向力最接近下列哪个选项？

（A）831 kN

（B）858 kN

（C）886 kN

（D）902 kN

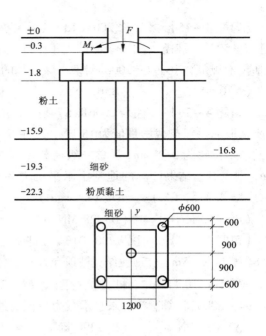

【习题 4 - 23】（注岩 2007C12）某框架柱下采用桩基础，桩的分布、承台尺寸及埋深等资料如图所示。承台下设 5 根直径 0.8 m 的钻孔灌注桩，在作用效应的标准组合下，上部结构传至承台顶面处的轴向力 $F_k = 10000$ kN，弯矩 $M_{yk} = 684$ kN·m，荷载作用位置及方向如图所示。设承台及填土的自重标准值为 $G_k = 650$ kN，按《建筑桩基技术规范》（JGJ94—2008），基桩竖向受压承载力特征值至少应达到下列哪个选项的数值才能满足要求？

（A）1870 kN

（B）2000 kN

（C）2130 kN

（D）2520 kN

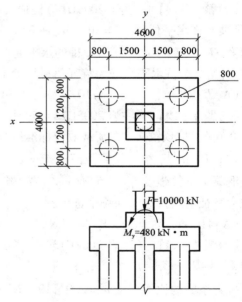

【习题 4 - 24】（注岩 2011D12）某构筑物柱下桩基础采用 16 根钢筋混凝土预制桩，桩径 $d = 0.5$ m，桩长 20 m，承台底面尺寸 7 m×7 m，承台埋深 5.0 m，桩中心距 2.0 m，边桩中心与承台边缘的距离为 0.5 m，荷载效应标准组合下，作用于承台顶面的竖向荷载 $F_k = 27000$ kN，承台及其上土重 $G_k = 1000$ kN。桩端以上各土层 $q_{sik} = 60$ kPa，软弱层顶面以上土层的平均重度 $\gamma_m = 18$ kN/m³，硬持力层厚度 $t = 2.5$ m。按《建筑桩基技术规范》（JGJ94—2008），软弱下卧层承载力特征值至少应达到下列哪个选项的数值才能满足要求？（取 $\eta_d = 1.0$，$\theta = 15°$）

（A）66 kPa （B）84 kPa （C）175 kPa （D）204 kPa

【习题 4-25】（注岩 2004D18）某泵房为抗浮设置抗拔桩，拟采用灌注桩，直径 $d = 550$ mm，桩长 $l = 16$ m，桩群外围尺寸 20 m×10 m，桩数 $n = 50$，按荷载效应标准组合计算的基桩拔力 $N_k = 600$ kN，场区地层条件见图，抗拔系数对黏土取 0.7，对砂土取 0.6，钢筋混凝土桩体重度 25 kN/m³，群桩范围内桩土的平均重度取 20 kN/m³。按《建筑桩基技术规范》（JGJ94—2008），验算群桩基础呈整体破坏和呈非整体破坏时基桩的抗拔承载力，下列哪个选项是正确的？

（A）群桩基础呈整体破坏和呈非整体破坏时基桩的抗拔承载力均满足

（B）群桩基础呈整体破坏时基桩的抗拔承载力满足，呈非整体破坏时基桩的抗拔承载力不满足

（C）群桩基础呈整体破坏时基桩的抗拔承载力不满足，呈非整体破坏时基桩的抗拔承载力满足

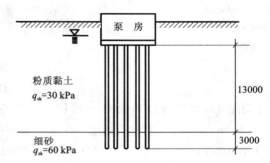

（D）群桩基础呈整体破坏和呈非整体破坏时基桩的抗拔承载力均不满足

【习题 4-26】（注岩 2003C13）某桥梁桩基，桩顶嵌固于承台中，承台底离地面 10 m，桩长 $l = 50$ m，桩径 $d = 1$ m，桩端支于砂性土中，桩的水平变形系数 $\alpha = 0.25$ m^{-1}。按《建筑桩基技术规范》（JGJ94—2008）计算，该桩基的压屈稳定系数最接近下列哪个选项？

（A）0.95 （B）0.90 （C）0.85 （D）0.80

【习题 4-27】（注岩 2003D11）某软土地区一个框架柱，采用钻孔灌注桩基础，承台下为 5 根 $d = 0.6$ m 的灌注桩，桩长 $l = 11$ m，桩端进入密实中砂 1 m。如图所示，假定在荷载效应准永久组合作用下，传至承台底面的附加压力为 173 kPa，沉降计算深度为桩端以下 5 m，等效沉降系数 $\psi_e = 0.229$，按《建筑桩基技术规范》（JGJ94—2008）计算，该桩基础中心点的沉降量最接近下列哪个选项的数值？

（A）5.5 mm

（B）8.4 mm

（C）12 mm

（D）22 mm

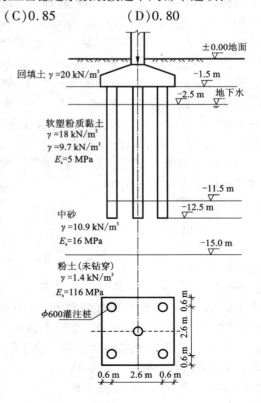

【习题 4-28】（注岩 2009D12）某柱下单桩独立基础采用混凝土灌注桩,桩径 $d = 0.8$ m,桩长 $l =$ 30 m,在荷载效应准永久组合下,作用在桩顶的附加荷载 $Q_j = 6000$ kN,桩身混凝土弹性模量 $E_c = 3.15 \times 10^4 N/mm^2$,在该桩桩端以下的附加应力假定为分段线性分布,土层压缩模量如下图所示,不考虑承台分担荷载作用,取沉降计算经验系数 $\psi = 1.0$,桩身压缩系数 $\xi_e = 0.6$。按《建筑桩基技术规范》(JGJ94—2008)计算,该单桩最终沉降量最接近下列哪个选项?

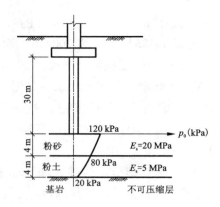

(A)55 mm　　　　　　　　(B)60 mm

(C)67 mm　　　　　　　　(D)72 mm

【习题 4-29】（注岩 2011C11）钻孔灌注桩单桩基础,桩径 $d = 0.6$ m,桩长 $l = 24$ m,桩顶以下 30 m 范围内均为粉质黏土,在荷载效应准永久组合下,作用在桩顶的附加荷载 $Q_j =$ 1200 kN,桩身混凝土弹性模量 $E_c = 3.0 \times 10^4 N/mm^2$。按《建筑桩基技术规范》(JGJ94—2008)计算,桩身压缩变形量最接近下列哪个选项?

(A)2.0 mm　　　　　　　　(B)2.5 mm

(C)3.0 mm　　　　　　　　(D)3.5 mm

【习题 4-30】（注岩 2012D12）某多层住宅框架结构,采用独立基础,荷载效应准永久组合下作用于承台底的总附加荷载 $F_k = 360$ kN,基础埋深 1 m,方形承台,边长为 2 m,土层分布如图。为减少基础沉降,基础下疏布 4 根摩擦桩,钢筋混凝土预制方桩 0.2 m × 0.2 m,桩长 10 m,单桩承载力特征值 $R_a = 80$ kN。地下水水位在地面下 0.5 m,根据《建筑桩基技术规范》(JGJ 94—2008),计算由承台底地基土附加压力作用下产生的承台中点沉降量为下列何值?(沉降计算深度取承台底面下 3.0 m)

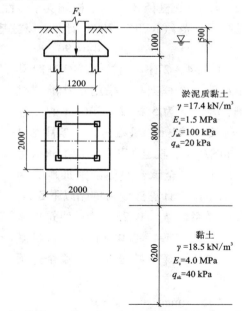

(A)14.8 mm

(B)20.9 mm

(C)39.7 mm

(D)53.9 mm

【习题 4-31】（注岩 2013C12）某多层住宅框架结构,采用独立基础,荷载效应准永久值组合下作用于承台底的总附加荷载 $F_k = 360$ kN,基础埋深 1 m,方形承台,承台边长 2 m,土层分布如图。为减小基础沉降,基础下疏布 4 根摩擦桩,钢筋混凝土预制方桩 0.2 m × 0.2 m,桩长 10 m。按《建筑桩基技术规范》(JGJ 94—2008)计算,桩土相互作用产生的基础中心点沉降量 s_{sp} 最接近下列哪一个选项?

(A)15 mm　　　　(B)20 mm　　　　(C)40 mm　　　　(D)54 mm

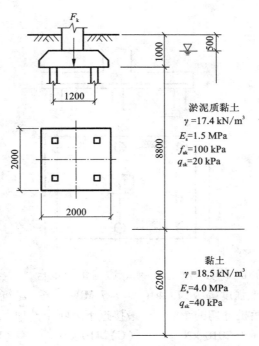

【**习题 4 – 32**】 （2002D1）如下图所示桩基，竖向荷载设计值 $F = 16500$ kN，承台混凝土强度等级为 C35（$f_t = 1.65$ MPa），按《建筑桩基技术规范》（JGJ94—2008）计算承台受柱冲切的承载力，最接近下列哪个选项？

(A) 1.55×10^4 kN   (B) 1.67×10^4 kN

(C) 1.81×10^4 kN   (D) 2.05×10^4 kN

图中尺寸 $b_c = h_c = 1.0$ m，$b_{x1} = b_{y1} = 6.4$ m，$b_{x2} = b_{y2} = 2.8$ m，

$c_1 = c_2 = 1.2$ m，$a_{1x} = a_{1y} = 0.6$ m，$h_{01} = 1.0$ m，$h_{02} = 0.6$ m

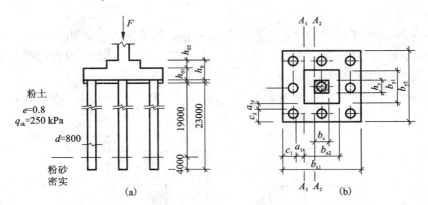

【**习题 4 – 33**】 （2003D10）如下图所示桩基，竖向荷载设计值 $F = 19200$ kN，承台混凝土强度等级为 C35（$f_t = 1.65$ MPa），按《建筑桩基技术规范》（JGJ94—2008）计算柱边至桩边斜截面的受剪承载力，最接近下列哪个选项？

图中尺寸 $a_x = 1.0$ m，$b_0 = 3.2$ m，$h_0 = 1.2$ m

(A) 5450 kN   (B) 6100 kN   (C) 6800 kN   (D) 7100 kN

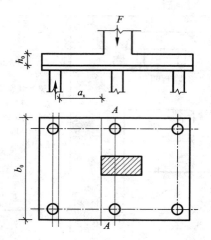

【习题4-34】 （2005D12）如图所示桩基等边三角形承台，承台高度 $h = 1.1$ m，有效高度 $h_0 = 1.0$ m，承台混凝土强度等级为 C40（$f_t = 1.7$ MPa），按《建筑桩基技术规范》（JGJ94—2008）计算，承台受底部角桩冲切的承载力，最接近下列哪个选项？

(A)1500 kN　　　　(B)2010 kN　　　　(C)2410 kN　　　　(D)2640 kN

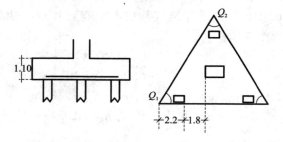

【习题4-35】 （2013C10）某柱下桩基如图所示，若要求承台长边斜截面的受剪承载力不小于 11 MN，请问根据《建筑桩基技术规范》（JGJ 94—2008）计算，承台混凝土轴心抗拉强度设计值 f_t 最小应为下列哪个选项？

(A)1.96 MPa　　　　(B)2.10 MPa　　　　(C)2.21 MPa　　　　(D)2.80 MPa

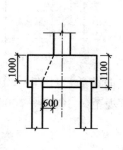

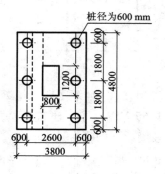

【习题 4 − 36】 （2008C11）如右图所示四桩承台，在荷载效应基本组合下作用于承台顶面的竖向力 $F = 5000$ kN，x 方向的偏心距为 0.1 m，按《建筑桩基技术规范》（JGJ94—2008）计算，承台承受的正截面最大弯矩最接近下列哪个选项？

（A）1999.8 kN · m

（B）2166.4 kN · m

（C）2999.8 kN · m

（D）3179.8 kN · m

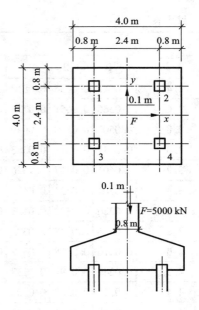

附录一 附加应力系数 α、平均附加应力系数 $\overline{\alpha}$

K.0.1 矩形面积上均布荷载作用下角点的附加应力系数 α（表 K.0.1 −1），平均附加应力系数 $\overline{\alpha}$（表 K.0.1 −2）。

表 K.0.1 −1 矩形面积受竖直均布荷载作用时角点下的应力系数 K_c

$n = z/b$	$m = l/b$										
	1.0	1.2	1.4	1.6	1.8	2.0	3.0	4.0	5.0	6.0	10.0
0.0	0.2500	0.2500	0.2500	0.2500	0.2500	0.2500	0.2500	0.2500	0.2500	0.2500	0.2500
0.2	0.2486	0.2489	0.2490	0.2491	0.2491	0.2491	0.2492	0.2492	0.2492	0.2492	0.2492
0.4	0.2401	0.2420	0.2429	0.2434	0.2437	0.2439	0.2442	0.2443	0.2443	0.2443	0.2443
0.6	0.2229	0.2275	0.2300	0.2351	0.2324	0.2329	0.2339	0.2341	0.2342	0.2342	0.2342
0.8	0.1999	0.2075	0.2120	0.2147	0.2165	0.2176	0.2196	0.2200	0.2202	0.2202	0.2202
1.0	0.1752	0.1851	0.1911	0.1955	0.1981	0.1999	0.2034	0.2042	0.2044	0.2045	0.2046
1.2	0.1516	0.1626	0.1705	0.1758	0.1793	0.1818	0.1870	0.1882	0.1885	0.1887	0.1888
1.4	0.1308	0.1423	0.1508	0.1569	0.1613	0.1644	0.1712	0.1730	0.1735	0.1738	0.1740
1.6	0.1123	0.1241	0.1329	0.1436	0.1445	0.1482	0.1567	0.1590	0.1598	0.1601	0.1604
1.8	0.0969	0.1083	0.1172	0.1241	0.1294	0.1334	0.1434	0.1463	0.1474	0.1478	0.1482
2.0	0.0840	0.0947	0.1034	0.1103	0.1158	0.1202	0.1314	0.1350	0.1363	0.1368	0.1374
2.2	0.0732	0.0832	0.0917	0.0984	0.1039	0.1084	0.1205	0.1248	0.1264	0.1271	0.1277

续上表

n = z/b	m = l/b										
	1.0	1.2	1.4	1.6	1.8	2.0	3.0	4.0	5.0	6.0	10.0
2.4	0.0642	0.0734	0.0812	0.0879	0.0934	0.0979	0.1108	0.1156	0.1175	0.1184	0.1192
2.6	0.0566	0.0651	0.0725	0.0788	0.0842	0.0887	0.1020	0.1073	0.1095	0.1106	0.1116
2.8	0.0502	0.0580	0.0649	0.0709	0.0761	0.0805	0.0942	0.0999	0.1024	0.1036	0.1048
3.0	0.0447	0.0519	0.0583	0.0640	0.0690	0.0732	0.0870	0.0931	0.0959	0.0973	0.0987
3.2	0.0401	0.0467	0.0526	0.0580	0.0627	0.0668	0.0806	0.0870	0.0900	0.0916	0.0933
3.4	0.0361	0.0421	0.0477	0.0527	0.0571	0.0611	0.0747	0.0814	0.0847	0.0864	0.0882
3.6	0.0326	0.0382	0.0433	0.0480	0.0523	0.0561	0.0694	0.0763	0.0799	0.0816	0.0837
3.8	0.0296	0.0348	0.0395	0.0439	0.0479	0.0516	0.0645	0.0717	0.0753	0.0773	0.0796
4.0	0.0270	0.0318	0.0362	0.0403	0.0441	0.0474	0.0603	0.0674	0.0712	0.0733	0.0758
4.2	0.0247	0.0291	0.0333	0.0371	0.0407	0.0439	0.0563	0.0634	0.0674	0.0696	0.0724
4.4	0.0227	0.0268	0.0306	0.0343	0.0376	0.0407	0.0527	0.0597	0.0639	0.0662	0.0696
4.6	0.0209	0.0247	0.0283	0.0317	0.0348	0.0378	0.0493	0.0564	0.0606	0.0630	0.0663
4.8	0.0193	0.0229	0.0262	0.0294	0.0324	0.0352	0.0463	0.0533	0.0576	0.0601	0.0635
5.0	0.0179	0.0212	0.0243	0.0274	0.0302	0.0328	0.0435	0.0504	0.0547	0.0573	0.0610
6.0	0.0127	0.0151	0.0174	0.0196	0.0218	0.0233	0.0325	0.0388	0.0431	0.0460	0.0506
7.0	0.0094	0.0112	0.0130	0.0147	0.0164	0.0180	0.0251	0.0306	0.0346	0.0376	0.0428
8.0	0.0073	0.0087	0.0101	0.0114	0.0127	0.0140	0.0198	0.0246	0.0283	0.0311	0.0367
9.0	0.0058	0.0069	0.0080	0.0091	0.0102	0.0112	0.0161	0.0202	0.0235	0.0262	0.0319
10.0	0.0047	0.0056	0.0065	0.0074	0.0083	0.0092	0.0132	0.0167	0.0198	0.0222	0.0280

表表 K.0.1-2   均布矩形荷载角点下的平均竖向附加应力系数

z/b	l/b												
	1.0	1.2	1.4	1.6	1.8	2.0	2.4	2.8	3.2	3.6	4.0	5.0	10.0
0.0	0.2500	0.2500	0.2500	0.2500	0.2500	0.2500	0.2500	0.2500	0.2500	0.2500	0.2500	0.2500	0.2500
0.2	0.2496	0.2497	0.2497	0.2498	0.2498	0.2498	0.2498	0.2498	0.2498	0.2498	0.2498	0.2498	0.2498
0.4	0.2474	0.2479	0.2481	0.2483	0.2483	0.2484	0.2485	0.2485	0.2485	0.2485	0.2485	0.2485	0.2485
0.6	0.2423	0.2437	0.2444	0.2448	0.2451	0.2452	0.2454	0.2455	0.2455	0.2455	0.2455	0.2455	0.2455
0.8	0.2346	0.2472	0.2387	0.2395	0.2400	0.2403	0.2407	0.2408	0.2409	0.2409	0.2410	0.2410	0.2410
1.0	0.2252	0.2291	0.2313	0.2326	0.2335	0.2340	0.2346	0.2349	0.2351	0.2352	0.2352	0.2353	0.2353
1.2	0.2149	0.2199	0.2229	0.2248	0.2260	0.2268	0.2278	0.2282	0.2285	0.2286	0.2287	0.2288	0.2289
1.4	0.2043	0.2102	0.2140	0.2164	0.2190	0.2191	0.2204	0.2211	0.2215	0.2217	0.2218	0.2220	0.2210
1.6	0.1939	0.2006	0.2049	0.2079	0.2099	0.3113	0.2130	0.2138	0.2143	0.2146	0.2148	0.2150	0.2152
1.8	0.1840	0.1912	0.1960	0.1994	0.2018	0.2034	0.2055	0.2066	0.2073	0.2077	0.2079	0.2082	0.2084

续上表

z/b	l/b												
	1.0	1.2	1.4	1.6	1.8	2.0	2.4	2.8	3.2	3.6	4.0	5.0	10.0
2.0	0.1746	0.1822	0.1875	0.1912	0.1938	0.1958	0.1982	0.2996	0.2004	0.2009	0.2012	0.2015	0.2018
2.2	0.1659	0.1737	0.1793	0.1833	0.1862	0.1883	0.1911	0.1927	0.1937	0.1943	0.1947	0.1952	0.1955
2.4	0.1578	0.1657	0.1715	0.1757	0.1789	0.1812	0.1843	0.1862	0.1873	0.1880	0.1885	0.1890	0.1895
2.6	0.1503	0.1583	0.1642	0.1686	0.1719	0.1745	0.1779	0.1799	0.1812	0.1820	0.1825	0.1832	0.1838
2.8	0.1433	0.1514	0.1574	0.1619	0.1654	0.1680	0.1717	0.1739	0.1753	0.1763	0.1769	0.1777	0.1784
3.0	0.1369	0.1449	0.1510	0.1556	0.1592	0.1619	0.1658	0.1682	0.1698	0.1708	0.1715	0.1725	0.1733
3.2	0.1310	0.1390	0.1450	0.1497	0.1533	0.1562	0.1602	0.1628	0.1645	0.1657	0.1664	0.1675	0.1685
3.4	0.1256	0.1334	0.1394	0.1441	0.1478	0.1508	0.1550	0.1577	0.1595	0.1607	0.1616	0.1628	0.1639
3.6	0.1205	0.1282	0.1342	0.1389	0.1427	0.1456	0.1500	0.1528	0.1548	0.1561	0.1570	0.1583	0.1595
3.8	0.1158	0.1234	0.1293	0.1340	0.1378	0.1408	0.1452	0.1482	0.1502	0.1516	0.1526	0.1541	0.1554
4.0	0.1114	0.1189	0.1248	0.1294	0.1332	0.1362	0.1408	0.1438	0.1459	0.1474	0.1485	0.1500	0.1516
4.2	0.1073	0.1147	0.1205	0.1251	0.1289	0.1319	0.1365	0.1396	0.1418	0.1434	0.1445	0.1462	0.1479
4.4	0.1035	0.1107	0.1164	0.1210	0.1248	0.1279	0.1325	0.1357	0.1379	0.1396	0.1407	0.1425	0.1444
4.6	0.1000	0.1070	0.1127	0.1172	0.1209	0.1240	0.1287	0.1319	0.1342	0.1359	0.1371	0.1390	0.1410
4.8	0.0967	0.1036	0.1091	0.1136	0.1173	0.1204	0.1250	0.1283	0.1307	0.1324	0.1337	0.1357	0.1379
5.2	0.0906	0.0972	0.026	0.1070	0.1106	0.1136	0.1183	0.1217	0.1241	0.1259	0.1273	0.1295	0.1320
5.6	0.0852	0.0916	0.0968	0.1010	0.1046	0.1076	0.1122	0.1156	0.1181	0.1200	0.1215	0.1238	0.1266
6.4	0.0762	0.0820	0.0869	0.0909	0.0942	0.0971	0.1016	0.1050	0.1076	0.1096	0.1111	0.1137	0.1171
7.2	0.0688	0.0742	0.0787	0.0825	0.0857	0.0884	0.0928	0.0962	0.0987	0.1008	0.1023	0.1051	0.1090
8.0	0.0627	0.0678	0.0720	0.0755	0.0785	0.0811	0.0853	0.0886	0.0912	0.0932	0.0948	0.0976	0.1020
8.8	0.0576	0.0623	0.0663	0.0696	0.0724	0.0749	0.0790	0.0821	0.0846	0.0866	0.0882	0.0912	0.0959
9.6	0.0533	0.0577	0.0614	0.0645	0.0672	0.0696	0.0734	0.0765	0.0789	0.0809	0.0825	0.0855	0.0905
10.4	0.0496	0.0537	0.0572	0.0601	0.0627	0.0649	0.0686	0.0716	0.0739	0.0759	0.0775	0.0804	0.0857
11.2	0.0463	0.0502	0.0535	0.0563	0.0587	0.0609	0.0644	0.0672	0.0695	0.0714	0.0730	0.0759	0.0813
12.0	0.0435	0.0471	0.0502	0.0529	0.0552	0.0573	0.0606	0.0634	0.0656	0.0674	0.0690	0.0719	0.0774
12.8	0.0409	0.0444	0.0474	0.0499	0.0521	0.0541	0.0573	0.0599	0.0621	0.0639	0.0654	0.0682	0.0739
13.6	0.0387	0.0420	0.0448	0.0472	0.0493	0.0512	0.0543	0.0568	0.0589	0.0607	0.0621	0.0649	0.0707
14.4	0.0367	0.0398	0.0425	0.0448	0.0468	0.0486	0.0516	0.0540	0.0561	0.0577	0.0592	0.0619	0.0677
16.0	0.0332	0.0361	0.0385	0.0407	0.0425	0.0442	0.0469	0.0492	0.0511	0.0527	0.0540	0.0567	0.0625
18.0	0.0297	0.0323	0.0345	0.0364	0.0381	0.0396	0.0422	0.0442	0.0460	0.0475	0.0487	0.0512	0.0570
20.0	0.0269	0.0292	0.0312	0.0330	0.0345	0.0359	0.0383	0.0402	0.0418	0.0432	0.0444	0.0468	0.0524

注：l 为基础长度，m；b 为基础宽度，m；z 为计算点离基础底面的垂直距离，m。

附录二　桩基等效沉降系数 Ψ_e 计算参数

E.0.1　桩基等效沉降系数应按表 E.0.1-1~E.0.1-5 中列出的参数,采用本规范式 5.5.9-1 或 5.5.9-2 计算。

表 E.0.1-1　($s_a/d=2$)

L_c/B_c \ l/d		1	2	3	4	5	6	7	8	9	10
5	$C0$	0.203	0.282	0.329	0.363	0.389	0.410	0.428	0.443	0.456	0.468
	$C1$	1.543	1.687	1.797	1.845	1.915	1.949	1.981	2.047	2.073	2.098
	$C2$	5.563	5.356	5.086	5.020	4.878	4.843	4.817	4.704	4.690	4.681
10	$C0$	0.125	0.188	0.228	0.258	0.282	0.301	0.318	0.333	0.346	0.357
	$C1$	1.487	1.573	1.653	1.676	1.731	1.750	1.768	1.828	1.844	1.860
	$C2$	7.000	6.260	5.737	5.535	5.292	5.191	5.114	4.949	4.903	4.865
15	$C0$	0.093	0.146	0.180	0.207	0.228	0.246	0.262	0.275	0.287	0.298
	$C1$	1.508	1.568	1.637	1.647	1.696	1.707	1.718	1.776	1.787	1.798
	$C2$	8.413	7.252	6.520	6.208	5.878	5.722	5.604	5.393	5.320	5.259
20	$C0$	0.075	0.120	0.151	0.175	0.194	0.211	0.225	0.238	0.249	0.260
	$C1$	1.548	1.592	1.654	1.656	1.701	1.706	1.712	1.770	1.777	1.783
	$C2$	9.783	8.236	7.310	6.897	6.486	6.280	6.123	5.870	5.771	5.689
25	$C0$	0.063	0.103	0.131	0.152	0.170	0.186	0.199	0.211	0.221	0.231
	$C1$	1.596	1.628	1.686	1.679	1.722	1.722	1.724	1.783	1.786	1.789
	$C2$	11.118	9.205	8.094	7.583	7.095	6.841	6.647	6.353	6.230	6.128
30	$C0$	0.055	0.090	0.116	0.135	0.152	0.166	0.179	0.190	0.200	0.209
	$C1$	1.646	1.669	1.724	1.711	1.753	1.748	1.745	1.806	1.806	1.806
	$C2$	12.426	10.159	8.868	8.264	7.700	7.400	7.170	6.836	6.689	6.568
40	$C0$	0.044	0.073	0.095	0.112	0.126	0.139	0.150	0.160	0.169	0.177
	$C1$	1.754	1.761	1.812	1.787	1.827	1.814	1.803	1.867	1.861	1.855
	$C2$	14.984	12.036	10.396	9.610	8.900	8.509	8.211	7.797	7.605	7.446
50	$C0$	0.036	0.062	0.081	0.096	0.108	0.120	0.129	0.138	0.147	0.154
	$C1$	1.865	1.860	1.909	1.873	1.911	1.889	1.872	1.939	1.927	1.916
	$C2$	17.492	13.885	11.905	10.945	10.090	9.613	9.247	8.755	8.519	8.323

续表 E.0.1-1

l/d	L_c/B_c	1	2	3	4	5	6	7	8	9	10
60	C0	0.031	0.054	0.070	0.084	0.095	0.105	0.114	0.122	0.130	0.137
	C1	1.979	1.962	2.010	1.962	1.999	1.970	1.945	2.016	1.998	1.981
	C2	19.967	15.719	13.406	12.274	11.278	10.715	10.284	9.713	9.433	9.200
70	C0	0.028	0.048	0.063	0.075	0.085	0.094	0.102	0.110	0.117	0.123
	C1	2.095	2.067	2.114	2.055	2.091	2.054	2.021	2.097	2.072	2.049
	C2	22.423	17.546	14.901	13.602	12.465	11.818	11.322	10.672	10.349	10.080
80	C0	0.025	0.043	0.056	0.067	0.077	0.085	0.093	0.100	0.106	0.112
	C1	2.213	2.174	2.220	2.150	2.185	2.139	2.099	2.178	2.147	2.119
	C2	24.868	19.370	16.398	14.933	13.655	12.925	12.364	11.635	11.270	10.964
90	C0	0.022	0.039	0.051	0.061	0.070	0.078	0.085	0.091	0.097	0.103
	C1	2.333	2.283	2.328	2.245	2.280	2.225	2.177	2.261	2.223	2.189
	C2	27.307	21.195	17.897	16.267	14.849	14.036	13.411	12.603	12.194	11.853
100	C0	0.021	0.036	0.047	0.057	0.065	0.072	0.078	0.084	0.090	0.095
	C1	2.453	2.392	2.436	2.341	2.375	2.311	2.256	2.344	2.299	2.259
	C2	29.744	23.024	19.400	17.608	16.049	15.153	14.464	13.575	13.123	12.745

注：L_c——群桩基础承台长度；B_c——群桩基础承台宽度；l——桩长；d——桩径。

表 E.0.1-2 ($s_a/d=3$)

l/d	L_c/B_c	1	2	3	4	5	6	7	8	9	10
5	C0	0.203	0.318	0.377	0.416	0.445	0.468	0.486	0.502	0.516	0.528
	C1	1.483	1.723	1.875	1.955	2.045	2.098	2.144	2.218	2.256	2.290
	C2	3.679	4.036	4.006	4.053	3.995	4.007	4.014	3.938	3.944	3.948
10	C0	0.125	0.213	0.263	0.298	0.324	0.346	0.364	0.380	0.394	0.406
	C1	1.419	1.559	1.662	1.705	1.770	1.801	1.828	1.891	1.913	1.935
	C2	4.861	4.723	4.460	4.384	4.237	4.193	4.158	4.038	4.017	4.000
15	C0	0.093	0.166	0.209	0.240	0.265	0.285	0.302	0.317	0.330	0.342
	C1	1.430	1.533	1.619	1.646	1.703	1.723	1.741	1.801	1.817	1.832
	C2	5.900	5.435	5.010	4.855	4.641	4.559	4.496	4.340	4.300	4.267
20	C0	0.075	0.138	0.176	0.205	0.227	0.246	0.262	0.276	0.288	0.299
	C1	1.461	1.542	1.619	1.635	1.687	1.700	1.712	1.772	1.783	1.793
	C2	6.879	6.137	5.570	5.346	5.073	4.958	4.869	4.679	4.623	4.577

l/d	L_c/B_c	1	2	3	4	5	6	7	8	9	10
25	C0	0.063	0.118	0.153	0.179	0.200	0.218	0.233	0.246	0.258	0.268
	C1	1.500	1.565	1.637	1.644	1.693	1.699	1.706	1.767	1.774	1.780
	C2	7.822	6.826	6.127	5.839	5.511	5.364	5.252	5.030	4.958	4.899
30	C0	0.055	0.104	0.136	0.160	0.180	0.196	0.210	0.223	0.234	0.244
	C1	1.542	1.595	1.663	1.662	1.709	1.711	1.712	1.775	1.777	1.780
	C2	8.741	7.506	6.680	6.331	5.949	5.772	5.638	5.383	5.297	5.226
40	C0	0.044	0.085	0.112	0.133	0.150	0.165	0.178	0.189	0.199	0.208
	C1	1.632	1.667	1.729	1.715	1.759	1.750	1.743	1.808	1.804	1.799
	C2	10.535	8.845	7.774	7.309	6.822	6.588	6.410	6.093	5.978	5.883
50	C0	0.036	0.072	0.096	0.114	0.130	0.143	0.155	0.165	0.174	0.182
	C1	1.726	1.746	1.805	1.778	1.819	1.801	1.786	1.855	1.843	1.832
	C2	12.292	10.168	8.860	8.284	7.694	7.405	7.185	6.805	6.662	6.543
60	C0	0.031	0.063	0.084	0.101	0.115	0.127	0.137	0.146	0.155	0.163
	C1	1.822	1.828	1.885	1.845	1.885	1.858	1.834	1.907	1.888	1.870
	C2	14.029	11.486	9.944	9.259	8.568	8.224	7.962	7.520	7.348	7.206
70	C0	0.028	0.056	0.075	0.090	0.103	0.114	0.123	0.132	0.140	0.147
	C1	1.920	1.913	1.968	1.916	1.954	1.918	1.885	1.962	1.936	1.911
	C2	15.756	12.801	11.029	10.237	9.444	9.047	8.742	8.238	8.038	7.871
80	C0	0.025	0.050	0.068	0.081	0.093	0.103	0.112	0.120	0.127	0.134
	C1	2.019	2.000	2.053	1.988	2.025	1.979	1.938	2.019	1.985	1.954
	C2	17.478	14.120	12.117	11.220	10.325	9.874	9.527	8.959	8.731	8.540
90	C0	0.022	0.045	0.062	0.074	0.085	0.095	0.103	0.110	0.117	0.123
	C1	2.118	2.087	2.139	2.060	2.096	2.041	1.991	2.076	2.036	1.998
	C2	19.200	15.442	13.210	12.208	11.211	10.705	10.316	9.684	9.427	9.211
100	C0	0.021	0.042	0.057	0.069	0.097	0.087	0.095	0.102	0.108	0.114
	C1	2.218	2.174	2.225	2.133	2.168	2.103	2.044	2.133	2.086	2.042
	C2	20.925	16.770	14.307	13.201	12.101	11.541	11.110	10.413	10.127	9.886

注：L_c——群桩基础承台长度；B_c——群桩基础承台宽度；l——桩长；d——桩径。

表 E.0.1-3 ($s_a/d = 4$)

l/d	L_c/B_c	1	2	3	4	5	6	7	8	9	10
5	$C0$	0.203	0.354	0.422	0.464	0.495	0.519	0.538	0.555	0.568	0.580
	$C1$	1.445	1.786	1.986	2.101	2.213	2.286	2.349	2.434	2.484	2.530
	$C2$	2.633	3.243	3.340	3.444	3.431	3.466	3.488	3.433	3.447	3.457
10	$C0$	0.125	0.237	0.294	0.332	0.361	0.384	0.403	0.419	0.433	0.445
	$C1$	1.378	1.570	1.695	1.756	1.830	1.870	1.906	1.972	2.000	2.027
	$C2$	3.707	3.873	3.743	3.729	3.630	3.612	3.597	3.500	3.490	3.482
15	$C0$	0.093	0.185	0.234	0.269	0.296	0.317	0.335	0.351	0.364	0.376
	$C1$	1.384	1.524	1.626	1.666	1.729	1.757	1.781	1.843	1.863	1.881
	$C2$	4.571	4.458	4.188	4.107	3.951	3.904	3.866	3.736	3.712	3.693
20	$C0$	0.075	0.153	0.198	0.230	0.254	0.275	0.291	0.306	0.319	0.331
	$C1$	1.408	1.521	1.611	1.638	1.695	1.713	1.730	1.791	1.805	1.818
	$C2$	5.361	5.024	4.636	4.502	4.297	4.225	4.169	4.009	3.973	3.944
25	$C0$	0.063	0.132	0.173	0.202	0.225	0.244	0.260	0.274	0.286	0.297
	$C1$	1.441	1.534	1.616	1.633	1.686	1.698	1.708	1.770	1.779	1.786
	$C2$	6.114	5.578	5.081	4.900	4.650	4.555	4.482	4.293	4.246	4.208
30	$C0$	0.055	0.117	0.154	0.181	0.203	0.221	0.236	0.249	0.261	0.271
	$C1$	1.477	1.555	1.633	1.640	1.691	1.696	1.701	1.764	1.768	1.771
	$C2$	6.843	6.122	5.524	5.298	5.004	4.887	4.799	4.581	4.524	4.477
40	$C0$	0.044	0.095	0.127	0.151	0.170	0.186	0.200	0.212	0.223	0.233
	$C1$	1.555	1.611	1.681	1.673	1.720	1.714	1.708	1.774	1.770	1.765
	$C2$	8.261	7.195	6.402	6.093	5.713	5.556	5.436	5.163	5.085	5.021
50	$C0$	0.036	0.081	0.109	0.130	0.148	0.162	0.175	0.186	0.196	0.205
	$C1$	1.636	1.674	1.740	1.718	1.762	1.745	1.730	1.800	1.787	1.775
	$C2$	9.648	8.258	7.277	6.887	6.424	6.227	6.077	5.749	5.650	5.569
60	$C0$	0.031	0.071	0.096	0.115	0.131	0.144	0.156	0.166	0.175	0.183
	$C1$	1.719	1.742	1.805	1.768	1.810	1.783	1.758	1.832	1.811	1.791
	$C2$	11.021	9.319	8.152	7.684	7.138	6.902	6.721	6.338	6.219	6.120
70	$C0$	0.028	0.063	0.086	0.103	0.117	0.130	0.140	0.150	0.158	0.166
	$C1$	1.803	1.811	1.872	1.821	1.861	1.824	1.789	1.867	1.839	1.812
	$C2$	12.387	10.381	9.029	8.485	7.856	7.580	7.369	6.929	6.789	6.672
80	$C0$	0.025	0.057	0.077	0.093	0.107	0.118	0.128	0.137	0.145	0.152
	$C1$	1.887	1.882	1.940	1.876	1.914	1.866	1.822	1.904	1.868	1.834
	$C2$	13.753	11.447	9.911	9.291	8.578	8.262	8.020	7.524	7.362	7.226

l/d	L_c/B_c	1	2	3	4	5	6	7	8	9	10
90	$C0$	0.022	0.051	0.071	0.085	0.098	0.108	0.117	0.126	0.133	0.140
	$C1$	1.972	1.953	2.009	1.931	1.967	1.909	1.857	1.943	1.899	1.858
	$C2$	15.119	12.518	10.799	10.102	9.305	8.949	8.674	8.122	7.938	7.782
100	$C0$	0.021	0.047	0.065	0.079	0.090	0.100	0.109	0.117	0.123	0.130
	$C1$	2.057	2.025	2.079	1.986	2.021	1.953	1.891	1.981	1.931	1.883
	$C2$	16.490	13.595	11.691	10.918	10.036	9.639	9.331	8.722	8.515	8.339

注：L_c——群桩基础承台长度；B_c——群桩基础承台宽度；l——桩长；d——桩径。

表 E.0.1－4 （$s_a/d=5$）

l/d	L_c/B_c	1	2	3	4	5	6	7	8	9	10
5	$C0$	0.203	0.389	0.464	0.510	0.543	0.567	0.587	0.603	0.617	0.628
	$C1$	1.416	1.864	2.120	2.277	2.416	2.514	2.599	2.695	2.761	2.821
	$C2$	1.941	2.652	2.824	2.957	2.973	3.018	3.045	3.008	3.023	3.033
10	$C0$	0.125	0.260	0.323	0.364	0.394	0.417	0.437	0.453	0.467	0.480
	$C1$	1.349	1.593	1.740	1.818	1.902	1.952	1.996	2.065	2.099	2.131
	$C2$	2.959	3.301	3.255	3.278	3.208	3.206	3.201	3.120	3.116	3.112
15	$C0$	0.093	0.202	0.257	0.295	0.323	0.345	0.364	0.379	0.393	0.405
	$C1$	1.351	1.528	1.645	1.697	1.766	1.800	1.829	1.893	1.916	1.938
	$C2$	3.724	3.825	3.649	3.614	3.492	3.465	3.442	3.329	3.314	3.301
20	$C0$	0.075	0.168	0.218	0.252	0.278	0.299	0.317	0.332	0.345	0.357
	$C1$	1.372	1.513	1.615	1.651	1.712	1.735	1.755	1.818	1.834	1.849
	$C2$	4.407	4.316	4.036	3.957	3.792	3.745	3.708	3.566	3.542	3.522
25	$C0$	0.063	0.145	0.190	0.222	0.246	0.267	0.283	0.298	0.310	0.322
	$C1$	1.399	1.517	1.609	1.633	1.690	1.705	1.717	1.781	1.791	1.800
	$C2$	5.049	4.792	4.418	4.301	4.096	4.031	3.982	3.812	3.780	3.754
30	$C0$	0.055	0.128	0.170	0.199	0.222	0.241	0.257	0.271	0.283	0.294
	$C1$	1.431	1.531	1.617	1.630	1.684	1.692	1.697	1.762	1.767	1.770
	$C2$	5.668	5.258	4.796	4.644	4.401	4.320	4.259	4.063	4.022	3.990
40	$C0$	0.044	0.105	0.141	0.167	0.188	0.205	0.219	0.232	0.243	0.253
	$C1$	1.498	1.573	1.650	1.646	1.695	1.689	1.683	1.751	1.746	1.741
	$C2$	6.865	6.176	5.547	5.331	5.013	4.902	4.817	4.568	4.512	4.467

续表 E.0.1-4

l/d	L_c/B_c	1	2	3	4	5	6	7	8	9	10
50	$C0$	0.036	0.089	0.121	0.144	0.163	0.179	0.192	0.204	0.214	0.224
	$C1$	1.569	1.623	1.695	1.675	1.720	1.703	1.868	1.758	1.743	1.730
	$C2$	8.034	7.085	6.296	6.018	5.628	5.486	5.379	5.078	5.006	4.948
60	$C0$	0.031	0.078	0.106	0.128	0.145	0.159	0.171	0.182	0.192	0.201
	$C1$	1.642	1.678	1.745	1.710	1.753	1.724	1.697	1.772	1.749	1.727
	$C2$	9.192	7.994	7.046	6.709	6.246	6.074	5.943	5.590	5.502	5.429
70	$C0$	0.028	0.069	0.095	0.114	0.130	0.143	0.155	0.165	0.174	0.182
	$C1$	1.715	1.735	1.799	1.748	1.789	1.749	1.712	1.791	1.760	1.730
	$C2$	10.345	8.905	7.800	7.403	6.868	6.664	6.509	6.104	5.999	5.911
80	$C0$	0.025	0.063	0.086	0.104	0.118	0.131	0.141	0.151	0.159	0.167
	$C1$	1.788	1.793	1.854	1.788	1.827	1.776	1.730	1.812	1.773	1.737
	$C2$	11.498	9.820	8.558	8.102	7.493	7.258	7.077	6.620	6.497	6.393
90	$C0$	0.022	0.057	0.079	0.095	0.109	0.120	0.130	0.139	0.147	0.154
	$C1$	1.861	1.851	1.909	1.830	1.866	1.805	1.749	1.835	1.789	1.745
	$C2$	12.653	10.741	9.321	8.805	8.123	7.854	7.647	7.138	6.996	6.876
100	$C0$	0.021	0.052	0.072	0.088	0.100	0.111	0.120	0.129	0.136	0.143
	$C1$	1.934	1.909	1.966	1.871	1.905	1.834	1.769	1.859	1.805	1.755
	$C2$	13.812	11.667	10.089	9.512	8.755	8.453	8.218	7.657	7.495	7.358

注：L_c——群桩基础承台长度；B_c——群桩基础承台宽度；l——桩长；d——桩径。

表 E.0.1-5 （$s_a/d=6$）

l/d	L_c/B_c	1	2	3	4	5	6	7	8	9	10
5	$C0$	0.203	0.423	0.506	0.555	0.588	0.613	0.633	0.649	0.663	0.674
	$C1$	1.393	1.956	2.277	2.485	2.658	2.789	2.902	3.021	3.099	3.179
	$C2$	1.438	2.152	2.365	2.503	2.538	2.581	2.603	2.586	2.596	2.599
10	$C0$	0.125	0.281	0.350	0.393	0.424	0.449	0.468	0.485	0.499	0.511
	$C1$	1.328	1.623	1.793	1.889	1.983	2.044	2.096	2.169	2.210	2.247
	$C2$	2.421	2.870	2.881	2.927	2.879	2.886	2.887	2.818	2.817	2.815
15	$C0$	0.093	0.219	0.279	0.318	0.348	0.371	0.390	0.406	0.419	0.423
	$C1$	1.327	1.540	1.671	1.733	1.809	1.848	1.882	1.949	1.975	1.999
	$C2$	3.126	3.366	3.256	3.250	3.153	3.139	3.126	3.024	3.015	3.007

l/d	L_c/B_c	1	2	3	4	5	6	7	8	9	10
20	$C0$	0.075	0.182	0.236	0.272	0.300	0.322	0.340	0.355	0.369	0.380
	$C1$	1.344	1.513	1.625	1.669	1.735	1.762	1.785	1.850	1.868	1.884
	$C2$	3.740	3.815	3.607	3.565	3.428	3.398	3.374	3.243	3.227	3.214
25	$C0$	0.063	0.157	0.207	0.024	0.266	0.287	0.304	0.319	0.332	0.343
	$C1$	1.368	1.509	1.610	1.640	1.700	1.717	1.731	1.796	1.807	1.816
	$C2$	4.311	4.242	3.950	3.877	3.703	3.659	3.625	3.468	3.445	3.427
30	$C0$	0.055	0.139	0.184	0.216	0.240	0.260	0.276	0.291	0.303	0.314
	$C1$	1.395	1.516	1.608	1.627	1.683	1.692	1.699	1.765	1.769	1.773
	$C2$	4.858	4.659	4.288	4.187	3.977	3.921	3.879	3.694	3.666	3.643
40	$C0$	0.044	0.114	0.153	0.181	0.203	0.221	0.236	0.249	0.261	0.271
	$C1$	1.455	1.545	1.627	1.626	1.676	1.671	1.664	1.733	1.727	1.721
	$C2$	5.912	5.477	4.957	4.804	4.528	4.447	4.386	4.151	4.111	4.078
50	$C0$	0.036	0.097	0.132	0.157	0.177	0.193	0.207	0.219	0.230	0.240
	$C1$	1.517	1.584	1.659	1.640	1.687	1.669	1.650	1.723	1.707	1.691
	$C2$	6.939	6.287	5.624	5.423	5.080	4.974	4.896	4.610	4.557	4.514
60	$C0$	0.031	0.085	0.116	0.139	0.157	0.172	0.185	0.196	0.207	0.216
	$C1$	1.581	1.627	1.698	1.662	1.706	1.675	1.645	1.722	1.697	1.672
	$C2$	7.956	7.097	6.292	6.043	5.634	5.504	5.406	5.071	5.004	4.948
70	$C0$	0.028	0.076	0.104	0.125	0.141	0.156	0.168	0.178	0.188	0.196
	$C1$	1.645	1.673	1.740	1.688	1.728	1.686	1.646	1.726	1.692	1.660
	$C2$	8.968	7.908	6.964	6.667	6.191	6.035	5.917	5.532	5.450	5.382
80	$C0$	0.025	0.068	0.094	0.113	0.129	0.142	0.153	0.163	0.172	0.180
	$C1$	1.708	1.720	1.783	1.716	1.754	1.700	1.650	1.734	1.692	1.652
	$C2$	9.981	8.724	7.640	7.293	6.751	6.569	6.428	5.994	5.896	5.814
90	$C0$	0.022	0.062	0.086	0.104	0.118	0.131	0.141	0.150	0.159	0.167
	$C1$	1.772	1.768	1.827	1.745	1.780	1.716	1.657	1.744	1.694	1.648
	$C2$	10.997	9.544	8.319	7.924	7.314	7.103	6.939	6.457	6.342	6.244
100	$C0$	0.021	0.057	0.079	0.096	0.110	0.121	0.131	0.140	0.148	0.155
	$C1$	1.835	1.815	1.872	1.775	1.808	1.733	1.665	1.755	1.698	1.646
	$C2$	12.016	10.370	9.004	8.557	7.879	7.639	7.450	6.919	6.787	6.673

注：L_c——群桩基础承台长度；B_c——群桩基础承台宽度；l——桩长；d——桩径。

参考文献

［1］［日］松冈元. 土力学. 罗汀等编译. 北京：中国水利水电出版社，2001

［2］陈仲颐等. 土力学. 北京：清华大学出版社，1994

［3］Muni Budhu Soil Mechanics and Foundations 3rd Edition JOHN WILEY & SONS, INC.

［4］中华人民共和国国家标准. 建筑地基基础设计规范（GB50007—2011）［S］. 北京：中国建筑工业出版社，2011

［5］编委会. 建筑地基基础设计规范理解与应用（第 2 版）. 北京：中国建筑工业出版社，2012

［6］中华人民共和国行业标准. 建筑桩基技术规范（JGJ94—2008）［S］. 北京：中国建筑工业出版社，2008

［7］刘金波. 建筑桩基技术规范理解与应用. 北京：中国建筑工业出版社，2008

［8］中华人民共和国行业标准. 公路桥涵地基与基础设计规范（JTGD63—2007）［S］. 北京：人民交通出版社，2007

［9］中华人民共和国行业标准. 铁路桥涵地基与基础设计规范（TB10002.5—2005）［S］. 北京：人民交通出版社，2005

［10］中华人民共和国行业标准. 港口工程地基规范（JTS 147‑1—2010）［S］. 北京：人民交通出版社，2010

［11］中华人民共和国国家标准. 建筑边坡工程规范（GB50330—2002）［S］. 北京：中国建筑工业出版社，2002

［12］中华人民共和国行业标准. 建筑基坑支护技术规程（JGJ120—2012）［S］. 北京：中国建筑工业出版社，2012

［13］中华人民共和国国家标准. 建筑抗震设计规范（GB50011—2010）［S］. 北京：中国建筑工业出版社，2010

［14］中华人民共和国国家标准. 建筑结构荷载规范（GB50009—2012）［S］. 北京：中国建筑工业出版社，2012

［15］中华人民共和国行业标准. 建筑基桩检测技术规范（JGJ106—2003）［S］. 北京：中国建筑工业出版社，2003

图书在版编目(CIP)数据

建筑地基与基础/周晖,胡萍主编. —长沙:中南大学出版社,
2014.12
ISBN 978 − 7 − 5487 − 1253 − 4

Ⅰ.建... Ⅱ.①周...②胡... Ⅲ.①地基 – 高等学校 – 教材
②基础(工程) – 高等学校 – 教材　Ⅳ.TU47

中国版本图书馆 CIP 数据核字(2014)第 300286 号

建筑地基与基础

主编　周　晖　胡　萍

□责任编辑	周兴武	
□责任印制	易红卫	
□出版发行	中南大学出版社	
	社址:长沙市麓山南路	邮编:410083
	发行科电话:0731-88876770	传真:0731-88710482
□印　　装	长沙利君漾印刷厂	

□开　　本	787×1092　1/16	□印张 19	□字数 480 千字	
□版　　次	2015 年 1 月第 1 版	□2015 年 1 月第 1 次印刷		
□书　　号	ISBN 978 − 7 − 5487 − 1253 − 4			
□定　　价	58.00 元			